よくわかる 初等力学

前野 昌弘 著

東京図書株式会社

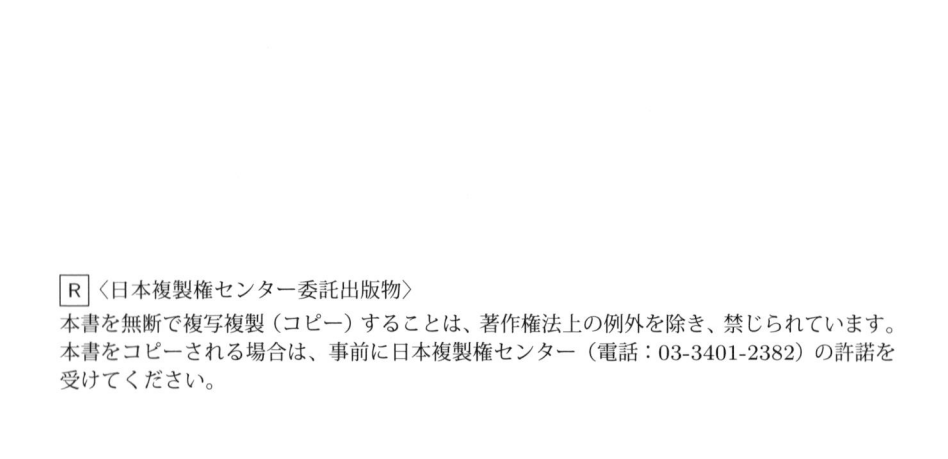

R 〈日本複製権センター委託出版物〉
本書を無断で複写複製（コピー）することは、著作権法上の例外を除き、禁じられています。本書をコピーされる場合は、事前に日本複製権センター（電話：03-3401-2382）の許諾を受けてください。

はじめに

　物理において「力学」というのはすべての基礎となる学問であるはずである。しかし教える側も教わる側も「力学をなめている」ところが多分にあって、「まぁそんなに苦労しなくても力学はわかるでしょ」と安心していることも多い。

　しかし、力学をちゃんと勉強するということはなかなかに歯ごたえのある作業である。なめてはいけない。

　本来、大学で物理を勉強する前に中学理科、高校物理でも習っているはずであり、「力学を勉強する」という歯ごたえある作業はじっくりと時間をかけて行われている―はずなのに、その過程で力学の屋台骨となる概念をちゃんと理解しないままに勉強を続けていたのではないかと思われるような例もちらほらと見られる。例えば私は大学一年生に、13ページにある「確認クイズ」を必ず問うことにしている。

　以下のようなものだ。

以下の文章は正しいか？―間違っているとしたら、どこが間違っているか？

(1) 相撲取りと小学生が相撲を取っている。この時、相撲取りから小学生に及ぼされる力と、小学生から相撲取りに及ぼされる力を比べると、当然前者の方が大きい。

(2) 人間が壁を殴る（これを作用とする）。すると壁は目に見えないほど小さくではあるがいったんへこみ、弾力で元に戻る。戻ってくる時に人間のこぶしにあたる。この時働く力が反作用である。

この問いを「間違っているかどうか？」という二択の問題としてみても、正解率は想像よりずっと低い。「間違っているとしたら、どこが間違っているか？」までちゃんと答えられる人はさらに少ない。

　例えばあなたが「物理の大学入試問題は楽勝で解ける」という状態であっても、上の問いに自信を持って答えられないとしたら、それは「根本はわかってないけど計算はできる」だけで、まったく物理的思考方法が身についていないのである。こういう「大事な部分」をほっぽり出したままで力学の勉強をすることは無意味である。大学等で力学を学ぶ時、「力学そのものの習得」も大事だが、実は「力学を通して得られる、物理的な思考方法（これを身につけて、更に高いところへ向かってほしい）の習得」こそ大事であるはずだ。本書は「力学の学習を通じて物理的思考方法を身につけられるように」という方針で書いた。

　特に本書は「初等力学」の本なので、他の「よくわかる」シリーズに比べても、微分や積分、ベクトルなどの数学についても可能な限り詳しく解説し、「計算ができないので物理がわからない」という状況に陥らないように配慮した（とはいえ、本書のページ数には限りがあるので駆け足の説明にはなっている。数学は数学の本で勉強はしていただきたい）。大学入学直後の学生さん（高校で物理を履修しなかった人を含む）はもちろんのこと、高校物理では飽きたらない「背伸びしたい高校生」、さらには物理に再挑戦したい方にも手が出せる本になるようにしたつもりである。本書を読み始めること自体は高校生程度でも可能であるはずである（読み終えるところまでいけば、高校生のレベルは超えている）。

　この本を読み、練習問題を解き、その過程の中で物理的思考能力を身につけると同時に「ああ物理って面白いなぁ」と思っていただければ、著者としてこれにまさる喜びはない。

2013年1月　　著者

● **本書を読む時の順番について**

先に書いた通り、本書はできる限り丁寧な説明を心がけて執筆したが、そのために少し長くなりすぎていて、

- なかなか運動方程式が始まらない。
- 運動量やエネルギーの話はまだか。

などの不満が出る場合もあるかもしれない。そこで以上のような不満を感じる方、あるいは「急いで力学のアウトラインを知りたい」という方には

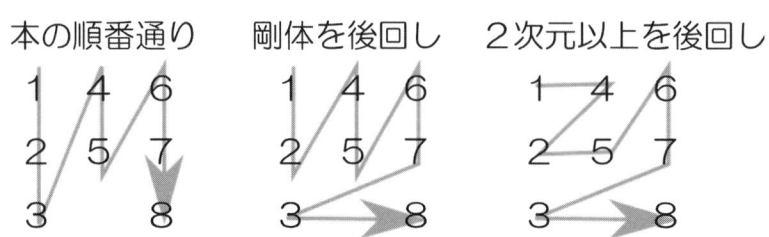

のような様々な順番で読むことも可能である（番号は章番号）。

例えば「とりあえず質点の力学だけでいいからしっかり勉強したい」という人は「剛体を後回し」というコースで読んでもらってもかまわない。また、「まずは運動方程式がどういうものなのかが知りたい。2次元や3次元のベクトルの計算は後でいい」という人は「2次元以上は後回し」のコースで読んでもらってもかまわない。

本書の各章は全く独立ではなく、「本の順番通り」以外の順番で読んだ場合、多少は、「あれ、この部分はまだ勉強してないな」というところに出会うこともあるだろうが、細かい前後は「後でわかるだろう」と考えて読み進めていっていただければよい。8章まで読めば、力学のだいたいのイメージはつかめるのではないかと思う。

途中にいくつか【補足】として小さめの字で書いてある部分があるが、その部分については最初に読むときは飛ばしておいて、ある程度理解が進んでから読んでもよいと思う。

[Webサイトからのダウンロードについて]

- 章末演習問題のヒントと解答はwebサイトにあります。これらのダウンロードはwebサイト(http://irobutsu.a.la9.jp/mybook/ykwkrMC/)から行なってください。このサイトには、他にも学習に役立つシミュレーションプログラムや補足する文書、およびミスの訂正を載せる予定です。

- 本文中で参照している章末演習問題のヒントと解答のページは、本文のページと区別するため、p1wのようにページ番号の後にwがついています。

目 次

はじめに iii

第1章 静力学その1－力のつりあいの1次元問題　1

1.1 静力学の法則 1
    1.1.1 力がつりあうということ
    1.1.2 鉛直な力のつりあい
    1.1.3 力の絵の描き方についての注意

1.2 作用・反作用の法則についての注意 12
    1.2.1 「作用・反作用」と「つりあい」は全く違う概念であること
    1.2.2 名前に引きずられないように

1.3 重力と垂直抗力だけを用いた例題 15

1.4 糸の張力 20
    1.4.1 糸でつながれた物体
    1.4.2 質量のある糸：今後のための準備運動

1.5 系 25
    1.5.1 「系」とは
    1.5.2 内力—作用・反作用の法則の有り難さ

1.6 弾性力 28
    1.6.1 バネの力
    1.6.2 バネの連結
    1.6.3 垂直抗力や糸の張力をミクロに見れば
    1.6.4 力は状態で決まる量である

1.7 ベクトルへの第一歩—力の向きを正負で表現する 35

第2章 静力学その2 －2次元・3次元での力のつりあい　39

2.1 2次元のつりあい 39
    2.1.1 二つの方向に働く力

2.2 静止摩擦力 40
    2.2.1 面に働く（垂直抗力以外の）力

目　次　　　vii

　　　　2.2.2　静止摩擦力の性質
　　　　2.2.3　静止摩擦力がある場合の練習
　2.3　ベクトルを使った計算 ･････････････････････････････････････ 45
　　　　2.3.1　ベクトルの定義
　　　　2.3.2　ベクトルの表記について
　　　　2.3.3　ベクトルの和
　　　　2.3.4　ベクトルの定数倍と単位ベクトル
　　　　2.3.5　ベクトルの差
　2.4　ベクトルの分解と成分表示 ･･････････････････････････････ 53
　　　　2.4.1　ベクトルの分解
　　　　2.4.2　ベクトルの成分
　　　　2.4.3　3次元ベクトルの成分表示
　2.5　斜めの力がある場合のつりあい ･･････････････････････････ 58
　　　　2.5.1　斜めに伸びた糸
　　　　2.5.2　斜面に載せた物体
　　　　2.5.3　斜めに糸で引っ張る
　2.6　滑車 ･･･ 66
　　　　2.6.1　滑車とは
　　　　2.6.2　自分を持ち上げる
　　　　2.6.3　動滑車
　2.7　連続的な物体に働く力 ････････････････････････････････････ 71
　　　　2.7.1　滑車にかけられた質量が無視できる糸の張力
　　　　2.7.2　滑車にかけられた、質量のある糸の張力
　2.8　質点の静力学に関する補足 ･････････････････････････････ 78
　　　　2.8.1　力を測る（静力学の範囲で）
　　　　2.8.2　質量の定義について、静力学の範囲で

第3章　静力学その3―剛体のつりあい　　　83

　3.1　つりあいの条件と回転しない条件 ･････････････････････････ 83
　　　　3.1.1　ここまで無視してきたこと
　　　　3.1.2　剛体が静止する条件――一つの剛体に二つの力が働く時
　　　　3.1.3　作用点の移動
　　　　3.1.4　剛体が静止する条件――一つの剛体に三つの力が働く時
　3.2　てこの原理と力のモーメント ･････････････････････････････ 88
　　　　3.2.1　てこの原理
　　　　3.2.2　力のモーメントの定義
　3.3　力のモーメントと外積 ･････････････････････････････････････ 93
　　　　3.3.1　モーメント
　　　　3.3.2　支点が任意の点に設定できること
　　　　3.3.3　偶力
　　　　3.3.4　力のモーメントがベクトルとして足し算できること

- 3.4 重力のモーメントと重心 ································· 99
  - 3.4.1 棒に働く重力のモーメント
  - 3.4.2 重心
  - 3.4.3 2次元物体の重心
- 3.5 実例における，力と力のモーメント ················· 108
  - 3.5.1 床に置かれた物体
  - 3.5.2 壁に立てかけられた板
  - 3.5.3 水平に保持した棒
- 3.6 面に働く力 ······································· 112
  - 3.6.1 圧力
  - 3.6.2 パスカルの原理

第4章 運動の法則その1―1次元運動　　115

- 4.1 力は何をもたらすか？ ····························· 115
  - 4.1.1 アリストテレス的な運動の考え方
- 4.2 慣性の法則 ······································· 120
- 4.3 運動の法則の理解のために―1次元の速度と加速度 ····· 123
  - 4.3.1 座標とは何か（1次元で）
  - 4.3.2 速度とは何か（1次元で）
  - 4.3.3 加速度とは何か（1次元で）
- 4.4 運動の法則―運動方程式 ··························· 133
- 4.5 1次元的な運動の運動方程式 ······················· 136
  - 4.5.1 重力の下での運動
- 4.6 動摩擦力が働く運動 ······························· 140
  - 4.6.1 動摩擦力
- 4.7 微分方程式としての運動方程式 ····················· 145
  - 4.7.1 速度に比例する抵抗力が働く場合
  - 4.7.2 次元解析を使った考察
  - 4.7.3 速度に比例する抵抗を受けながらの落下
  - 4.7.4 速度の自乗に比例する抵抗を受けながらの運動
- 4.8 運動の法則に関する補足 ··························· 156
  - 4.8.1 運動方程式は物理法則である
  - 4.8.2 第一法則は要らないのか？

第5章 運動の法則その2―2次元以上の運動　　160

- 5.1 2次元以上の運動をどう記述するか ················· 160
  - 5.1.1 位置ベクトル
  - 5.1.2 速度ベクトルと加速度ベクトル
- 5.2 平面直交座標を使った運動の例 ····················· 164
  - 5.2.1 運動の分解
  - 5.2.2 落体の運動

5.3　平面極座標を使った運動の例 ･････････････････････････････166
　　　5.3.1　向心加速度
　　　5.3.2　水平床上の円運動
　　　5.3.3　振り子の運動
　　　5.3.4　3次元の座標

第6章　保存則その1――運動量　　175

　6.1　保存則――微分方程式から、積分形の法則へ ･･･････････････175
　6.2　力積と運動量 ･･･176
　6.3　複合系の運動量の保存 ･････････････････････････････････････178
　　　6.3.1　外力が働かない場合の運動量の変化
　　　6.3.2　衝突とはね返り係数
　　　6.3.3　摩擦力は運動量保存則の適用外か？
　6.4　重心とその運動 ･･･184
　　　6.4.1　外力がある場合の運動量変化
　　　6.4.2　重心
　6.5　ロケットの運動 ･･･190

第7章　保存則その2――力学的エネルギー　　194

　7.1　仕事 ･･･194
　　　7.1.1　1次元運動における仕事の定義
　　　7.1.2　運動エネルギー――仕事は「何の変化」になるか？
　　　7.1.3　2次元、3次元での仕事の定義
　　　7.1.4　変位と直交する力は仕事をしない
　7.2　保存力と位置エネルギー ･･･････････････････････････････････201
　　　7.2.1　位置エネルギーの導入
　　　7.2.2　重力のする仕事と重力の位置エネルギー
　　　7.2.3　バネのする仕事と弾性力の位置エネルギー
　7.3　力学的エネルギーの保存 ･･･････････････････････････････････207
　　　7.3.1　複合系の力学的エネルギーの保存
　　　7.3.2　保存力と非保存力――保存力の条件
　　　7.3.3　仕事が経路によらない条件
　　　7.3.4　物体の変形による仕事の不一致
　7.4　仕事の原理 ･･･218
　　　7.4.1　仕事の原理の実例
　　　7.4.2　仕事の原理の証明
　　　7.4.3　永久機関
　7.5　エネルギー・運動量保存則を使える例 ･･･････････････････････225
　　　7.5.1　非対称振り子
　　　7.5.2　滑車
　　　7.5.3　衝突現象における保存則
　　　7.5.4　簡単なモデルによる、衝突に関する考察

目次

第8章 保存則その3——角運動量　230

- 8.1 角運動量と保存則 ・・・・・・・・・・・・・・・・・・・・・230
  - 8.1.1 質点の角運動量の定義
  - 8.1.2 複合系の角運動量の保存
  - 8.1.3 いろいろな座標系での角運動量
- 8.2 簡単な剛体の場合の角運動量 ・・・・・・・・・・・・・・・237
  - 8.2.1 剛体に可能な運動
  - 8.2.2 細い棒状の剛体の角運動量
  - 8.2.3 平面板の角運動量
- 8.3 剛体の角運動量の一般論と慣性モーメント ・・・・・・・・243
- 8.4 慣性テンソルの性質 ・・・・・・・・・・・・・・・・・・・246
  - 8.4.1 平行軸の定理
  - 8.4.2 直交軸の定理
- 8.5 様々な物体の慣性テンソル ・・・・・・・・・・・・・・・・248
  - 8.5.1 1次元的な広がりのある物体
  - 8.5.2 2次元的な広がりのある物体
  - 8.5.3 3次元的な広がりのある物体
- 8.6 回転物体の運動 ・・・・・・・・・・・・・・・・・・・・・251
  - 8.6.1 回転する剛体の運動エネルギー
  - 8.6.2 転がる円柱
  - 8.6.3 車輪の加速
- 8.7 角運動量の時間変化 ・・・・・・・・・・・・・・・・・・・258
  - 8.7.1 倒れないコマ
  - 8.7.2 剛体同士の衝突

第9章 振動　265

- 9.1 単振動の運動方程式 ・・・・・・・・・・・・・・・・・・・265
- 9.2 単振動の微分方程式を解く ・・・・・・・・・・・・・・・・266
  - 9.2.1 定数係数の線型同次微分方程式の一般論を使う
  - 9.2.2 複素数で表現する単振動
- 9.3 単振動になる運動 ・・・・・・・・・・・・・・・・・・・・274
  - 9.3.1 バネ振り子
  - 9.3.2 振り子の振動
- 9.4 減衰振動 ・・・・・・・・・・・・・・・・・・・・・・・・277
- 9.5 強制振動 ・・・・・・・・・・・・・・・・・・・・・・・・281
  - 9.5.1 線型非同次方程式の解き方
  - 9.5.2 共振・共鳴

第10章 相対運動と座標変換　288

- 10.1 運動方程式と座標変換 ・・・・・・・・・・・・・・・・・・288
  - 10.1.1 平面直交座標から平面極座標へ

　　　　10.1.2　座標原点の平行移動
　　　　10.1.3　座標軸の一定角度回転
　　　　10.1.4　ガリレイ変換—等速運動する座標系
　　　　10.1.5　ガリレイ変換と質量の保存則
　10.2　非慣性系 ･･･295
　　　　10.2.1　並進運動する座標系における見かけの力
　　　　10.2.2　回転する座標系における見かけの力
　10.3　地球上で働く遠心力とコリオリ力 ･･････････････････････301
　10.4　相対運動 ･･･303
　　　　10.4.1　二体問題と換算質量
　　　　10.4.2　車にぶつかるか、車がぶつかってくるか

第11章　万有引力　　　　　　　　　　　　　　　　　　　　306

　11.1　万有引力の発見 ･････････････････････････････････････306
　　　　11.1.1　ケプラーの法則
　　　　11.1.2　万有引力の法則
　　　　11.1.3　万有引力の位置エネルギー
　　　　11.1.4　逆自乗則の性質
　11.2　惑星の運動 ･･･････････････････････････････････････311

おわりに　　　　　　　　　　　　　　　　　　　　　　　　322

付録A　物理で使う、微分と積分　　　　　　　　　　　　　323

　A.1　微分とは何か？ ･････････････････････････････････････323
　　　　A.1.1　その前に、関数とは何か？
　　　　A.1.2　微分とは「変化と変化の割合」である
　A.2　具体的な微分の計算 ･････････････････････････････････325
　　　　A.2.1　微分の計算の例
　　　　A.2.2　図で表現する「極限」
　　　　A.2.3　関数の近似とテーラー展開
　　　　A.2.4　いろいろな関数の微分
　A.3　いくつかの有用な微分の式 ････････････････････････････333
　A.4　計算せずに解く、微分方程式 ･･･････････････････････････334
　A.5　積分とは何か ･･･････････････････････････････････････335
　　　　A.5.1　積分の意味
　　　　A.5.2　高次の微小量が効かないこと
　　　　A.5.3　積分が微分の「逆」であること
　A.6　積分のいくつかのテクニック ･･･････････････････････････341
　　　　A.6.1　置換積分
　　　　A.6.2　部分積分
　　　　A.6.3　偶関数・奇関数と積分

- A.7 微分方程式を解く ……………………………………………342
  - A.7.1 線型微分方程式の性質
  - A.7.2 定数係数の線型同次微分方程式
- A.8 多変数関数の微分・積分 ………………………………348
  - A.8.1 多変数関数の微分—偏微分

付録B　ベクトルの内積・外積　　350

- B.1 内積の性質と計算則 ………………………………………350
  - B.1.1 内積の定義
  - B.1.2 内積の交換法則・結合法則・分配法則
  - B.1.3 内積の成分表示での計算法
- B.2 外積の性質と計算則 ………………………………………353
  - B.2.1 外積の定義
  - B.2.2 2次元の外積の性質
  - B.2.3 3次元のベクトルの外積
  - B.2.4 外積には平行成分は効かない
  - B.2.5 外積の結合法則・分配法則
- B.3 外積の成分表示での計算法 ……………………………362
- B.4 外積と微小回転 ……………………………………………363
- B.5 内積・外積の公式 …………………………………………363
- B.6 ベクトルの分解 ……………………………………………365

付録C　2次元・3次元の座標系　　366

- C.1 2次元の座標系 ……………………………………………366
  - C.1.1 平面直交座標系（デカルト座標系）
  - C.1.2 平面極座標
  - C.1.3 二つの座標系の関係
- C.2 3次元の座標系 ……………………………………………369
  - C.2.1 3次元極座標
  - C.2.2 3次元円筒座標
- C.3 2次元、3次元の積分要素 ………………………………371
  - C.3.1 面積積分
  - C.3.2 体積積分要素

付録D　次元解析　　373

- D.1 次元とは ……………………………………………………373
- D.2 次元解析 ……………………………………………………375
- D.3 単位について ………………………………………………377

付録E　問いのヒントと解答　　378

索　引　　402

第 1 章

静力学 その1
—力のつりあいの1次元問題

まずは「止まっている物体」の力学から始めよう。

> この本では力学を、物体が動かない場合から始める。まずは「物体が動かないための条件は何か？」を中心に考えていきたいと思う。
> とりあえずこの章では、問題を「1次元」つまり一直線上の問題に限る。垂直方向なら垂直方向、水平方向なら水平方向だけを問題にする。2次元や3次元の問題は第2章で扱う[†1]。
> → p39

1.1 静力学の法則

1.1.1 力がつりあうということ

物理で何かを計算する時の目標は、多くの場合、「ある時刻の状態」から「将来における状態」を導きだすことである。力学でもその種の「時間変化を求める」問題が多い。しかしこの本では、最初のうちは（状態の時間変化は難しいので後に置いておいて）、「時間変化しない状態」を考えることにする。このように時間変化しない状態のみを考える力学を「静力学」[†2]と言う。

実は、「変化しない」ことにも理由が必要である。

[†1] 「1次元」という言葉にぎょっとする人もいるかもしれないが、ここでいう「1次元」というのは、「一つの変数で物体の状態が表現できる」という意味である。とりあえずは「この章では一直線方向に力が働く場合だけを扱う」ということを知っておいてもらえば十分である。

[†2] 物理の世界で「**静**」（英語では static）と言ったら、それは音がしないという意味ではなく、動いていないということ。「静電気」の「静」もそう。

例えば、地球上において、木から離れたリンゴは、手を離せば落下する。「物体は（支えがなければ）落下する」というのは地上で生活していれば観察できる「観測事実」である。では、どのような時には落下し、どのような時には落下しないのか。落下しない場合として「手で持っている場合」「糸でつるされている場合」「机の上にある場合」などがある。「物体は落下する」というのが観測事実であると踏まえた上で、では「落下しない」時の「落下しない理由」は何なのか、それを考えていこう。

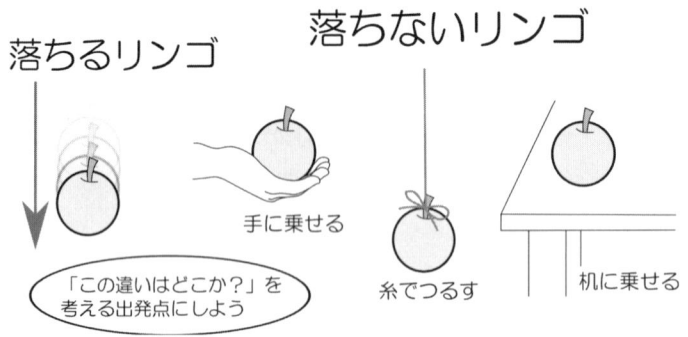

地上でリンゴを手で持ってみると「物体を下に動かそうとする作用」を感じる。このことと「地球上では物体は支えがなければ落下する」ということから、「地上にある物体は下に向かって引かれる」を経験的法則として感じ取ることができる[†3]。

「ニュートンはリンゴが落ちるのを見て重力を発見した」と書いてある本がよくあるのだが、「リンゴが落ちる」から「重力がある」というだけの推論なら、ニュートンでなくたってできる。ニュートンの「発見」が素晴らしいのは、「リンゴが落ちる」ことと「月が落ちてこない」ことを共通の原因（万有引力）で説明したことである。
→ p306

さて、古くはアルキメデスに始まり、ステヴィン、ガリレオなどの考察を経て、ニュートンがいわば「総まとめ役」となった力学の法則がある。この力学の法則に基づく力学は**ニュートン力学**と呼ばれる（これをどう使っていくのかが、言わばこの本の目的である）。ここではまず静力学に関する部分についてニュートン力学の結論を述べ、それがうまく現象を説明できる[†4]こ

[†3] ここではまだ最初なので「力」とは何か「下」とはどんな方向かは定義しないまま話を進める。
[†4] 今の場合は「物体が静止している理由」を説明できるだけだが！

1.1 静力学の法則

とを確認する、という方向で話を進めていくことにする。

力学の法則とはつまり後で説明する「ニュートンの運動の3法則」なのだが、この3法則のうちいくつかの部分は物体が動いている時に必要となる。ここでは運動は考えない（後でじっくり考えるから心配せぬように）ので、運動の3法則から「物体が動いていない時」に必要なエッセンスだけを取り出す。すると、以下のような二つの法則を考えればよい。

―――――― 質点に関する「静力学の法則」――――――
- 物体が止まっているならば、物体に働いている力の和は0である（つりあっている）。
- 二つの物体A,Bがあり、AからBに力が働く時には、必ずBからAにも力が働いている。これらの力は互いに逆向きであって大きさは等しい（**作用・反作用の法則**）。

「**質点**」という言葉が出てきたが、質点とは質量[†5]を持ち、かつ「点」すなわち「大きさを考慮に入れる必要がない」物体のことである。大きさを考慮する話は後で考えるが、その時には、作用・反作用の法則の後半を「これらの力は力の作用点を結ぶ直線（作用線）にそって働き、互いに逆向きであって大きさは等しい」と変更する[†6]。

一つめの法則が暗に示しているのは「力は運動を生じさせる」である。今問題としてとりあげているのは、「運動が生じない」（すなわち「静止状態を続けている」）状態である。その時は力がそもそも働いていないか、複数の力が働いてその力が消し合っているか、どちらかである[†7]。

力がどのように「運動を生じさせる」のかについては第4章以降に改めて考えることにする（とはいえ、「力」というものは「その方向に物体を動かそうとする作用である」ということぐらいはこの段階でも理解しておきたいと

[†5] 質量は、物体の量を表す目安の一つ。正確に定義することは難しい問題を含んでいるが、とりあえずは日常で「肉500グラム」とか「体重60キログラム」などという、あの「キログラム」のことだと思って話を進めよう。
[†6] この章では1次元的問題だけを扱うし、物体の大きさを勘定に入れないので、とりあえずはこの点は無視してよい。
[†7] ところでこのような「消し合う」とか「和は0である」とかいう話ができるためには、「力をどうやって足し算するのか」がわからないといけない。これについても後でじっくりやる。

---「逆」「裏」「対偶」について---

　数学的表現では、「$p \Rightarrow q$（pが成り立つならばqが成り立つ）」に対して「$q \Rightarrow p$（qが成り立つならばpが成り立つ）」を「**逆**」と言う。「逆は必ずしも真ならず」は数学的真理である。ちなみに「pが成り立たない」を「$\bar{p}$」と表現した時、「$\bar{p} \Rightarrow \bar{q}$（$p$が成り立たないならば$q$が成り立たない）」は「**裏**」と言い、「$\bar{q} \Rightarrow \bar{p}$（$q$が成り立たないならば$p$が成り立たない）」は「**対偶**」と言う。「$p \Rightarrow q$」が成立するからといって、その逆や裏が正しいとは限らないが、元の命題が成立すれば、対偶は常に成立する。

　今の例ではpを「物体が静止し続けている」、qを「力が働いていない」として、

	$p \Rightarrow q$	物体が静止し続けているならば、力が働いていない。
逆	$q \Rightarrow p$	力が働いていないならば物体は静止し続けている。
裏	$\bar{p} \Rightarrow \bar{q}$	物体が静止し続けてないならば、力が働いている。
対偶	$\bar{q} \Rightarrow \bar{p}$	力が働いているならば物体は静止し続けない。

となる。逆と裏はこの場合真ではない（逆が成り立つ時は裏も成り立つ）。

　また、$p \Rightarrow q$が成り立つとき、「qはpの必要条件」「pはqの十分条件」だと言う。「物体が静止するための**必要条件**は、力が働いていないことである」というふうに使う。日常用語で「AならばB」と言えば、AとBの間に因果関係があることを示唆するが、数学用語としては因果関係の有無は関係なく、「Aが真なのにBが偽」の時に限り「AならばB」は偽となる。「太陽が東から昇るなら人類は哺乳類である」も、「太陽が西から昇るならば人類は哺乳類である」も真である（「太陽が西から昇る」は偽なのでその後に何が続いても真）。「人類が哺乳類かどうかと、太陽が東から昇るかどうかは関係ないではないか」と思うかもしれないが、それでもよい。

ころだ）。また、ここで法則として表現したのは「静止している $\Rightarrow$ 力が働いていない」であって、「力が働いていない $\Rightarrow$ 静止している」ではないことに注意しなくてはいけない[†8]。

　「力が働いていない時は運動してないと言っていいのか？」という問題についても後でちゃんと考える。ここで法則として仮定することは、静止している物体を見たら「そこには力が働いていないのだ（あるいは複数の力が働いているがその和が0なのだ）」と考えてよい、ということだけである。

　「一つの物体に複数の力が働いていて、その和が0である」という状態を「**力がつりあっている**」と表現する。

[†8] この段階で「え、力が働いてないなら静止でしょ」と思ってしまった人は、後でその認識を改めてもらうであろう。
→ p120

1.1.2 鉛直な力のつりあい

「鉛直」とは「上下方向」のことである。厳密に言うと地球の重力の方向を示す。

単純な例から話を始めよう。床の上に質量mの物体[†9]が一個乗っている。

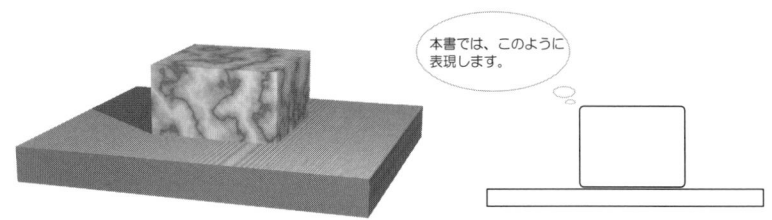

本書では、このように表現します。

本書の以下で使う図（上右のような図を描いていく）が、具体的にはどんな状況なのかを左の少し写実的（？）な絵で示しておいた。本書で使う図の描き方にはいろいろ（ちょっと普通と違うところも含む）ルールがあるが、それについては後で詳しく述べよう。
→ p9

この物体には、どんな力が働いているだろうか。この物体が床の上に静止しているとして、考えていこう。

地球上の物体には例外なく「重力」が働く。重力は「下」すなわち「地球の中心に向かう方向」に物体を引っ張る。その大きさを、物体の質量をmとして[†10]、mgと書く。力の単位は何でどのように決めるか（測るか）という点については後で考えるので、ここではただ、重力は（質量）×（重力加速度g）で表されるということだけ知っておこう。なぜgを「重力加速度」と呼ぶのかは後でじっくりと考えることにしよう。実は重力がmgと書けるかどうかは、使っている単位系に依存する。力の単位はNと書いて「ニュートン」と読む。だいたいの目安としては、100gの物体にかかる重力が1N（ニュートン）である。kgf（キログラム重）という単位を使っている時は、重力はmとなり、gは不要である。
→ p133

我々が「重さ」と呼ぶ量はこのmgであり、重さと質量mとはgがかかっている分だけ、違う。gは約9.8m/s^2という値であるが、実は場所によって

[†9]「質量m」というのは（通常）、その物体の質量が$m$kg（キログラム）だということであるが、$m$kgのkgはどのように定義するのか、という問題については後で話すことにする。
→ p80
[†10] 質量をmと表現することが多いのは、もちろん英語の「質量（mass）」の頭文字から。gの方は英語の「重力（gravitation）」から。

違う。月や火星では地球上でより小さくなるし、木星に行けば大きくなる。同じ地球上でも、緯度が高いところほど大きい（赤道がもっとも小さい[†11]）。

【補足】＋＋＋＋＋＋＋＋＋＋＋＋＋＋＋＋＋＋＋＋＋＋＋＋＋＋＋＋＋＋＋＋＋

「重さ」は場所や状況で変わってくるので、「場所や状況には左右されない物質の量を表現する数」として「質量」という数を物体一個一個に固有な量として定義する。

この時点で言えるのは「なんらかの方法で物体がどれだけあるかを表す量が定義できるとしよう」ということだけである。この考え方の詳細については、後で述べる。厳密には、$F = mg$ という式に現れる m は「重力質量」と呼ばれる量で、後で
→ p80
出てくる「慣性質量」とは別の量である（しかし、重力の性質のおかげで等しい量になる）。

＋＋＋＋＋＋＋＋＋＋＋＋＋＋＋＋＋＋＋＋＋＋＋＋＋＋＋＋＋＋＋＋＋【補足終わり】

もしこの力（重力）だけしか働かないとすると、下の図のようになる。

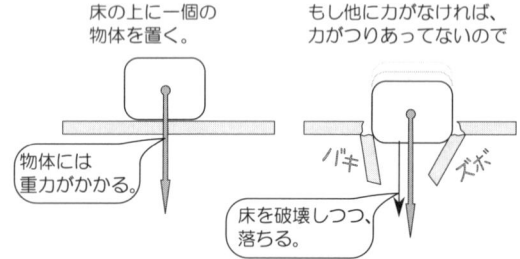

上の図に示したように、もしこの時働く力が重力だけなら、物体は下に動かざるを得ず、床を壊しながら下に落ちていくことになろう。

壊れたくない[†12]床は物体が落ちてこないように、力を出して物体の運動を阻止する。この力を「**垂直抗力**」と呼ぶ。「抗力」は名前の通り「**抵抗する力**」と捉えよう。「垂直」がつく理由はこの力が、常に面に垂直に働くからである。面が壊れまいとする作用による力だと考えると、面に垂直になることはなんとなくわかる[†13]。

[†11] 赤道で $g = 9.78\text{m/s}^2$、極地で $g = 9.83\text{m/s}^2$ という程度の微妙な差。
[†12] 擬人化して書いているが、もちろん床には感情はない。「壊れたくない」というのは「床を壊さないようにするなんらかのメカニズムがある」の比喩的表現というやつである。「いったいどんなメカニズムが？」と不審に思う人は、1.6.3節を待つこと。
→ p31
[†13] では面に平行な力はないのか、というと、後で出てくる静止摩擦力がそれである。
→ p40

その大きさを N と表そう[†14]。垂直抗力 N が mg より小さいと床は破壊される。mg より大きいと、物体が床を離れて上昇を開始する（飛び上がる？）ことになるが、もちろんそんなことは起きない[†15]。

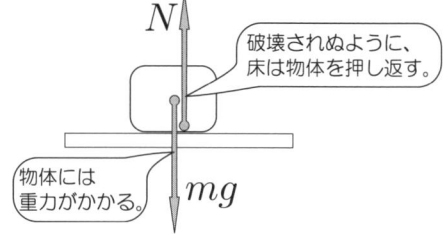

よって、

$$N = mg \quad (1.1)$$

という式が成立する。このような時、

> 重力 mg と垂直抗力 N が働き、つりあった。

と表現する[†16]。

「$N = mg$ なのだからわざわざ新しい名前と文字 N を用意しなくてもいいではないか」と思う人もいるかもしれないが、垂直抗力が mg でない状況はいくらでもありえる。よって（今の場合はすぐに $N = mg$ とわかるにせよ）いったんは「未知の大きさ N を持つ力」として書いておく。

1.1.3 力の絵の描き方についての注意

力学において（いや、物理全般においてそうかもしれない）的確な図を描くことはたいへん重要である。初等的な力学の問題は、図がちゃんと描ければ半分は解けていると言っていいだろう。それがゆえに、図の描き方には注意せねばならない。

力を描く時に注意しておかなくてはいけないのは、

---力の三要素---
(1) 大きさ　(2) 向き　(3) 作用点

[†14] N は垂直を表す英語である「normal」の頭文字。この力が床面に垂直に働いているところからくる。英語では「普通」と「垂直」が同じ単語なのである。
[†15] この辺りを読んで「どうしてそんなに都合よく垂直抗力の大きさが決まるのか？」という疑問を持つ人もきっといるだろう。「現実に床が破壊されたり物体が飛び上がることなんてないから」と言われても、「こうなるべきだからこうなる」と言っているだけでちゃんとした説明にはなっていないので、そういう疑問を持つのは当然のことである。これについても、後で1.6.3節を読んでほしい。
→ p31
[†16] mg や N は重力や垂直抗力の大きさを表現する文字なのだが、これらの文字を力の「名前」であるかのごとく、「重力 mg が働いた」とか「N は垂直抗力である」という言い方をするのが慣習である。

を明確にすることである。

　大きさについては明確にその測定法を示していないが、例えばバネばかりを使って測定できるとしておこう（詳しくは2.8.1節を見よ）。向きも大事である。そして見落としがちなので注意しておきたいのが「**作用点**」すなわち「力が働いている場所」である。

　力を矢印で描いているが、矢印の向きが「力の働く向き」すなわち「その力が起こそうとする運動の向き」[†17]である。そして力の矢印の長さが力の強さを表現している。

　そして大事なことは矢印の根本の位置が「力が働いている場所」（作用点）を表現していることである。

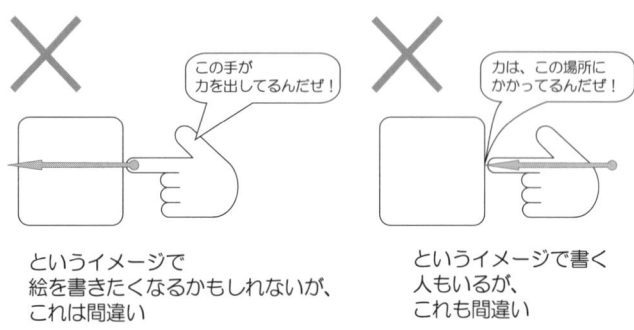

　上の図のように誤解して力を描いてしまう人が時々いるが、矢印の根本は「作用点」であって、「力を発する場所」ではないことに注意しよう。正しい描き方は右の図である[†18]。

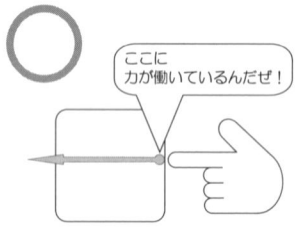

　今我々は「ある物体に複数の力が働いた結果、力が働かないのと同じ状況になる」という現象に着目しているから、「どの物体に力が働いているのか（作用点）」はたいへん重要である。図を描くときにも、その「重要なポイントである作用点」が明確になるように描くべきである。

[†17] くどいようだが、今は（結果として）運動が起こらない状態だけを考えている。この「起こそうとする運動の向き」の意味は第4章以降で考える。
→ p115
[†18] 本書では、作用点には○をつける描き方を採用した。

1.1 静力学の法則

さて、ここまで説明した図の描き方はおおむね万国共通のルールと思ってよい（作用点の位置については、本書とは違うルールの本もある）が、もう一つ、以下のような描き方をすることを、この本の独自のルールとしておく。

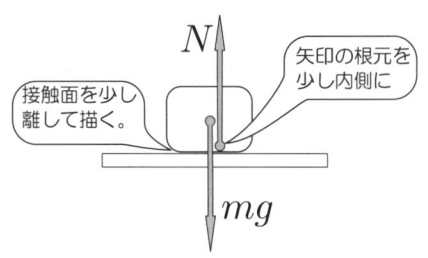

この本では、右の図に示したように、物体が実際に接触している場合でも、少しだけ離して描くことにする。また、実際には物体表面に働いている力でも、「表面そのもの」ではなく、少し内側の部分に作用点（矢印の根本）が来るように描く。

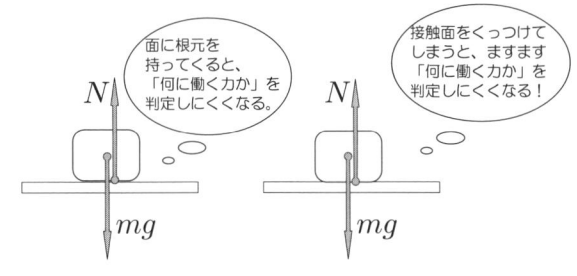

こう描く理由は二つの物体が接触している時に「矢印の根本（力の作用点）」がどちらに属するのかを間違えないように、である。

このように「作用点」を表現することには細心の注意が必要であるので、本書ではその点に気をつかった図の描き方をしている[19]。

一つの FAQ（Frequently Asked Question＝よく聞かれる質問）を紹介しよう。

【FAQ】この N と mg は作用・反作用ですか？

違う。**断じて違う**。こういう勘違いをする人があまりにも多い（時には立派そうな本にまで書かれている）ので、強調しておく。作用・反作用の法則は「**ある物体Aから別の物体Bに力が働いている時には必ず、その物体Bから、その力と逆向きで同じ大きさの力が物体Aに働いている**」（→ p3）（ここではまだ不要なので「作用点を結ぶ直線上」という条件は外した）というものであった。つまり、作用と反作用は「AがBを押す（作用）」と「BがAを押す（反作用）」のように、違う物体に働く。N と mg はどちらも今考えている一つの物体に働

---

[19] 世の中には様々なルールがあり、中には単なる慣習でそうなっているだけだったり、「なんでそんなことを守らなくてはいけないのか」と言いたくなる理不尽なルールもある。しかし上で述べた力の描き方のルールは「このルールを守ると何がいいのか」という点が明確である。

く力だから、作用・反作用の関係にはない。

「しかし、まず重力があり、その結果垂直抗力が生まれたのではないか？——これを「作用」と「反作用」と言ってはいけないのか？？」

と思う人もいるようだが、それは「反作用」という言葉の響き（なんとなく「反対する作用」というイメージでとらえてしまう）に引っ張られて、物理の用語である「反作用」を間違って解釈してしまっている。日常用語としてなら「作用が原因となって反作用が起こる」というのは正しいが、物理における「作用・反作用」の関係はそうではない。これについては1.2.1節でもう一度説明する。
→ p12

垂直抗力 N の反作用を図に描き込んでおこう。

最初に描いてあった N は「床が物体を押す力」であるから、その反作用は「物体が床を押す力」である。作用と反作用は同じ大きさに決まっているのだから、「物体が床を押す力」の方も N と表現した（もちろん、向きは反対で下向きである）。

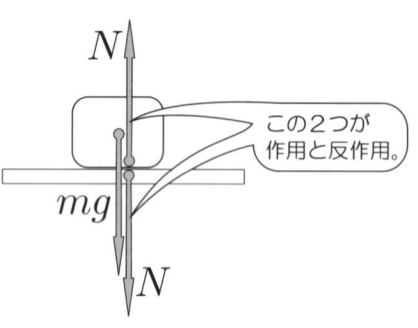

【FAQ】重力の反作用はないのですか？

もちろん、ある。重力とは万有引力の別名[20]であり、万有
→ p306
引力の法則は質量のある物体は互いに引っ張り合うと教えている。つまり、「物体も地球を引っ張る」のである。地球に働く力を見ると「（図の）上向きの mg と、下向きの N」であって、やはりつりあう（だから地球も静止できる）。ただ、この「物体が地球を引っ張る力」は通常無視している。地球の運動をいちいち考えたりしないからである。

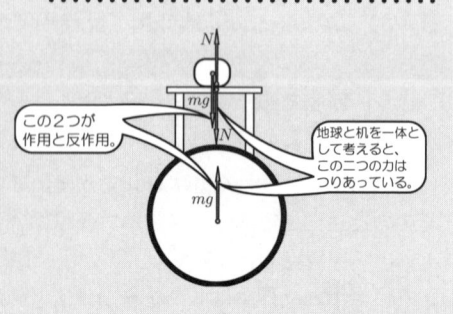

次に、カバンを手に持って立っているとき、カバンに働く力について考えよう。

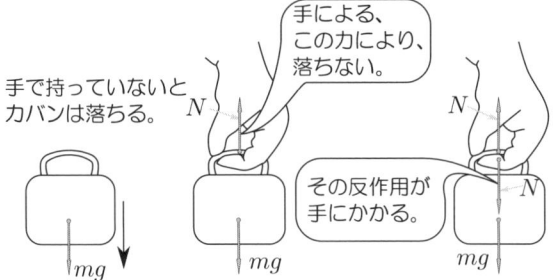

上の図に左から順に段階を踏んで描いた三つの力の大きさはすべて等しい（向きは、手がカバンに働く力のみが上向きである）。その理由を図で表すと以下のとおりである[21]。

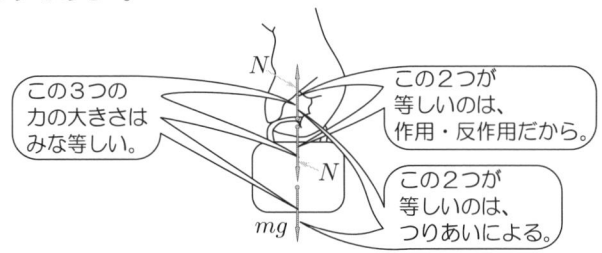

念の為注意しておく。日常生活で重いカバンを持った時、ついつい「カバンの重さが手にかかっている」という感覚を持ってしまいがちであるし、そう言ってしまうことも多い——この時、上の図で手に下向きに働いている N を「重力」とか「重さ」と呼んでしまっていることになる。しかし、実はこれは重力ではなく、「カバンと手の間に働く力」である。もちろん、なぜこの N という力が働くにいたったか、といえばその原因は重力 mg にあるが、物理の話をしている時は厳密に「重力」と「重力が原因で起こる力」は区別する必要がある。

さて、ここまでで力のつりあいを考えてきたが、そこで重要となったのは「作用・反作用の法則」である。では、次の節で作用と反作用についてもう一度整理しよう。

---

[20] 厳密に言うと、地球上における「重力」とは地球の万有引力と地球の自転による遠心力の和である。よって厳密には重力＝万有引力とは言えないが、ここでは遠心力を無視することにする。
→ p299

[21] ここでも「どうして N と mg がうまく等しくなるのか？」という点を疑問に思う人がいると思うが、それについては後の1.6.3節の説明まで待ってほしい。
→ p31

1.2 作用・反作用の法則についての注意

1.2.1 「作用・反作用」と「つりあい」は全く違う概念であること

「つりあい」と「作用・反作用」は「力の和が0になる」という共通点があるために、ついつい混同してしまう人がいるようであるが、全く違う概念であることに注意しよう。「つりあい」とは「一つの物体に働く複数の力の和」が0になることであり、「作用・反作用」とは「物体Aから物体Bに働く力」と「物体Bから物体Aに働く力」の関係である。

- 「つりあい」は一物体に働く力の話
- 「作用・反作用」は別々の物体に働く力の話

をちゃんと区別しよう。

「作用・反作用ってつりあいますよね？」と、よく間違っている人がいる[†22]のだが、そんなことは絶対に起きない。なぜなら、作用・反作用の関係は次の図のようなものだからである。

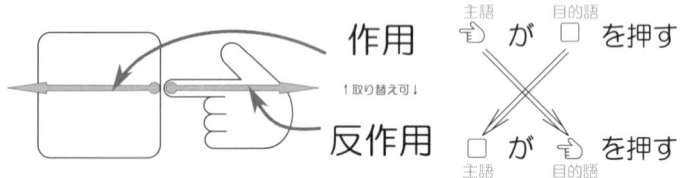

つまり、二つの力が作用・反作用の関係にある時は、その力が働いている物体は必ず**別の物体**であり、いわば"主語と目的語を取り替えた関係"にある。「二つの力がつりあう」というのは**同じ物体に二つの力が働いて、足すと0になる**という意味なのだから、「作用・反作用がつりあう」ことは絶対にありえない。違う物体に働く力を足すことには意味がないからである。

なお、本当は二つの別々の物体であるものを「一つの物体とみなす」という考え方をするならば、「(ある一つの物体に働く)作用と(もう一つの物体に働く)反作用を(これら二つの物体を一つとみなせば同じ物体に働く力になるので)足すと0になる」と考えられる。ただしこれは「二つ以上の物体

[†22] こういう間違いが頻出する理由は、後で説明する「内力が消える」話とごっちゃになってしまうからであろう。
→ p26

1.2.2 名前に引きずられないように

「作用」「反作用」という名前は実際のところ「悪い慣習」である。というのは、この言葉が、以下のような間違った印象を与えるからである。

これは間違い！！

まず、物体Aから物体Bに「作用」という力が働くと、それが原因となって、物体Bから物体Aに「反作用」が返ってくる。

作用・反作用には時間差はないし、原因と結果という因果関係でもない。次の点も、よくある間違いである。

これも間違い！！

物体Aが原因となって物体Bに力が働く時、物体Bに働く力「作用」であって、物体Aに働くのが「反作用」である。

「作用・反作用」は「作用」が「主」、「反作用」が「従」という関係ではない。したがって、二つのペアとなる力のどちらを「作用」と呼び、どちらを「反作用」と呼ぶかは単に「人の勝手」「その時の気分次第」である。

ここで確認のため、以下のクイズをちょっと考えてほしい。

【確認クイズ1-1】..
以下の文章は正しいか？──間違っているとしたら、どこが間違っているか？

(1) 相撲取りと小学生が相撲を取っている。この時、相撲取りが小学生に及ぼす力と、小学生が相撲取りに及ぼす力を比べると、当然前者の方が大きい。

(2) 人間が壁を殴る（これを作用とする）。すると壁は目に見えないほど小さくではあるがいったんへこみ、弾力で元に戻る。戻ってくる時に人間のこぶしにあたる。この時働く力が反作用である。

.......................自分なりの解答が準備できたらページをめくること。

> **答：どちらも間違いである。**

　まず(1)だが、「作用・反作用の法則」は「法則」であり、例外なく成立する。「相撲取りから小学生に及ぼされる力」と「小学生から相撲取りに及ぼされる力」はまぎれもなく「作用・反作用」の関係にある力であるから、同じ大きさで逆向きなのであり、けっして「相撲取りの方が力が強いはず」ということにはならない。

> 【FAQ】では、どうして相撲取りが勝つのですか？
>
> 　それはいろいろな理由がある。しかしそれは静力学の範囲で考えるより、運動方程式まで行ってから考えた方がいいので、説明はしばらく待ってほしい。単純な初等力学的考察をするだけでも、勝つためにはいろんな要素がからんでいることがわかってくるはずである。
> 　とにかくここで間違えた人は「力は一方通行のものではなく、作用・反作用がセットになったものである」をもう一度肝に銘じよう。

　(2)も間違いであるが、それは作用と反作用は同時に起こるものであるからである。(2)に書いてあるような、「作用」の後でしばらく時間経過を置いて「反作用」が起こるというような現象は起こらない。(2)の場合であれば、壁を殴ったその瞬間にもう反作用は働いている。そして、壁が戻ってくる時にも、やはり作用・反作用がワンセットで出現する。この「作用・反作用は常に同時にワンセットで出現する」ことが、意外に理解されていないことが多いので、ここでクイズとして書いておいた。間違えてしまった人は、まだ作用・反作用の概念が正しく頭に入ってない。ここまで、そして以下をよく読んで考えて、頭の中に正しい概念を吹きこんでほしい。

　作用・反作用の法則は前後関係を表すものでも、因果関係を表すものでもない。この法則をハムラビ法典（「眼には眼を、歯には歯を」）のように、「何かが起こると必ずその反動となる事象が発生する」と考えてしまう（つまり「作用」が「原因」で「反作用」が「結果」であるかのごとく考えてしまう）のは全く正しくない。作用と反作用は「同時に」働く。つまり、**原因（作用）→結果（反作用）という主従関係はない**。日常用語で「作用」「反作用」と

言う時とは感覚が違う。物理用語として使う時は言葉の意味は日常でとは変わってくる[†23]。どちらが原因なのかと問うのは無益なことである。「人が物体を押す。すると物体が人を押し返す」のように、二つの事象が別の時刻に発生するように考えてはいけない。むしろ、「人が物体を押す」という現象と「物体が人を押す」という現象は常にセットになって起こる、一つの事象である。作用・反作用の法則はそういう意味にとらえてほしい。

> 【FAQ】じゃ、どっちが作用でどっちが反作用なんですか？
>
> これは実は、回答のない質問である。
> 　力は常に「逆を向いて大きさが同じの二つの力のワンセット」で発生する。ワンセットの力のどちらを「作用」と呼ぶかは人の勝手である。どちらが「作用」でどちらが「反作用」か、それは決まらない、というよりも**決めてはいけない**。作用と反作用は同時に発生し、（なくなる時は）同時になくなる。

そろそろニュートンの時代から使われているこの「作用・反作用」（action-reaction）という名前からは卒業した方がいいんじゃないだろうか。「作用・反作用」という並びはどうしても、「まず作用があって、次に反作用が起こる」という時間経過をそこにあるかのごとく感じさせてしまうし、また「作用」が主で「反作用」はそれに従属するかのごとき印象も与える。しかし、作用と反作用は同時に起こるのだし、主従の関係にはない。作用と反作用を合わせたものを「相互作用」（interaction）と呼ぶが、「作用・反作用の法則」よりも、「同時相互作用の法則」などにした方が実態に合うように感じる[†24]。

1.3　重力と垂直抗力だけを用いた例題

床の上に物体B（質量m_B）を乗せ、さらにその上に物体A（質量m_A）を置いた場合について、働く力を考えていこう[†25]。

[†23] 後で出てくる「仕事」の意味の日常用語との差と並び、この「作用・反作用」という言葉の意味の日常用語との差は、物理用語と日常用語の剥離の中でも最たるものだろう。 → p194

[†24] さらに困ったことは解析力学で「作用」という全く別の概念が同じ言葉で語られることである（この本を読んでいる間は関係ない話ではあるが）。

[†25] 「物体A」や「物体B」などのA、Bは物体の名前である。一方質量mだとか重力加速度gなどは量である。量を表す文字はイタリック体（斜めになった文字）を使い、名前を表す文字は立体（斜めに

力を考える時は、以下の手順で行う。

- まず重力を考える。
- 次に、一個一個の物体に関して、触れている物体からどのような力が働くかを考える。

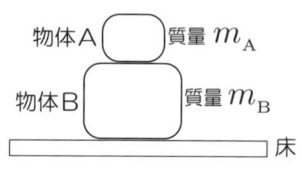

ここで出てくる力のほとんどは「物体どうしが接触してないと働かない力」（接触力）であり、重力だけが例外（遠隔力）だから別に考えることにする。

手順1 まず重力（$m_A g$ と $m_B g$）
手順2 物体 A に、物体 B から働く垂直抗力（N）がある（これがないと A が落ちる）
手順3 B から A へと垂直抗力が働いたのだから、A から B にも同じ力が逆向きに働く（二つめの N）

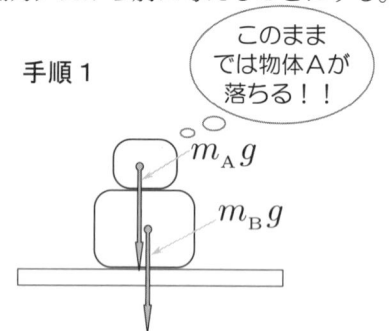

というところまでを考えると、手順1〜3と示した図が描ける。

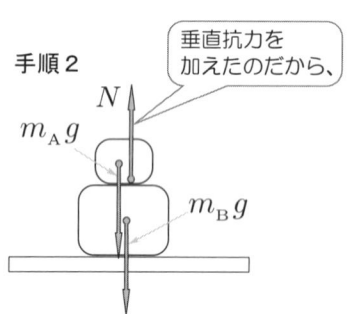

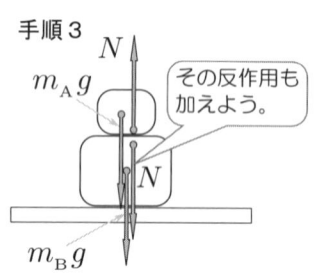

もちろんここで終わりではない。このままでは B が落ちてしまうから、床から落ちないように支えてくれる力（垂直抗力。さっきのとは別なので、N' と書いておこう）が働く（**手順4**）。床と物体 B の間に働く垂直抗力を（作用・反作用ペアまで）書き終えたのが次の右側の図である（**手順5**）。

なってない文字）を使うのが慣例である。名前ではないが、数学の定数（自然対数の底 e とか、虚数単位 i とか）も立体を使う（この慣例に従っている本と従っていない本があるが、本書では立体にしておく）。

1.3 重力と垂直抗力だけを用いた例題

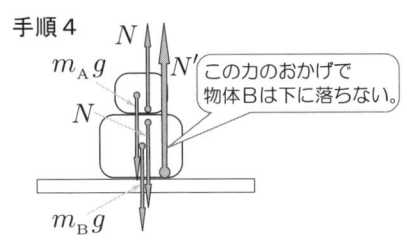

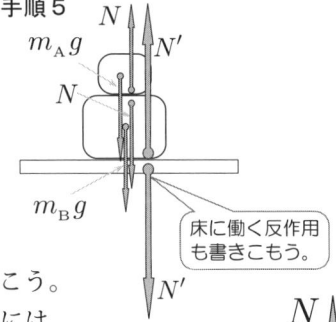

この時、力の間に成り立つ式を書いておこう。

物体Aが上にも下にも動き出さないためには、

$$m_A g = N \tag{1.2}$$

が成立しなくてはいけない。この式を出すためには、図全部を見る必要はない。右の図（手順5の図から、物体Aだけを抜き出したもの）だけを見れば十分である。

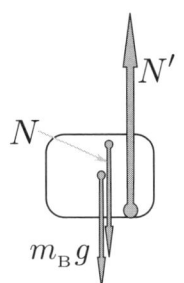

同様に、右の図（手順5の図から、物体Bだけを抜き出したもの）だけを見て式を立てれば、

$$m_B g + N = N' \tag{1.3}$$

となり、(1.2) から、$m_A g = N$ を代入すれば、以下の式が出る。

$$N' = (m_A + m_B)g \tag{1.4}$$

【FAQ】なぜ物体Aから床に力は働かないのですか？

こういう疑問が湧くのは、「物体Aがいることによって床に働く力は大きくなっているはずだ」という感覚があるからであろう。その感覚は全くもって正しい。しかし、その感覚から「物体Aから床に**直接**力が働いているはずだ」と結論してはいけない。床に力を働かせることができるのは、床と接触している物体だけである。

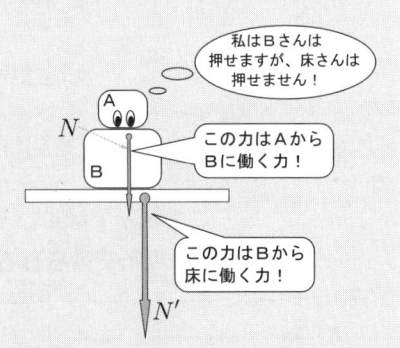

もちろん、物体Aがあることによって、物体Bが床に及ぼす力は増える。そ

れは「Bから床に働く力」である N' を通じてである。

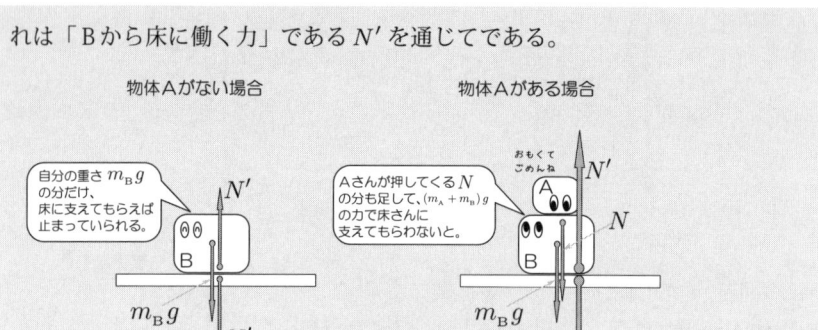

実際のところ、式 $N' = (m_A + m_B)g$ を見るとわかるように、床に働く垂直抗力 N' の式の中には $m_A g$ が入っており、物体Aの影響をちゃんと受けている。

念のためにちょっと注意を。この「物体Aが物体Bを押す力」（図の N）を、「物体Aにかかる重力だから」と考えて即座に $m_A g$ と書いてしまう人がいるが、これは注意が必要な行動である[†26]。

「どうせ物体Aに働く力のつりあいの式から、$N = m_A g$ になるのだから、最初から $m_A g$ にすればいいじゃないか」と思う人もいるかもしれないが、この関係はこれ以外に力が働いて3力以上の力が関与している場合はもちろん、つりあいの式が成立しない場合（運動方程式を立てなくてはいけない場合）にも通用しない。

力学に限らないほとんどの物理で通用する **"物理の極意"** として、

> 物理は局所的である

がある。「局所的」という言葉を使わずに（しかし少々くどく）言い換えれば

> この場所で起こっていることを知るには、
> この場所で得られる情報だけで十分である

[†26] 慣れてきた後で十分何をやっているのかわかっているのなら、やってもいいが、初心者には危険である。

である。床に関していえば、床に接触しているのは「物体B」だけなのだから、物体Bとの相互作用（作用・反作用）だけを考えればそれで十分なのであり、「離れたところ」にある「物体A」のことを思い悩む必要は全くない[†27]。この点はまさに「物理の極意」で、あらゆる方面に応用が効く。なお、「物理は局所的だ」というのは「遠方の影響がここに現れない」という意味ではなく、「遠方の影響がここに現れるためには、何かがこれを伝えてくれなくてはいけない」という意味である。あえて「局所的」などと難しい言葉をつかったが、なんせ「極意」なので少しいかめしいぐらいの言葉を使いたい。英語を使って「物理はローカルである」[†28]と言うこともある。

もしこの「物理は局所的である」ということが成り立っていないと、問題を考える時に考えなくてはいけないことが増えてしまい面倒である（例えば床に置いてある物体の静力学を考えるのに、火星の天気が関係するとしたら悪夢である）。もちろん、物理法則は人間が面倒かどうかを斟酌してくれているわけではない。宇宙が面倒でない物理法則を採用してくれていることは「ありがたいことだ」と感謝しておくべきであろう[†29]。

------- **練習問題** -------

【問い1-1】以下の図のような状況で、物体に働く力を図示し、つりあいの式を導き、未知の力を求めよ。未知の力を表す文字は自分で適当においてよい。

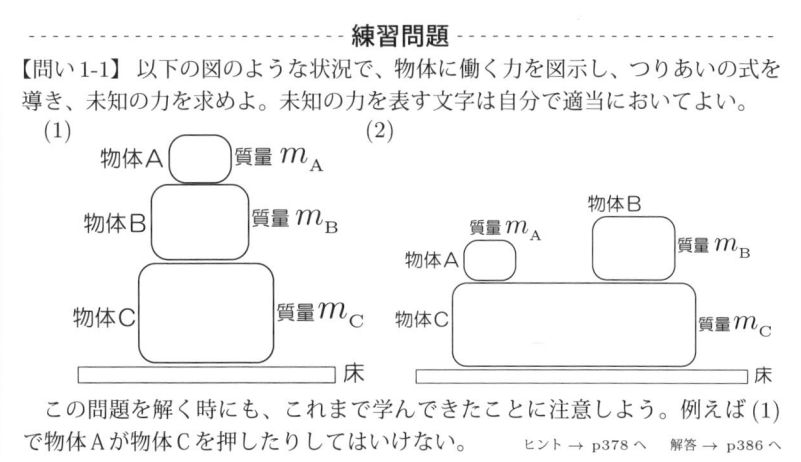

この問題を解く時にも、これまで学んできたことに注意しよう。例えば(1)で物体Aが物体Cを押したりしてはいけない。　　ヒント → p378 へ　解答 → p386 へ

[†27] ここまで出てきた力の中では、重力だけが「離れたところに働く」という意味で例外である。しかし実はそれは初等力学の範囲であって、実は物理の勉強が進めば、重力も「重力場」というものに媒介されて伝わる「局所的な力」であることがわかってくる。

[†28] 「ローカル」は日常用語ではしばしば「田舎」という意味がつけられるが、物理では局所的でさえあれば真ん中にあっても「ローカル」である。

[†29] 局所的でない物理としては、量子力学におけるEPR相関などがあげられるが、今この本を読んでいる人の多くにとっては、そこまで勉強するのはだいぶ先のことになるはずである。

1.4 糸の張力

1.4.1 糸でつながれた物体

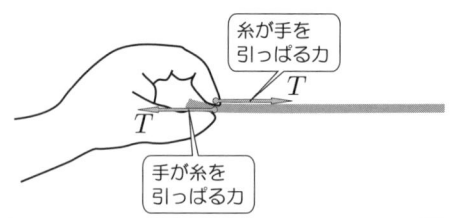

垂直抗力は「押す」力であった。ここでは「引く」力を考えよう。糸で何かを引っ張る時、その力は糸に沿った方向になる。手が糸を引っ張っている時に働く力を図で示すと、上の図のようになる[†30]。

いつだって作用・反作用の法則は成立するので、図に描いた二つの力は同じ大きさで、逆向きである。糸が滑車にかかったり、摩擦[†31]がない角にひっかかっているような場合についても、この「糸の張力はどこでも同じ」が成立するのだが、これについては2.7.1節で述べる。
　→ p71

糸の質量を無視できる場合、糸の張力はどこでも同じ強さになる。それは、下の図のように、糸に働く力を考えるとわかる。

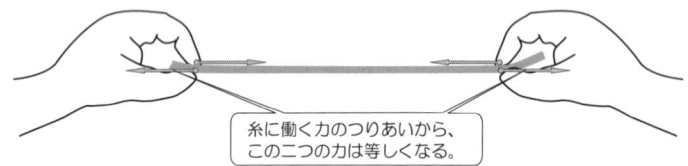

糸には図に描き込んだ二つの力しか働いていないのだから、この二つが同じ大きさで逆向きでないと糸は静止できない。

糸をある場所で仮想的に切ってみる（ほんとうに切ってしまうと張力はなくなってしまうから、あくまで仮想的に）。つまり、切り口より左の糸と切り口より右の糸という「同じ物体の二つの部分」をあえて「二つの物体」のように考えることにする。すると、切り口には右の図のように互いに引っ張り合うような力が働いて

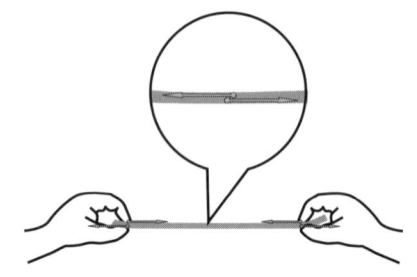

[†30] 張力に T という文字を使うのは、英語の「tension」から。「テンションが高い」というのはぴんと引っ張られているイメージ。
[†31] 摩擦力については後でじっくり述べる。
　→ p40

いる（でないと、糸の各部分が静止しない）。この仮想的切り口は任意の場所におけるから、糸の任意の場所で図に描いたような引っ張り合いが起こっている。

　糸の質量を無視できない時は、張力を一定と考えてはいけない（重力というもう一つの力も含めてつりあいを考えなくてはいけないから）。初等的な問題で「糸の張力はどこでも同じ」として考えるのは「糸の質量を無視する」という近似をやっているからである。

　糸の質量が無視できない場合については、次の節で考えよう。

　ここで大事なことを一つ。垂直抗力は「押す」だけしかできないのと同様$\overset{\rightarrow\ p22}{}$に、糸の張力は「引く」だけしかできない。糸の張力を使って押すことができない理由は、「糸を使って物を押すことができたとしたら、そのとき糸にはどんな力が働いているか」と考えてみればわかる。

　糸が何かを押しているとき、糸はその何かに押されている（作用・反作用）。よって糸の両端を押すようなことがあると、

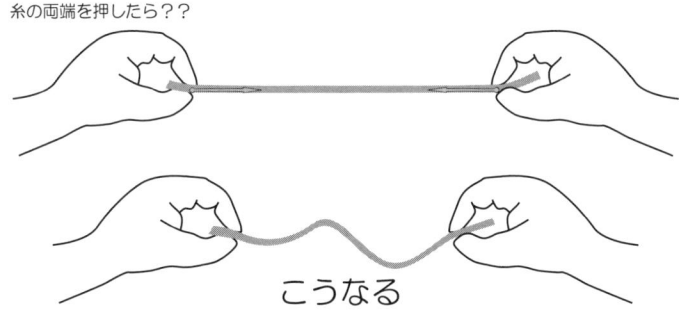

のように糸はたるんでしまい、もはや力を伝えることはできない。明らかに、「何かを押している」状態の糸があったとすると、その糸はたるんでしまう。

　では、いくつか練習問題をやっておこう。当然、力のお絵かきはこれまで同様にやろう[†32]。

[†32] 何度も何度も「図示せよ」という問題を出しているが、力学の基礎をきっちりと理解するためには、図に力を描き込み、どのような現象が起こっているのかを自分で手を動かして理解することが先決である。いや実は力学に限らず、図を描いて現象を理解するというのはどんな物理をやる時も基礎の基礎なのである。本書の問題のみならず、日常で起こる現象を見た時もそこに「どんな力が働いているのか？」と頭の中で矢印を引っ張るぐらいの気持ちで「物理に浸って」ほしい。

---------------- **練習問題** ----------------

【問い 1-2】以下の図のような状況で、物体に働く力を図示し、つりあいの式を導き、未知の力を求めよ。未知の力を表す文字は自分で適当においてよい。

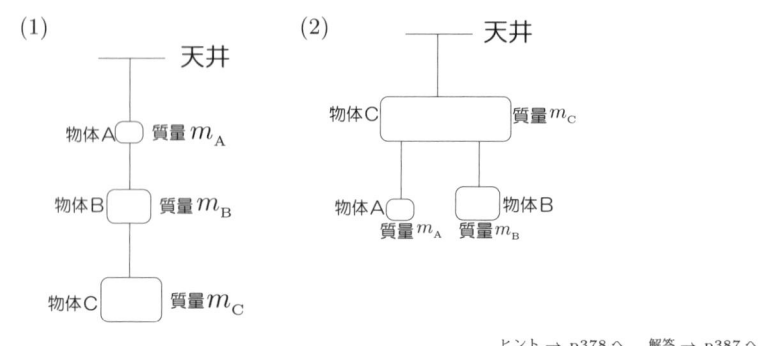

ヒント → p378 へ　　解答 → p387 へ

1.4.2 質量のある糸：今後のための準備運動　＋＋＋＋＋＋＋＋＋【補足】

この節は後で出てくる物理で非常に多く使われる、「微小区間に分けて計算し、後で積分する」という手法に、簡単な例で慣れておくための「準備運動」である。

糸に質量がある場合について考察しよう。この場合、張力は場所によって違う。右の図のように糸の上端を $x = 0$ として、そこから下にどれだけ移動したか、という距離を示す数字 x で位置を表そう。つまり、$x = 1$ の場所は $x = 0$ よりも1だけ下である[†33]。この位置を表す数字 x [†34] と、糸の張力との関係式を作ってみよう。ここでは、糸が単位長さあたり ρ [†35] という質量を持っているとしよう。

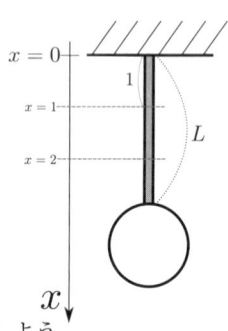

──────── 単位長さとは？ ────────

今考えている単位系で「1」にあたる長さ（国際単位系を使っているなら1m）が「単位長さ」である。1cm または 1 ヤードまたは 1 尺であることもあるだろう。単位面積、単位体積も同様で、$1m^2$（1平方メートル）や $1m^3$（1立方メートル）のことである。単位面積や単位体積は、「単位長さ」で作られる正方形・立方体の面積・体積を表す（そうすると「一辺が x の正方形の面積は x^2 である」が成り立つ）。「単位長さあたりの〇〇」は「〇〇の線密度」、「単位面積あたりの〇〇」は「〇〇の面密度」、「単位体積あたりの〇〇」は「〇〇の体積密度」のように表現する。

[†33] 単位は気にしなくてよいが、とりあえずは m（メートル）だと思っておけばよい。
[†34] この x のように位置を表現する数を「座標」と呼ぶ。座標のより厳密な定義はまた後で。
　　　　　　　　　　　　　　　　　　　　　→ p366
[†35] ρ はギリシャ文字で読み方は「ろー」である。アルファベットの r にあたる。物理では「単位長さあたり」「単位面積あたり」「単位体積あたり」などの密度を表現する文字としてよく使われる。

第一の方法

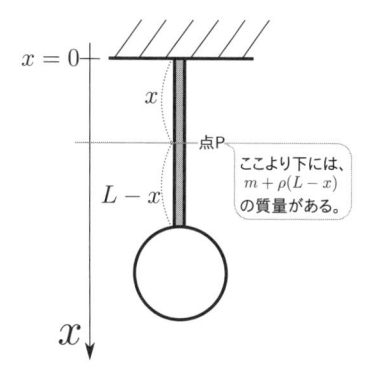

ある場所よりも下にある物体に働く重力を考える。右の図のように考えた場合、点Pより下には質量 m の物体と長さ $L-x$ の糸がある。よって、この部分の糸は、全部で $m+\rho(L-x)$ という質量の物体をささえている。力のつりあいを考えれば、張力 T は

$$T = (m + \rho(L-x))g \qquad (1.5)$$

である。この式を見ると、x が増加すると（つまり下に移動すると）張力 T は小さくなっていく。「下に移動すると、それよりも下にある物体の質量が減る」と考えれば、納得できる結果である。

第二の方法

まず、糸のうち、非常に短い部分に着目する。その部分の長さを Δx としよう[36]。

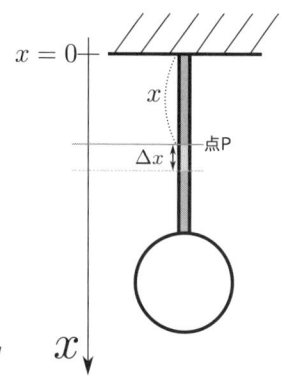

Δx は「x の変化量」[37]を意味する。Δ と x の掛算ではなく、これで一つの文字だと思ってほしい。読む時も「でるたえっくす」といっきに読む。小文字の方のデルタである δ を使って δx と書く場合もある[38]。

長さ Δx の短い部分の質量は $\rho \Delta x$ となる。この「短い部分」（図では他の部分より薄い灰色で表現した）に働く力を考えると、

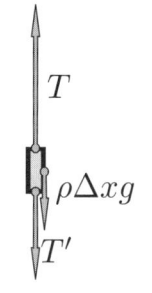

- 重力：質量が $\rho \Delta x$ なので、$\rho \Delta x g$
- この部分の上端での張力 T
- この部分で下端での張力 T'

という三つがある。この三つのつりあいの式から、

$$T = \rho \Delta x g + T' \quad \text{より} \quad T' = T - \rho \Delta x g \qquad (1.6)$$

となる。よってこの短い部分の上端に働く糸の張力が T であったとすれば、下端に働く糸の張力は $T - \rho g \Delta x$ である。

---

[36] Δ はギリシャ文字で、読み方は「でるた」である（ρ よりは知られているのではないかと思う）。
[37] 「デルタなんとか」はこれに限らず変化量を示す言葉として物理に限らず各分野で使われる言葉である。
[38] δx の方は変化量が微小である場合に使われることが多い。

下から働く T' の方が $\rho\Delta xg$ だけ T より小さい、すなわち、「下に Δx 移動すると張力は $\rho\Delta xg$ 減る」ということがわかった。これからわかることは、横軸 x で縦軸 T のグラフを描いたとすると、右の図のように右下がりの線になるだろう、ということである。つまり「長さ Δx だけ下に移動する間に T が $\rho g\Delta x$ 減った」という情報から、「x-T のグラフが傾き $-\rho g$ の直線になる」ことがわかる。

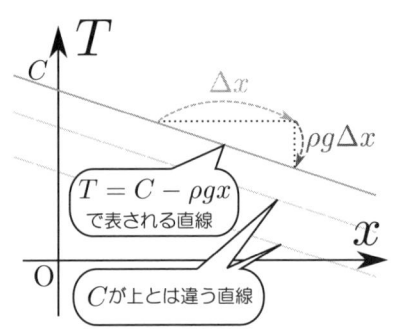

数式で表現すれば、

$$T = \underbrace{C}_{\text{定数}} - \rho g x \tag{1.7}$$

という形の式になる[†39]。C という定数は後で決める。ここまでわかったことは「T の減り方」だけなので、T の値を求められる式にはなっていない。グラフを使った表現に翻訳すると、「傾きはわかっているが T 切片はわかっていない（直線全体を平行移動させても、「Δx 移動すると張力は $\rho\Delta xg$ 減る」という性質は変わらないので、切片はまだ自由に変えられる）」という状況である。

では、C を決めよう。

残された条件、「$x = L$ ならば $T = mg$ であること」を使って、

$$\underbrace{T}_{=mg} = C - \rho g \underbrace{x}_{=L} \quad \text{(右辺の $-\rho gL$ を左辺に移項して)}$$
$$mg + \rho g L = C \tag{1.8}$$

となる。この $C = mg + \rho g L$ を $T = C - \rho g x$ に代入して、

$$T = mg + \rho g L - \rho g x \tag{1.9}$$

が答えである。もちろん(1.5)と同じ式となる。

第一の方法で考えればさっと出る式を、なぜあえて別の（まわりくどく思える）方法でもう一度出してみせたかというと、この考え方が「微分方程式を解く」という考え方の基礎となるものだからである。

「**第一の方法**」が「**全体を見て考える**」方法だとすれば、「**第二の方法**」は「まずは小さい部分に細かく区切って考えて、後でそこから全体で起こっていることを導く」という方法である。今やった「糸の張力を考える」問題では「全体を見て考える」ことはちっとも難しくないので、わざわざ「細かく区切って考える」ことが回

[†39] ここで $\rho\Delta xg$ という順番だった掛け算を ρgx と順番を変えているが、それは「変数を後ろに書く」という慣例に従ったからである。単なる慣例であるから従わなくてはいけないというものではない。

りくどく感じられる。しかしよりややこしい、全体をいっきに見ようとしてもなかなか全貌をつかむことができないような問題に対しては、この「細かく区切って考える」ことは非常に有効である。

その有効性は、きっと後でわかるであろう、と予告しておいて、準備運動はここまでにする。

✝✝✝✝✝✝✝✝✝✝✝✝✝✝✝✝✝✝✝✝✝✝✝✝✝✝✝✝✝✝✝✝【補足終わり】

1.5 系

1.5.1 「系」とは

物理では物体のひとつのまとまりを「系」と呼ぶ。系に含まれる複数の物体は、互いに相互作用を及ぼしている（力を働かせ合っている）ことが多い[40]。もっともよく使われる「系」が含まれる言葉は「太陽系」であろう。太陽系は「太陽を中心として万有引力という相互作用を及ぼし合っているひとつのまとまり」である。二つ以上の物体をまとめて考える系を「複合系」などと呼ぶこともある。

1.3 節では二つの物体A、Bを別々に考えて、それぞれのつりあいの式を作っていった。しかし、

二物体をひとまとめにして（一つの「系」にして）考えてしまうこともできるのでは？？

と、気づいた人もいるかもしれない。二つの物体をひとまとめにして考えた結果、AとBの間の力であった二つのN（AからBに働く垂直抗力N（下向き）とBからAに働く垂直抗力N）がないのと同様になる。2物体を一つの系として考える立場では、このNは「内力」と呼ばれる。つまり、系の一部から、同じ系に含まれる別の物体へ（そしてまたその逆に）働く力が内力である[41]。

内力が消えた過程を式で書くと、

---

[40] というより、何の相互作用もないのならわざわざ「系」としてまとめて扱う意味が薄い。
[41] ある力が内力であるかどうかは、「どこからどこまでを系と考えるのか」によって変わることがあるので注意。「国内」「県内」「市内」「家庭内」で「内」の意味は違うのと同じ。

$$\begin{array}{r}m_\text{A}g = N \\ +)\quad N + m_\text{B}g = N' \\ \hline m_\text{A}g \underbrace{+N}_{\text{相殺}\rightarrow} + m_\text{B}g = N' \underbrace{+N}_{\leftarrow\text{相殺}}\end{array} \qquad (1.10)$$

のように両辺に N が現れることで相殺が起こり、

$$(m_\text{A} + m_\text{B})g = N' \qquad (1.11)$$

となる。二つの物体に対するつりあいの式を辺々足した結果、両方の式の違う側に現れた二つの N が消えた式ができあがった。

もし、今求めたいのが N' すなわち床と物体 B の間に働く垂直抗力であり、物体 A と物体 B との間に働く垂直抗力 N には興味がないのだとすると、二つの物体をまとめて考えて、N を「内力である」を理由に最初から無視してしまった方が楽である。そうすれば、「A と B を合わせた物体」の質量が $m_\text{A} + m_\text{B}$ だと考えて、いきなり

$$(m_\text{A} + m_\text{B})g = N' \qquad (1.12)$$

というつりあいの式を導くことができる。

ここまで、「質量 m を質量 m' と質量 $m - m'$ に分割すると、重力は各々に対し $m'g$ と $(m-m')g$ ずつ働く」と考えて解いた。しかしそれが成立するためには「均質な物質であれば、重力も各部分に均等に働くであろう」という仮定が必要である。この仮定はもちろん正しい。作用・反作用の法則があるおかげで、分割して考えようとまとめて考えようと同じ結果が出ることに注意しておこう。

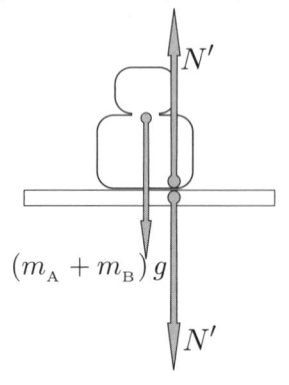

1.5.2 内力——作用・反作用の法則の有り難さ ╬╬╬╬╬╬╬╬╬【補足】

作用・反作用は二つの物体の間の相互作用として働く、ということをここまで述べたわけだが、この法則は我々がこの宇宙で起こる現象を考えるときに問題を大きく簡単にしてくれる法則である。

例えば、今ロケットの運動を考えるとする。ロケットの中には宇宙飛行士が乗っているとする。ロケットの中で宇宙飛行士が図のように「う〜〜ん」と踏ん張ることでロケットを加速できるだろうか？

力は「物体を動かす作用」だと考えると、ロケットは図の左向きに力を受けるのだから、左向きに動き出しそうである。しかし、ここで「ロケット＋宇宙飛行士」を一つの物体として考えてみよう（実際はそうではないが、宇宙飛行士が座席と一体となっていると考える）。

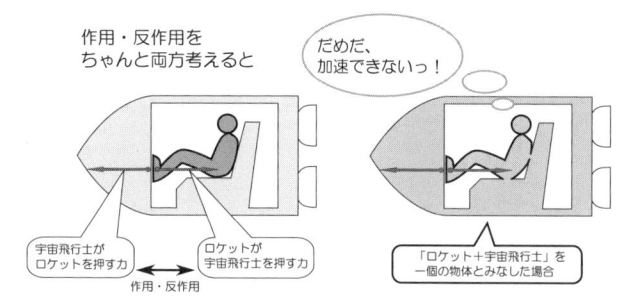

宇宙飛行士とロケットの間に相互作用は有り得ても、その相互作用は「ロケット＋宇宙飛行士」という二つの物体をまとめた「系」には何も影響を及ぼせない。

ここでは図だけで考えたが、運動方程式についてちゃんと勉強した後で、系全体の運動には内力が貢献しない、ということを(6.21)で示す。
→ p133
→ p185

もし、作用・反作用の法則がなかったらどうなるだろう？？——例えば落体の運動を考えるとき、その落ちる物体がどんな形か、あるいはその物体の内側にどんな力が働いているか、そういうことをちゃんと考えないと物体の落下運動が記述できない。幸いにして、そんなことはない（だからこそ、力学を使って地球などの惑星の運動を正確に記述できる！）。

╬╬╬╬╬╬╬╬╬╬╬╬╬╬╬╬╬╬╬╬╬╬╬╬╬╬╬╬╬╬【補足終わり】

1.6 弾性力

1.6.1 バネの力

次に、バネを考えよう。バネ（「発条」または「スプリング」とも呼ぶ）は図のように鋼材などを螺旋状にしたもので、引っ張ったり押したりすることで力を出す。

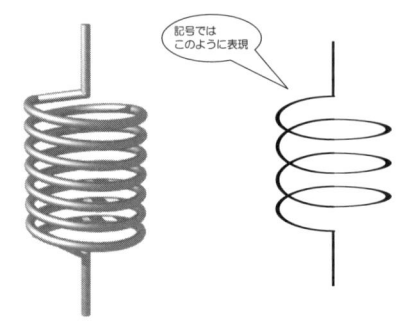

この時、バネの伸びや縮みの長さと、バネの出す力は比例するという近似的な法則（**フックの法則**）がある。正確には、フックの法則はバネに限らず「弾性体」一般に通用する法則である（ただし、これはあくまで近似的な法則である）。

バネを使って物体をつるした場合、持ち上げた場合の図を描いてみよう。

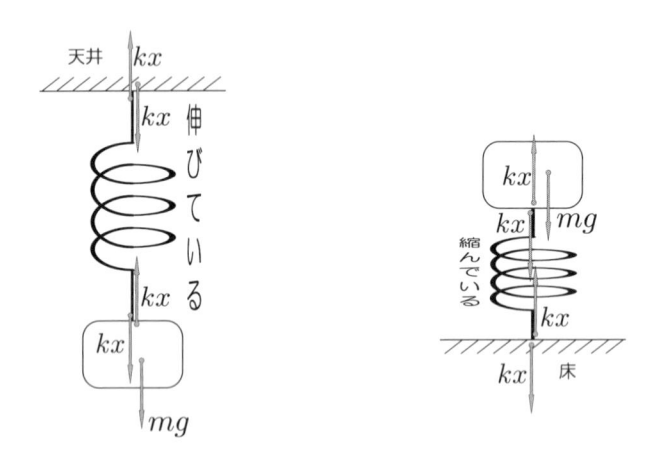

バネに働く力だけを取り出して描くと以下のようになる。

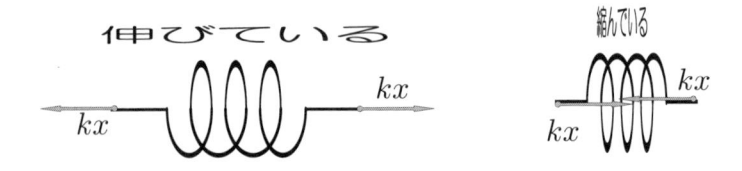

図に描き込んだ力 kx はすべて、「バネに働く力」である。左の「伸びている」状態では、バネが左右に引っ張られている（だから伸びる）。「縮んでい

る」状態では左右から押されている（だから縮む）。

一つのバネに働く二つの力が等しい（どちらも kx）のは、糸の時と同様、バネの質量を0として考えているからである。

【補足】＋＋＋＋＋＋＋＋＋＋＋＋＋＋＋＋＋＋＋＋＋＋＋＋＋＋＋＋＋＋＋＋

現実のバネにおいてはフックの法則はあくまで近似的にしか成り立たない。バネをどんどん押し縮めていくと、どこかで「これ以上縮まない長さ」に達する。また、ある程度の限度以上に伸ばすと、バネの出す力は大きくなっていかない。

フックの法則は、$x = 0$ 付近でだけ使えるのである（「付近」がどの程度までかは、バネによって違う）。バネ以外でもフックの法則が成り立つとして計算を行う場合が多いが、それもあくまで近似である。
＋＋＋＋＋＋＋＋＋＋＋＋＋＋＋＋＋＋＋＋＋＋＋＋＋＋＋＋＋＋＋【補足終わり】

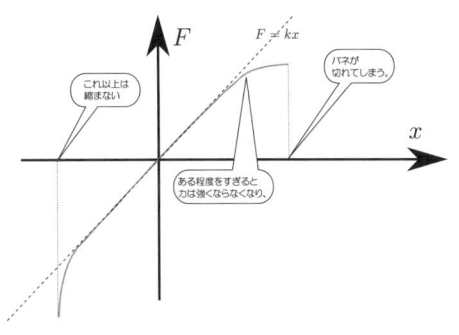

1.6.2　バネの連結

同じバネ定数 k を持つバネを直列につないだ場合を考えておこう。直列につないだ2本のバネの伸びは1本であった時と同じだろうか？

図を描かずに直観的に答えると、

―――――――――――― この考え方は間違っています！ ――――――――――――

2本のバネで物体が落ちないように支えているのだから、バネは半分の力を出せばよいのだから、伸びも半分になる。

という考え方をしてしまう人もいるかもしれない。

ここはちゃんと図を描いて考えよう。

上のバネが x だけ、下のバネが x' 伸びているとしよう。

上のバネには、天井から上へ引っ張る力と、下のバネから下に引っ張る力が働く。バネは x 伸びている、としたのだから、この力はどちらも kx である。

一方下のバネには、上のバネから上へ引っ張る力と、物体から下に引っ張る力が働く。バネは x' 伸びている、としたのだから、この力はどちらも kx' である。

上のバネと下のバネは引っ張り合っているので、二つの力（kx と kx'）は実は等しい（作用・反作用の関係である）。

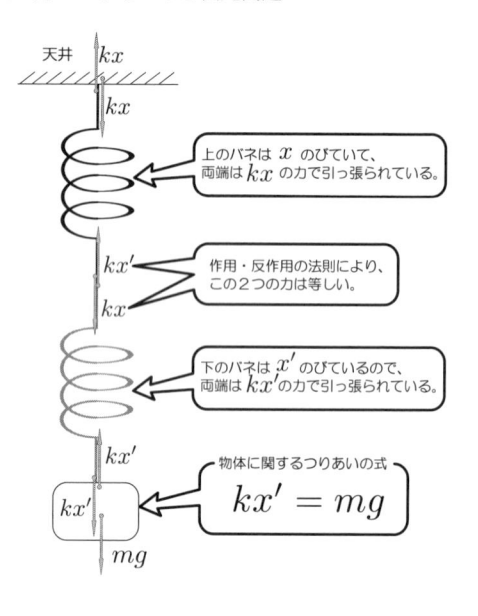

物体には重力 mg と、下のバネから引っ張る力 kx' が働くので、$kx' = mg$ というつりあいの式が成立する。

こうして、

$$mg = kx = kx' \tag{1.13}$$

と、登場したすべての力が同じ大きさであることがわかった。ということは、一本のバネの伸びは、バネ１本の時とバネ２本の時で全く変わらない。２本のバネが同じだけ伸びるのだから、全体としての伸びは２倍になる。

ここでも「**物理は局所的である**」という極意が効いている。上のバネの出す力は「天井」と「下のバネ」には働くが、「物体」には働かない（物体と上のバネは接触していないのだから！）。

最終結果を見ると、質量 m のもの（バネには質量がないとしていることにあらためて注意）を支えるのに、天井が mg の力を出している。間にバネがあることはあまり関係がない（糸でつるした時と同じ）。これは「作用反作用の法則のありがたさ」のおかげである。

「２倍伸びる」ということは、この２本の直列バネを１本と見立てたとき、「バネ定数が $\frac{1}{2}$ になった」と考えればよいことに注意しよう。

ここでは物体が一つであり（かつバネ定数を同じにしたので）連結された

1.6 弾性力

バネの伸びは同じになった。

　物体を上のバネと下のバネの間に挟んだのが右の図である。この場合はkxとkx'は作用・反作用の関係にはないので、等しいとは限らない。図がかなりごちゃごちゃしてくるのだが注意深く見て真ん中の物体のつりあいの式を立てれば

$$kx = kx' + mg \quad (1.14)$$

となり、$kx > kx'$ であることが確認できる。バネ定数は同じにしたので、この場合は上のバネの方が伸びている（現実のバネには質量があるので、たとえ物体が間に挟まっていなかったとしても、上のバネの方が伸びるだろう）。$kx' = mg$ と $kx = kx' + mg$ から $kx = 2mg$ となるので、$x = \dfrac{2mg}{k}, x' = \dfrac{mg}{k}$ となる。

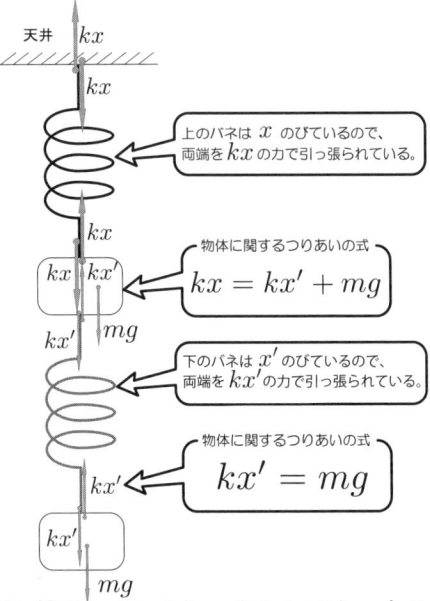

------------------------------ **練習問題** ------------------------------

【問い 1-3】　上で考えた問題で、二つの物体および下のバネを一個の物体であるとみなして考えると、即座にxを求める式が出てくることを示せ。
ヒント→ p378 へ　解答→ p387 へ

【問い 1-4】　バネ定数kのバネをちょうど真ん中で二つに切断すると、バネ定数はいくらになると考えられるか。
ヒント→ p378 へ　解答→ p387 へ

【問い 1-5】　三つのバネを直列に、間に質量mの物体を一個ずつ挟みながら連結した。絵を描いてつりあいの式を立てて、バネの伸びを求めよ。
ヒント→ p378 へ　解答→ p387 へ

【問い 1-6】　並列に同じバネを連結した場合は、どのようになるか、絵を描いてつりあいの式を立てて、バネの伸びを求めよ。
ヒント→ p378 へ　解答→ p387 へ

1.6.3 垂直抗力や糸の張力をミクロに見れば　+++++++++【補足】

　垂直抗力が働いている時、いったい「床」や「物体」には何が起こっているのだろうか？？——その点を知るために、以下のFAQに答えよう。

【FAQ】物体が上にある時、床はへこまないのですか？

これはものすごくいい質問である！

そう、当然床は変形している。床にしろ、その上に置かれた物体にしろ、原子でできているはずである。その原子一個一個に四方八方に向いたバネが付いているところを想像しよう。そのバネが（目に見えないほどに少しだけ）縮んでいるのだと考えると、垂直抗力の正体がわかる。

「垂直抗力の正体」を次のような図でモデル化[42]して考える。

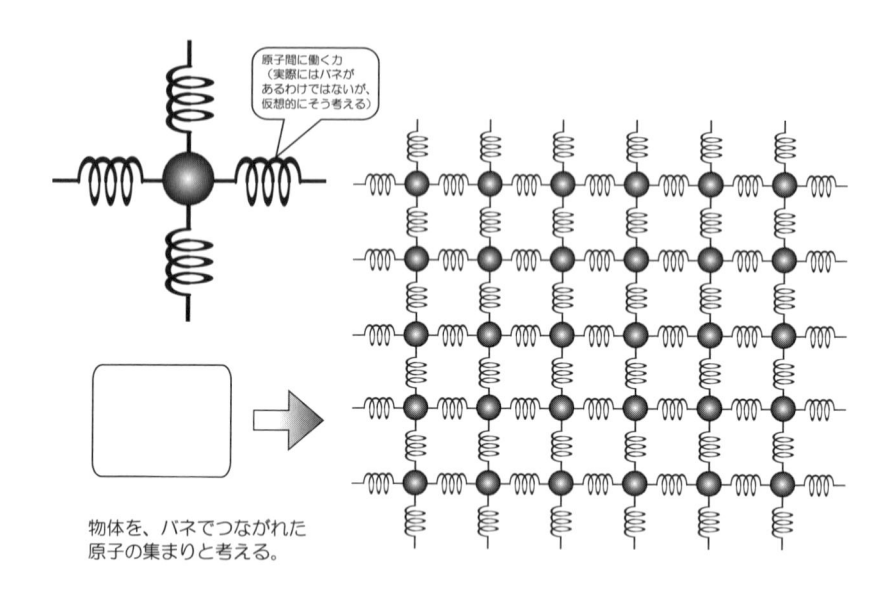

実際のところ原子一個一個にバネが付いているわけではないが、原子と原子の間に働く力はバネ同様の性質[43]を持つ。とはいえ、この考え方を真面目に原子論的に考えるのはたいへんなので、以下では「四方八方にバネが付いた原子」というモデルで考えていくことにする。

---

[42]「モデル化」というのは、実際に起こっていることを、実際よりも単純な現象に置き換えること。「現実よりも単純なメカニズムではあるが、現実と似たような状況になっている系」を"モデル"と呼ぶ。こうすることで考察しやすくする。ただし、モデル化をしたときは「実際よりも単純な現象に置き換えた」ことを忘れてはいけない。「現実は思ったよりも複雑だった！」ということもよくあるからである。

[43] バネで言えば「自然長」に対応する「平衡点」があり、その平衡点からずれると元に戻そうとする力（復元力）が働く。
→ p266

1.6 弾性力

　床の上に物体（ここで考えたモデル）を置いた時の一個一個の「バネ」の様子は下のようになる。

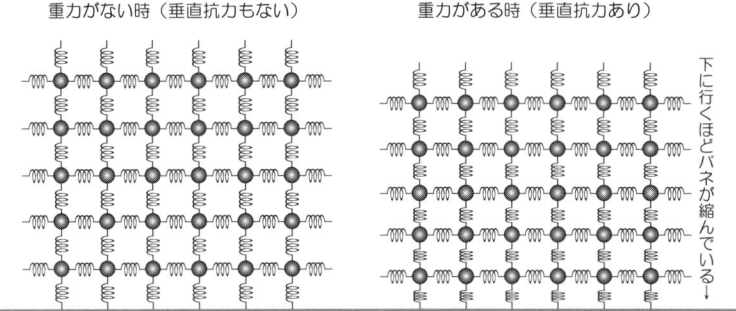

重力がない時（垂直抗力もない）　　重力がある時（垂直抗力あり）

↓下に行くほどバネが縮んでいる

　重力がある時はバネが（少しずつ違う長さだけ）縮んでいる。実際の物体でもこのような収縮が起きているのだが、目には見えない。そして、一個の「原子」を見ると、重力 mg、上のバネが押す力 kx と下のバネが押す力 kx' の間に

$$kx' = kx + mg \tag{1.15}$$

という式が成立している（ゆえに、下の方のバネほど縮みが大きい）。
　こうして「原子」の間に働く力である「バネ」が出している力こそが垂直抗力である。

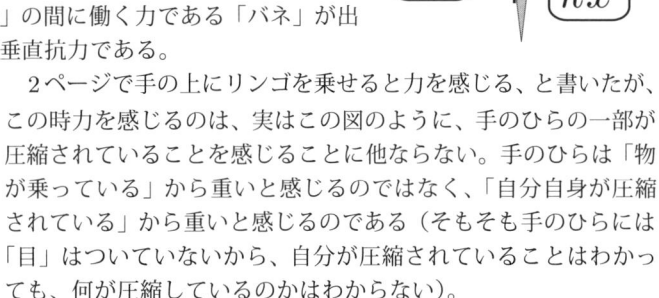

↑上に行くほどバネが伸びている

　2ページで手の上にリンゴを乗せると力を感じる、と書いたが、この時力を感じるのは、実はこの図のように、手のひらの一部が圧縮されていることを感じることに他ならない。手のひらは「物が乗っている」から重いと感じるのではなく、「自分自身が圧縮されている」から重いと感じるのである（そもそも手のひらには「目」はついていないから、自分が圧縮されていることはわかっても、何が圧縮しているのかはわからない）。
　糸の張力はこれとは逆に「バネ」が伸びている状態の出している力だと考えればよい（左の図のような状態）。糸に質量を与えているので、「上に行くほどバネが伸びている」ことになっているが、糸の質量を無視するならばすべての鉛直方向のバネの伸びは等しい。

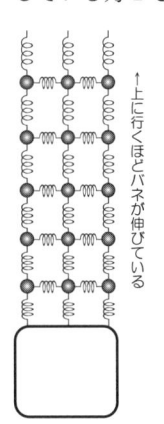

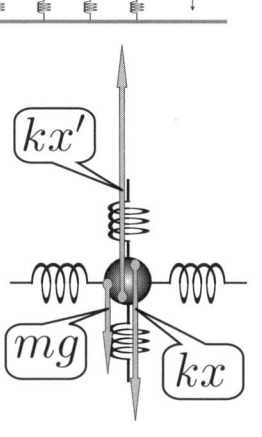

7ページの注釈†15 で、垂直抗力がなぜ都合よく物体に働く力がつりあうような値に決まるのか、を問題にした†44。上に書いた垂直抗力の説明が、この疑問の答えになると思う。たくさんの原子のある図ではわかりにくいので、バネを一個にして図を描くと、右の図のように、バネがちょうどよい長さだけ縮むことにより、適切な垂直抗力が得られる†45。このバネが原子のバネである場合、縮んでいるところが目に見えたりはしない。それはこのバネのバネ定数が非常に大きい（目に見えないほど小さい変形で十分な力を出す）と考えればよい。

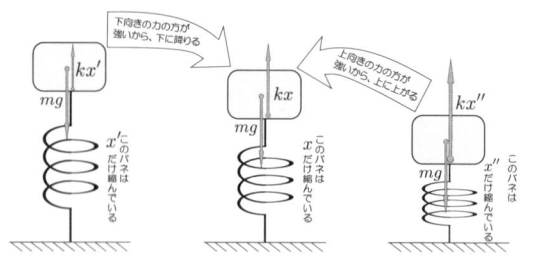

1.6.4　力は状態で決まる量である　+++++++++++++++++【補足】

1.6.3節では力が働いている時に物体に何が起こっているかについて説明したが、
→ p31
そこで得た重要な概念を一つ述べておく—それは「**力は状態量である**」ということである。

　物理では「**系のこれまでの過去の状態や履歴には全く依存せず、今のこの状態だけで一意的に**†46**決まる物理量**」のことを「**状態量**」と呼ぶ†47。

　バネの場合が一番（"状態"が目に見えるので）顕著であるが、物体に働いている力（張力、垂直抗力、弾性力、静止摩擦力など）はみな、物体の状態によって変化
→ p40
する量である。これらの力は物体の変形、すなわち状態の変化が生み出している力である。以上で考えたように物体がどのような力を及ぼし合っているかは物体の状態で決まるので、力も状態量の一つである。

　上で述べた他にこれまで出てきた力としては「重力」がある。重力はほぼ万有引力
→ p306
であるが、万有引力は物体が地球の近くにいるのか、月面にいるのか、火星にいるのかによって違う。つまり状態によって決まる力である点は変わらない。万有引力は一見「状態変化が生み出す力」には見えない。同様と思われる力としては電磁力（電荷に働くクーロン力や、磁場中の電流に働く力など）があるが、このような力も目に見えない「場」という状態の変化から起こる。重力なら「重力場」、クーロン力なら「電場」と呼ばれる量（空間の各点各点に存在している）が一種の「変形」を

---

†44 この疑問は糸の張力、それから後で出てくる、静止摩擦力などに関しても言えることである。
→ p40
†45 まだ物体が動く話をしてないので、ここの内容（ちょうどよい長さで止まるという話）は少しフライングである。今ピンとこない人は、動力学をやってからまた戻ってきてほしい。
†46 「一意的に」とは状態が決まればその物理量の値も一つに決まる、ということ。
†47 現在の状態の他に「これまでどういう状態にあったか」という履歴にも依存するような量は状態量とは言わない。また、特に理由もなく（他から影響が及ぼされたわけでもないのに）変化してしまうような量や、状態は変わらないのに測定するたびに値が変わっていたりするような量も、状態量とは呼べない（そもそもこんな量が有効に使えそうにないが）。

1.7 ベクトルへの第一歩——力の向きを正負で表現する

ここまでは力がつりあっていることを

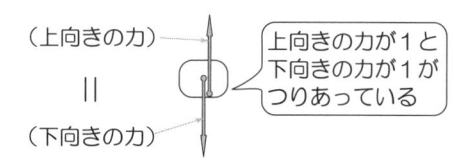

（上向きの力）
＝
（下向きの力）

上向きの力が1と
下向きの力が1が
つりあっている

のように表現した。しかし、

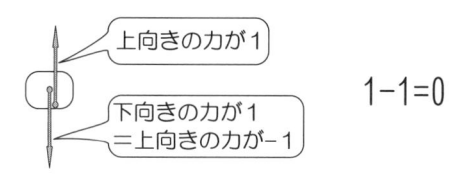

上向きの力が1

下向きの力が1
＝上向きの力が−1

$1-1=0$

のように、「下向きの力」を「マイナスの上向きの力」と解釈し、「逆を向いている力はマイナスにして足し算する」という足し算の仕方をして、「力の和が0になる」という計算に直すことができる。ちょうど、「1000円の借金」を「マイナス1000円の所持金」と解釈するのと同じような考え方である。

> 「上向きの力が1で下向きの力が1である時は、打ち消しあうので力は働いていない」

を、「上向きの力を正の数で、下向きの力を負の数で表現する」というルールを決めてから表現すれば、

> 「（上向きを正として）1の力と、（上向きを正として）−1の力が働いた。$1-1=0$なので力の和は0である」

と表す。同じことを「（下向きを正として）−1の力と、（下向きを正として）1の力が働いた。

$-1+1=0$ なので力の和は 0 である」と表現してもよい。どっちの向きを正とするかは「その時その時の都合」つまり「人の勝手」である。どちらが正の向きなのかを決めるのは人間の都合であって、自然はそういうこととは無関係に存在していることを忘れてはいけない。

上向きを正とする取り決めにおいては「上向きの力が 3 で下向きの力が 2」というのは「上向きに $3-2=1$ の力が働いている」である。このように正の向きを考えたうえで符号を考慮して足し算した量を「正味の量」（「正味の」は英語では「net」）と呼ぶ[†48]。

この「向きを考慮して正負を考えての足し算」という考え方は、ここから先でもずっと出てくる、重要な考え方である。ここまでの話を聞くと「どっちでもいいではないか」という気がするかもしれないが、問題が複雑になり、いろんな量を文字式で表現して計算していくようになると、このように「逆向きは負の量で表現する」という方法の便利さがわかってくると思う。

正の向きを定めて、逆向きを負の数で表現する手法が役立つ簡単な例を一つ示そう。

右の図のように床に垂直に立てたバネの上に物体を連結し、その物体にもう一つの力（上向きなのか下向きなのか、今はわからない）を加えて物体を静止させた。バネが自然長よりも x だけ縮んでいたとすると、加えた力はどれだけの大きさで、どちら向きだろうか？

力が上向きか下向きかわからないので絵も描けないではないか、と言いたいところだが、ここは「上向きは正」というルールを採用して、かつ「本当はどっち向きかわからないけど、とりあえず正の向き（上向き）と仮定する」として図を描く。図に描き込まれた力から式を作ると

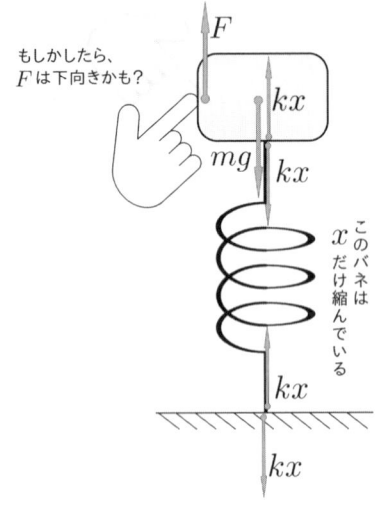

$$F + kx - mg = 0 \tag{1.16}$$

[†48] 例えば 5 万円持っているが 3 万円の借金がある時、「正味の所持金は $5-3$ で 2 万円」ということになる。

1.7 ベクトルへの第一歩——力の向きを正負で表現する

である（Fは上向きであることに注意）。

これから、$F = mg - kx$ という式が出てくるわけだが、$mg > kx$ ならば $F > 0$ だが、$mg < kx$ なら $F < 0$ である。次に、二つの状況を図で示した。

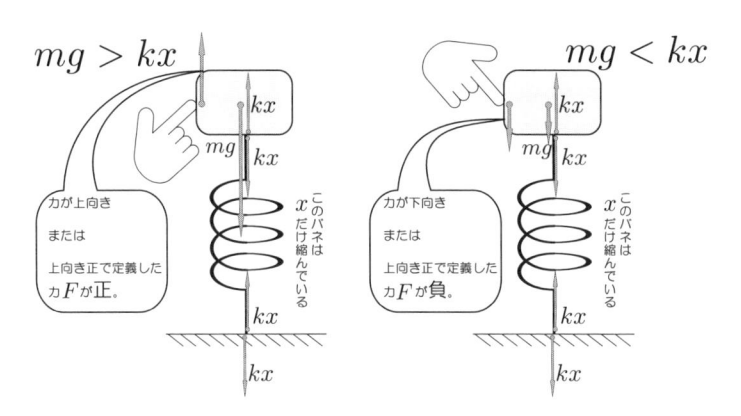

最初に「手が加える力を上向きに F とする」としたとき、まだ上向きか下向きか決まってないのに上向きに F」と決めてしまっていいのか？——と不安になったかもしれないが、もし上向きではなく下向きだったとしたら、F が負の量になって計算されるだけのことであるから、その心配の必要はなかった。

念の為に注意しておくと、このような表現の仕方をしている以上、「上向きに F の力が働く」と書いてあっても実際の力が上向きに働いているとは限らない。F が負の量であるかもしれないからだ[†49]。「上向きに大きさ F の力が働く」と書いてあるなら間違いなく上向きである（「大きさ」に負はない）。

さて、以上のように力というのは向きに応じて正負を考慮しなくてはいけない量である。物理ではこのように向きを考慮しなくてはいけない量を「ベクトル」と呼ぶ。この節で説明したのは向きといっても上下方向の一方向のみであるから、「1次元のベクトル」である。

次の章から、さらに左右方向や前後方向も考えて、2次元・3次元でのつりあいについて考えていくことにする。

[†49] 「私の今年の年収は昨年の年収の2倍です」と言われても、去年の年収が負であった可能性を考えると安心してはいけない（こういう話はお金に例えるのが一番すっきり理解できるようである）。

章末演習問題

★【演習問題1-1】
　Aさんが大きな犬を引っぱろうとして「手がちぎれそうだ！助けてくれ」と叫んでいる。それを見たBさんが「よしきた！」とAさんの腰を持ってAさんを引っ張った。

はたしてBさんはAさんを助けているだろうか？

ヒント → p1w へ　　解答 → p10w へ

★【演習問題1-2】
　糸を壁にくくりつけ、右手でTの力で引っ張ったところ、糸が切れた。同じ糸の両端を持って左右の手で持って引っ張ったら、どれだけの力で切ることができるか？

ヒント → p1w へ　　解答 → p10w へ

★【演習問題1-3】
　体重計などの秤が実際に測っているのは、「秤にかかる垂直抗力」である。下の図の(0)の場合、$N = mg$ であり、垂直抗力をgで割ることで秤は「上に質量mの物体がある」と判断している。では、(1)〜(5)のような場合（もちろん物体はすべて静止している）、秤のさす目盛り（垂直抗力Nをgで割ったもの）はいくらになるだろう？

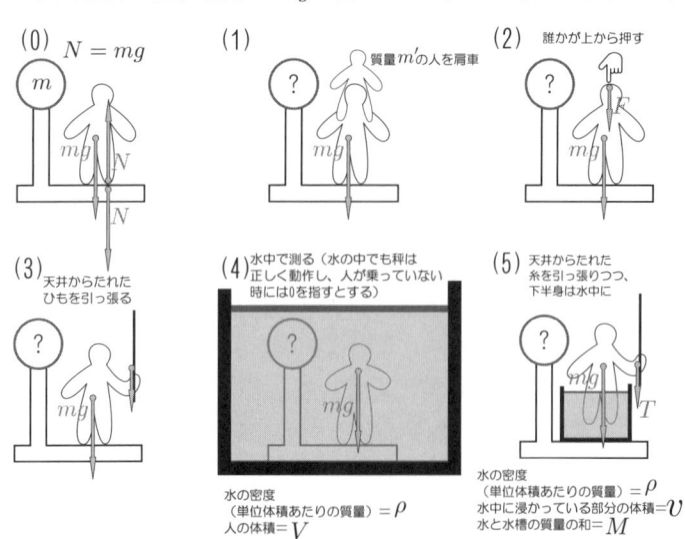

(0) $N = mg$

(1) 質量m'の人を肩車

(2) 誰かが上から押す

(3) 天井からたれたひもを引っ張る

(4) 水中で測る（水の中でも秤は正しく動作し、人が乗っていない時には0を指すとする）
水の密度（単位体積あたりの質量）$= \rho$
人の体積 $= V$

(5) 天井からたれた糸を引っ張りつつ、下半身は水中に
水の密度（単位体積あたりの質量）$= \rho$
水に浸かっている部分の体積 $= U$
水と水槽の質量の和 $= M$

　(4) と (5) については、「水中の物体には、その物体が押しのけている水に働く重力と同じ分の浮力が上向きに働く」というアルキメデスの原理を適用する。当然ながら、浮力にも反作用が（水に対して）働くことに注意せよ。

ヒント → p1w へ　　解答 → p10w へ

第2章

静力学 その2
－2次元・3次元での力のつりあい

力は実はベクトルであるから、向きを考慮しなくてはいけない。

「物体が動く話が先に知りたい」という人はこの章を飛ばして第4章を先に読んでもよいが、後で戻ってくること。
→ p115

2.1　2次元のつりあい

2.1.1　二つの方向に働く力

ここまでは一つの方向に働く力のみを考えて来たのだが、ここでもう一つの方向「左右方向」も同時に考えよう。

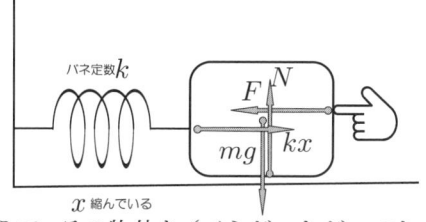

水平なバネにつながれた物体を考えて、その物体を（バネがつながってない方から）押したところを考える。この時物体に働く力のみを図に示した（床や手に働く力は記していない）。

この時、四つの力が働いているが、上下方向（鉛直方向）に働いている力は

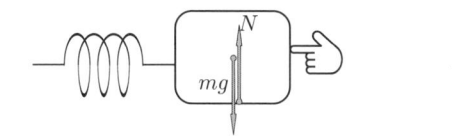

$$\text{上向きに } N \quad \text{下向きに } mg \quad (2.1)$$

である。左右方向は

左向きに F　右向きに kx (2.2)

である。

この時、つりあいの式は、上下方向と左右方向を別々に立てて、

$$N = mg（上下方向）\qquad F = kx \quad （左右方向） \qquad (2.3)$$

とすればよい。

あるいは、1.7節のように、上下方向については「上向きは正」というルールで、左右方向については「左向きは正」というルールで式を書けば、

$$N - mg = 0（上下方向）\qquad F - kx = 0（左右方向） \qquad (2.4)$$

である。「下向きは正」「右向きは正」というルールなら

$$mg - N = 0（上下方向）\qquad kx - F = 0（左右方向） \qquad (2.5)$$

となるが、同じ式の書き方を変えただけのことである（もちろん、「上向きは正」「右向きは正」というルールでもかまわない）。

ここで簡単に「上下方向と左右方向の力は別々に考えてつりあいの式を立てればよい」と述べたが、そういうことができるのは力が「上下方向と左右方向は独立である」という性質を持っているからである。それはすなわち「ベクトル」というものの持つ性質でもある。

ここから先では上下でも左右でもない「斜めの力」も考えなくてはいけない。そのためにはどうしても「ベクトル」という概念を使って計算していくことが必要になる。2.3節で、ベクトルについて学ぼう。

2.2　静止摩擦力

ベクトルの話の前に少し、「上下方向」と「左右方向」に力が働く場合の問題をやっておくことにする。そのために、力の種類を一つ増やそう。

2.2.1 面に働く（垂直抗力以外の）力

　床の上に物体を置いて、その物体を手で（水平に）押しているが、しかし物体は動かない、という状況を考えてみよう[†1]。

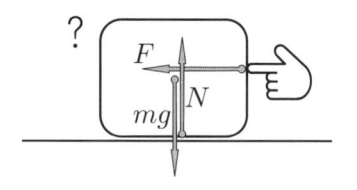

　この本にここまでで出てきた力のみを考えると、重力 mg（下向き）、垂直抗力 N（上向き）、手の力 F（左向き）と三つの力が働いていることになるが、これではこの物体は静止できない。

　というのは、これまでの話からおそらく、mg と N は大きさが同じで向きが逆であり、打ち消しあうであろうと考えられるからである。ところがそれでは、F を打ち消してくれる力がなくなってしまう。

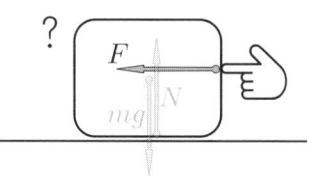

　ではどう考えれば物体が止まっていることを説明できるかというと、以下の二つの可能性が考えられる。

- これ以外にもう一つ、F と打ち消しあう力が働いている。
- N という力がこれまでとは違う大きさ、違う向きになる。

　とりあえず第一の可能性で図を描いたのが次の図である。F とは逆向きの力 f が働いた結果として、物体は静止しているのだろう。

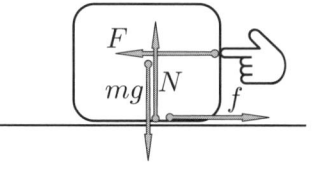

　この力は何から来るかと考えると、物体に接触しているのは床と手であるからこのどちらかである。しかし手は既に左に押している。同時に右に引っ張っているのでは、手は結局何もしてないということになってしまう。よって右向きの力を出しているのは床であろう。ということで、床との接触面で力が働いたと解釈できる図にしてある。

　この力は「**静止摩擦力**」と呼ばれる。

　もう一つの解釈が、「垂直抗力」ではなく、垂直ではない「抗力」が働いたという考え方である。

[†1] こういう状況は実際によくあるはずである。重いタンスや冷蔵庫を一人で動かそうとして悪戦苦闘したことがある人は多いはずだ。

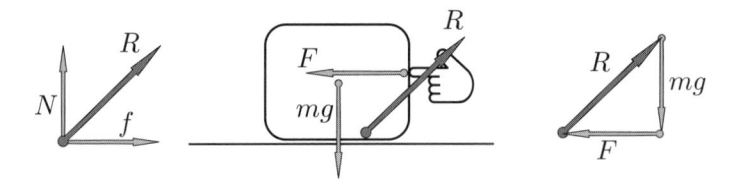

斜めの力であるR一つが働くことで、上向きのNと右向きのfの二つが働いたのと同じ効果を及ぼしていると考える。

同じ現象をどう解釈しているかの違いだけであって、この二つの考え方には本質的な違いは何もない。

さて、ここで「斜めの力Rが、上向きの力Nと右向きの力fを合わせたものと同じ」という考え方を紹介したが、これこそが後の2.4.1節で学ぶ、ベクトルの分解と合成の考え方である。
→ p53

2.2.2 静止摩擦力の性質

今新しく出てきた静止摩擦力の性質についていろいろ確認しておく。

まずこの力は「力がつりあうように（結果として物体が静止するように）」大きさと向きが調節される力であること（この点は垂直抗力に似ている）に注意すべきである。重力が質量と重力加速度[†2]だけで決まるのに対し、垂直抗力や静止摩擦力は状況に応じて変わる。なお、摩擦が全くない面のことを「なめらかな面」と呼ぶことがある。

「状況に応じて変わる」と書いたが、いくらでも大きくなると考えるのは実情に合わない。実際には、弱い力では動かせない物体も、力を大きくすれば動き出す。それはつりあいの式が成立しなくなったということであり、「つりあうだけの力を静止摩擦力ではまかなえなくなった」ということでもある。その限界は、近似的には垂直抗力に比例する。

$$（静止摩擦力の大きさ） \leqq （比例定数） \times （垂直抗力） \quad (2.6)$$

という式が成立し、この比例定数を「**静止摩擦係数**」と呼ぶ。ただし、あくまで近似であることに注意しよう。現実的な問題では、単純に垂直抗力に比例するわけではないし、「物体を床に置いてから経過した時間の長さ」で変化す

[†2] 重力加速度は初等力学では「定数」として扱うことが多いが、実は地球上でも場所によって違う（赤道に近いと小さいし、地形の影響も受ける）。

2.2 静止摩擦力

る（つまり定数じゃない？）こともある。

今考えた例では $F = f$ と $mg = N$ という等式（つりあいの式）が成立していたので、(2.6)は

$$F \leqq \mu mg \tag{2.7}$$

となる（静止摩擦係数を μ とした[†3]）。

この条件が満たされているなら、物体は動かない（つりあいの式が成立できる）。F が μmg を超えると、物体を動かすことができる、というわけである。すべり出す直前の、物体が動かないぎりぎりの時の様子は右のように描ける。つまり、R の向きがある角度（図の α）を超えて水平に近づくと物体は動き出す。

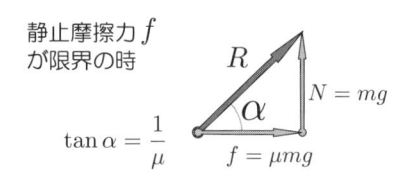

静止摩擦力 f が限界の時

$\tan\alpha = \dfrac{1}{\mu}$

$N = mg$

$f = \mu mg$

2.2.3 静止摩擦力がある場合の練習

図のように、物体が上に乗っている物体を糸で引っ張る場合を考えてみよう（例によってこの章は静力学の章なので、実際には動かない状態を考える）。

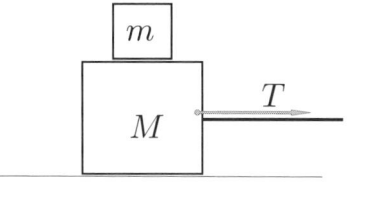

この引っ張る力（張力 T）がどれだけになったら物体は動き出すだろうか。

まず力の絵を描いてみると右のようになる。働く力として、最初からわかっているのは張力 T（そもそも問題の前提）と重力 mg と Mg である（図に示したように、下の物体の質量を M、上の物体の質量を m とした）。この他に、上の物体は下の物体と接触しているからその面に働く垂直抗力を N とし、下の物体と床の間の面に働く垂直抗力を N' とした。さらに、下の物体と床の間に働く静止摩擦力が f

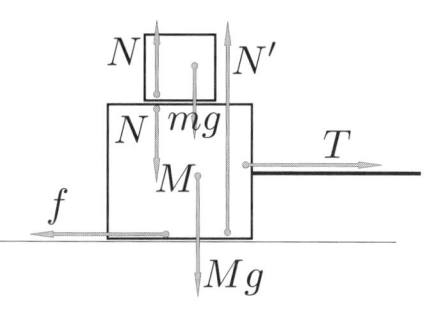

[†3] μ はギリシャ文字で、読み方は「みゅー」。

である（f, N, N' は今のところ未知）。

> **【FAQ】上の物体に左右方向の力は働かないのですか？**
>
> なんとなく、「下の物体が右に引っ張られているのなら、上の物体にもその力が（どうしてだか）伝わるのでは」という感覚を持ってしまう人がいるのだが、この面に働く力は（垂直抗力はもう書いてあるから）後は静止摩擦力しかない。静止摩擦力が右向きに働いたとしたら、左向きの力が他にはないのだから、絶対につりあいが保てなくなってしまう。物体が動いている時ならこのような摩擦力は出てくる可能性はある。

未知数三つに対してつりあいの式も

$$\begin{aligned}&\text{質量}m\text{の物体の上下方向：} & N - mg &= 0 \\ &\text{質量}M\text{の物体の上下方向：} & N' - N - Mg &= 0 \\ &\text{質量}M\text{の物体の左右方向：} & T - f &= 0 \end{aligned} \quad (2.8)$$

の三つが出てくる。後はこれを解けば、未知数は $N = mg, N' = (M+m)g, f = T$ とすべて求まる。すべらない条件 $f \leqq \mu N'$ は[†4]

$$T \leqq \mu(M+m)g \quad (2.9)$$

となる。ここでFAQにも書いたことだが、下の物体の重力は Mg のみとして考えてもちゃんと (2.9) が上に乗った物体の質量 m も考慮された式になっていることに注意しよう。

---- **練習問題** ----

【問い2-1】 下の物体ではなく、上の物体を引っ張るとどうなるだろうか？

この場合は上の物体と下の物体の間の静止摩擦力もちゃんと考える必要が出てくることに注意しよう。上の物体と下の物体の間の静止摩擦係数を μ_1、下の物体と床の間の静止摩擦係数を μ_2 としよう。

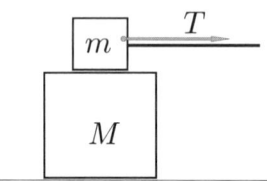

(1) つりあいの式をたてよ。
(2) 上の物体が下の物体の上をすべらない条件を求めよ。

[†4] ここですべるすべらないを問題としているのは床と下の物体であるから、そこに働く垂直抗力である N' がここに出てくる。

(3) 下の物体が床の上をすべらない条件を求めよ。
(4) 張力Tをどんどん大きくしていったときに上の物体と下の物体が一体となって動き始める（つまりは下の物体が床の上をすべる）ための条件を求めよ。

ヒント → p379 へ　解答 → p388 へ

【問い 2-2】下の二つの引っ張り方では、動き始める時の力はどちらが大きいだろうか？—床との静止摩擦係数はどの物体もμであるとする。

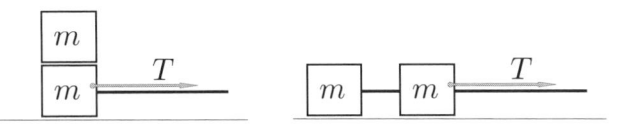

右の場合では、左の物体と床の間の静止摩擦力と、右の物体と床の間の静止摩擦力は、別々の力として考えるべきであることに注意せよ。

ヒント → p379 へ　解答 → p388 へ

【問い 2-3】 Aさんと子どものCくんが相撲をとっている。

Aさんの質量をM、Cくんの質量をm、床とAさんの間の静止摩擦係数をμ'、床とCくんの間の静止摩擦係数をμとする。

図には、AさんがCくんを押す力Fだけを描いた。Fを少しずつ大きくしていく時、Cくんが先にすべりだすのはどのような条件が満たされている時か。

ヒント → p379 へ　解答 → p388 へ

2.3　ベクトルを使った計算

ここまでは、力としては上下方向か左右方向に働くものだけを扱ってきた[†5]。

もっと一般的な方向の力（例えば右の図に描いたような状況）を表現するために「ベクトル」を使わなくてはいけない。力は（ここまでで暗黙のうちにそう扱ってきたが）ベクトルである。よって「和が0」という時の「和」はベクトルによる和である。ここでベクトルの計算法を復習（もしかしたら初めての人もいるかもしれない）しておく。

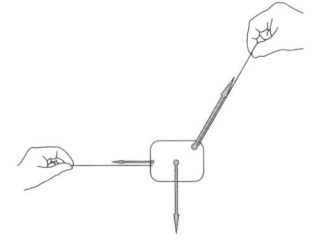

[†5] この世は3次元なので、ほんとうは「前後方向」（本の「表裏方向」）も入れなくてはいけないところだ。

2.3.1 ベクトルの定義

ベクトルの定義はいろいろなレベルのものがあるが、ここでは、

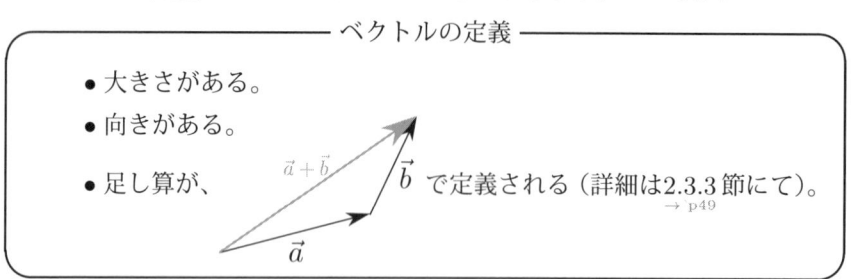

―― ベクトルの定義 ――

- 大きさがある。
- 向きがある。
- 足し算が、$\vec{a}+\vec{b}$、$\vec{b}$ で定義される（詳細は2.3.3節にて）。
  → p49

をベクトルの定義とする[†6]。図形で表現するときは、長さと向きを持つ矢印で表記される。

「向きを持つ」という性質を持たない、大きさだけを表す、いわゆる「普通の数」のことは「**スカラー**」と呼ぶ。

ベクトルの大きさは記号では $|\vec{a}|$ のように「絶対値」の記号を使って書く[†7]が、それは矢印の長さである。矢印で表記した場合、「根元（始点）」と「先（終点）」があるが、上の定義で書いた「ベクトル」は、始点と終点を持つ必要はない。始点を指定しなくてはいけないベクトルのことを「**束縛**ベクトル」（bound vector）と呼んで区別する場合もある。本書で出てくる中では、「位置ベクトル」が（始点が原点であると指定されている）束縛ベクトルである。

わざわざ「束縛ベクトル」なる用語を作って区別しているのは、ベクトルを「点（具体的には何かの物体でいい）の位置を表現する」のに使うことが多いからである（本書ではまず「力を表す方法」としてベクトルを導入したので、束縛ベクトルの登場が少し遅れる）。

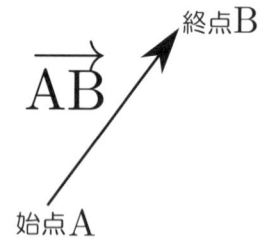

$\overrightarrow{AB}$ と書けば、それは始点Aから終点Bへの移動を表す。

[†6] 数学は物事をできる限り抽象化していく（具体的なものを削ぎ落としていく）という性格を持った学問であるので、数学に近い分野になればなるほど、ここで挙げたような「具体的性質」を使わずにベクトルを定義するようになる。そういう「具体性を削ぎ落した定義」が役に立つこともももちろんあるが、とりあえず初等力学の段階では具体性を大事にしよう。また、物理的にベクトルを定義するときには「座標変換した時にどう変換するか」も大事な視点なのだが、ここではそこまで踏み込まないことにする。

[†7] 「$\vec{a}$の絶対値」と呼ぶこともあるが、「長さ」「大きさ」と呼んでもよい。

2.3 ベクトルを使った計算　　47

【補足】✛✛✛✛✛✛✛✛✛✛✛✛✛✛✛✛✛✛✛✛✛✛✛✛✛✛✛✛✛✛✛✛✛✛✛✛
　力のベクトルは始点が作用点であると決めているという点では束縛ベクトルに近いが、実は始点はある程度動かすことができる。なぜそのように動かせるかは後述するが、矢印の根本（力であれば作用点）を、そのベクトルの向いている方向にだけは動かしてよい。このようなベクトルを「sliding vector（移動ベクトルまたは移動可能ベクトル）」[†8]と呼ぶ。力は束縛ベクトルと自由ベクトルの中間にあたる sliding vector である。 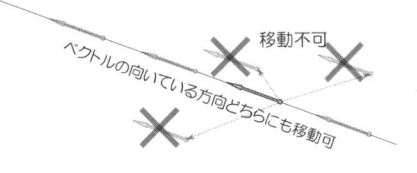
✛✛✛✛✛✛✛✛✛✛✛✛✛✛✛✛✛✛✛✛✛✛✛✛✛✛✛✛✛✛✛✛【補足終わり】

　始点を指定しないベクトルは「**自由ベクトル**」と呼ぶ。自由ベクトルの場合、ベクトルの向きと大きさが同じであれば、始点が違っても元のベクトルと区別しない。

【FAQ】始点と終点を指定することと、大きさと向きを指定することは同じではないのですか？

同じではない。
　始点と終点を決めれば確かに大きさと向きは決まってしまうが、逆に大きさと向きを決めても、始点は決まらない。

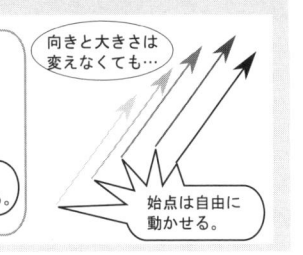

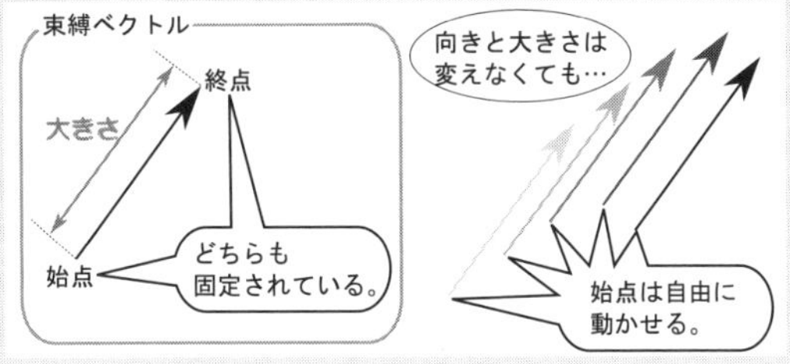

2.3.2　ベクトルの表記について

　この節から、力は $\vec{F}, \vec{N}$ のようにベクトルであることを示す矢印⃗をつけて表すことにする（力に限らず、ベクトルで表現されているものはみなこれに従う）。本書では矢印をつけることをベクトルであることを表現する記号とするが、$\mathbf{F}, \mathbf{N}$ のように、ボールドフェイス（太文字）を使ってベクトルを表現する本もある。黒板やノートに書く時にはボールドフェイスを表現する為

[†8] この「移動ベクトル」または「移動可能ベクトル」という訳語はあまり sliding vector の実態に即していないので、本書では主に「sliding vector」と表記する。

に、$\mathbb{F}, \mathbb{N}$のようにどこかを二重線にして書くこともある[†9]。

$\vec{F}$のように書いた時は、大きさと向きを同時に表現している。「$\vec{F}$とF」のようにベクトルと同じ文字を使って矢印 ⃗ をつけなかった時[†10]は、そのベクトルの大きさを表すものとする。だから「力がFである」と書いてあったら「力の大きさがFである」という意味であると読んでほしい。つまり、

$$F = |\vec{F}| \tag{2.10}$$

というルールである。

【補足】＋＋＋＋＋＋＋＋＋＋＋＋＋＋＋＋＋＋＋＋＋＋＋＋＋＋＋＋＋＋＋＋＋
ただし以上のルールには例外がある。位置を表現するのに$\vec{x}$という記号を使うことがあるが、これを成分（成分とはなんぞや？ということは2.4.2節で詳しく説明する）を使って表現すると、$\vec{x} = (x, y, z)$である[†11]。単にxと書いた時は$|\vec{x}|$を意味するのではなく、$\vec{x}$のx成分であることに注意しよう。
　$\vec{x}$に関しては、大きさを表現したい時はちゃんと$|\vec{x}|$と書くか、rと書くことにする。位置を表現するのに$\vec{r} = (x, y, z)$として$\vec{r}$という記号を使うこともある。この場合は$|\vec{r}| = r$となるのはルールどおりである（しかし、x成分をr_xと書くことはあまりなく、位置ベクトル$\vec{r}$のx成分はxである）。
＋＋＋＋＋＋＋＋＋＋＋＋＋＋＋＋＋＋＋＋＋＋＋＋＋＋＋＋＋【補足終わり】

あたりまえのことであるが、$\vec{F}$とか$\vec{x}$のように（一文字で）表現しているとついつい忘れてしまうことなので注意をしておく。**ベクトルは普通の数とは全く違う量である**。だから、以下のようなことはできない、ということを忘れないように。

やってはいけない

$\vec{F} = a$のように左辺がベクトルで右辺が数などという式はありえないし、$\vec{b} + c$のように、ベクトルと数を足したりすることはできない。

「$\vec{F}$」というのはベクトルであり、「$\vec{F}$」一文字で大きさと向きという情報を

[†9] 表記の仕方は本質ではないので「ああこの本ではこうなのだな」と受け取っておけばよい。
[†10] やむをえず、ベクトル記号と同じ記号をそのベクトルの長さ以外の意味で使う時は、そのむね注意をつける。
[†11] ルールに例外を作るのはよろしくないのだが、昔からの慣習なので仕方がない。

持っている（3次元のベクトルであれば、実数三つ分の情報がある）。一方スカラー「a」は1次元の情報しか持っていないので、この二つを等号で結ぶことなどできない。

どのような計算が可能でどのような計算が許されないのかは、式の意味するところを理解していれば悩むことはないはずである[†12]。

2.3.3 ベクトルの和

では次に、ベクトルの和（足し算の結果）の定義の仕方を説明する。まず図形的に考えよう。ベクトルの「足し算」は下の図のように定義する。

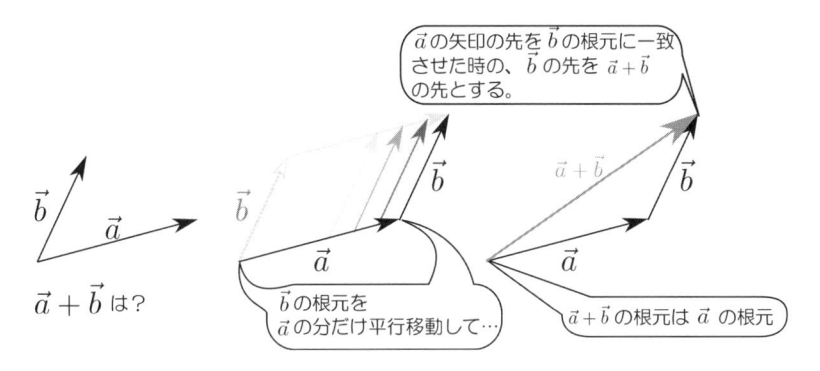

また、結果としては同じであるので、下の図のように定義することもできる。

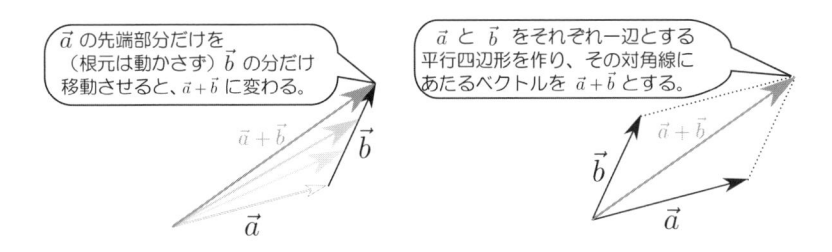

上の図の右に書いた平行四辺形を描くことによる足し算のやり方は「**平行四辺形の法則**」などと呼ばれることもある。

[†12] 何をあたりまえのことを、と思う人もいるかもしれないが、こういうことをきちっとできないが為にいつまでも物理がわからない、という例を何度も見てきたので、あえて強く注意をしておく。

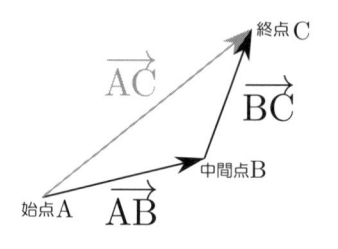

46ページで、ベクトルを「移動」を表現したものと考えられるという話をした。その考え方では、平行四辺形の法則によるベクトルの足し算の定義は、素直な定義の仕方と考えられるだろう。右の図で $\overrightarrow{AB} + \overrightarrow{BC} = \overrightarrow{AC}$ が（自然に）成立することを確認しよう。

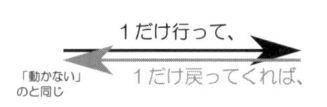

また、「左向き1と右向き1を足すと0になる」ことも、この素直な定義によって満たされることもすぐにわかるであろう。

ここで述べたのは数学的な「ベクトルの和の定義」である。「点の位置の移動を表現する」という意味のベクトルがこの足し算の定義に従うことは、直感的に素直に理解できるところではあるが、「物理量」である「力」がこの定義に従うのかどうかは即断できない。

力がベクトルと同じように足し算されるかどうかは、実験によって確認すべきことである[13]。もちろんその確認はされているので、安心して「力はベクトルのように足し算できる！」と思ってよい。実際のところ、数学的な「ベクトルの定義」がちゃんと、物理的な「力の性質」と一致するということは、自明なことでは全然ない。この世界の物理法則が平行四辺形の法則という単純な足し算を選んだことは、とてもありがたいことだと言えるかもしれない。

2.3.4　ベクトルの定数倍と単位ベクトル

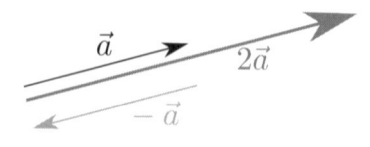

ベクトルの定数倍（$\vec{a}$ を k 倍すると $k\vec{a}$ となる）は「向きを変えることなく大きさだけを k 倍する」という意味である。束縛ベクトルの場合は、始点は動かさずに終点の位置だけを変える。

この定義であれば、$\vec{a} + \vec{a} = 2\vec{a}$ のような計算が成立することは（図を描いて確認してみれば）納得できる。

k が負の数であった場合は、ベクトルの向きが反対になり大きさが $|k|$ 倍になる。$k = -1$ の時は、同じ大きさで向きがちょうど反対のベクトルができる（$\vec{a}$ に -1 を掛けると $-\vec{a}$ になる）。

---

[13] その確認は、16世紀頃、シモン・ステヴィンによってなされている。

当然ながら $k=0$ の場合の結果は長さが 0 になるつまらないベクトルである（「零ベクトル」と呼ばれる）。零ベクトルは本来ベクトル記号をつけて $\vec{0}$ と書くべきだが、矢印を省略して単に 0 と書かれることも多い。

同じベクトルの定数倍どうしでは、

$$k\vec{a} + m\vec{a} = (k+m)\vec{a} \tag{2.11}$$

が成立する（$m=-1, k=1$ にすると $\vec{a}-\vec{a}=0$ となる）。

「a で割る」が「$\dfrac{1}{a}$ を掛ける」になるのは実数の掛け算の場合と同じである（当然、「0 で割る」は許されない）。

長さが 0 でないベクトル $\vec{a}$ をそのベクトルの長さ $a=|\vec{a}|$ で割ると、長さ 1 のベクトル $\dfrac{\vec{a}}{a}$ ができる。長さ 1 のベクトルのことを「**単位ベクトル**」と呼ぶ。

本書では[†14]単位ベクトルを $\vec{e}_?$ という記号で表す[†15]。「?」はそのベクトルが向いている方向を示す記号である（x や y と書く場合もあるし、$\vec{e}_上$ とか $\vec{e}_東$ のように、言葉で表現することもある）。

例えば、

$$\frac{\vec{a}}{a} = \vec{e}_a \tag{2.12}$$

（$\vec{e}_a$ は「$\vec{a}$ と同じ方向を向いている単位ベクトル」を意味する）、あるいは、

$$\frac{\overrightarrow{AB}}{|AB|} = \vec{e}_{A \to B} \quad |AB| は A から B までの距離 \tag{2.13}$$

（$\vec{e}_{A \to B}$ は「A から B へ向かう方向の単位ベクトル」）のように書く。

$$\overrightarrow{AB} = \underbrace{|AB|}_{長さを表す} \underbrace{\vec{e}_{A \to B}}_{向きを表す} \tag{2.14}$$

のように、ベクトルの表現している「長さ」と「向き」を分離した式に表現することもできる。

[†14] 姉妹書である「よくわかる電磁気学」「よくわかる量子力学」でも同様。

[†15] 矢印をつけて $\vec{e}$ と表す本や太文字（ボールドフェイス）で **e** と表す本もある。本書は矢印をつけてさらにボールドフェイスと、「装飾しすぎ」と言われかねないほどに強調した表現を使う。それだけ「目立つ書き方」をしたいからである。

2.3.5 ベクトルの差

足し算が定義できると、その逆として「引き算」も定義できる。

ベクトルの差 $\vec{a} - \vec{b}$ は通常の数の差（引き算）がそうであるように「$\vec{b}$ を足すと $\vec{a}$ になるベクトルを求める」という計算である[†16]。

それが下の図左側によって表現したベクトルの引き算の定義である。

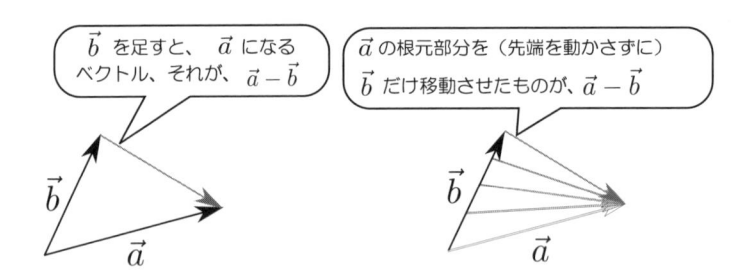

上の右側の図のように、ベクトルの引き算は「矢印の根元を移動させる」とも解釈できる。これは足し算が「矢印の先を移動させる」ことに対応している。

さらにもう一つ、引き算を「符号をひっくり返してから足す」と解釈することもできる。つまり「$\vec{b}$ を引く」とは「$-\vec{b}$ を足す」ことだと考える。

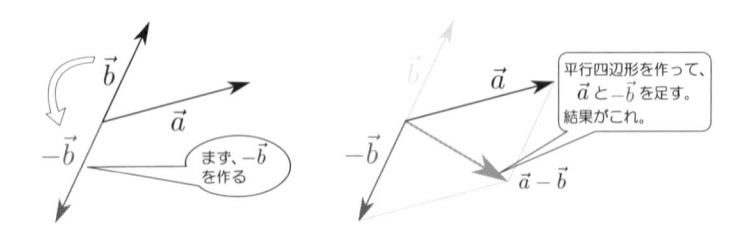

ベクトルの引き算は、「変位ベクトル」を考える時に特に重要である。また、ベクトルの引き算 $\vec{a} - \vec{b}$ というのは結局「ベクトル $\vec{b}$ からベクトル $\vec{a}$ への変化量」を表現しているので、ベクトルの微分（すなわちベクトルの変化量の割合）で表される速度や加速度などの量を考える時にも必要となる。

[†16] $100 - 30 = 70$ は「30円足すと100円になりました。最初いくら持っていたでしょう」という問題を解くための計算。

2.4 ベクトルの分解と成分表示

【補足】✚✚✚✚✚✚✚✚✚✚✚✚✚✚✚✚✚✚✚✚✚✚✚✚✚✚✚✚✚✚✚✚✚✚
こうやって定義した「ベクトルの引き算」は、方程式における「移項するとマイナス符号がつく（消える）」性質（$\vec{a}+\vec{b}=\vec{c}$ ならば $\vec{a}=\vec{c}-\vec{b}$ だとか、$\vec{a}-\vec{b}=\vec{c}$ ならば $\vec{a}=\vec{b}+\vec{c}$ だとか）を満たしている。よって普通の数の方程式同様「ベクトル方程式」を解くことができる。例えば、

$$\begin{aligned} a\vec{x}+\vec{b} &= \vec{c} \quad &\text{($\vec{b}$を移項)} \\ a\vec{x} &= \vec{c}-\vec{b} \quad &\text{(両辺をaで割る)} \\ \vec{x} &= \frac{1}{a}\left(\vec{c}-\vec{b}\right) \end{aligned} \qquad (2.15)$$

という計算をやってよい。
✚✚✚✚✚✚✚✚✚✚✚✚✚✚✚✚✚✚✚✚✚✚✚✚✚✚✚✚✚✚✚【補足終わり】

2.4 ベクトルの分解と成分表示

2.4.1 ベクトルの分解

前節で「足し算の反対を引き算」と書いたが、実は「足し算の反対」と呼べる操作（演算）はもう一つある。すなわち「$\vec{a}$ と $\vec{b}$ を足して $\vec{c}=\vec{a}+\vec{b}$ を作る」の反対としての「$\vec{c}$ から $\vec{a}+\vec{b}=\vec{c}$ となる二つのベクトル $\vec{a}$ と $\vec{b}$ をつくる」操作である。これを「**ベクトルの分解**」と呼ぶ。

ベクトルの分解の答えはひとつではない。実数の場合ですら、「足して4になる数字は？」という問いへの答えは「2と2」「1と3」「−3と7」「0.5と3.5」などなど、いろいろある。ベクトルの場合も、「足して $\vec{c}$ になる二つのベクトル」が一組ではないことは図を描いてみればすぐにわかる。次の三つの図は、足し算の結果がみな同じベクトル $\vec{c}$ となる。

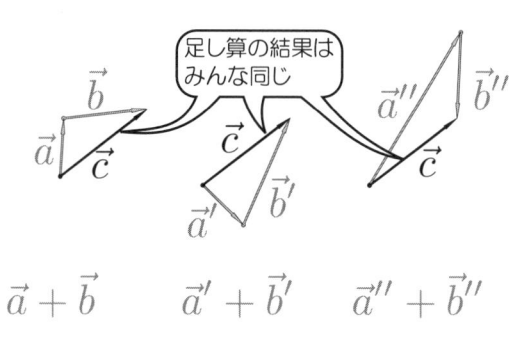

この図は 2 次元（平面）のベクトルであるが、3 次元（立体）のベクトルならばもっと分解のバリエーションは増える。

同じベクトルにいろんな表現があるというのは便利なことではあるのだが、「このベクトルとこのベクトルを比較したい」という時には不便になる。ある表現と別の表現との間で「通訳」が必要になってしまう。そこで「基準となる分解の方法」を決めておいて、ベクトルの表現方法を統一する（つまり、ベクトルを表現するための「標準語」を決めておく）[†17]。

前に力を上下方向と左右方向に分けて評価してつりあいを考えるという話をした。このようにベクトルを「上下方向を向いているベクトル」と「左右方向を向いているベクトル」に分けるというのが、一つの標準的分解の方法である。
→ p40

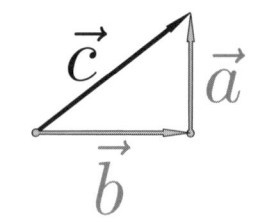

右の図の場合、$\vec{c}$ を上下方向を向いた $\vec{a}$ と、左右方向を向いた $\vec{b}$ に分解したことになる。

このように直交する方向に分解した時には、ピタゴラスの定理（三平方の定理）により、この三つのベクトルの長さ $a = |\vec{a}|, b = |\vec{b}|, c = |\vec{c}|$ の間に

$$c^2 = a^2 + b^2 \quad \text{または} \quad c = \sqrt{a^2 + b^2} \tag{2.16}$$

が成り立つ。

2.4.2 ベクトルの成分

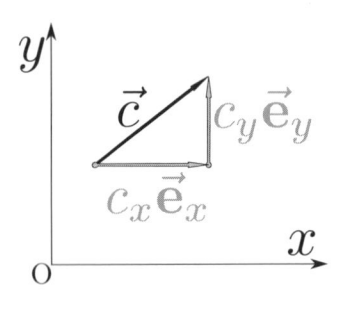

グラフを描く時よくやるように、右向きに x 軸、上向きに y 軸をとって「x 方向」と「y 方向」への分解を行なったのが左の図である。このように空間の方向を決める軸（x 軸や y 軸）を「座標軸」と呼ぶ。「座標」というのは x や y など、物体の位置を表現するのに使われる数のことである。座標という考え方に詳しくない人はC.1.1節を見よ。
→ p366

[†17] 「絶対統一しなくてはダメだ」というわけではない。臨機応変に表現方法を変えていくのが良い方法であることだってある。

2.4 ベクトルの分解と成分表示

分解した結果を $c_x\vec{e}_x$ と $c_y\vec{e}_y$ と書いた。$\vec{e}_x$ とは「x 軸方向を向いた単位ベクトル」であり、$\vec{e}_x$ は長さ 1 なので、$c_x\vec{e}_x$ は長さ c_x である。同様に $\vec{e}_y$ は「y 方向を向いた単位ベクトル」である（51 ページで書いたように、添字がベクトルの向きを表現する）。

このように分解して得られた結果の c_x, c_y をそれぞれ、「ベクトル $\vec{c}$ の x 成分」「y 成分」と呼ぶ。すなわち**成分**とは、「ベクトルを、基準として決めた座標軸方向を向いたベクトルの和として表現した時に、分解した後の各々のベクトルの長さがどれだけか」という意味である。各々の成分は下付き添字（$_x$ など）をつけて区別する。

ベクトルをいろんな方向に分解する時はこのようにいくつかのベクトルを持ってきてそれらの和で表すことが多いが、その基準となるベクトルを「**基底ベクトル**」と呼ぶ。基底ベクトルは 1 次元なら 1 本、2 次元なら 2 本というふうに次元の数だけあり、互いに独立である[†18]。基底ベクトルは長さ 1 で互いに直交するように選ぶことが多い（そう選んでおくと、以下のような計算が可能になる）。

ここでは、$\vec{e}_x, \vec{e}_y$ を二つの基底ベクトルとして選んでいて、任意のベクトルをこの二つのベクトルで展開した時の係数が「成分」である。

(2.16) 同様、

$$|\vec{c}| = c = \sqrt{(c_x)^2 + (c_y)^2} \qquad (2.17)$$

が成り立つ。右の図のように $c_x = 3, c_y = 2$ の場合、$|\vec{c}| = \sqrt{3^2 + 2^2} = \sqrt{13}$ となる。

ベクトルの内積（よく知らない人は、付録の B.1 節を読もう）を使って表現すると、

$$|\vec{c}|^2 = \vec{c} \cdot \vec{c} = (c_x\vec{e}_x + c_y\vec{e}_y) \cdot (c_x\vec{e}_x + c_y\vec{e}_y) \qquad (2.18)$$

[†18] ベクトルの組が独立であるとは、その組の中のどの一つも他のベクトルの線型結合では書けない、ということ。2 次元の場合なら、「二つの基底ベクトルが平行でない」ことが「独立である」こと。

のようにベクトルの長さが計算できる。単位ベクトルの性質から

$$\vec{e}_x \cdot \vec{e}_x = 1, \quad \vec{e}_x \cdot \vec{e}_y = 0, \quad \vec{e}_y \cdot \vec{e}_y = 1 \tag{2.19}$$

なので、

$$(c_x \vec{e}_x + c_y \vec{e}_y) \cdot (c_x \vec{e}_x + c_y \vec{e}_y) = (c_x)^2 + (c_y)^2 \tag{2.20}$$

となる。また、ベクトル $\vec{c}$ からその x 成分を取り出したい時は、

$$\vec{e}_x \cdot \vec{c} = \vec{e}_x \cdot (c_x \vec{e}_x + c_y \vec{e}_y) = c_x \tag{2.21}$$

のように内積を使うことができる[19]。

$c_x \vec{e}_x + c_y \vec{e}_y$ という形で、c_x, c_y という数をいろいろに選んでいくことで、平面のベクトルであれば表現できる。平面のベクトルを表現するには二つの数字 c_x と c_y が必要となる。

2.4.3 3次元ベクトルの成分表示

立体的な3次元ベクトルは $\vec{a} = a_x \vec{e}_x + a_y \vec{e}_y + a_z \vec{e}_z$ のように三つのベクトル（ここでは z 方向を向いた単位ベクトル $\vec{e}_z$ を追加した）を使って表現できる。右の図では $a_x = 2, a_y = 3, a_z = 2$ の場合を描いた。

3次元のベクトルを表示するには三つの数字（上の例でいえば a_x と a_y と a_z で、それぞれ「$\vec{a}$ の x 成分」「$\vec{a}$ の y 成分」「$\vec{a}$ の z 成分」と呼ぶ）が必要になる。

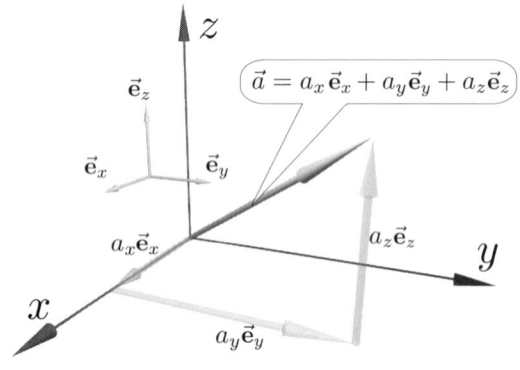

成分を使って表記する時は (a_x, a_y, a_z) のように、括弧内でコンマで区切って表現してもよい。

---

[19] (2.21) だけを見ると「x 成分が c_x なのはわかりきっているのに、なぜ計算するの？」という疑問が湧くかもしれないが、この計算のやり方は分解をまだしていないベクトルや、$\vec{e}_x, \vec{e}_y$ とは違う分解の仕方をしたベクトルに対しても有効である。

2.4 ベクトルの分解と成分表示

$$\vec{a} = (a_x, a_y, a_z) \leftarrow \begin{cases} a_x & x \text{成分} \\ a_y & y \text{成分} \\ a_z & z \text{成分} \end{cases} \tag{2.22}$$

という表現は、

$$\vec{a} = a_x \vec{e}_x + a_y \vec{e}_y + a_z \vec{e}_z \tag{2.23}$$

という表現と同じである。

【補足】✛✛✛✛✛✛✛✛✛✛✛✛✛✛✛✛✛✛✛✛✛✛✛✛✛✛✛✛✛✛✛✛✛✛✛✛✛
x, y, z 軸方向を向いた単位ベクトルの表現にもまたいろいろあって、$\mathbf{i}, \mathbf{j}, \mathbf{k}$ と書く本もあるし、$\hat{x}, \hat{y}, \hat{z}$ と書く本もある。よって、

$$\underbrace{(a_x, a_y, a_z)}_{\text{成分を並べて表示}}$$

$$\underbrace{a_x \vec{e}_x + a_y \vec{e}_y + a_z \vec{e}_z}_{\text{単位ベクトル} \vec{e}_x \text{などで表示}} \quad \underbrace{a_x \mathbf{i} + a_y \mathbf{j} + a_z \mathbf{k}}_{\text{単位ベクトル} \mathbf{i} \text{などで表示}} \quad \underbrace{a_x \hat{x} + a_y \hat{y} + a_z \hat{z}}_{\text{単位ベクトル} \hat{x} \text{などで表示}} \tag{2.24}$$

はすべて同じベクトルの表現である。

後で「r 方向の単位ベクトル $\vec{e}_r$」($\vec{e}_\theta$ とか $\vec{e}_\phi$ とかも同様)が出てくるが、x 方向の単位ベクトルを $\hat{x}$ と書く本では、それぞれ $\hat{r}, \hat{\theta}, \hat{\phi}$ となる($\mathbf{i}, \mathbf{j}, \mathbf{k}$ の方は対応する書き方はない)[20]。
✛✛✛✛✛✛✛✛✛✛✛✛✛✛✛✛✛✛✛✛✛✛✛✛✛✛✛✛✛✛✛✛✛✛✛✛✛✛【補足終わり】

x 軸方向、y 軸方向、z 軸方向は互いに直交した方向であるので、ピタゴラスの定理が使えて、

$$|a_x \vec{e}_x + a_y \vec{e}_y + a_z \vec{e}_z| = \sqrt{(a_x)^2 + (a_y)^2 + (a_z)^2} \tag{2.25}$$

が成立する(これも $\sqrt{\vec{a} \cdot \vec{a}}$ としても計算できる)。

ここで重要な注意。ベクトルを成分で表示するということは「ベクトルを表現するための座標系を選ぶ」ことを行なった後でなくては意味がない。ベクトルである物理量(力でも速度でも後で出てくる運動量でも)は、「人間がどういう座標系を選ぶか」ことに無関係に存在する。座標系は人間が好きなように(計算が楽になるように)選ぶのだから、座標系に依存する成分表示

---

[20] θ はギリシャ文字で読み方は「しーた」。ϕ もギリシャ文字で読み方は「ふぁい」。どちらも角度に使われることが多い文字である。

というものも、やはり人為的なもの（人間の都合で選んだ結果）だということに注意するべきである。

以降ではいよいよベクトルを使って、力のつりあいを考えていくことにしよう。

2.5 斜めの力がある場合のつりあい

ここまでは、あえて力を鉛直方向と水平な左右方向に限って話をしてきた。ここでより話を一般的にして「斜めの力」も考えよう。

2.5.1 斜めに伸びた糸

糸につるした物体にもう1本糸をつけて水平に引っ張ったところを考えてみる。

力の図を描いてみると右のようになる。2本の糸の張力を$\vec{T_1}, \vec{T_2}$とした。

つりあいの式は、ベクトルで表記すると、

$$\vec{T_1} + \vec{T_2} + m\vec{g} = 0 \tag{2.26}$$

である[21]。ここで重力を$m\vec{g}$と書いた。質量mはスカラーであり、重力加速度$\vec{g}$は下向きで大きさgのベクトルである（これまではベクトルの表示を使わずに単に「大きさmgで、下向き」と表現していたが、$m\vec{g}$としたことで向きもあわせて表現できる）。

計算を進めるための一つの考え方は、$\vec{T_1}$という斜めを向いたベクトルを鉛直方向と、水平方向に分解すると、
$\rightarrow$ p53

$$\vec{T_1} = T_1 \sin\theta\, \vec{e}_{鉛直} + T_1 \cos\theta\, \vec{e}_{水平} \tag{2.27}$$

である（$\vec{e}_{鉛直}, \vec{e}_{水平}$ は、それぞれの方向を向いた単位ベクトル）。

---

[21] 念の為注意であるが、ベクトルの式で考えている時は上向きだからプラスとか左向きだからマイナスだとかいうややこしいことを考える必要はない。$\vec{T}$と書いたらもうその式の中に向きは含まれている。

2.5 斜めの力がある場合のつりあい

分解前は $m\vec{g}, \vec{T_1}, \vec{T_2}$ の三つの力が働いていたが、分解後は上下にそれぞれ $T_1 \sin\theta$ と mg、左右にそれぞれ T_2 と $T_1 \cos\theta$ という力が働いている[†22]ことになる。これから

$$\begin{cases} T_1 \sin\theta = mg & 鉛直方向の式 \\ T_1 \cos\theta = T_2 & 水平方向の式 \end{cases} \quad (2.28)$$

のように二つの式が作られる。

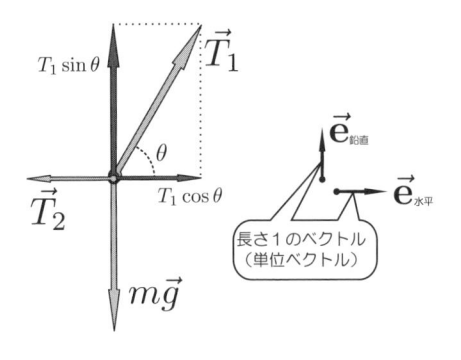

$\cos\theta$ とは、図のように斜辺の長さが1で底辺（斜辺以外の二辺のどちらを「底辺」に選ぶかは任意だがここでは図の通りとした）から上の頂点を見上げる角度が θ である直角三角形の底辺の長さとして定義される量であり、$\sin\theta$ は同じ直角三角形の高さで定義される量である（この定義だと $0 < \theta < \dfrac{\pi}{2}$ となるが、一般的定義では任意になる）。

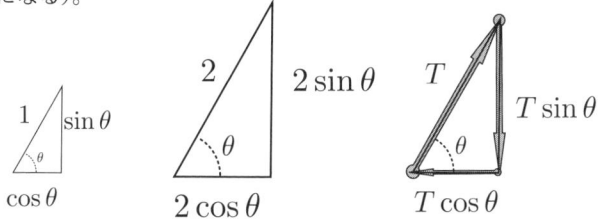

斜辺の長さが T である直角三角形の底辺と高さが $T\cos\theta$ と $T\sin\theta$ になる、ということは相似の関係である。

もう一つの考え方として、同じつりあいの式を、図形的に出すこともできる（二つめの考え方）。$\vec{T_1} + \vec{T_2} + m\vec{g} = 0$ は、この三つのベクトルが次ページの左図のように、ちゃんと三角形を作るということを意味している。

[†22] $T_1 \sin\theta$ は上向きの力、$T_1 \cos\theta$ は右向きの力であって、もはや $\vec{T_1}$ と同じ向きを向いていないので、$\vec{T_1}\sin\theta$ とか $\vec{T_1}\cos\theta$ などと書いてはいけない。$\vec{T_1}\cos\theta$ と書いてしまうと、$\vec{T_1}$ と同じ向きを向いて、大きさが $\vec{T}$ の $\cos\theta$ 倍の力を表現していることになってしまう。もし向きも含めて表記したいのであれば、例えば $T_1 \sin\theta \vec{e}_上$ のように上向きの単位ベクトルを持ってきて表現する。

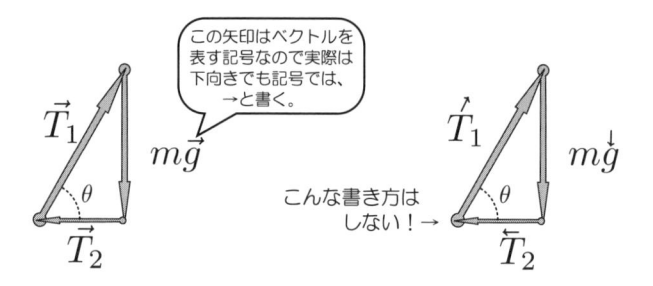

【FAQ】「力」のベクトルは根元を平行移動していいのですか？

　力のベクトルの根元は「作用点」である。よって、根元の平行移動は（本来は）慎重に行わなくてはならない。今ここでは、「力の和が0になるかどうか」という点に主題があり、作用点はあまり重要ではないので自由に移動させている。作用点まで考えて和を計算する時は、もちろん自由な移動は許されない。どういう移動が許されるのかは、この後で解説する。
→ p86

　この図を「斜辺が T_1 の直角三角形の底辺が T_2、高さが mg」と考えれば、(2.28)と同じ式が出せる。

　もし力がつりあっていなかったら、右の図のように、ベクトルは閉じることなく、三角形にならない。矢印の向きも含めてちゃんと「三角形を一周する」という形にベクトルが並ばなくてはいけないことに注意せよ。

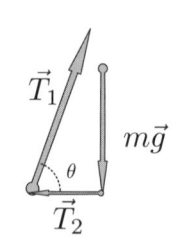

2.5.2 斜面に載せた物体

　摩擦のある斜面（この斜面は動かないものとする）に物体を置いて、摩擦のおかげで落下してない状況の図を描いてみると右のようになる。

　つりあいの式は、ベクトルで表記すると、

$$\vec{N} + \vec{F} + m\vec{g} = 0 \quad (2.29)$$

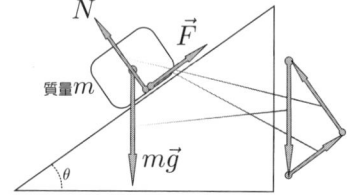

である。この3つの力も、図に描き込んだように三角形を作る。

　つりあいの式を導出したい（もちろん図形でやるのが一番簡単）だが、

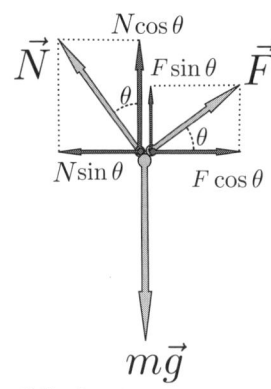

2.5 斜めの力がある場合のつりあい

力を成分に分ける方法では、分け方が複数ある。

一つの考え方は、右の図のように、上下方向と左右方向に分けることである。

$$\begin{cases} N\cos\theta + F\sin\theta = mg & 鉛直成分 \\ N\sin\theta = F\cos\theta & 水平成分 \end{cases} \quad (2.30)$$

のように二つの式が作られる。

しかし、この方法は少々式が複雑になる。というのは三つの力のうち$\vec{F}$と$\vec{N}$の二つを「分解」しているからである。そのため、Fという文字とNという文字が両方とも、二つの式に現れ、計算がややこしい。

このような斜面の問題で「どの角度とどの角度が等しいのか（例えば今の例題であれば、どの角度がθとなるか）がわからない」という声をよく聞く。どの角度が等しくなるか、さっと判断するには下のように「角度を変化させていくところ」を頭に思い浮かべるとよい。思い浮かべるのが不得意な人は、三角定規でも紙面に当ててぐるっと回してあげながら考えよう。

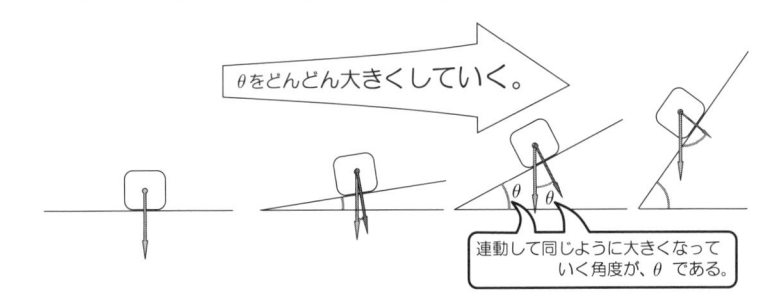

θをどんどん大きくしていく。

連動して同じように大きくなっていく角度が、θ である。

実際 (2.30) からFを求めるにはNを消去する。鉛直成分の式に$N\cos\theta$があり、水平成分の式に$N\sin\theta$があるから、鉛直成分×$\sin\theta$と水平成分×$\cos\theta$の引き算をすればNが消える。この計算を実行すると、

$$\begin{array}{l} (鉛直成分 \times \sin\theta) \quad \cancel{N\cos\theta\sin\theta} + F\sin^2\theta = mg\sin\theta \\ -)(水平成分 \times \cos\theta) \quad \cancel{N\sin\theta\cos\theta} \qquad\qquad = F\cos^2\theta \\ \hline \qquad\qquad\qquad\qquad\qquad F\sin^2\theta = mg\sin\theta - \underbrace{F\cos^2\theta}_{左辺に移項} \\ \qquad\qquad\qquad F(\underbrace{\cos^2\theta + \sin^2\theta}_{=1}) = mg\sin\theta \end{array} \quad (2.31)$$

という計算をする必要がある。

しかし $\vec{F}$ と $\vec{N}$ はもともと垂直なのだから、どうせならこの二つを分解せず、$m\vec{g}$ の方を分解した方が効率的である。ベクトルの分解の方法というのは一意的でなく、自由なのだから、楽な方法を取るべきである。

というわけで二つめの考え方として、分解の仕方を変えたのが右の図である。$m\vec{g}$ というベクトルを斜面に平行な方向（すなわち、$\vec{F}$ の方向）と、斜面に垂直な方向（すなわち、$\vec{N}$ の方向）の二つに分解する。こうして

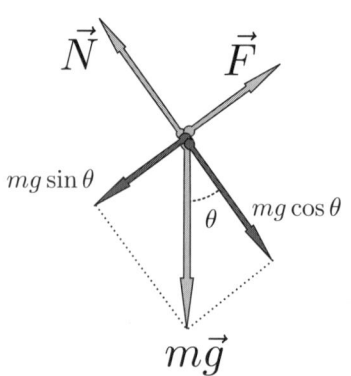

$$\begin{cases} mg\cos\theta = N & \text{面に垂直な成分} \\ mg\sin\theta = F & \text{面に平行な成分} \end{cases} \tag{2.32}$$

のように二つの式が作られる。出てきた結果は同じでも、こちらの方がすっきりしている。

練習問題

【問い2-4】 力の分解の方法は任意なので、上の問題を「$m\vec{g}$ の方向と $\vec{F}$ の方向」に分解することも可能である。そのように分解した図を描いて、つりあいの式を作れ。

（念の為注意。この方法は全くのところ、お勧めではない。「力の分解は任意でいいのだ」ことを納得してもらうための練習である。「もう納得したよ」という人はこの問題をやらなくてもよい）。　ヒント → p379へ　解答 → p388へ

三つめの考え方として、同じつりあいの式を、図形的に出すこともできる（というより、こっちの方が簡単である）。$\vec{N} + \vec{F} + m\vec{g} = 0$ は、この三つのベクトルが次ページの図のように、ちゃんと三角形を作るということを意味している。

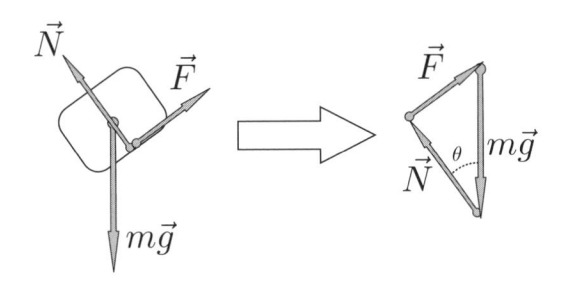

2.5 斜めの力がある場合のつりあい

もし力がつりあっていなかったら、ベクトルは閉じることなく三角形にならない。この図を（図形を下のように回転させて）「斜辺が mg の直角三角形の底辺が N、高さが F」と考えれば、(2.32)と同様に
→ p62

$$\begin{cases} mg\cos\theta = N & \text{斜辺と底辺の関係から} \\ mg\sin\theta = F & \text{斜辺と高さの関係から} \end{cases} \quad (2.33)$$

が見て取れる。このベクトル図を使った考え方も、便利である。

2.5.3 斜めに糸で引っ張る

力の数を一つ増やして、四つの力が働く場合を考えてみよう。下の図のように床に置いた物体に糸をつけて斜めに引っ張った（しかし、動かなかった）場合を考える。

この時は、ベクトルの式で書くと

$$\vec{N} + \vec{T} + \vec{F} + m\vec{g} = 0 \quad (2.34)$$

という式が成立する。成分ごとに考えると、

$$\begin{cases} N + T\cos\theta = mg & \text{鉛直成分} \\ F = T\sin\theta & \text{水平成分} \end{cases} \quad (2.35)$$

となる。ここでは、$\vec{T}$ という「斜めの力」を、鉛直成分 $T\cos\theta$ と水平成分 $T\sin\theta$ に分けて考えた。

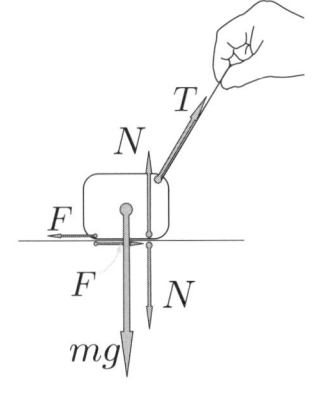

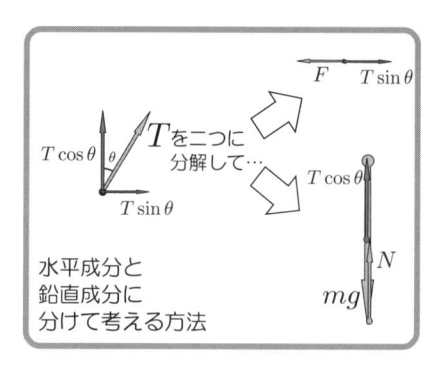

水平成分と鉛直成分に分けて考える方法

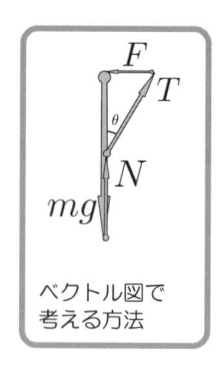

ベクトル図で考える方法

上の右の図のように、ベクトル図で書いて考えることももちろんできる。今度は三角形より少しだけ複雑な図になったが、「ベクトルの矢印にそって動いていくと、閉じる」ことは同じである。この図から考えても、(2.35)と同じ式が出てくることはすぐわかるであろう。

せっかくなので（本来この章は静力学の章なので少し守備範囲を飛び出すのだが）、「この物体を動かし始めるにはどれだけの力が必要か」ということを考えておこう。

(2.6)の条件（$F \leqq \mu N$：μ は静止摩擦係数）より、

$$T\sin\theta \leqq \mu(mg - T\cos\theta)$$
$$T\sin\theta + \mu T\cos\theta \leqq \mu mg \tag{2.36}$$

となる。

動き出すのはこの条件が破れた時であるが、それは力 T だけでは決まらず、角度 θ にもよる（もちろん μ にもよるが、μ は定数である）。上の式をまとめると、

$$T(\sin\theta + \mu\cos\theta) \leqq \mu mg \tag{2.37}$$

となるから、$\sin\theta + \mu\cos\theta$ という量が大きいほど、この条件は破れやすくなる（つまり、動かしやすくなる）。

簡単のために、$\mu = 1$ という場合について以下では考えておく。

$\mu = 1$ の時は (2.36) の左辺は $T(\sin\theta + \cos\theta)$、右辺は mg となる。

2.5 斜めの力がある場合のつりあい

右のようにグラフを描いてみてもわかるが、$\sin\theta + \cos\theta = \sqrt{2}\sin\left(\theta + \frac{\pi}{4}\right)$ という式がある[†23]ので、

$$\sqrt{2}T\sin\left(\theta + \frac{\pi}{4}\right) \leqq mg \quad (2.38)$$

とまとめる。この条件が崩れる時に動き出すが、そのためには左辺をできる限り大きくすればよい。同じ T なら $\theta = \frac{\pi}{4}$（45度）の時がもっとも左辺が大きくなるから、$\mu = 1$ の場合この角度をつけて引っ張る時が、一番少ない T で物体を動かし始めることができる。その時の T は $\frac{mg}{\sqrt{2}}$ より大きくなくてはいけない。

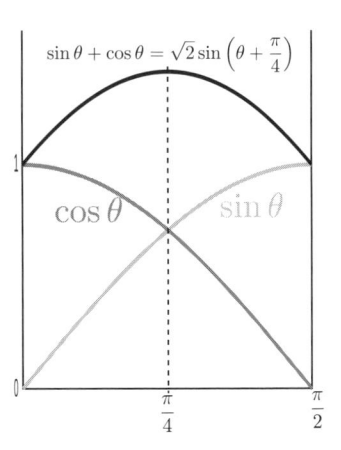

練習問題

【問い2-5】 上で考えた問題について、μ が1でない場合には、どの角度で引っ張るのが一番動かし始めるのに必要な力が小さくなるだろうか。

ヒント → p379へ　解答 → p388へ

【問い2-6】 床の上に物体をおいて、右の図のように斜めに押したが動かなかった。動かない条件を求めよ。物体の質量は m、床と物体の間の静止摩擦係数は μ とする。指が押している力は、鉛直に対して θ 傾いているとして考えよ。

ヒント → p379へ　解答 → p388へ

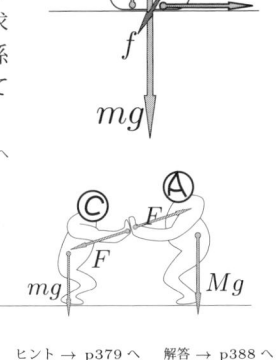

【問い2-7】 問い2-3は水平方向に押し合ったが、もしC君が斜め上の方向に押したとしたら状況はどう変わるだろうか？——厳密な計算でなく、傾向だけでよいので説明せよ。

ヒント → p379へ　解答 → p388へ

[†23] 三角関数の加法定理 $\sin(A+B) = \sin A \cos B + \cos A \sin B$ で、$B = \frac{\pi}{4}$ とした式から作ることもできる。

2.6 滑車

　この節では滑車がある場合の静力学について述べる。実用上特に大事な、糸と滑車によって伝えられる力の性質は「力の大きさを変えずに向きを変えることができる」ことである。

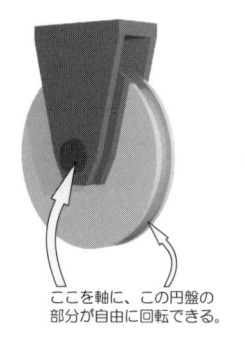

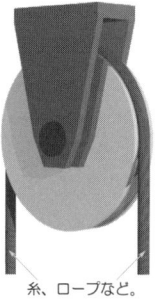

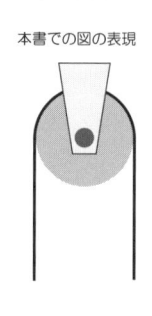

2.6.1 滑車とは

　「滑車」とは（理想的には）摩擦のない軸を円盤に通し、軸受を固定したもので、円盤は自由に回転できるようになっている。初等的な物理の問題では滑車そのものの質量は無視することが多い[24]。

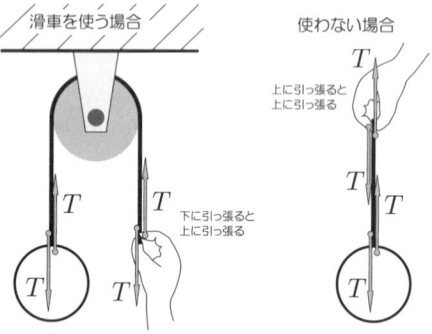

　この滑車により、力の向きを変えることができる。上左の図で言えば、手が糸を下に引っ張る力Tが、左の糸では丸い物体（荷物）を上に引っ張る力Tになっている。つまり、滑車を通すことで、下に引っ張る力を使って荷物を上に引っ張っている。

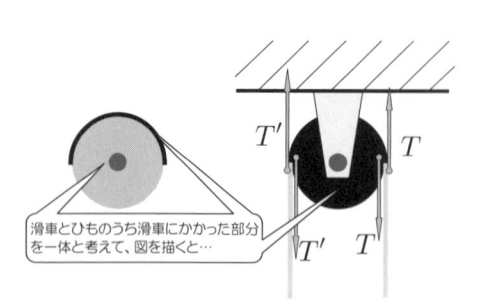

　この時滑車にはどのような力が働いているのかを図示すると、次の図のようになる。図では、滑車と、糸のうち滑車にかかっている（接触している）部分を一つの物体と考えた（前にやったように、仮想的に糸

---

[24] 現実的な滑車は摩擦があるし、滑車自体の質量も無視できないだろう。ただし、系に含まれる他の物体の質量が滑車に比べて大きければ、その影響を小さいと考えてよい。

を切り離している）。糸の張力はどちらもTであるが、図ではあえて左をT'にして、$T' > T$であるかのように描いた。図を見て「$T' > T$であれば、滑車が回ってしまう」と感じてもらえば、$T' = T$でなくてはならないことが理解できる。

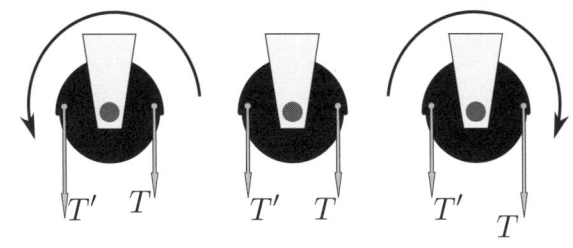

この時の「回らない条件」は、本来後で述べるモーメントのつりあいを考えなくては出てこない。しかし詳細は後に回して、こ
→ p93

こでは直感的に、「TとT'が違っていれば回ってしまうだろう」と考えておいてほしい。

2.6.2 自分を持ち上げる

滑車を使う例として、「自分で自分を持ち上げられるか？」という問題を考えてみよう。台の上に乗って、自分で自分の乗っている台を上に引っ張ると、自分は空中に浮くことができるだろうか？？——まず滑車を使わない例を考える。

台（ここでは台についている糸も含めて一体として考える）に働く力を「Aさんが引っ張る力」と「重力」だけだと考えてしまうと、Aさんの力と台に働く重力とつりあって、台が浮かぶ、ということがありえそうな気がしてしまうかもしれない。

しかし、実際には台に働く力はもう一つある。台に接触しているものは「Aさん」だけだが、実は細かく見ると「Aさんの手」と「Aさんの足」である。そして、足との間に垂直抗力が働く。関係する力すべてを書き込んだ図は右のようになる。

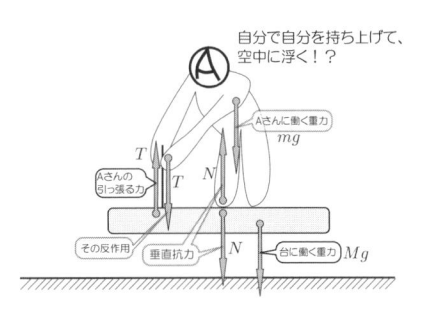

つりあいの式を作ると、

$$A さん： mg + T = N$$
$$台： Mg + N = T \qquad (2.39)$$

となる。この式が両立すれば、Aさんと台はどちらも空中に静止できる。

しかしすぐにわかるように、Aさんが持ち上がるためには$N > T$でなくてはいけないが、一方台が持ち上がるためには$T > N$でなくてはいけない。この二つは両立できない。

計算で具体的に示そう。(2.39)の上の式と下の式を足すと、

$$\begin{array}{r} mg + \cancel{T} = \cancel{N} \\ +) \quad Mg + \cancel{N} = \cancel{T} \\ \hline mg + Mg = 0 \end{array} \qquad (2.40)$$

となり、この式は（$m = M = 0$でない限り）成立しない[25]。

1.5 節に書いたように、台とAさんをまとめた系を考えれば、TとNは内力として消えてしまうので「台とAさん」を浮かせる（重力を打ち消してくれる）力が存在せず、つりあいが保てないのは自明である。

滑車を使うとどのように状況が変わるか。右図のように滑車を使って張力の向きを180度変えることができる。すると、今度はつりあいの式が(2.39)とは違って

$$A さん： \quad mg = N + T$$
$$台： Mg + N = T \qquad (2.41)$$

となり（Aさんに働く糸の張力が右辺に移動していることに注意！）、ちゃんと解がある。つまり滑車の助けを借りて「自分で自分を持ち上げる」ことが可能になる。

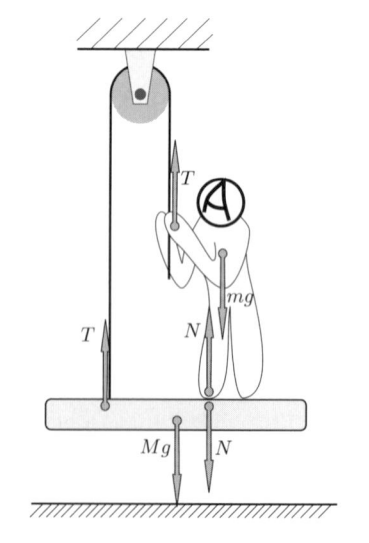

---

[25] ここを読んで「人間が自力では浮けないというあたりまえのことをわざわざ数式で証明するなんてばからしい」という感想を持つ人もいるかもしれない。ある一面、そのとおりである。しかし、我々の持っている「静力学の法則」が「あたりまえのこと」をちゃんと再現できている、ということは大事なことである。

2.6 滑車

------練習問題------

【問い2-8】
(1) (2.41)を解いて T, N を求めよ。
 → p68
(2) T, N はどちらも正でなくてはいけないが、そうなるために、m と M が満たすべき条件は何か？——そして、その条件が満たされていないときは、どのような現象が起こると考えられるか？

ヒント → p379へ　解答 → p389へ

【問い2-9】 Aさんと台をまとめて系とみたときの図を描き、つりあいを考えた結果は前問と同様になることを示せ。　ヒント → p380へ　解答 → p389へ

【問い2-10】 問い2-8の(2)で求めた条件が満たされていなかったとする。滑車を一個追加して、その場合でもAさんが静止できるような配置を考えよ。

ヒント → p380へ　解答 → p389へ

以上では力の角度を180度変える場合を描いたが、力の角度は様々に変えられる。

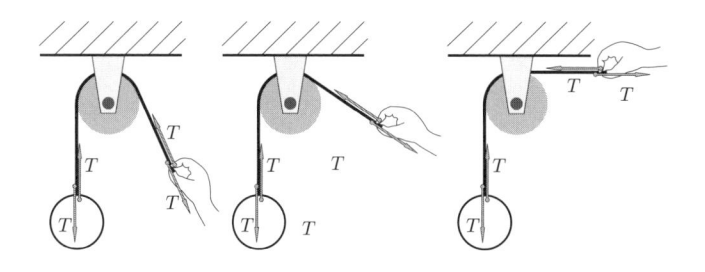

------練習問題------

【問い2-11】 次ページの図（物体はすべて静止している）に働いている力を書き込み、つりあいの式を立てよ。未知の力については自分で文字を設定すること。糸と滑車の質量は無視する。

(1)(2)(3)については、このようなつりあいが成立するためには m と M がどのような条件（不等式）を満たさなくてはいけないか、も求めよ。

(4)以降については、物体の接触面には静止摩擦力も働く可能性があることに留意せよ。

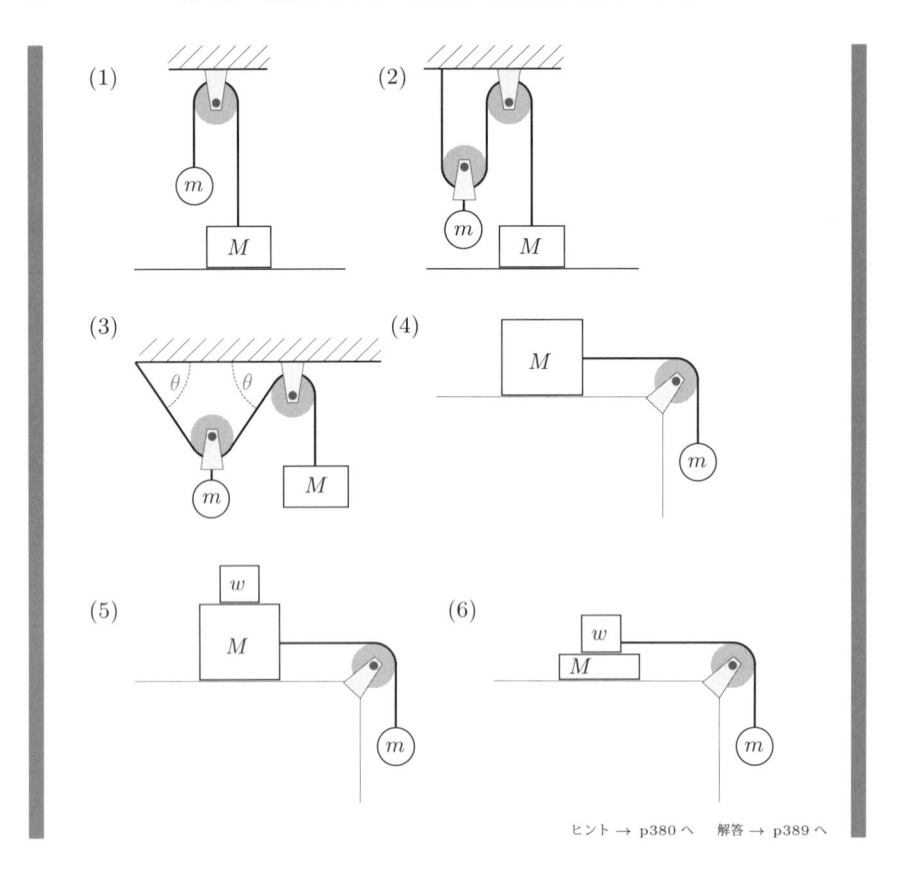

(1)

(2)

(3)

(4)

(5)

(6)

ヒント → p380 へ　解答 → p389 へ

2.6.3　動滑車

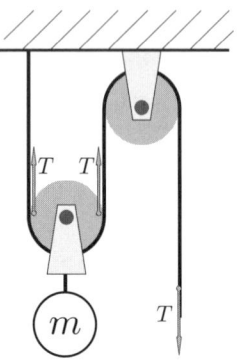

　問い2-11の(2)と(3)にある、天井や床などに固定されているわけではない滑車のことを「**動滑車**」と呼ぶ。動滑車は、力の向きを変えるだけでなく、大きさまで変えられる。

　例えば右の図のような場合、手で引く力は mg の半分でよい。単純な考え方としては「2本の糸で質量 m の物体を支えているからだ」と考えておけばよいであろう。

　さらにたくさん滑車を組み合わせることで、手の力をもっと小さくても物体を保持する（静止させる）ことができる。

物体を支えるのに小さい力でもよい、ということで「**得している**」と感じてしまう。確かに力では '得' をしているのだが、実は '損' しているところもある。この「損得」をちゃんと説明するには、「そもそも（得している／損している）とは何をもって測るのか」という問題を考えなくてはいけない。その時に大事になるのが7.1節で説明する「仕事」である。ここでは「動滑車などの道具を用いれば力を増減できる」ことのみ、注意しておく。
→ p194

---練習問題---

【問い2-12】 右の図の場合について、どれだけの力で引っ張れば m が静止するか？―滑車などの道具の質量は無視する。

ヒント → p380 へ　　解答 → p390 へ

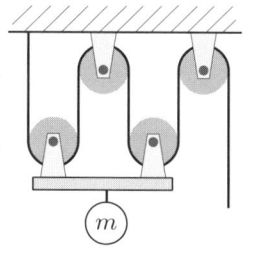

2.7 連続的な物体に働く力

> この節では、質点ではなく長さのある物体に働く力の様子を計算する方法を示す。その過程で微分・積分という計算法について説明する。微分・積分に慣れてない人はこの節をいったん飛ばしておいて、運動方程式を解く練習で微積に慣れてから読んでもよい。逆に、ここで積分の練習をしてもよいだろう。

2.7.1 滑車にかけられた質量が無視できる糸の張力

2.6節で考えた、「滑車を使うと力の大きさを変えずに向きを変えることができる」という点について、もう少し深く考察しておこう。滑車にかかっている糸に働く力は、場所によって少しずつ方向を変える（大きさは変わらないことが後でわかる）。我々はまだ連続的に変化する力を扱う方法を知らないので、糸を微小な部分に分割して、その微小な部分に働く力を考えることから始める。
→ p66

つまり連続的な物体を小さい物体に細かく区切って考えよう、ということである。この「**細かく区切って考える**」は今後も（本書に限らず物理のあち

こちで）何度も顔を出す、物理の極意である。

ここでやっていることは、糸を仮想的に切って（ほんとに切っては張力は伝わらないから、あくまで仮想的に）をあたかも小さな部品で構成された「鎖」であるかのように考えて、鎖の部品である輪っか一個に働く力を考えることから始めよう、ということである。

上の図では、半周分を6分割、12分割、24分割している例を示したが、分割数が大きくなるほど本来計算したい「半円」に近づいていっている。

---― ラジアンという角度 ―

角度は一周を360度とする表現がよく使われるが、物理では一周を2πとする角度がよく使われる。この角度の単位は「rad」と書いて「**ラジアン**」である。

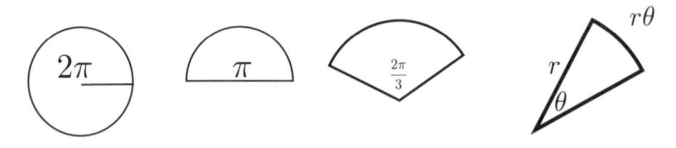

一周を2πラジアンとすると何が都合がいいかというと、半径r、頂角θの扇形の弧の長さが$r\theta$となり、計算が楽になる（円は頂角2πの扇形と考えれば、その弧すなわち円周は$2\pi r$になる）。特に運動を考えているときは物体の移動する距離（長さ）の計算ができる限り簡単な方がよいので、以後も角度はラジアンを使う。

中心から水平を0として測った角度をθとして、この角度を微小な角度ごとに分割して、その一つを考えていく。図のように半周（角度でπラジアン）分を考えて、n分割するのだとすると、一個の分割部分の角度は$\dfrac{\pi}{n}$ラジアンであり、滑車の半径をRとすれば、長さ$\dfrac{\pi R}{n}$の部分

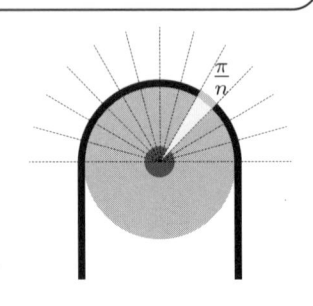

2.7 連続的な物体に働く力

を取り出す。いわば円を $2n$ 角形[26]で近似する。後で $n \to \infty$ という極限を取る（ということはつまり「鎖の輪」をとても小さいものにする、ということ）。

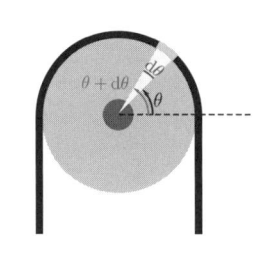

この微小な角度 $\frac{\pi}{n}$ を、$d\theta$ と書く。d は「微小な変化」を表す接頭語のようなもの[27]である。つまり、今考えている微小部分というのは角度が θ から $\theta + d\theta$ へと変化する、その間に入っている部分だということである。前ページの図では、$n = 12$（12分割）の場合を書いたが、後で $n \to \infty$ とするから、角度 $d\theta$ はどんどん小さくなっていく。

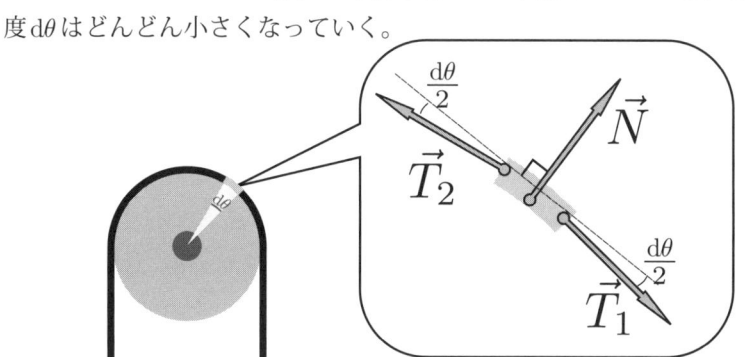

微小な部分に分割されたうちの一辺を考えると、三つの力が働いている。滑車から働く垂直抗力 $\vec{N}$ と、下端からの張力 $\vec{T_1}$ と上端からの張力 $\vec{T_2}$ である。

微小な部分に分割したことによって、垂直抗力を一つの力で表現できた。有限の長さの糸だと、垂直抗力は（糸と滑車の外縁の接触面に垂直な方向に働くが、糸が曲がっているので）場所により少しずつ違う方向を向いた力の合力となってしまう。つまり右の図のような状況なのだが、糸の長さが十分短ければ、一個の力に代表させてもよい。当然、この場合の N は $d\theta$ と同じオーダーの一次の微少量である。
→ p327

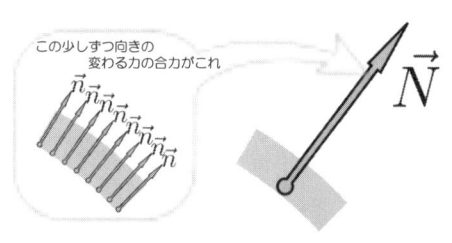

---

[26] 円を $2n$ 角形なので、半円は n 分割されている。
[27] このあたりの記号の使い方に慣れてない人は、付録のA.1.2節のあたりを読むこと。なお、$\Delta\theta$ と
→ p324
の違いは、Δ の方は微小量とは限らない変化（微小量である場合もある）であり、d の方は必ず後で
→ 0 の極限を取る。

上の図では張力を$\vec{T_1}, \vec{T_2}$と別の文字で書いたが、この張力を角度θの関数としてみれば、$\vec{T_1} = \vec{T}(\theta), \vec{T_2} = \vec{T}(\theta + \mathrm{d}\theta)$ということである。$\vec{T_1}$と$\vec{T_2}$は角度$\mathrm{d}\theta$だけ違う方向を向いている（そして、$\vec{N}$に垂直な方向とは$\frac{\mathrm{d}\theta}{2}$ずつ角度が違う）ことを使って考えると、つりあいの式は

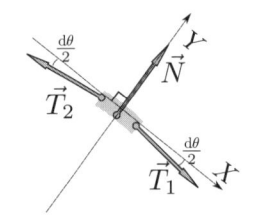

糸に平行な方向Xと垂直な方向Yに分解

$$X: T_1 \cos \frac{\mathrm{d}\theta}{2} = T_2 \cos \frac{\mathrm{d}\theta}{2} \tag{2.42}$$

$$Y: \quad N = T_1 \sin \frac{\mathrm{d}\theta}{2} + T_2 \sin \frac{\mathrm{d}\theta}{2}$$

の二つである[28]。X成分の式から$T_1 = T_2$である。今は「微小部分の間に張力が変化しない」ことを示したわけだが、微小部分で変化しないものなら、その微小部分を積み重ねていった全体において変化しないだろう。こうして、「質量が無視できる糸では（たとえ糸が曲がっていても）張力は不変である」[29]ことがわかった。そこで以下、張力をT_0（定数）と書こう。これから、

$$N = 2T_0 \sin \frac{\mathrm{d}\theta}{2} \tag{2.43}$$

であり、$\sin \frac{\mathrm{d}\theta}{2} \simeq \frac{\mathrm{d}\theta}{2}$ [30]であることから、$N = T_0 \mathrm{d}\theta$ である[31]。

───── 三角関数の近似式 ─────

角度θが非常に小さい時、$\sin\theta \simeq \theta, \tan\theta \simeq \theta, \cos\theta \simeq 1$という近似が成り立つ。右の図を描いて$\theta, \sin\theta, \cos\theta, \tan\theta$に対応する長さを考えると、これらの近似式の意味が見えてくる。

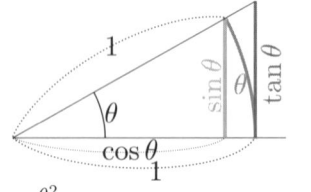

ここで「$\sin\theta$はθよりちょっと短いじゃないか」のような疑問は当然感じるだろう。実はもう少し先まで考えると、$\sin\theta \simeq \theta - \frac{\theta^3}{6}, \cos\theta = 1 - \frac{\theta^2}{2}$なのだが、「$\theta$の一次まで考える」という立場でなら、2項め以後はいらない。

---

[28] ⃗がついてない文字は、それぞれのベクトルの大きさを表す（48ページのルール参照）。
[29] ただしここで「摩擦がない」条件を置いたことを忘れてはいけない。
[30] $\simeq$ は「だいたい等しい」の意味。「近似することによって同じになる」という意味合いで使う。
[31] 微小だからと言ってどんどん高い次数の項を捨てていくことに不安を感じる人もいるかもしれない（いて当然だ）。ここでやっている計算で、こういうふうに微小量をばさばさと捨ててしまっていいのは、後で「積分」という計算をちゃんとやるから（積分の計算においてはこういう高次の微小量がどうせ効かなくなることを知っているから）である。詳しくはA.5.2節を見よ。
→ p338

2.7 連続的な物体に働く力

垂直抗力は場所によって違う（常に糸に垂直な）方向を向いている。この力の和を計算してみよう。向きの違いを考慮して、鉛直方向と水平方向の成分を計算すると

（鉛直方向）$N\sin\theta$ の和
（水平方向）$N\cos\theta$ の和 (2.44)

である。$N = T_0 \, d\theta$ であるので、この力はどちらも微少量である。

このように小さい $d\theta$ ごとの和を取り、後で $d\theta \to 0$ という極限を取るという計算こそが「積分」という計算である。

積分という計算に慣れてない人は付録のA.5節を見よ。和が「積分」に化けるところの計算もそこに詳しく書いてある。そこで行なっている計算である「$T_0 \sin\theta \, d\theta$ の和（$d\theta$ を有限として考え、後で $d\theta \to 0$ の極限を考える）」を面積で表現したのが右の図である。

θ を 0 から π までの間の N を全部足す（積分する）と、

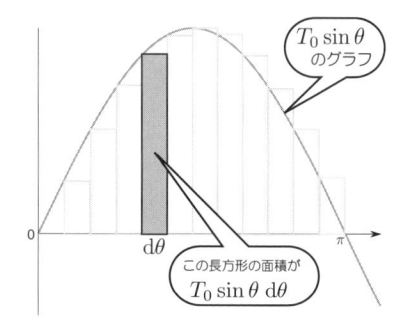

$$\begin{aligned}（鉛直方向）\int_0^\pi T_0 \sin\theta \, d\theta &= T_0 \underbrace{[-\cos\theta]_0^\pi}_{2} = 2T_0 \\ （水平方向）\int_0^\pi T_0 \cos\theta \, d\theta &= T_0 \underbrace{[\sin\theta]_0^\pi}_{0} = 0 \end{aligned} \quad (2.45)$$

となる。つまり滑車から糸に働く力は鉛直方向に $2T_0$（上向き）、水平方向には 0 であり、糸の両端が下向きに T_0 の張力で引っ張られていることを考えると、ちゃんとつりあいの式が成立している。

各微小部分について力の和が 0 なのだから、全体で考えても力の和が 0 になる、というのは「あたりまえ」のことなのではあるが、こうやって計算してみることでちゃんと確認できた。

なお、反作用として同じ大きさで逆向きの力が滑車に働くので、滑車は $2T_0$ の力で下に引っ張られる（これも「あたりまえ」ではあるが、大事なことだ）。

2.7.2 滑車にかけられた、質量のある糸の張力

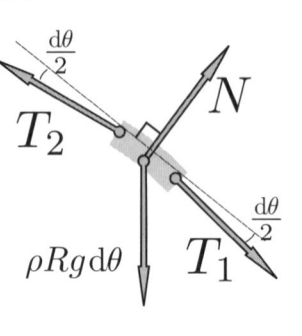

少し話を複雑にして、糸に質量があるとどう変わるかを考えてみよう。右の図のような重力が加わる。角度 $d\theta$ の部分は、長さ $R\,d\theta$ なので（単位長さの糸の質量を ρ として）重力の大きさは $\rho Rg\,d\theta$ である。この力の糸の方向（N に垂直な方向）の成分は $\rho Rg\,d\theta\cos\theta$、糸と垂直な方向（$N$ と逆の向き）の成分は $\rho Rg\sin\theta$ である。

つりあいの式は

（面に垂直な方向）$T_1 \sin\dfrac{d\theta}{2} + T_2 \sin\dfrac{d\theta}{2} + \rho Rg\sin\theta\,d\theta = N$

（面に平行な方向）$\quad T_1 \cos\dfrac{d\theta}{2} + \rho Rg\cos\theta\,d\theta = T_2 \cos\dfrac{d\theta}{2}$
$\hspace{11cm}(2.46)$

と変わる。$\cos\dfrac{d\theta}{2} \simeq 1, \sin\dfrac{d\theta}{2} \simeq \dfrac{d\theta}{2}$ を代入して、さらに $T_1 = T, T_2 = T + dT$ と書けば、垂直な方向のつりあいの式は

$$T\,d\theta + \rho Rg\sin\theta\,d\theta = N \hspace{3cm} (2.47)$$

（この式を出す計算は(2.43)の時と同様）、平行な方向のつりあいの式は

$$\rho Rg\cos\theta\,d\theta = dT \hspace{4cm} (2.48)$$

となる。(2.48)を積分して、

$$\rho Rg\sin\theta + C = T \hspace{4cm} (2.49)$$

となる（C は積分定数である）。

【補足】 ✚✚✚✚✚✚✚✚✚✚✚✚✚✚✚✚✚✚✚✚✚✚✚✚✚✚✚✚✚✚✚✚✚
「積分して」という意味はこうである。(2.48)の右辺 dT は「T の微小変化」である。左辺のうち定数を抜きにした部分 $\cos\theta\,d\theta$ を見ると、これは「$\sin\theta$ の微小変化」である。定数も含めて考えると、(2.48)の意味は

$$(\rho Rg\sin\theta\text{の変化}) = T\text{の変化} \hspace{2cm} (2.50)$$

である。「〜の変化」を考える時には（変化しない部分である）定数は無視しているから、

$$\rho Rg \sin\theta + 定数 = T + 定数' \tag{2.51}$$

とわかる。この二つの定数を左辺にまとめた結果が(2.49)である。

「積分定数は両辺に必要なのではないのか？」と疑問に思う人がいるかもしれないが、ここで考えた「定数」も「定数'」も、「この後でその値を決める定数」である。(2.51)を

$$\rho Rg \sin\theta = T + 定数' - 定数 \tag{2.52}$$

と書きなおす。我々は「定数' − 定数」の値を決めてやれば目的は達する（「定数」や「定数'」は単独で式に現れない）。よって積分定数は両辺には必要ない。

以上のような思考過程を踏んでの計算をするのが「両辺を積分して」という言葉の中身である。

$$\begin{aligned}\rho Rg \cos\theta \, \mathrm{d}\theta &= \mathrm{d}T \\ \int \rho Rg \cos\theta \, \mathrm{d}\theta &= \int \mathrm{d}T\end{aligned} \quad \left(\text{両辺に} \int \text{をつけて}\right) \tag{2.53}$$

というところだけを見ると、あたかも「$\int$ という記号を両辺に書き加える」作業を行なっただけのように見えるが、こういう考え方がその背後にあることを認識しておこう。

✜✜✜✜✜✜✜✜✜✜✜✜✜✜✜✜✜✜✜✜✜✜✜✜✜✜✜✜✜✜✜【補足終わり】

まだ決まってなかった積分定数Cを決めよう。$\theta = 0$での張力をT_0と置くことにする。(2.49)に代入すると$C = T_0$という式が出る。よって、

$$T = T_0 + \rho Rg \sin\theta \tag{2.54}$$

となり、今度は張力が場所によって変化することになった。この張力を(2.47)に代入して、

$$\begin{aligned}(T_0 + \rho Rg \sin\theta)\,\mathrm{d}\theta + \rho Rg \sin\theta \,\mathrm{d}\theta &= N \\ (T_0 + 2\rho Rg \sin\theta)\,\mathrm{d}\theta &= N\end{aligned} \tag{2.55}$$

と、Nが求められる。(2.44)以降でやったように、Nの鉛直成分と水平成分、それぞれの和を計算すると、鉛直成分の和は

$$\int_0^\pi (T_0 + 2\rho Rg \sin\theta)\sin\theta \,\mathrm{d}\theta = T_0 \underbrace{\int_0^\pi \sin\theta \,\mathrm{d}\theta}_{=2} + 2\rho Rg \underbrace{\int_0^\pi \sin^2\theta \,\mathrm{d}\theta}_{=\frac{\pi}{2}} \tag{2.56}$$
$$= 2T_0 + \rho\pi Rg = 2T_0 + Mg$$

となる[32]。$M=\rho\pi R$ は滑車にかかっていた部分の糸の質量だから、$\rho\pi Rg$ というのは、糸に働く重力の総和である。一方水平成分の和は

$$\int_0^\pi (T_0 + 2\rho Rg\sin\theta)\cos\theta\,d\theta = T_0\underbrace{\int_0^\pi \cos\theta\,d\theta}_{=0} + 2\rho Rg\underbrace{\int_0^\pi \sin\theta\cos\theta\,d\theta}_{=0} = 0 \tag{2.57}$$

となる(この結果は対称性からも明らかであった)。以上のような、

> 微小な部分で何が起こっているかをまず計算し、それを積分することで全体像を得る。

という計算が(力学に限らず物理のいろんな場所で)重要である。ここではその単純な例を示しておいた。

2.8 質点の静力学に関する補足

この節は「こだわる人のための補足」なので、最初はとばしてかまわない。

2.8.1 力を測る(静力学の範囲で)　＋＋＋＋＋＋＋＋＋＋＋＋＋＋【補足】

さて、力学を「使う」立場では実は必要ないことなのではあるが、ここまで述べてきた「力」はどのように定義されているかという問題についてこのあたりで少しだけ触れておくことにする。本書はまだ静力学の段階であり、本来の力学の目標である「動力学」にはまだ達してない。しかし、ここまででも物体に働いている複数個の力を考えてその力の和が0になる、という話を繰り返ししてきたのだから、「力の大きさ(または強さ)」を測る方法がなくてはいけない。

一つの方法は「基準となる力」を決めることである。その「基準となる力」を「単位力(1)」として、それにつりあう力は「1」の力だとする。このように「単位力」を決めるためには、「同じ状態にすれば(いつもどこでも)同じ力を出してくれる」ことが保証された何かの物質が必要であるが、幸いなことに(少なくとも近似的に)そういう物質はある[33]。

---

[32] $\sin^2\theta$ の積分の仕方はいろいろあるが、$\sin^2\theta = \dfrac{1-\cos 2\theta}{2}$ という式を使ってもよい。

[33] 物理をやる時、人は暗黙のうちに「同じ状態に置かれた同じ物質は同じ反応を示す(ここでの場合、力を出す)」ことを仮定している。これが破れているように見える時、すなわち同じ状態におかれた物質が違う反応を示した時は、「何か我々に見えてない違いがあるから反応が違ったのだろう」と考えるのが普通である。少なくとも量子力学が現れるまでは、この「暗黙の了解」はうまく機能した。

2.8 質点の静力学に関する補足

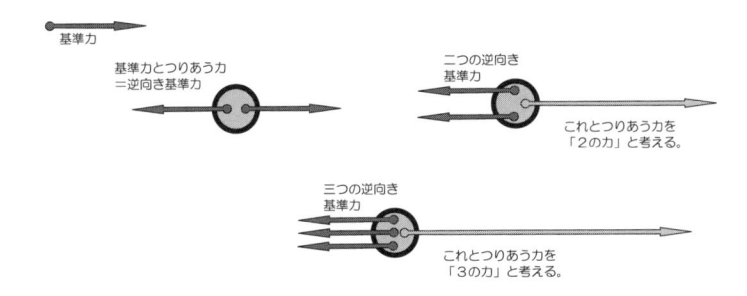

そして、同じ方向を向いた「単位力」二つとつりあう力を「2」の力とする、「単位力」三つとつりあう力を「3」の力とする、というふうに順に決めていく[†34]ことで、力の大きさを決めていける。

厳密に考えると「力がベクトルとして足し算される」のも力学の一つの「法則」として加えるべきであろう[†35]。

これが力の「定義」だとすると、

> 「物体が静止するなら力がつりあっている」というのは「静力学の法則」ではなく「定義から明らかなこと」になってしまうのではないのか？

という疑問が出てくるかもしれない——この疑問に答えるため、以下のような状況を考えてみよう。

単位力を出す基準となるものと、「測定」の結果、ある状態で単位力と同じ力を出すと判定された2種類のバネがあったとする。

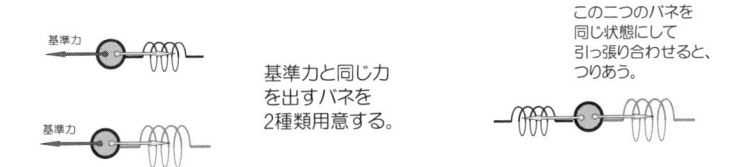

このバネを右の図のように組み合わせる。「静力学の法則」を使えば、この物体に働く力はつりあう、ということが実際にやってみるまでもなく、わかる。前にも書いたように、力は状態量である。図で示したバネのように、ある状態が決まれば、その時出している力も決まる。そしてその力という量が打ち消しあう形になっていれば力がつりあう。これが「法則」である。

もし仮に、「力がつりあう」というのが「力の定義」だとすると、上の図の左の実

[†34] もちろん、「二つ合わせることで単位力とつりあう力」は $\frac{1}{2}$ の力とする。

[†35] 力学の3法則の大前提、暗黙の了解という立場になっているので「第0法則」と呼ぶべきかもしれない。
→ p134

験で「バネ A の力は 1 である」「バネ B の力は 1 である」と"定義"されたが、単なる「定義」には、「1 と定義された力ともう一つの 1 と定義された力は（逆向きならば）つりあう」という情報は含まれていないのだから、その場合右の図の実験で力がつりあうことは示せない。「法則」というのは「定義」より多くの情報が含まれているのである。

　もしどうしてもそうしたければ、「力がつりあう」ことを「つりあうように定義する」立場を取ることはできる。その場合、その「定義」が整合性を持って使えるということが「(暗黙の)法則」になる。整合性も考えずに適当な「定義」を作っても、整合性をもたせることは（運がよくない限り）できない。

　ところでそのような「法則」はどうして得られたかというと、結局は「いろんな力の組み合わせを実験してみた結果、経験上これを破るような現象は見つからなかった」(こんなふうに見つけられた法則は「経験則」と呼ぶ)ということに他ならない。つまり我々は「これまでに経験したことは、これからも起こるであろう」ことも一つの「暗黙の了解」としている。

　「基準力」の決め方の一つの例がバネばかりで、その力によりバネがどの程度伸ばされたか（あるいは、縮められたか）を使って力を示す（内部にバネが仕込んである形の体重計は、まさにそうやって重さを測っている）。現実問題として厳しく見れば、バネの材質は一つ一つ同じではなかろうし、温度や気圧の影響を受けるかもしれないし、バネが使っている間に力が弱くなることだってある。しかしそこは「理想的なバネばかりがあるものとする」として話を進めておき、詳しい解析によって現実と「理想的」との差を見出して補正する方法を考えていくというのが物理の姿勢である。

2.8.2　質量の定義について、静力学の範囲で　✢✢✢✢✢✢✢✢【補足】

　力の定義とならんで問題になることが多いのが「質量の定義」である。質量は（中学理科など、最初に導入される時には）**物体固有の量**」というような非常にとらえどころのない表現で定義されていることが多い。

　例えば水は「何リットル」と体積で測る。肉を買う時は「何グラム」と重さを測って買う。ロープを買う時は「何メートル」と長さで測る。このように、「物体の量」を測るとき、我々は大きさ（長さだったり面積だったり体積だったり）で測ることもあるし、重さで測ることもある。

　しかし水を「何メートル」と測ることはできないから「長さで測る」のは（特定の種類のロープには使えても）普遍的な方法としてはよいものではない。

　では、体積や重さはどうかというと、やはり「物体固有の量」として使うには不便な面を持つ。例えば体積は

- **物理的な意味での「足し算」ができない**　例えば「水 1 リットルとエタノール 1 リットルを足すと 2 リットル」にならない[†36]。

[†36] 水の分子とエタノールの分子の大きさの違いでこんなことが起こる。「大豆 1 升とゴマ 1 升を混ぜ

2.8 質点の静力学に関する補足

- **状況により変化してしまう** 例えばたいていの物質は温度が上がると膨張する。
- **物質の種類によって同体積でも物質量は違うように思われる** 例えば、鉄の塊1立方メートルと、綿の塊1立方メートルを「同じ物質量」とは、普通思わない[†37]。

などの弱点を持つ。重さも（ふだんあまり感じないが）場所や状況で変化してしまう量であることは、重力の説明のところで述べた。
→ p5

　物質の量を表すものであるからには「a の量と b の量を加えれば $a+b$ の量になる」性質（**相加性**）[†38]を満たしてほしいし、状況によってころころ変わってほしくない。

　そういう「物質の量を表すにふさわしい量」が存在すると仮定し、それを「質量」と名付ける。この段階ではその測り方は指定してない。「測り方が指定してないようでは定義とは言えない」という批判はごもっともだが、ここではとりあえず「そのような物理量がある」と仮定するのである。質量の定義というのは実際ぴったりとはまる定義というのはなかなか難しいので、最初は「ぼんやり」と理解しておいて、学習が進むなかで概念を作っていくのがよいかもしれない。

　ニュートンの『プリンピキア』の中では「質量は密度×体積である」という"定義"が書かれている。物質というものの概念自体が素朴であったニュートンの時代[†39]では、このような定義でも「物質固有の量を表す」ものとして使えたのかもしれない。現代の立場では「密度×体積」では「定義」とは言えない（実際のところ、ニュートンの時代でも少々苦しい）のはもちろんである。

　大事なことは、質量が（力学の祖であるニュートンの時代から）「物質の量を表すもの」として定義されているということである。相加性を持ち、かつ状況によって変化しない（物質の種類に左右されない）ような「物質の量」を測るための尺度があるということをまず仮定し、その尺度を「質量」と呼んでいたのである。

　質量は具体的にはどう測るのかといえば、静力学の範囲では「重さ」すなわちその物体にかかる重力 mg で代弁させる（ここでは、g が変化しないような狭い領域で考えていると思えばよい）という方法が一番妥当ではあるが、もちろんいろいろな測定の方法がありえる[†40]。よく言われるのは「天秤で測る」である（この測り方は g の変化に依存しない）。

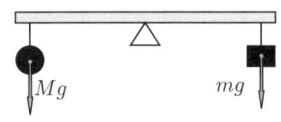

天秤がつりあっているなら、$M=m$

Mg　　　mg

✝✝✝✝✝✝✝✝✝✝✝✝✝✝✝✝✝✝✝✝✝✝✝✝✝✝✝✝✝✝✝✝✝✝✝✝【補足終わり】

ても2升にならない」と同様の現象である。
[†37] これは別に「体積」という量の弱点だというわけでない。現在の要求である「物質固有の量を知りたい」に合わないだけのことである。
[†38] 同じ物質を足している時には体積は相加性があるが、違う物質を混ぜる時は体積は相加性がない。
[†39] この時代では元素という概念はまだ確立されてない。
[†40] 動力学の範囲では、「同じ速度でぶつけてみて、跳ね返った速度の比が質量の逆比である（例えば同じ速度で跳ね返ったなら質量は同じ）」というふうな定義の仕方（マッハによる）もある。

章末演習問題

★【演習問題2-1】

壁に背中をもたれるように立っているAさんがふと思った。

「私の背中は壁を押し、壁が背中を押している。ということは壁、そして壁につながった地面は後ろに動き出さないのだろうか？」

Aさんに働く力、壁+地面に働く力をすべて描いて、壁+地面が動き出すことはないことを説明せよ。

ヒント → p2wへ　解答 → p10wへ

★【演習問題2-2】

図のように下端部分がギザギザになっている二つの物体が接触している。摩擦力は働かない。斜めの面に垂直抗力nが、鉛直な面に垂直抗力n'が働いている（どちらも鉛直方向でない方向を向いていることに注意）。この物体を横から力Fで押している（しかし、物体は動いていない）。

(1) $F=0$の時、nとn'を求めよ。
(2) Fを少しずつ大きくしていく。どれだけになると物体が動き出すか（つりあいが破れるか）？

注：(2)で求めた力は上の物体の重さmg（$=4n$の鉛直成分）に比例している。これは静止摩擦力（垂直抗力に比例する最大値がある）の一つのモデルになっているのである。
→ p32

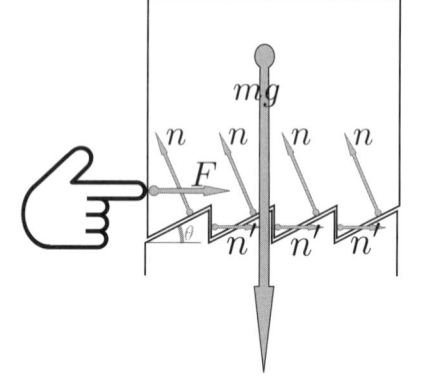

ヒント → p2wへ　解答 → p11wへ

★【演習問題2-3】

右の図のように五つの重りをつるした（糸の継ぎ目の位置を重りと重りの水平方向の距離が等しくなるように調節してある）。重りの質量はすべて等しい。

y_2はy_1の何倍になるかを求めよ。

同じようにどんどん重りを両端に追加していくと、$y_3, y_4, \cdots$はどのような数字になると思われるか？

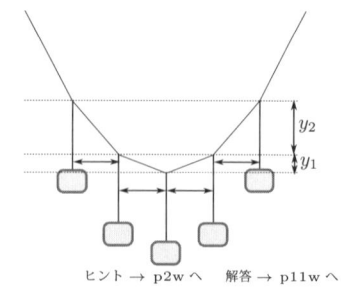

ヒント → p2wへ　解答 → p11wへ

第 3 章

静力学 その3
―剛体のつりあい

物体に大きさがある場合、力だけではなく力のモーメントに関しても考えていかなくてはいけない。

この章は、力のモーメントや剛体に働く力のつりあいについて早めに勉強したい人のためにここに置いたが、ずっと後で読んでもよいかもしれない。質点の運動のさまざまな法則（運動方程式はもちろん、運動量保存則やエネルギー保存則など）について早く知りたい、という人はとりあえず飛ばしておいて、後で戻ってきても支障はない。

第2章を飛ばしてこの章を読むことはできないので、未読の人は戻ること。
→ p39

3.1 つりあいの条件と回転しない条件

3.1.1 ここまで無視してきたこと

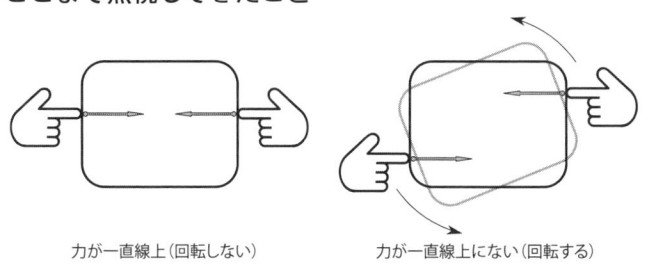

力が一直線上（回転しない）　　力が一直線上にない（回転する）

実はここまで、物体に大きさがあることはあえて考慮に入れなかった。考慮に入れると何が変わってくるかというと、上の図を見るとわかるように、

「力がつりあっている」だけでは物体が静止する条件には足りないのである。

上の図の場合、どちらにせよ力はつりあっている（物体に働いている力のベクトル和は0である）。しかし左の図はいいとしても、右の図のような状況を考えると、力がつりあっていたとしても、物体は回ってしまう、ということがありそうである（「ありそう」と思えない人は指2本で机の上においた物体を押したり引いたりしてみること！）。

つまり、大きさがある物体が静止するためには「力のベクトル和が0」という条件の他になんらかの、「回りださない」ための条件が必要である。その条件を以下でまとめていく。ただし4ページで述べたように、必要条件と十分条件の違いには注意しよう（以下で述べる条件は十分条件ではない）。

この章で、質点よりも少しだけ、現実的な現象へと近づくが、残念ながらまだ「現実的」ではない。というのは、より現実的な物理を考えるには、物体が曲がったりへこんだり、という変形も考えていかなくてはいけないが、この本では「物体が変形する」現象は扱わないからである[†1]。物理では、変形しない物体を「**剛体**（ごうたい）」と呼ぶ。

3.1.2 剛体が静止する条件 —— 一つの剛体に二つの力が働く時

ここではまず、和が0となる二つの力が一つの物体に働いている場合を考えよう。直観的に考えて、この場合に物体が回り出さないのは、

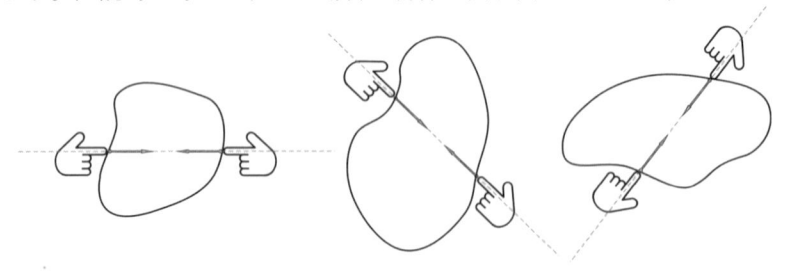

のように、「力の作用線が一致する」状況であろう[†2]。「**作用線**（さようせん）」とは、作用点を通って力の方向に伸ばした直線である（「直線」であるからどちらの方向へも無限遠まで伸びる）。

[†1] 変形する物体としては伸び縮みするバネだけを考える。
[†2] 「変形しない」という剛体の条件がなければ、上の図の場合物体は押されて縮んだりするはずである。それを考えないので、この状況で「つりあった」→「静止する」と言えるのである。

3.1 つりあいの条件と回転しない条件

こう考えると、二つの力が一つの物体に働いている時には、以下の条件が成り立たたなくてはいけない[†3]。

二つの力が働いた剛体が静止するための必要条件

- 二つの力の和が0であること
- 力の作用線が一致していること

ここで、「作用線が一致していれば回らない」ことだけでなく「作用線が離れていれば離れているほど、より回そうとする作用は大きい」ことも（今のところ数式などによる証明はないが、直観的に）感じておこう。

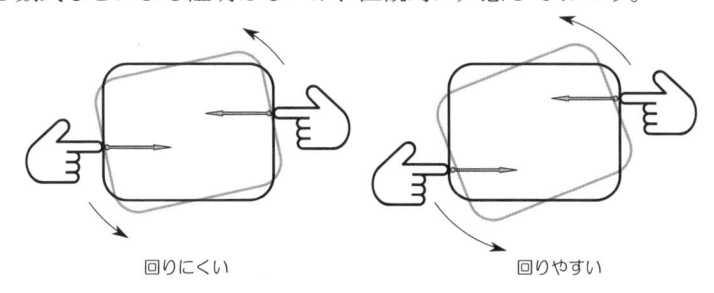

回りにくい　　　　　　　　回りやすい

3.1.3 作用点の移動

「二つの力の和が0で、作用線が一致していれば動かないし、回らない」ことから、

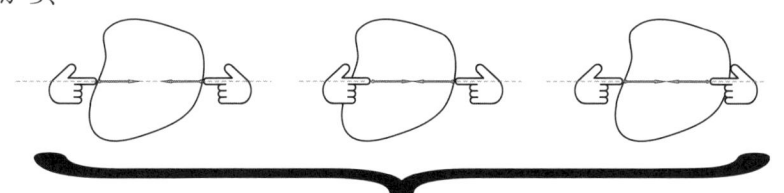

どの場合でも、物体に与える影響は同じ
（上の場合すべて物体は動かないし、回らない）

のように、作用線にそって力の作用点を移動させてもこの条件は崩れないということが言える。作用点が作用線の方向に動いても「作用線が一致している」という条件は崩れない。

「と言われてもピンとこない」という人は、是非実際に物体を床の上において二本の指で押してみることでこれを納得してみてほしい。

[†3] 十分条件ではないことに注意。

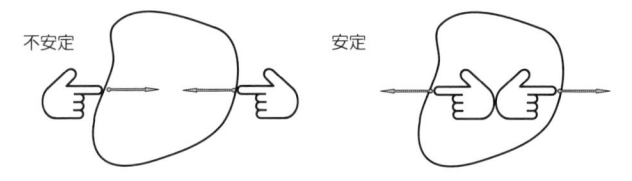

【補足】＋＋＋＋＋＋＋＋＋＋＋＋＋＋＋＋＋＋＋＋＋＋＋＋＋＋＋＋＋＋＋＋＋
実は同じ作用線が一致している場合でも、

の二つの図の場合は大きな違いがある（実際にやってみた人は気づくだろう）。左側の図のように押した場合は、ほんの少し作用線がずれただけで大きく回ってしまう（右側はむしろ、作用線がずれない状態に戻る）。つまり、つりあう力であっても安定な押し方と不安定な押し方がある。

この図を見て「安定不安定以前に、左では物体が押しつぶされ、右では物体が引き伸ばされるだろう」と考えた人もいるかもしれない。もちろんその通りで、それは大事なことなのだが、今ここでは「剛体」という、押しつぶされたり引き伸ばされたりしない物体を考えているので、そこは考えなくていい[†4]。
＋＋＋＋＋＋＋＋＋＋＋＋＋＋＋＋＋＋＋＋＋＋＋＋＋＋＋＋＋＋【補足終わり】

ここで以上の経験的事実を踏まえて、以下の法則を置こう。

―― 力の作用点の移動に関する法則 ――
力の作用点を作用線に沿って移動させても、その力が剛体になす効果は変わらない（「力はsliding vectorだ」と言ってもよい）。
→ p47

この法則があれば、作用点が違う二つの力があったとしても、作用線が共通であれば、どちらか一方の力の作用点を作用線にそって移動させることで「同じ場所に働く二つの力」に直すことができる。もし二つの力の大きさが同じで逆向きならばこれらの力は働いてないのと同じである。

3.1.4 剛体が静止する条件 ── 一つの剛体に三つの力が働く時

では、一つの物体に三つの力働いている場合はどうなるかを考えよう。この三つの力の和が0であるという条件は既に満たされているものとする。

[†4]「剛体」というのは問題を解く都合上導入した「理想的概念」であって、もちろん現実はそうはいかない。物理をやる時は「今考えているのは、現実に比べてどのような理想化が行われたものか」に留意しておく必要がある。なお「理想化なんてせず現実をがっちり考えるべきだ」と思う人もいるかもしれないが、それはとてもたいへんなことなのだ。

3.1 つりあいの条件と回転しない条件

　先の原理を考えると、三つの力をそれぞれの作用線に沿った方向になら自由に動かせるのだから、三つのうち二つの力を移動させて作用点をそろえた上で一つにまとめてしまえば、二つの力が働いた場合と同じことになる。

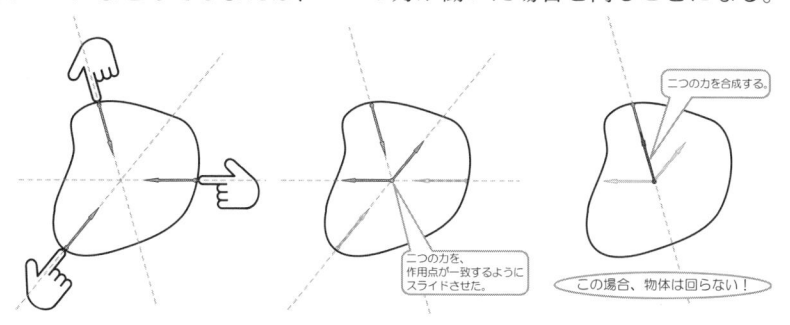

　上の図のように、三つの力の作用線が一点で交わる状況にあれば回らない。

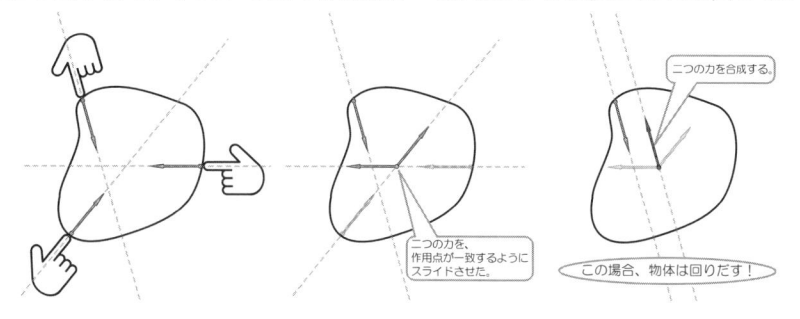

　一方、上の図の場合、三つの力を二つにした時点で二つの力が同じ作用線に乗らないので、物体が回りだす。

　こうして、

―― 三つの力が一つの剛体に働いている場合に回転しない条件 ――
　　　　　三つの力の作用線が一点で交わること

が得られた[5]。これと力のつりあいの条件（力の和が0）が両方満たされていれば、物体は動きも回りもしない。

---

[5] ここで「三つの力が平行だったらどこまで行っても交わらないぞ」と疑問に思う、鋭い人がいたかもしれない。その場合は「交点が無限遠である」という極限で考えるか、3.2 節以降に示す「力のモーメント」で考えよう。
→ p88

3.2 てこの原理と力のモーメント

3.2.1 てこの原理

アルキメデス（紀元前3世紀の人物）の時代から、「てこの原理」が知られている[6]。今考えているつりあいに即して「てこの原理」を述べよう。

回転する物体の「支点」を与える。「支点」はなんらかの理由で（その理由は様々である）動かないようになっている。ただし、支点を中心として回転することはできる。

図に二つの力（Fとf）を描いた。二つとも下向きだがFは物体を時計回りに回そうとする力、fは反時計回りに回そうとする力である。二つの力の作用点は支点からそれぞれℓ[7]とL離れている。この時、

$$f\ell = FL \qquad (3.1)$$

ならばこの物体は回転しない。これが静力学における「てこの原理」である。

この「てこの原理」は、あるもっともらしい仮定を置くと、力の分解を使って示すことができる[8]。

そのもっともらしい仮定とは、下の図のように「支点から同じ距離L離れた点に、互いに逆回転させるような方向に二つの同じ大きさの力Fが働いている」場合に物体は回らない、ということである。

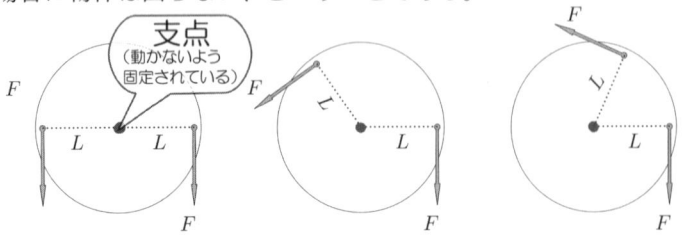

二つの力は距離も同じで大きさも同じで、その力が作り出そうとしている回転が逆なだけであるから、この場合に物体は支点の周りに回転をすること

---

[6] アルキメデスが「支点とてこを与えてくれれば、地球でも動かしてみせる」と言ったという話は有名である。
[7] このℓはLの小文字の筆記体。活字体の l（エル）は数字の 1 と間違えやすいのであまり使わない。
[8] 以下の考え方は、ニュートン本人によるもの。

3.2 てこの原理と力のモーメント

はないだろう、ということはだいたい納得できるだろう（車のハンドルでも回してみて実感しよう）。

ここまでの図には描き込んでいなかったが、実際には軸の部分にも全体に働く力をつりあわせるような第三の力が働いていなくてはいけない（それも描いたのが右の図）。もちろん三つの力の和は $\vec{0}$ である。この図は支点に働いている力を対称軸として線対称（図で言えば左右対称）である。

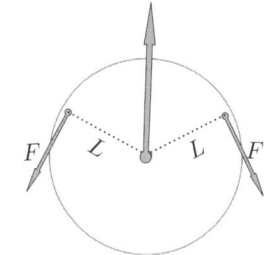

そして、左右対称であるがゆえに、この三つの力の作用線は一点で交わる。

これに加えて先に示した「力の作用点は作用線に沿って動かしてもよい」を使って、力と支点の距離が同じではないときのつりあいの条件がてこの原理になることを以下で示す。

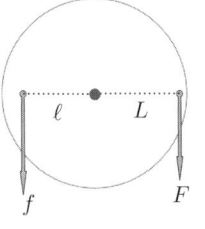

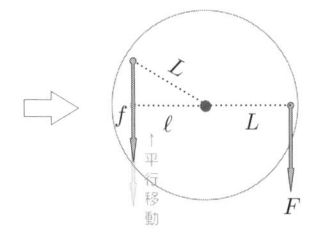

まず、力 f の作用点を作用線にそって動かす。どこまで動かすかというと、支点と作用点の距離が L になるまでである。

移動したことで、二つの力 f と F の作用点が、支点から等距離になる。さらに、同じ距離まで移動させた力 f を、二つの方向（作用点から支点へと向かう方向と、それに垂直な方向）に分解する。作用点から支点に向かう力は、回転を起こそうとする力ではないので、軸に働く力には関係するがそれも回転のつりあいの条件とは関係ない。

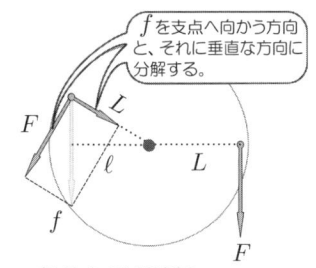

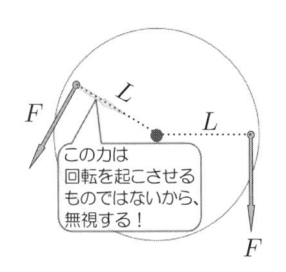

すると、もともと違う距離に作用していた二つの力が、同じ距離で、かつどちらも回転を起こそうとする力（ただし、互いと逆向きの回転を起こそうとする力）になった。この時、f を分解した結果の力が（左の図のように）F と等しくなっていれば、この物体は支点の周りに回転することはない。

f を分解した力の大きさが F になるということは、右の図の二つの直角三角形が相似だということ。これから、

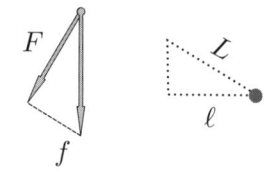

$$f : F = L : \ell \quad \rightarrow f\ell = FL \quad (3.2)$$

という式が出てくる。

ここまで L や ℓ を漠然と「支点との距離」と呼んできたが、力の作用点が作用線に沿って動かせるということを考えると、L や ℓ は「支点と作用線の距離」と呼ぶべきである。[†9]

ここまでで力が二つの場合、三つの場合と考えてきたが、この後四つ五つと増やしていくと（基本的な考え方は同じではあるが）どんどん考えるべきことが複雑になってくる。問題を整理するためには回転しないための条件を（力が何個働いていようと簡単に拡張できるように）もっと統一的に書き記す必要があるが、そのためには次で定義する「力のモーメント」という量の助けを借りなくてはいけない。

3.2.2 力のモーメントの定義

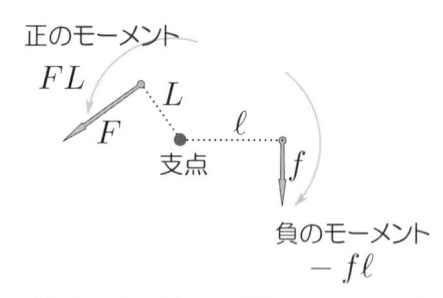

ここまで考えたことから、（力の大きさ）×（支点と作用線の距離）という量が「物体に回転を起こさせる作用」として重要であることがわかったので、この量をちゃんと定義していこう。（力の大きさ）×（支点と作用線の距離）という量は実は「**力のモーメント**」と呼ばれる量の大きさ[†10]である。なお、力のモーメントは「**トルク**」とも呼ばれる[†11]。

力もそうであったが、力のモーメントにも向きがあり、正負がある。平面上の話をしているときであれば、反時計回りを「正のモーメント」、時計回り

[†9] 「点Aと直線Pの距離」とは、「直線P上でもっとも点Aに近い点と、点Aとの間の距離」のことである。

[†10] 実はベクトルなので「の大きさ」と追記している。

[†11] モーメントは英語で「moment」すなわち「瞬間」という意味の英単語と同じなのだが、ここでの使い方はむしろ「重要性」と訳す時の意味での「moment」である。つまり、同じ力でも（どれだけの回転を起こすかという意味で）重要性が違う。その違いを表現するのが「力のモーメント」だというわけ。日本語にするときは「能率」という訳語を当てる。

を「負のモーメント」とする（この逆に定義してもかまわないが、慣例としてはこうすることが多い）。

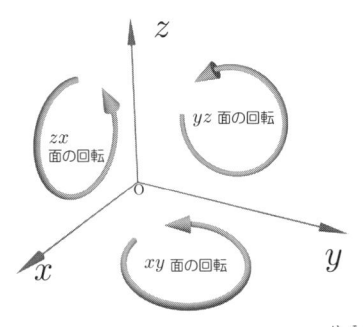

平面の回転は本質的に一つしかない（反時計回りの回転と時計回りの回転しかないが、時計回りの回転は「負の反時計回りの回転」と考えればよい）。しかし3次元空間の中での回転は実は三つの独立な方向がある。これは力のベクトルが空間内では3成分を持っていたことと同じであり、力のモーメントがベクトルである、という由縁である。ただし、どのようにベクトルで表現するかについては、次で具体的計算を交えて説明するので、とりあえずは図で「なるほど空間的な回転は3種類ある[†12]」と納得しておいてほしい[†13]。

力のモーメントという量を表現するために必要なのがベクトルの「**外積**」という計算である。外積は名前の通り「積」（掛け算の結果）なのだが、普通の数の積とはちょっと違った掛け算の仕方をする。
→ p353

> 外積という計算に慣れてない人はここで付録のB.2節を読むこと。
> → p353

ここでは、「力のモーメント」を考えると、外積という考え方が自然に出てくることを述べよう。

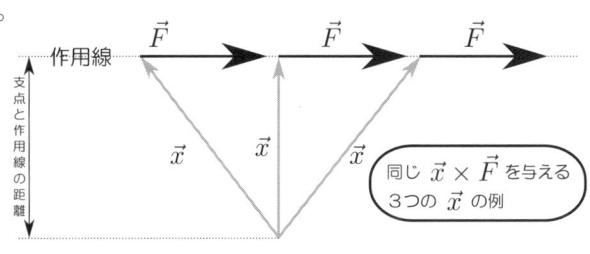

我々が計算したいのは、（力の大きさ）×（支点と作用線の距離）である。

右に同じ力のモーメントを与える $\vec{F}$（力のベクトル）と $\vec{x}$（支点から作用点へと向かうベクトル）の図を描いた。

[†12] もちろん、この三つの中間にあたる「斜めの回転」だってある。斜めの回転に対するモーメントが、ベクトル的な和で計算できることは3.3.4節で解説する。
→ p97

[†13] 付録のCで座標系を張って物体の位置を考える方法について解説しているので、このような座標系
→ p366
の考え方に慣れてない人はそちらを読んでほしい。

この三つに限らず、作用線にそって$\vec{F}$を動かす限り、支点と作用線の距離は変化しないことはわかるだろう[†14]。

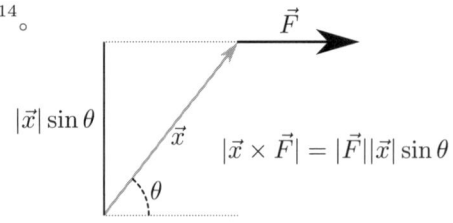

さて、その「支点と作用線の距離」を計算するには$\vec{x}$というベクトルの中から「$\vec{F}$と垂直な成分」を取り出してくる必要がある。$\vec{x}$と$\vec{F}$のなす角をθとすれば右のような図が描けて、力のモーメントの大きさは$|\vec{F}||\vec{x}|\sin\theta$となる。

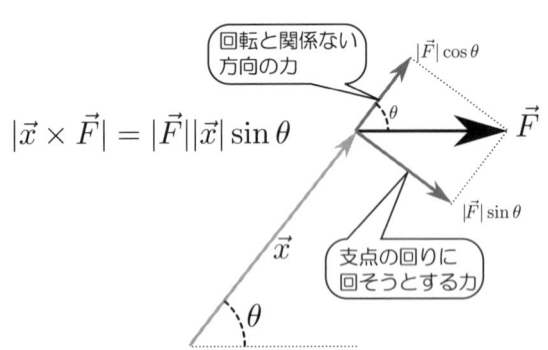

結果は同じであるが、左の図のように考えることもできる。こちらの場合は、力のうち「回転を起こそうとしている成分」だけを取り出して掛け算するという計算を行なっている。

こうして作った$|\vec{F}||\vec{x}|\sin\theta$という式を見ていると、ある幾何学的意味があることに気づく。それは、右の図の灰色の部分の面積である（ただし、$\theta > 0$の時）。

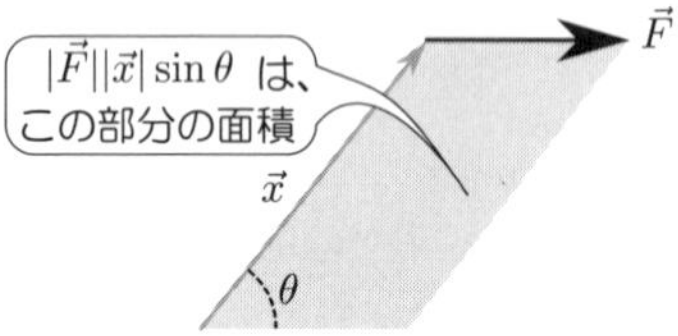

外積という計算は「二つのベクトルが作る平行四辺形の面積」を計算しているとも言える。

ここまでは平面的に考えたが、力のモーメントは当然3次元的な回転を起こす力であり、その向きにも意味がある。この節の図はすべて中心の周りに時計回りに回そうとする力のモーメントを考えた。この場合の（3次元的な）力のモーメントのベクトルの向きは紙面の表から裏へ向かう向きである。これは右ネジを回す向き
→ p356

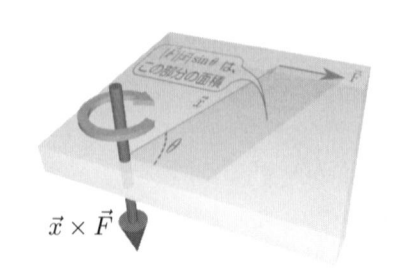

[†14] 力の作用点は作用線に沿って動かしてもよい理由はこれである。
→ p47

と進む向きの関係になっている[†15]。

　力のモーメントに「向き」があるのは、その力によって起こされる回転にも「方向」があるからである。モーメントというベクトルの向きは、回転の軸の方向（その向きは回転によって右ネジが進む方向）として定める。
→ p355

> モーメントの向きは$\vec{x}$の向きでも力$\vec{F}$の向きでもなく、その両方に垂直な向きとなる（それはつまり「回転軸の向き」となる）。

ことに注意しよう。

3.3　力のモーメントと外積

3.3.1　モーメント

　力に限らず、束縛ベクトルまたはsliding vectorであるベクトル$\vec{b}$が位置ベクトル$\vec{x}$の位置にあるとき、$\vec{x}\times\vec{b}$という量を「"考えているベクトル"のモーメント」[†16]と呼ぶ。

　今考えているのは$\vec{b}$が力$\vec{F}$の場合であり、

$$\vec{x}\times\vec{F}=\vec{N} \quad (3.3)$$

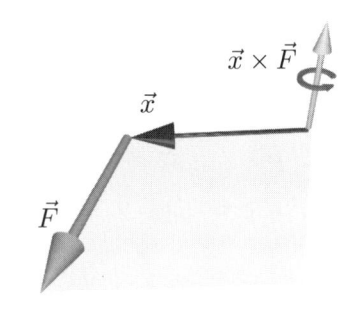

が「力のモーメント」である[†17]。後で出てくる、「運動量のモーメント」（上の式の$\vec{F}$を$\vec{p}$に変えたもの）は「角運動量」と呼ばれる。
→ p230

　外積の定義により、力のモーメントはこの力が起こそうとする回転の軸の方向（この回転が右ネジの回転だとしたとき、ネジの進む方向）を向く。

　外積を使って表現すると、剛体のつりあいは

「力のモーメントの和が0である」　$\sum_i \vec{x}_i \times \vec{F}_i = 0 \quad (3.4)$

という式にまとめて書くことができる（どうしてこんなふうにモーメントの

[†15] この図の力は時計回りに回転させようとしている力なので、90ページの図に描いた「負のモーメント」にあたる。「負」というのが紙面の「下向き」に現れている。
[†16] モーメントを作る時の〈考えているベクトル〉は自由ベクトルであってはならない（でないと$\vec{x}$に意味がない）。モーメントというベクトルは基準点を決めて初めて意味がある。
[†17] 力のモーメントは$\vec{N}$と書かれることが多いが、垂直抗力と混同しないように。

「和」がベクトルの和と同じ方法で計算できるのか、については後で考える）。

質点が静止する条件は「**力のベクトル和が0である**」であったが、剛体については、「**力のモーメントのベクトル和が0である**」ことを静止する（回転しない）ための必要条件として追加することにしよう。後で動力学をやった後でもう一度物体の回転について考えるが、その時にこの付け加えた条件が動力学ではどのような意味を持つのかを確認することにしよう[†18]。

3.3.2　支点が任意の点に設定できること

3.2.1節では「支点」を考えててこの原理を説明したが、よく考えると、支点が動かないためには、支点の部分に適切な（支点が移動してしまわないために必要な）力がかかっているはずである。そこでその力を含めて力のつりあいとモーメントのつりあいを考えてみよう。

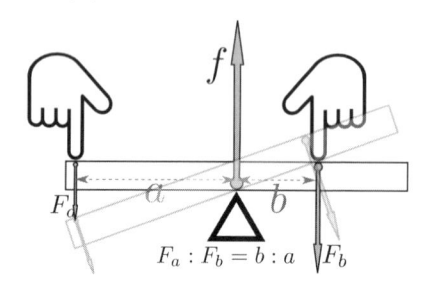

シーソーの、支点からの距離が $a:b$ の場所に二つの力 F_a, F_b が同じ下向きに働いて、その力の比が $b:a$（つまり、$F_a a = F_b b$）だったとすると、モーメントもつりあう。力がつりあうことから支点には $F_a + F_b$ の力が働かなくてはいけない。この支点に働く力 $f = F_a + F_b$ は、「支点を中心としたモーメント」には寄与しない（仮想的な腕の長さが0になるから）。

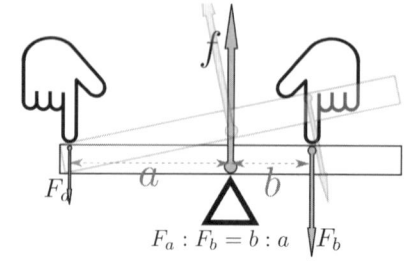

「支点」を実際の支点ではなく、F_a の働いている地点に設定してみよう。すると、F_a という力はモーメントを作らない。替りに元々の支点に働いていた力が $-fa = -(F_a + F_b)a$ のモーメントを作る。一方、F_b は支点が動いたことで支点からの距離が $a+b$ となり、$F_b(a+b)$ のモーメントを作る。$F_a:F_b = b:a$ だったのだから、$(F_a+F_b):F_b = a+b:a$ である。と

[†18] 特にこの段階ではまだ、モーメントを足して0となることでつりあいが保たれる理由は明白ではないだろうが、その点も動力学に入ってからちゃんと考えることにする。

いうことは、この二つの和は、やはり0である。

こうして、実際には固定されていない点を支点として採用したにもかかわらず（支点が本当の支点であるO点であった時には関係なかった「支点を支える力」を入れたことで）、やはりモーメントは消し合っていた。これは偶然ではなく、一般的に力と力のモーメントが両方つりあっているならばどの点を中心としてもモーメントはつりあう、ということが以下のように一般的に証明できる。

n 個の点 $\vec{x}_i (i=1,2,\cdots,n)$ に働く力を $\vec{F}_i$ と書こう。力も力のモーメントもつりあっている時は、以下の二式が成立する。

力のつりあいの式 $\quad \sum_{i=1}^{n} \vec{F}_i = 0$

モーメントのつりあいの式 $\quad \sum_{i=1}^{n} \vec{x}_i \times \vec{F}_i = 0$

モーメントの基準点を $\Delta \vec{x}$ だけずらす。これによりモーメントの式では $\vec{x}_i \to \vec{x}_i - \Delta \vec{x}$ という変更（平行移動）が行われる。しかし、

$$\sum_{i=1}^{n} \vec{x}_i \times \vec{F}_i \to \sum_{i=1}^{n} (\vec{x}_i - \Delta \vec{x}) \times \vec{F}_i = \sum_{i=1}^{n} \vec{x}_i \times \vec{F}_i - \Delta \vec{x} \times \underbrace{\sum_{i=1}^{n} \vec{F}_i}_{=0} \quad (3.5)$$

となり（外積の分配法則を使った）、基準点をずらしてもモーメントのつりあ
→ p358
いの条件は変化しない。

3.3.3 偶力

二つの力がつりあっている（$\vec{F}_1 + \vec{F}_2 = 0$）が、モーメントの和が0でない（$\vec{x}_1 \times \vec{F}_1 + \vec{x}_2 \times \vec{F}_2 \neq 0$）とき（つまり逆向きで同じ大きさの二つの力が作用線を共有してないとき）、このような二つの力の組みを「**偶力**」と呼ぶ。例えば人間がドライバーを回すときに加える力などが偶力の一例である。偶力が作るモーメントは、二つの力が $\vec{F}$ と $-\vec{F}$ と書けることから、

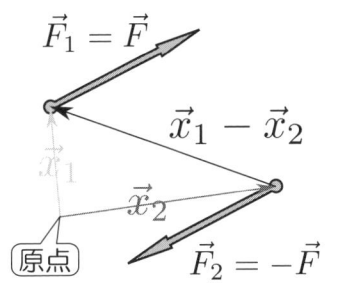

$$\vec{x}_1 \times \vec{F} + \vec{x}_2 \times (-\vec{F}) = (\vec{x}_1 - \vec{x}_2) \times \vec{F} \quad (3.6)$$

となるが、$\vec{x}_1 - \vec{x}_2$ というベクトル $\vec{x}_2$ から $\vec{x}_1$ へという変位ベクトルであり、位置ベクトルの基準点によらない。

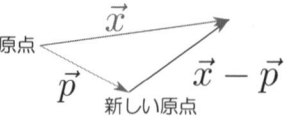

なぜなら、位置ベクトルの基準点を原点から位置ベクトルが $\vec{p}$ である点に変えるという操作は $\vec{x} \to \vec{x} - \vec{p}$ という置き換えであるが、変位ベクトル $\vec{x}_1 - \vec{x}_2$ はこの置き換えで変化しないからである（$\vec{x}_1 - \vec{x}_2 \to (\vec{x}_1 - \vec{p}) - (\vec{x}_2 - \vec{p})$ となるが、$\vec{p}$ の部分は消える）。よって（一般の力のモーメントは基準点を変えれば変わるのであるが）偶力の作るモーメントは基準点の場所によらない[†19]。

偶力は名前は「力」だが力ではなく力のモーメントである。そして一般の力のモーメントが原点を決めないと意味がないのに反し、偶力は原点をどこに取ったかに依存しない。同じ理由で、偶力はいくらでも平行移動できる（平行移動しても偶力というベクトルは変わらない）。

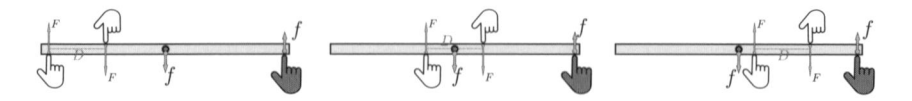

だから、上の三つの図の白い二つの手が出す力のモーメントはみな同じであり、今つりあっているとしたら黒い手および支点（●）の出している力もみな同じである。

平行移動に限らず、同じモーメントを与える偶力の組は一種類ではない。下の三つはすべて、同じモーメントを作る偶力の組である。

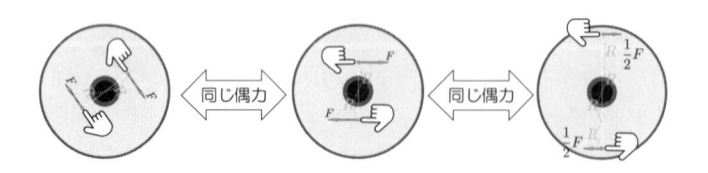

同じモーメントを働かせるなら、より軸から離れた部分に力を加えた方がよいことがわかる（ネジ回しの持ち手の部分が太くなっているのはこの為）。

力 $\vec{F}$ が場所 $\vec{x}$ に働いているとき、それは「原点に力 $\vec{F}$ が働いていて、そ

[†19] $\vec{x}_1$ と $\vec{x}_2$ の立場を取り替えても偶力のモーメントは変わらないことにも注意。取り替えると(3.6)右辺の $\vec{x}_1 - \vec{x}_2$ の符号が変わるが、そのとき同時に(3.6)右辺の力も $\vec{F}_2 = -\vec{F}$ の方に取り替えられるので、2回符号が変わって元に戻る。

れに加えてモーメントが $\vec{x} \times \vec{F}$ の偶力が働いている」という状況に表現し直すことができる。この二つが等価（同じ意味を持つということ）であることは、以下のように説明できる。原点に、$\vec{F}$ と $-\vec{F}$ という二つの力を付け加える（実質的にはなんの効果もない）。これで、力は「原点に働く $\vec{F}$」と、「モーメント $\vec{x} \times \vec{F}$ の偶力」に組み替えられた。

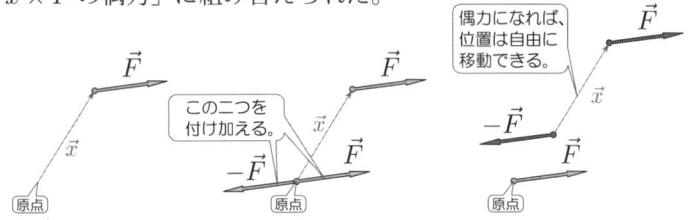

偶力の方はその性質から、自由に位置を変えても問題ない。よってこうすることで力のモーメントの足し算をより自由に考えられる。そのことの御利益を次の節で示そう。

3.3.4 力のモーメントがベクトルとして足し算できること

力がベクトルの和で足し算できることはこれまで認めてきたわけであるが、では「力のモーメントがベクトルの和で足し算できるのか」というと、それは自明ではないだろう。この節で、力のモーメントがベクトル和の形で足し算が可能であることを示す。

前節で一つの力を「原点に働く力」と「偶力」の合成と考えられることを説明した。「原点に働く力」がベクトル的に合成できることは明らかなので、偶力がベクトル的に合成できることを示そう。そこで二つの偶力が働いている状況を考える。

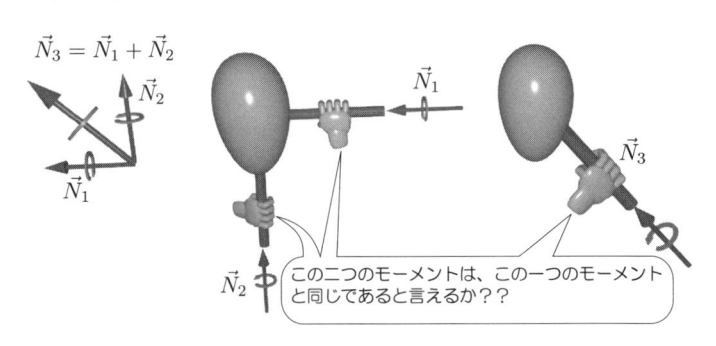

第3章 静力学その3—剛体のつりあい

　図に描いた2種類の偶力の加え方（一方は2本の手で、もう一方は1本の手で行なっているのだが）は同じ効果を産む[20]。そうなることを納得するには、この三つの偶力の関係を考えよう。偶力は同じ $\vec{x} \times \vec{F}$ を与えるならば $\vec{x}$ や $\vec{F}$ をどのように選んでもいいので、$\vec{N_1}$ に含まれる $\vec{F}$ と $\vec{N_2}$ に含まれる $\vec{F}$ を同じものにする（そうなるように $\vec{x_1}$ と $\vec{x_2}$ を調整する）。

　こうして $\vec{N_1} = \vec{x_1} \times \vec{F}, \vec{N_2} = \vec{x_2} \times \vec{F}$ と書いておいて、この二つの偶力の和がどうなるかを考える。

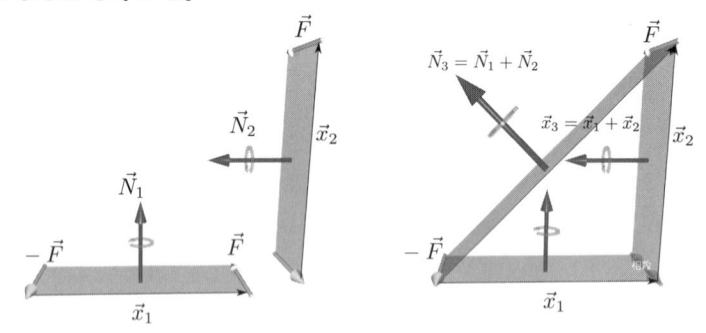

　偶力は位置を変えてもいいから、$\vec{N_1}$ の中の $\vec{F}$ と $\vec{N_2}$ の中の $-\vec{F}$ が重なるように移動すると、この二つの力の効果が消えて、$\vec{F}, -\vec{F}$ の力のペアが $\vec{x_1} + \vec{x_2}$ だけ離れて存在している、という新しい偶力になる。これは $\vec{N_3} = (\vec{x_1} + \vec{x_2}) \times \vec{F}$ であり、$\vec{N_1} + \vec{N_2} = \vec{N_3}$ が示された。同様の演算を繰り返せば、いくつの偶力でもベクトル和として足し算できる。

- 任意の力が「原点を通る力」と「偶力」に分解できる
- 複数個の「偶力」はベクトルの足し算と同じように足し算できる

ことが確認されたから、任意の個数の力は、まず一個一個を「原点に働く力」+「偶力」に分解してからそれぞれ足し算できる。複数の力のモーメントがベクトル和で計算できていくことがわかる。

---

[20] 念の為注意だが現実の物体では同じ効果にはならないこともある。それは現実の物体は変形する（剛体ではない）からである。特に壊れやすいものに対しては全く違う結果になるだろう。例えば棒の両端に逆向きの同じ大きさのモーメントを与えると、剛体ならば「何もしない」のと同じだが、変形する物体ならひねられて曲がる。

3.4 重力のモーメントと重心

剛体に働く重力について考えておこう。大きさのない質点と違って剛体のような広がりがある物体は、質量が一点に集中しているわけではない。そこでこのような場合に働く重力は下の図に描いたように「小さな重力の和」となる。

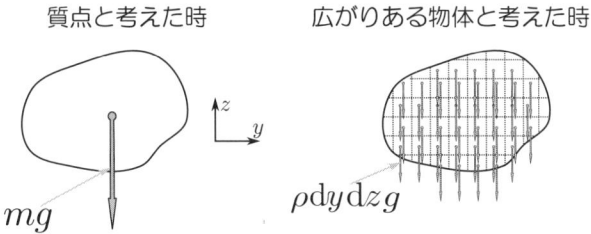

上の図ではx方向を省略して2次元的な広がりのある物体を考えた。その物体を小さな長方形の集合として考える。つまり、仮想的に縦横に切って考える（あくまで仮想的にであって実際に切る必要はない）。

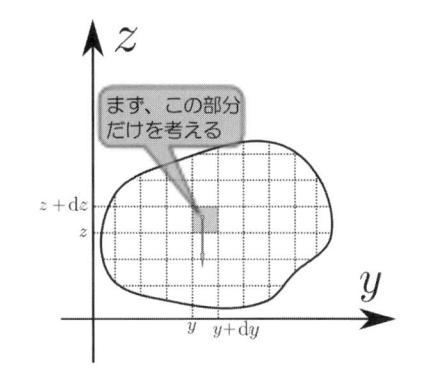

角度θの微小部分$\mathrm{d}\theta$を取り出した時のように、y座標が$y \sim y + \mathrm{d}y$の範囲、z座標が$z \sim z + \mathrm{d}z$の範囲に入っているような、「横幅$\mathrm{d}y$、縦幅$\mathrm{d}z$の微小長方形」の集まりとしてこの物体を考える。y, zをしかるべき範囲で変化させながらこの「微小長方形」による効果（今の場合重力）を足しあげていけば、全物体の効果を計算できる。

一個の長方形の面積は$\mathrm{d}y\mathrm{d}z$であるから、その質量は$\rho \mathrm{d}y\mathrm{d}z$（この物体は単位面積あたり$\rho$の質量を持つとした）であり、それに働く重力$-\rho\,\mathrm{d}y\,\mathrm{d}z\,g\vec{\mathrm{e}}_z$である。これをすべて足し算したものが全重力$-mg\vec{\mathrm{e}}_z$である。重力の和は簡単にわかるが、重力によるモーメントはどうだろうか。それを計算したい。

まずは簡単な1次元の広がりを持った物体から始めよう。

3.4.1 棒に働く重力のモーメント

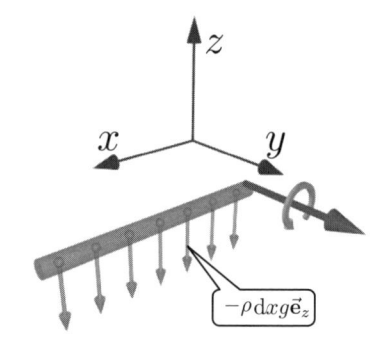

長さ L の棒に働く重力のモーメントを計算することにする。棒の方向に x 軸、鉛直上向きに z 軸を取る。棒の端を基準点として力のモーメントを考えると、図に示したように重力のモーメントは y 軸方向を向く。

物理の極意の一つである、「連続的な物体を細かく区切って考える」という考え方を使う。簡単のため棒の太さは無視して、棒を1次元的な広がりのある物体（太さが無視できる棒）から考えよう。

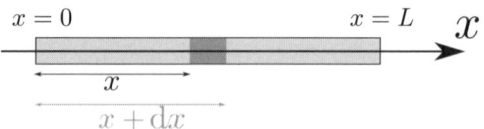

図では離して描いてあるが、x 軸とこの棒を一致させ、原点を棒の端と一致させる。すると、棒の上のある一点は $x\vec{e}_x$（ただし、$0 \leq x \leq L$）で表される。棒の単位長さあたりの質量を ρ とすると、x 座標が x から $x + dx$ まで変化する間に入っている微小部分の長さは dx、質量は ρdx であるから、重力は $-\rho dx g \vec{e}_z$ となる（この節では鉛直上向きに z 軸を取ったので、下向きの単位ベクトルは $-\vec{e}_z$ である）。この微小部分に働く重力のモーメントが $x\vec{e}_x \times (-\rho dx g \vec{e}_z) = x\rho dx g \vec{e}_y$ である。全体を考えるにはこれを積分することで以下のように計算される。

$$\int_0^L x\rho\, dx\, g\vec{e}_y = \rho g \vec{e}_y \underbrace{\int_0^L x\, dx}_{\left[\frac{x^2}{2}\right]_0^L} = \frac{\rho g L^2}{2}\vec{e}_y \tag{3.7}$$

ρL が棒の全質量 m であることを考えると、モーメントは $mg\dfrac{L}{2}\vec{e}_y$ と書ける。つまり、あたかも棒の全質量が棒の中心（$x = \dfrac{L}{2}$）に集まってしまったかのごとく考えると、力の大きさも力の作るモーメントも、

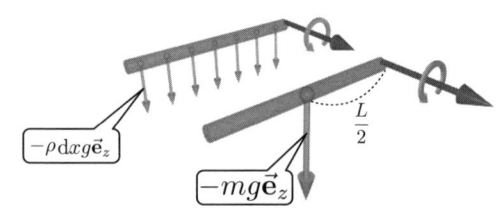

計算上何の違いもない。

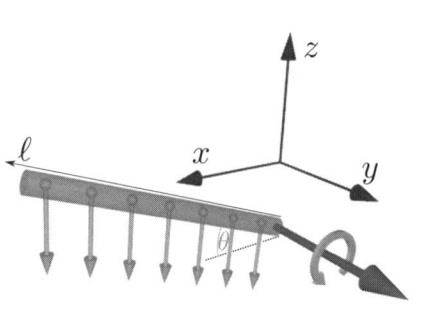

次に棒を少し傾けてみよう。棒の端を原点としてそこから棒の方向を向いた単位ベクトルを$\vec{e}_\ell$として、棒上のある点を$\ell\vec{e}_\ell$で表すことにする（ℓが原点からの距離である）。$\vec{e}_\ell$がx軸に対してθだけの仰角[21]を持つと考えると、$\vec{e}_\ell = \cos\theta\vec{e}_x + \sin\theta\vec{e}_z$とおける。

同様にℓが$\ell + d\ell$まで変化している間の短い部分を考える。この部分に働く重力は、$-\rho g\, d\ell\, \vec{e}_z$である。よってこの重力の作るモーメントは

$$\ell \underbrace{(\cos\theta\vec{e}_x + \sin\theta\vec{e}_z)}_{\vec{e}_\ell} \times (-\rho g\, d\ell\, \vec{e}_z) = -\rho g \ell \cos\theta\, d\ell\, \underbrace{\vec{e}_x \times \vec{e}_z}_{-\vec{e}_y} = \rho g \ell \cos\theta\, d\ell\, \vec{e}_y \tag{3.8}$$

となり、これを$\ell = 0$から$\ell = L$までを積分すれば、棒に働く全重力のモーメントの大きさは

$$\rho g \cos\theta \int_0^L \ell\, d\ell = \rho g \cos\theta \left[\frac{\ell^2}{2}\right]_0^L = \frac{\rho g L^2 \cos\theta}{2} = \frac{mgL\cos\theta}{2} \tag{3.9}$$

となり、やはり中心$\ell = \dfrac{L}{2}$に物体が集中していると考えても同じ結果になる。

3.4.2 重心

ここで重力の作るモーメントを考えるときに重要な「重心」という点について考えておこう。

剛体の静力学を考えている場合、我々がこの物体について考慮すべきことは「動かないか？」「回らないか？」の二つだけである[22]。「動かない」「回らない」だけを考えるならば、力と力のモーメントだけを考えれば十分である。ゆえに、長さLの棒に働く重力は実際には全体に分布したものであるが、

---

[21] 仰角とは、その線が水平に比べてどれくらい上に傾いているかを示す角度。水平で0、鉛直で$\frac{\pi}{2}$となる。

[22] 剛体ではなく変形する物体の場合は「たわまないか？」「膨張しないか？」さらには「壊れないか？」なども考えなくてはいけなくなる。

中心に集中して働いていると考えても、全く差はない（前ページの図参照）。「この点に重力が集中して働いていると考えても力のモーメントのつりあいを考える点では同等である点」を「**重心**」と呼ぶ[†23]。

ここまででは1次元的計算を行なったが、3次元的に考えるならば、

$$\int \vec{x} \times (-\rho_{\mathrm{V}}(\vec{x})g\vec{\mathbf{e}}_z) \underbrace{\mathrm{d}x\,\mathrm{d}y\,\mathrm{d}z}_{\mathrm{d}^3\vec{x}} \tag{3.10}$$

という積分（積分範囲は ρ_{V} が0でない領域）により重力のモーメントが計算できる[†24]。

──────── $\mathrm{d}^3\vec{x}$ という記号 ────────

(3.10) でも使っているが、3次元積分 $\mathrm{d}x\,\mathrm{d}y\,\mathrm{d}z$ の省略形として $\mathrm{d}^3\vec{x}$ という記号を用いる。たいへんややこしいことに、$\mathrm{d}^3\vec{x}$ という矢印のついた記号を使っていながら、この量はベクトルではない（微小体積なので向きなどない）。この⃗はベクトル記号ではなく、「三つの量をあわせて考えているよ」と示すための記号である。

ここで $\rho_{\mathrm{V}}(\vec{x})$ は質量密度[†25]で、場所 $\vec{x}$ に単位体積あたりどれだけの質量があるかを表す[†26]。

$g, \vec{\mathbf{e}}_z$ は定数および定ベクトルなので、

$$\int \vec{x} \times (-\rho_{\mathrm{V}}(\vec{x})g\vec{\mathbf{e}}_z)\,\mathrm{d}^3\vec{x} = \left(\int \vec{x}\,\rho_{\mathrm{V}}(\vec{x})\,\mathrm{d}^3\vec{x}\right) \times (-g\vec{\mathbf{e}}_z) \tag{3.11}$$

のように積分するべき量を一箇所にまとめることができる。

ここでこの $\left(\int \vec{x}\,\rho_{\mathrm{V}}(\vec{x})\,\mathrm{d}^3\vec{x}\right)$ という式を見て「ベクトルの積分なんてどうやってするの？」と恐れおののく[†27]人がたまにいるが、$\vec{x} = x\vec{\mathbf{e}}_x + y\vec{\mathbf{e}}_y + z\vec{\mathbf{e}}_z$ のように分けて考えればよい。(3.11) は $\int x\rho_{\mathrm{V}}(\vec{x})\,\mathrm{d}^3\vec{x}, \int y\rho_{\mathrm{V}}(\vec{x})\,\mathrm{d}^3\vec{x}, \int z\rho_{\mathrm{V}}(\vec{x})\,\mathrm{d}^3\vec{x}$ という3つの積分を単にまとめて書いているだけである。

[†23] 厳密な定義としては、重心にはここで示した「重力の中心」(center of gravity) と後で示す「質量の中心」(center of mass) の2種類があるのだが、この二つは一致するのでどちらも重心と呼ぶことにする。　→ p186

[†24] 以下で「単位○○あたりの質量」が何度も出てくる。密度だからと同じ文字を使っているとこんがらがることもあるので、○○に「長さ」「面積」「体積」が入ったものをそれぞれ、$\rho_{\mathrm{L}}, \rho_{\mathrm{S}}, \rho_{\mathrm{V}}$ と書こう。

[†25] 括弧の中には $\vec{x}$ が入っているが、$\rho_{\mathrm{V}}(\vec{x})$ には向きはない（スカラーである）ことに注意せよ。

[†26] 国際単位系 (SI) での単位は $\mathrm{kg/m}^3$ となる。

[†27] ベクトルの積分だって考え方は普通の積分と同じなので、恐れおののく必要は全くない。

3.4 重力のモーメントと重心

全体の質量を M と置くことにして、「M で割ってから M を掛ける」という操作をして、(3.11) を

$$\left(\frac{1}{M}\int \vec{x}\,\rho_{\rm v}(\vec{x})\,{\rm d}^3\vec{x}\right) \times (-Mg\vec{e}_z) \tag{3.12}$$

と書きなおしてしまえば、全質量に働く重力 $-Mg\vec{e}_z$ が、$\left(\frac{1}{M}\int \vec{x}\,\rho_{\rm v}(\vec{x})\,{\rm d}^3\vec{x}\right)$ という一点に集中して働いていると考えても、結果は同じである。すなわち、

$$\vec{x}_{\rm G} = \frac{1}{M}\int \vec{x}\rho_{\rm v}(\vec{x})\,{\rm d}^3\vec{x} \tag{3.13}$$

という計算で重心が計算できる。

ここまでの計算でわかるように、実は重力が $-\vec{e}_z$ の方向を向いているということは、重心の計算には全く関係していない。つまり、物体がどういう角度で存在していようと、重心の位置は変わらない[†28]。重心の物理的意味は「その点に真下から重力と同じ大きさの力を上向きに与えれば物体を保持できる」ことでもある。棒の場合でいえば、ちょうど真ん中に力を加えない限り、棒は回りだして落ちてしまう。重心を持つと手はモーメントを作る必要がないので、一番力を使わずに物体を保持できることがわかる（実際に箒でも持って実感してみてほしい）。

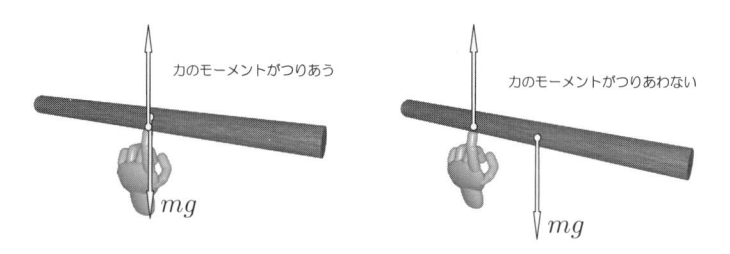

棒の端を手で持っているときは、手は棒に（最低）二つの力を加えて、力と力のモーメントが両方つりあうように調整しなくてはいけない。右の図の場合、棒に働く重力 mg に対して親指が $mg+F$ で上に持ち上げ、小指が

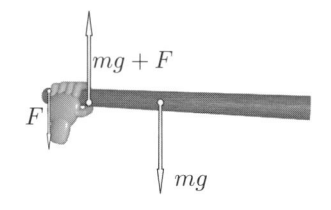

[†28] 物体が変形すればもちろん変わる。

F で下に押すことで、力も力のモーメントもつりあうようになる（簡単の為親指と小指以外は休んでいることにして図を描いてある）。

棒の長さを L、親指と小指の間隔を D として、小指の位置（棒の左端）を中心とした力のモーメントの式を立てよう。親指の出す力のモーメントは $(mg+F)D$（反時計回りなので正）、重力のモーメントは $-mg\frac{L}{2}$（時計回りだから負）であり、モーメントのつりあいから

$$(mg+F)D - mg\frac{L}{2} = 0 \quad \to \quad F = mg\left(\frac{L}{2D} - 1\right) \tag{3.14}$$

となる。重心を保持していないので、よけいな力が必要になっている。

3.4.3　2次元物体の重心　++++++++++++++++++++++【補足】

> 重心の計算は積分練習としてもちょうどよいのでいくつかやっておこう。積分の練習はいいから、という人は飛ばして先を読んでもよい。

上で出した公式(3.13)では3次元積分で書いたが、板でしかも厚さが無視できるならば、積分は2次元にしてよい。2次元的に広がった物体の重心の計算は、
→ p103

$$\vec{x}_G = \frac{1}{M}\int \rho_S(x,y)\vec{x}\,dx\,dy \tag{3.15}$$

のように行なう（$\rho_S(x,y)$ は単位面積あたりの質量で、一般には場所によって違ってよいが、以下では一定として考えよう）。いくつかの例を示しておく。

長方形
単純な長方形（横 a、縦 b の長さ）の板の場合、

$$\vec{x}_G = \frac{1}{\rho_S ab}\int_0^a dx \int_0^b dy\, \rho_S \vec{x} \tag{3.16}$$

と積分する。まず x 成分を計算すれば、

$$x_G = \frac{1}{\rho_S ab}\underbrace{\int_0^b dy}_{b}\underbrace{\int_0^a dx\, x\, \rho_S}_{\frac{a^2}{2}} = \frac{a}{2} \tag{3.17}$$

となる。同様の計算で y 成分は $\frac{b}{2}$ となる。よって長方形の重心は真ん中に来る（計算するまでもなく当たり前であった）。

三角形

三角形の薄い板の場合に重心がどこにくるかを求めてみよう。

図の右端の辺を底辺と考えて、この長さを ℓ として、この底辺に応じた高さを h とする。図のように x, y 軸を設定する。三角形は $z = 0$ の面にのみ存在していると考えよう。x は 0 から h まで積分すればよい。y は、x の値によって積分すべき範囲が違う。積分すべき長さは $\ell \times \dfrac{x}{h}$ となる。重心の x 成分をまず求めよう。

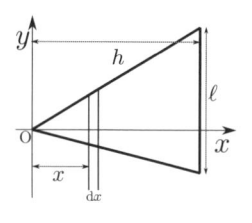

$$\frac{1}{M} \int_0^h \mathrm{d}x \int_{y_0}^{y_0+\ell \times \frac{x}{h}} \mathrm{d}y \, \rho_\mathrm{S} x \tag{3.18}$$

という積分をすればよい[†29]。$M = \dfrac{\rho_\mathrm{S} h \ell}{2}$ である。

y 積分の範囲の下限を y_0 とだけ書いた。実は被積分関数は y によらないので、この部分の積分は $\int_{y_0}^{y_0+\ell \times \frac{x}{h}} \mathrm{d}y = \ell \times \dfrac{x}{h}$ として y_0 によらない形で計算が実行できる。積分すると、

$$\frac{\rho_\mathrm{S} \ell}{Mh} \int_0^h \mathrm{d}x \, x^2 = \frac{\rho_\mathrm{S} \ell}{Mh} \times \frac{h^3}{3} = \frac{1}{M} \underbrace{\frac{\rho_\mathrm{S} \ell h}{2}}_{M} \times \frac{2h}{3} \tag{3.19}$$

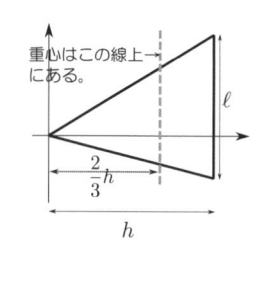

となる。最後の結果を見ると、重心は $x = \dfrac{2}{3}h$ のところ（上に描いた図の破線の上のどこか）にある。

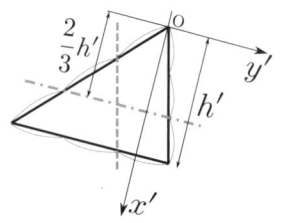

では次は y 座標を求めよう、ということで $\rho_\mathrm{S} y$ を積分するというのも一つの手であるが、ここで新しく（左の図のように）x', y' 座標軸を置いて、同じ計算をするという手が使える。実際計算をやってみなくても結果は $x' = \dfrac{2h'}{3}$ となるだろう（x, y, h が x', y', h' に立場が入れ替わっただけで計算の手順は全く変わってないから）。つまり、重心は左図に描いた一点鎖線 ‒・‒・‒・‒・‒ の上のどこかにくる。

[†29] これまでは積分する変数を表している $\mathrm{d}x$ や $\mathrm{d}y$ を後ろに書いてきたが、このように積分記号 $\int$ の直後に書く書き方もある。意味には特に違いはない。(3.18) は、$\rho_\mathrm{S} x$ という関数を x と y で積分している。

こうして、「重心は高さを 2:1 に内分する線の交点にある」ことがわかる。

三角形の三つの頂点の位置ベクトルを $\vec{x}_1, \vec{x}_2, \vec{x}_3$ とするとき、右図の A 点の位置ベクトルは $\vec{x}_1 + \frac{2}{3}(\vec{x}_2 - \vec{x}_1)$ であり、重心はここから $\vec{x}_3 - \vec{x}_2$ の方向に行った場所にあるから、

$$\vec{x}_1 + \frac{2}{3}(\vec{x}_2 - \vec{x}_1) + t(\vec{x}_3 - \vec{x}_2) \quad (t \text{ は未定の定数}) \tag{3.20}$$

と書ける。

一方、出発点を位置ベクトル $\vec{x}_2$ の頂点にすれば、

$$\vec{x}_2 + \frac{2}{3}(\vec{x}_3 - \vec{x}_2) + s(\vec{x}_1 - \vec{x}_3) \quad (s \text{ は未定の定数}) \tag{3.21}$$

と書ける。この二つを等しいと置けば、

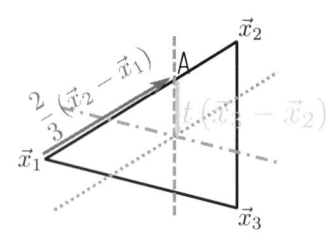

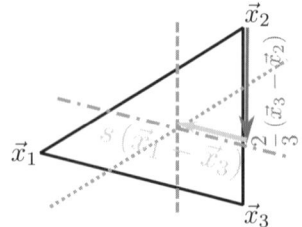

$$\begin{aligned} \vec{x}_1 + \frac{2}{3}(\vec{x}_2 - \vec{x}_1) + t(\vec{x}_3 - \vec{x}_2) &= \vec{x}_2 + \frac{2}{3}(\vec{x}_3 - \vec{x}_2) + s(\vec{x}_1 - \vec{x}_3) \\ \frac{1}{3}\vec{x}_1 + \left(\frac{2}{3} - t\right)\vec{x}_2 + t\vec{x}_3 &= s\vec{x}_1 + \frac{1}{3}\vec{x}_2 + \left(\frac{2}{3} - s\right)\vec{x}_3 \end{aligned} \tag{3.22}$$

となるが、この式は $t = s = \frac{1}{3}$ にしないと成立しない。よって、三角形の重心の位置ベクトルは $\frac{\vec{x}_1 + \vec{x}_2 + \vec{x}_3}{3}$ であることがわかった。

---------- 練習問題 ----------

【問い 3-1】三角形の重心は「底辺の中点に引っ張った線（中線）の交点」でもある。なぜこの方法で重心が求められるのかを説明せよ。ヒント → p380 へ　解答 → p390 へ

円盤

円盤の場合は、図のように座標系を取り、

$$\vec{x}_\text{G} = \frac{1}{\rho_\text{S} \pi R^2} \int_{-R}^{R} dx \int_{-\sqrt{R^2-x^2}}^{\sqrt{R^2-x^2}} dy \, \rho_\text{S} \vec{x} \tag{3.23}$$

という計算をすればよい。実はこの計算結果は積分するまでもなくわかる。というのは x の積分も y の積分も原点に関して対称な領域になっていて、

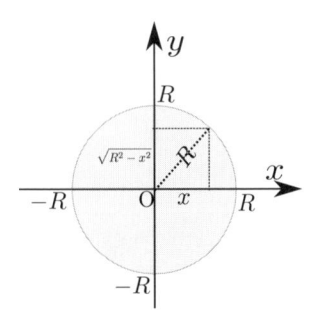

3.4 重力のモーメントと重心

かつ積分すべき関数 $\vec{x}=(x,y)$ は x もしくは y に関して奇関数である。よって答えは0になる。

例えば半円を考えると、x の積分範囲が $\int_0^R \mathrm{d}x$ のようになるので、ちゃんと計算する必要が出てくる。しかしこういう場合、直交座標より極座標の方が使い勝手がいい。極座標の時は微小な面積を $\mathrm{d}x\,\mathrm{d}y$ から $r\,\mathrm{d}r\,\mathrm{d}\theta$ に置き換える（r が掛けられていることに注意）。

> 極座標の使い方に慣れてない人はここでC.1.2節を読むこと。

円の場合、行なうべき積分は

$$\vec{x}_\mathrm{G} = \frac{1}{\rho_\mathrm{S}\pi R^2}\int_0^R \mathrm{d}r \int_0^{2\pi} \mathrm{d}\theta\, r\rho_\mathrm{S}\vec{x} \tag{3.24}$$

である。この積分の結果も0であるが、極座標の立場では以下のようにして0であることがわかる。

極座標では $\vec{x}=r\vec{\mathbf{e}}_r$ である。そして θ に依存する量は、$\vec{\mathbf{e}}_r$ という単位ベクトルしかない。しかし、

$$\int_0^{2\pi} \mathrm{d}\theta\, \vec{\mathbf{e}}_r = 0 \tag{3.25}$$

である。右の図のように向きを変えていくベクトルを一周分全部足せば、答えは0だからである。よって、円の重心は（予想通り）中心に来る。

または、直交座標のお世話になって、$\vec{x}=r\cos\theta\vec{\mathbf{e}}_x + r\sin\theta\vec{\mathbf{e}}_y$ とする。$\vec{\mathbf{e}}_x,\vec{\mathbf{e}}_y$ は r にも θ にもよらないから積分の外に出すことができる。θ に依存する部分は $\cos\theta$ と $\sin\theta$ だけになるが、どちらも一周積分すると0である。

半円の場合、θ の積分が $\int_{-\frac{\pi}{2}}^{\frac{\pi}{2}} \mathrm{d}\theta$ となる。この場合、$\sin\theta$ の積分は（θ に関して奇関数なので）やはり0だが、$\cos\theta$ の積分は $\int_{-\frac{\pi}{2}}^{\frac{\pi}{2}} \cos\theta\,\mathrm{d}\theta = 2$ である。よって重心の y 成分は0だが、x 成分は

$$\begin{aligned}x_\mathrm{G} &= \frac{1}{\rho_\mathrm{S}\frac{\pi R^2}{2}}\int_0^R \mathrm{d}r \int_{-\frac{\pi}{2}}^{\frac{\pi}{2}} \mathrm{d}\theta\, r\rho_\mathrm{S} r\cos\theta \\ &= \frac{4}{\pi R^2}\int_0^R \mathrm{d}r\, r^2 = \frac{4}{\pi R^2}\frac{R^3}{3} = \frac{4}{3\pi}R\end{aligned} \tag{3.26}$$

のような計算により、中心から $\frac{4}{3\pi}R$ 離れた位置にあることがわかる。

本来3次元物体についても計算すべきだが、それはまとめて章末問題としておこう。

✚✚✚✚✚✚✚✚✚✚✚✚✚✚✚✚✚✚✚✚✚✚✚✚✚✚✚✚✚✚✚✚【補足終わり】

3.5 実例における、力と力のモーメント

3.5.1 床に置かれた物体

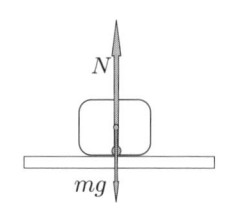

　床に一個の物体が置かれているとき、重力と垂直抗力が働いてつりあう、という話をしてきたわけだが、力のモーメントもつりあわなければならないということを考えると、この二つの力の作用線は一致していなくてはいけない（これまでの図では、重なってわかりにくくなるのを防ぐために少しだけずらして描いたが、図はどうあれ、現実の力はぴったり一致していなくてはダメである）。

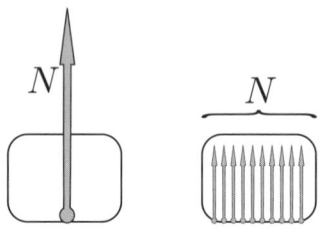

　実際には、垂直抗力は一点に働いているのではなく物体下面全部に働いている（均等かどうかは接触面の状態による）。重力の方は物体全体に働いているが、それは重心という一点に働いていると考えても差し支えない。垂直抗力の方も、実際には広がっているが、その広がった力の和と力のモーメントの和を考えて、その二つが一致するような一本の力で代表させて描いているのがこれらの図だと考えて欲しい。

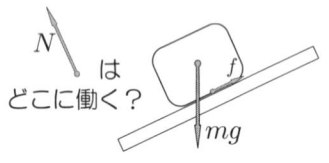

　さて、床を斜めに傾けた時に（そして、静止摩擦力が働いて物体が動き出さなかった時）を考えてみよう。右の図では、まだ垂直抗力を描き込んでいない。静止摩擦力（fとした）は接触面に、面に平行に働く。物体の重心を基準点として力のモーメントを考えていこう。重力は基準点に働いているのだからそのモーメントは0である。一方、静止摩擦力fは面のどの場所に働いていたとしてもモーメントが変わらない（面の上で動かすのは作用線の方向に作用点を動かすことだから、モーメントに影響を及ぼさない）。後は垂直抗力をどこに置く

か？という問題になるが、f は反時計回りのモーメントを作るので、垂直抗力は時計回りのモーメントを作らなくてはいけない。よって、傾いてなかった時のように、N の作用線が物体の重心を通ってはいけない。

時計回りのモーメントを作るためには、N の位置を少し左下にずらしてモーメントも打ち消しあうようにする。三つの力が（モーメントも含めて）つりあうためには作用線が一点で交わらなくてはいけないから、図のように重力の作用線が接触面（f の作用線でもある）と交わる点を N が通るようにすればよい。
→ p86

（くどいようだが）実際の垂直抗力は一点にかかっているのではなく、全体にかかっていることに注意。この場合力は均等ではなく、下の方に行くほど強くなるようなかかり方をしている。

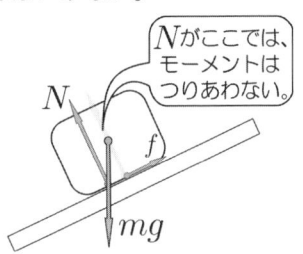

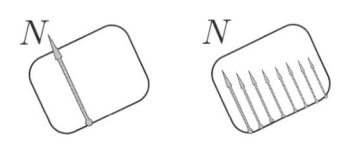

3.5.2 壁に立てかけられた板

右の図のように、壁に質量 m で長さ L の棒を立てかけた（水平と角度 θ を持っているとしよう）。この床および壁に垂直抗力と静止摩擦力が働いて棒が静止している。この時成立するのはベクトルで書いて

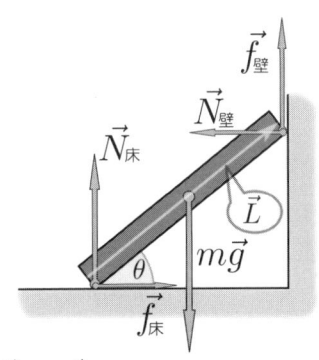

$$m\vec{g} + \vec{N}_床 + \vec{f}_床 + \vec{N}_壁 + \vec{f}_壁 = 0 \tag{3.27}$$

$$\frac{1}{2}\vec{L} \times m\vec{g} + \vec{L} \times \vec{N}_壁 + \vec{L} \times \vec{f}_壁 = 0 \tag{3.28}$$

の二つである。上が力のつりあい、下が力のモーメントのつりあいであり、モーメントの基準点は棒と床の接触点とした。成分ごとに書くと

$$mg = N_床 + f_壁 \tag{3.29}$$

$$N_壁 = f_床 \tag{3.30}$$

$$\frac{L}{2}\cos\theta \times mg = L\cos\theta \times f_壁 + L\sin\theta \times N_壁 \tag{3.31}$$

という三つの式になる（(3.31)の×は外積ではなく、単なる掛け算）。式の数が三つなのに未知数は四個あるので、解はひとつに決まらない。もう一つ何かの条件（例えば、「壁にはまさつがない」あるいは「床の静止摩擦力は最大になっている」など）があれば未知数がすべて求められる。

---------------------------- 練習問題 ----------------------------
【問い3-2】
(1) この節で考えた問題で、(3.31)のモーメントの基準点を床の接触点ではなく壁の接触点に直したらどのような式に変わるか。さらに、その式が(3.29)～(3.31)と矛盾してないことを確認せよ。
(2) モーメントの基準点を床と壁の境界に置いた場合はどうか？

ヒント → p380 へ　　解答 → p390 へ

3.5.3　水平に保持した棒

(3.14)のところで考えたような、端をもって水平に棒を保持している時に物体の各部にどのような力が働いているかを考えてみよう。棒を2.7.1節で糸に対してやったように、「仮想的に切って」考えてみる。図のように、仮想的な切り口が手で持ってない方の端からxの距離の位置だとすると、切り口より右にはρxの質量があるから、この部分には$\rho x g$という重力がかかる。それを打ち消して棒が静止するためには、切り口部分において図のような上向きの力が働かなくてはいけない。

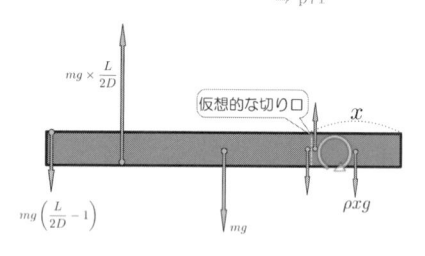

このように仮想的な面を考えた時、その面に平行に働いている力を「**接線応力**」または「**せん断応力**」と呼ぶ。

しかし、これだけでは切り取られた部分が回り始めてしまう。重力$\rho x g$とせん断応力T_1（鉛直方向の力のつりあいにより、$T_1 = \rho x g$とわかる）が時計回りのモーメントを作るからである。それを打ち消すモーメントを他の力がつくらなくてはいけない。

打ち消すモーメントを作ってくれる力は、やはり面に働く。右の図のように、棒の上の方がT_3の大きさで引っ張られ、下の方がT_2の大きさで押され

ていると考える。左右方向の力のつりあいから、$T_2 = T_3$ となってこの二つは偶力となり、反時計回りのモーメントが作られる。

T_2, T_3 のように、仮想的な面に垂直に働いている力を「**法線応力**」または「**垂直応力**」と呼ぶ。張力や垂直抗力も法線応力の仲間である。引っ張る方向の法線応力が張力だと思えばよい（今の場合 T_3）。ここでは法線応力を T_2 と T_3 という二つの力に代表させたが、実際の法線応力は右に描いたように棒の断面全体に分布した力になっている。

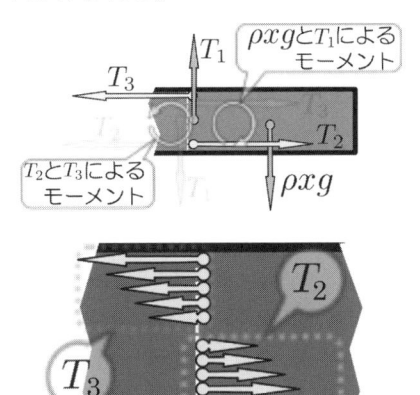

T_2 の作用点を基準とするモーメントのつりあいから、

$$\rho x g \times \frac{x}{2} - T_3 \times R = 0 \quad (R は T_2 と T_3 の作用点の距離) \tag{3.32}$$

が言える。T_1 も、$T_2 = T_3$ も、x が増えるに従って増えていく。

法線応力や接線応力がちょうどつりあうように出てくる理由は1.6.3節でも考えたように、物体には実は微小な変形が生じているからである。重力によって棒は少しだけたわみ（右の図は大げさに描いてある）、上の部分が伸びて、下の部分が縮む。バネ同様、伸びた部分は周囲を引っ張って、縮んだ部分は周囲を押して、元に戻ろうとする[30]。

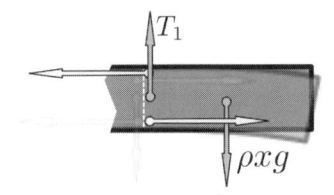

こうして、静止している物体内部にもいろいろな力が働きながら、つりあいを保っているのである[31]。

現実の物体は剛体ではなく、変形したりするし、応力が大きくなりすぎると壊れてしまう。機械を設計・制作するときは、部品の各々にかかる応力を計算して壊れないように作らなくてはいけない。

---

[30] 応力は英語で「stress」。つまり「ストレスがたまる」というのはこんなふうに曲げられて窮屈な思いをしているという現象なのである。
[31] 日常生活でいろいろな物を手に取ったり足で踏んだりした時に、物体内部にどんな力が働いているのか、と物理現象を頭に思い浮かべる癖をつけることをお勧めする。

3.6 面に働く力

大きさのある物体に働く力について考えたので、ついでに面に働く力についても触れておく。

3.6.1 圧力

同じ力であっても、広い面積に働いている場合と狭い面積に働いている場合では力の働き具合は違う。下の図は、同じ力が 2 倍の面積にかかった時の様子を表現したものである（実際には力は矢印のある場所でなく全体に分布してかかっているのはもちろんである）。

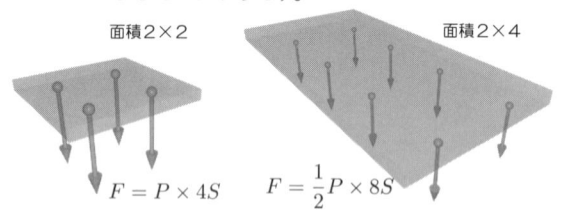

面積2×2　　　　　面積2×4

$F = P \times 4S$　　　$F = \dfrac{1}{2} P \times 8S$

そこで、「単位面積あたりに働く力」を「**圧力**」と呼ぶ。$\dfrac{力}{面積}$ と計算されるので国際単位系（SI）では N/m^2 という単位だが、「Pa」と書いて「**パスカル**」と読む[32] 単位が与えられている[33]。力が働いている面の状態は、その圧力によって決まると考えてよい。

面積2×2　　　　　面積3×3

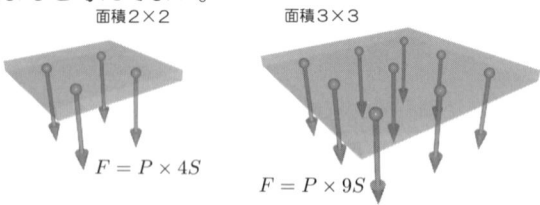

$F = P \times 4S$　　　$F = P \times 9S$

圧力が同じであれば、面積が大きい方がトータルした力は強くなる。「面が同じ状態になっていれば、同じ面積が同じ力を出している」と考えればよい。

---

[32] パスカルの名は「パスカルの原理」を発見した 17 世紀のフランスの哲学者・物理学者にちなむ。
[33] 台風などの時に「940 ヘクトパスカルの低気圧」などというが、このヘクトパスカルの「ヘクト」は 100 を表す。1 ヘクトパスカルは 100 パスカル（1hPa=100Pa）のこと。標準的な気圧は 1013.25 ヘクトパスカルで、だいたい 10^5 Pa である。1 平方メートルあたり 10 万ニュートン、と考えると意外と（？）強い。1 平方センチにしても、10N すなわちだいたい 1kg を支えられる力である。普段我々がこの大きな力に気づかないのは、空気と接する場所に均等に働いているからである。

3.6.2 パスカルの原理

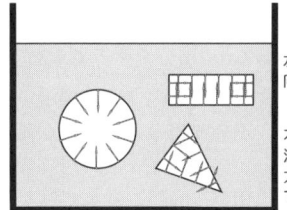

境界面以外で外力が働かない静止した流体（水などの液体を思い浮かべてほしい）の境界面で境界の外にある物体を流体が押す圧力はどこでも一定になり、かつその力は常に境界面と垂直になる、というのがパスカルの原理である。働く力が境界面と垂直になるのは水のような液体の特徴で、別の言葉でいえば「接線応力がない」ということである。接線応力が起こる理由は変形された時に元に戻ろうとすることであったが、「**水は方円の器に従う**」ということわざの通り、液体は変形に対して抵抗しない。同じ理由で法線応力の方も「押す」ことはあっても「引っ張る」ことはない。

圧力が一定ということは、面積を大きくすることで力を増大させることも可能になり、実際車のブレーキなどでそのメカニズムが使われている（219ページのピストンとシリンダーの図を見よ）。

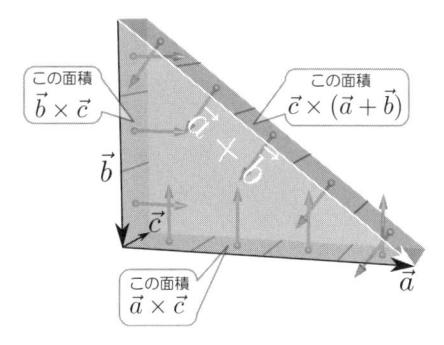

液体の圧力による力は面積に比例し、面に垂直となっているから、面の辺を表すベクトル二つの外積に（向きも含めて）比例する。右の図は液体の中に仮想的な三角柱を入れたとして、その側面に働く力を図解したものである。3つのベクトルの和 $\vec{b}\times\vec{c}+\vec{a}\times\vec{c}+\vec{c}\times(\vec{a}+\vec{b})$ は外積の分配法則を使って計算しても0になるし、そうなるべきである（静水中に三角柱を沈めたら、力を受けるなどということはありえないからである）。

地球上では流体に重力という外力が働くため、上に述べた定理は成立せず、むしろ高さによって水圧は変化する（これが浮力の原因となる）。

章末演習問題

★【演習問題3-1】

円錐の重心はどこにあるか、積分を使って求めよ。「三角形の重心は高さ $\frac{1}{3}$ のところにあったが、円錐はどうだろう、それよりも底面に近づかるか？—それとも遠ざかるか？」と予想してから計算して、予想が当たったかどうか確認しよう。　ヒント → p3wへ　解答 → p11wへ

★【演習問題3-2】

半球（球を真っ二つに切ったもの）の重心はどこにあるか、積分を使って求めよ。これも半円と比較して予想してから計算してみること。　ヒント → p3wへ　解答 → p11wへ

★【演習問題3-3】

3.5.2節の問題で床からの力 $\vec{f}_床$ と $\vec{N}_床$ の合力を
→ p109
$\vec{F}_床$、壁からの力 $\vec{f}_壁$ と $\vec{N}_壁$ の合力を $\vec{F}_壁$ としよう。するとこの物体に働く力は $m\vec{g}, \vec{F}_床, \vec{F}_壁$ の三つになる。図のように角度 α, β を決めたとしよう。

(1) α が θ よりも小さいことはありえないこと、β が $\frac{\pi}{2}+\theta$ より大きいことはありえないことを示せ。

(2) 三つの力がモーメントも含めてつりあう時は、作用線が一点で交わらなくてはならない。このことから α, β と θ にはどのような条件がつくか。

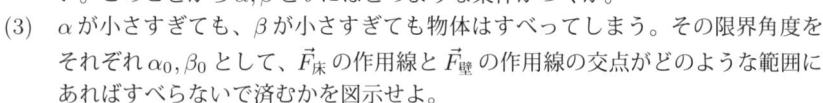

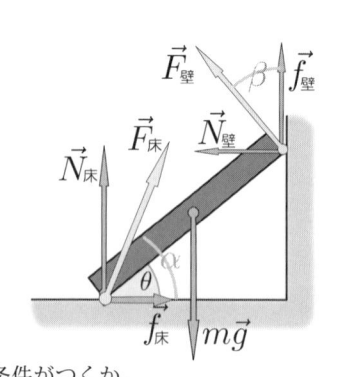

(3) α が小さすぎても、β が小さすぎても物体はすべってしまう。その限界角度をそれぞれ α_0, β_0 として、$\vec{F}_床$ の作用線と $\vec{F}_壁$ の作用線の交点がどのような範囲にあればすべらないで済むかを図示せよ。

ヒント → p3wへ　解答 → p12wへ

★【演習問題3-4】

自動車の重心を求める方法として、前輪と後輪が床に及ぼす力を測るという方法がある。前輪と後輪の下に重量計を置いて測定すると、台が水平の場合 W_1 と W_2 という目盛りを示し、台を θ 傾けた時（この時もタイヤとの接触面は水平になるように工夫されている）は W_3 と W_4 という目盛りを示した。これから重心の水平・垂直の位置を求めよ。車の前輪と後輪の車軸間の距離を L として、後輪の車軸よりどれだけ前で、どれだけ上か表せ。

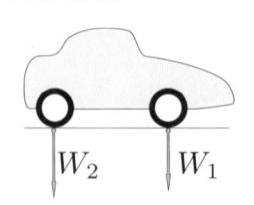

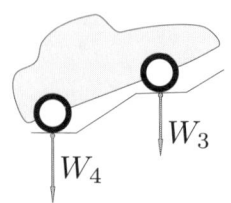

ヒント → p3wへ　解答 → p12wへ

第4章

運動の法則 その1
—1次元運動

いよいよ物体が動く話に進もう。

4.1 力は何をもたらすか？

ここまで「物体が静止している ⇒ 力が働いていない」状況のみを考えてきた。では0でない力が働いている時、物体はどうなるのであろうか？—素朴な直観は「物体が動いている ⇒ 力が働いている」と告げるかもしれない。しかし、それは間違いである。

4.1.1 アリストテレス的な運動の考え方

ガリレイやニュートンが力学の法則を作る前は、(今の目から見れば素朴な)アリストテレスの考え方が知られていた。その考え方はまさに「物体が運動しているなら、力が働いている」ということであった。

今風に数式で表現するならば、

これは間違い！！

物体に働いている力 $\vec{F}$ と、その物体の速度 $\vec{v}$ の間には、
$$\vec{F} = m\vec{v}$$
という関係がある。

だろうか。この考え方は素朴であるがゆえに強力で、力学を勉強する人も最初のうちなかなか脱することができない。しかし、間違いなのだから脱してもらわなくては困る。

では、どういう現象を見ればこれが間違いであることがわかるだろうか？──以下のような反論がある。

> **反論1：物体は力が加えられなくなっても運動を続けるではないか。**

例えばボールを投げる。「投げる」という動作をしている時は確かに「手からボールへ」と力が働いている。しかし、手とボールが離れてしまった後でも、ボールは進み続ける。これはどうしてだろう？？

「手がボールを押すから動く」というのなら…

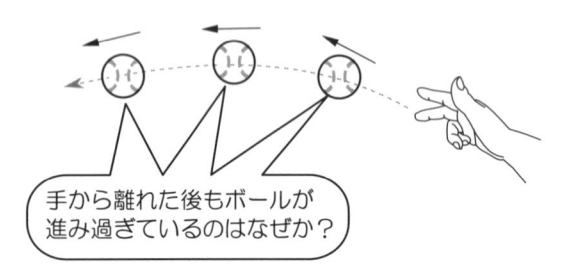

手から離れた後もボールが進み過ぎているのはなぜか？

アリストテレスは「ボールの後ろから空気が押す」という今となってみれば"苦しい言い訳"でこれに答えている[†1]。

$$\vec{F} \stackrel{?}{=} m\vec{v}$$

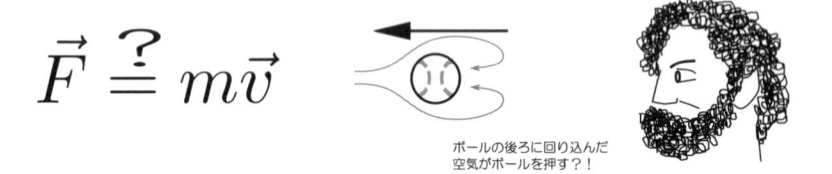

ボールの後ろに回り込んだ空気がボールを押す？！

ニュートン力学以降の時代では、「物体はそもそも動き続けるという性質を持っているのだ」というふうに考える。これは「物は何もしなければ（外力

[†1] 図には $\vec{F} = m\vec{v}$ と書いたが、アリストテレス自身がこういう式を使って自分の考えを表現したわけではない。数式を使って物理を表現するという方法を人類が発見するのは、彼が生きた時代よりもずっと後のことである。そういう意味ではこんなふうに単純に表現することはアリストテレスには申し訳ないところだが、この本の目的はニュートン力学を正しく理解することなので、古い考えを正しく表現してないことは容赦してほしい。

の影響を受けなければ）動いていないもの」という '直観' に（いっけん）反するかもしれない。しかしその直観が作られたのは、我々の日常経験の中である。そして、実は（これがなかなか実感されないのであるが）「物」が「外力の影響を受けない」ことは、我々の日常経験の中では、あまり見ることがない、珍しい状況である。近代の物理はそこを考えなおすところから始まった。

> **反論2：等速度運動している乗り物などの中で物体を動かす時に必要な力は、静止している乗り物の中での力と変わりないではないか。**

現代を生きる我々は、アリストテレスと違って、電車や飛行機などの高速で等速度運動[†2]する物体の中で起こる現象を経験できる。そのような物体（例えば等速度で走っている時の電車）の中で起こる現象は、（電車が等速度運動している限りにおいて）全く通常と変わらない。「力は質量と速度に比例する」のだとすると、怪力を持っていないと電車内では物体を動かしえないはずである。

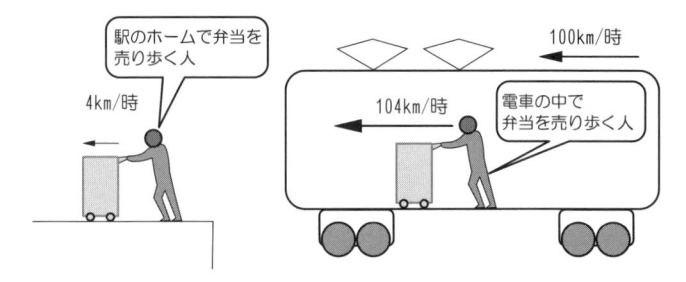

上の図は駅のホームで時速4kmで歩きながら弁当を売っている人と、時速100kmで走っている電車の中で（電車内から見て）時速4kmで歩きながら弁当を売っている人の図である。電車内の人は（電車の外から見れば）時速104kmで走っていることになる。では電車内で弁当を売る人は、駅で売る人に比べて $\frac{104}{4} = 26$ 倍の力が必要になるか、というとそんなことはないのである。正しい物理法則の教えるところによれば、「止まっている物体を時速4kmにするのに必要な力と、時速100kmの物体を時速104kmに変えるのに必要な力が同じになる」である（この先でこの法則については詳しく説明す

[†2] 「等速度運動」とは、時間によって変化しない速度で運動していること。「速度」は向きも含むので、速さだけではなく運動方向も変化しない。「等速運動」と言った時は、速さは変化しないが向きが変化してもよい。

る[†3]）。

> 【FAQ】電車に乗っているか乗ってないかは体感でわかります。区別がつかないということはないのでは？
>
> それは、現実の電車が「等速度運動」をしていないからである（線路は直線ではないし、直線に引いたつもりでも多少の曲がりはある）。すでに少しだけ説明したように、速度が変化する時にはなんらかの「力」が必要になる。我々の体はその「力」を感知して、「あ、動いているな」と感じる。ほんとうに厳密な意味で「等速度運動」している電車内では、走っていることは検知できない。

> 反論3：同じ力を加え続けていると、速度がどんどん大きくなる。一定にはならない。

物が落下していく時を考えると、だんだん下向きの速度が大きくなっていくことを感じるはずである。

ガリレオは一定の力が加えられた時に速度が一定ではなくだんだん速くなる、ということを斜面を転がる物体の運動を観察して示した。

右の図のようにリンゴが落ち続けている場合、あるいは下の図のように斜面を物体が転がり続けている時、最初の方と最後の方で、物体に働いている力が変わるとは思えない[†4]。しかし、速度は増え続けている。$\vec{F} = m\vec{v}$という法則が成り立つなら、力が一定ならば速度も一定であるはずであるが、そうではない。

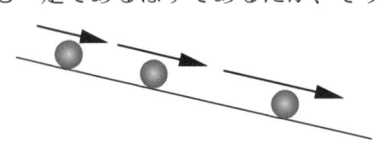

実際には空気の抵抗や摩擦などの他の要素（斜面の問題であれば、物体がどのように回転するかという問題もある）があって、「速度が同じ割合で増え続ける」わけにはいかない。後で、速度に比例する空気抵抗が働く場合の落
→ p152

[†3] この説明は少し、いい加減な書き方をしているが、後で正しい説明が出てくるまでは、とりあえずこれで我慢しておこう。
[†4] ということが実感できるためにも、十分な観察が必要であるが！

4.1 力は何をもたらすか？

下の問題をやるが、その場合速度は最終的に一定値に近づいてしまう。

ガリレオの斜面の実験は、

- 単なる落下よりも速度が小さい
- 物体をすべらせるのではなく転がした

の二つの理由で空気抵抗や摩擦の影響が小さくなっている。そのおかげで、物理法則が見えやすい結果を出す。

物理法則（によらずなんらかの「法則」はすべて）を見つける時には、見つけたい法則に関係する現象以外による影響をできる限り小さくなるような実験を行わなくてはいけない。ガリレオはその点、非常にうまいことをやった。

ガリレイはもし「物体の落下速度は質量に比例する」という法則があれば、以下のような現象において矛盾が起こるということを述べている。

質量 m の物体を落下させたら速さ v で落下し、質量 $2m$ の物体を落下させたら、速さ $2v$ で落下する（架空の法則に従えば）。

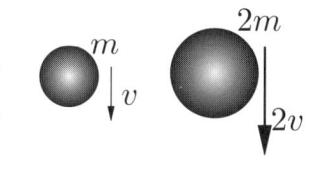

では、質量 m の物体と質量 $2m$ の物体を糸でくくりつけて落下させた時、もしこの架空の法則が成立していたとしたらどうなるであろうか？？

一つの考え方は「合わせて質量 $3m$ の物体になるから、速さ $3v$ で落下するだろう」というものだ。しかし、右のように二つの物体を分けて考えて、「上にある質量 m の物体は速度 v で落下したがり、下にある質量 $2m$ の物体は速度 $2v$ で落下したがる」と考えると、「二つを合わせた物体は v より速く $2v$ よりも遅い速度で落下するはずだ」とも考えられる。

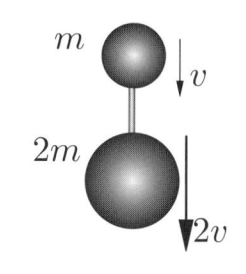

同じ法則を使いながら、二つの立場で考えると落下速度の予想が一致しなくなってしまうということは、この法則「物体の落下速度は質量に比例する」は矛盾を含んだ法則になるのである。では正しい物理法則は力と運動の関係をどのように決めるのだろうか。以下で述べていこう。

4.2 慣性の法則

我々の素朴な直観は「**力が働かないなら物体は動かない**」と告げる。しかしその直観は文字通りの真実ではない、ということを前節で説明した。この節では、この直観を捨て、正しい物理法則を知ろう。

静力学の法則として、「**物体が止まっているならば、物体に働いている力の和は0である（つりあっている）**」ことを説明した。しかしこの逆「**物体に働いている力の和が0であるならば（つりあっているならば）、物体は止まっている**」は成立しない。前節の電車の話で説明したように「**物体が等速直線運動している**」場合にも静止しているのと同じ物理現象が起こるのだから、その時にも力は働いてないと考えるべきであるからである。よって、静力学の法則の逆を、さらに少し修正された法則

―― 慣性の法則 ――
ある物体に力が働いていないならば、その物体は静止するもしくは等速直線運動を続ける。

が成立しているだろう、と考えられる。「**慣性**」という言葉は、この「静止または等速直線運動を続けようとする性質」のことである[†5]。

ガリレオ本人は、前節で考えた斜面の実験で斜面の角度を小さくすればするほど速度変化が小さくなることから「力がなければ等速運動するのだ」という結論を導いている[†6]。

【FAQ】力を加えてないと、物体は止まりませんか？

・・・・・・・・・・・・・・・・・・・・・・・・・・・・

日常生活において「動いているもの」はたいてい、「誰かががんばって力を及ぼしている」ことによって動いているように見える。だからこういう疑問を持つのは当然である。疑問を持った上で「なるほどそうか」と納得して、力学を学んでほしいと思う（一番いけないのはよく考えずに「そういうことなんだろ」という曖昧な理解で済ませてしまうこと！――そんな態度で物理をやっているとどこかでつまずく）。

[†5] 時々、「物体は静止しようとする力が働く」あるいは「物体には等速直線運動しようとする力が働く」のように慣性を「力の一種」であるかのごとき記述がされることがあるが、物理的には全くの誤りである。慣性とは力とは別の「ありとあらゆる物体が持つ性質」である。
[†6] ガリレオがこの結論を導き得たのは、摩擦力の影響を小さくできる実験を行なったからである。

4.2 慣性の法則

> 「力を加えてないと、物体は止まる」のは誤った概念であるが、誤りは「力を加えていないと」と考えてしまった部分にある。 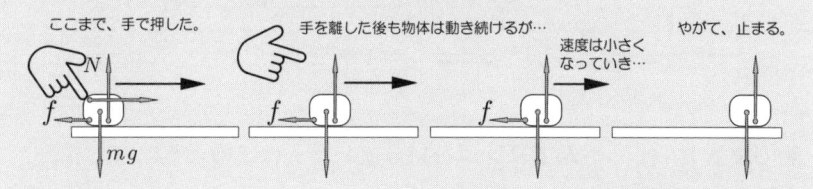
>
> 図に示したように、押す手の力がなくなった後、物体には床からの「動摩擦力」が働いている（この力の詳細な説明は後に回す）。この力が働いているがゆえに、物体は速度を失い、やがて止まる。この力を忘れていると「力を加えてないと物体は止まる」という誤概念から抜け出せなくなる。
>
> この誤りの原因の一つは、本書で何度か（この後も）注意しているポイントである「言葉に引きずられる」である。
>
> 人間は「力を加えていないと」という言葉に、どうしても「意思を持って力を加えるなにか」（今の場合、手である）の存在を感じてしまう。そのため、手が離れた時に「力もなくなってしまった」と考えてしまう。しかし、力というのは物質の状態から生じるものであって、意思だの意図だのがないと生じないものではないのである。物理現象は、人間も床も同様に「力を出すもの」として考えなくてはいけない。

慣性の法則によれば、「止まっている」と「等速直線運動」は「どんな力が働いているか？」という点では全く区別できないこと注意しよう。

地動説を正しいと考えて人々にそれを伝えたいと願っていたガリレオが、同時に慣性の法則の発見者でもあることは偶然ではない。地動説の提唱者は常に周囲からの「地球が動いているというのなら、何故我々はそれに気づかないのか？」という疑問（反論）にさらされてきた。

地動説に対して「地球が動いているのなら、その上にいる我々は取り残されてしまうではないか」という非常に素朴な反論が行われていたのである。ガリレオは止まっている船の上でマストの上から物体が落下する時（右の図）と、等速でまっすぐ進んでいる船の上でマストの上から物体が落ちる時（次の図）を比較した。

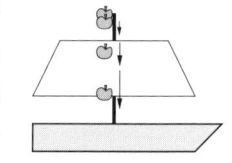

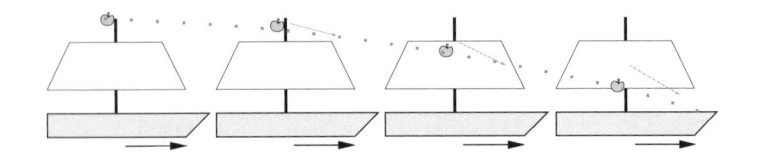

船のマストのてっぺんでリンゴを持っていた人はこのように考える。

———— 船上の視点 ————

俺はリンゴを手に持っている。重力と俺の手の力がつりあっているので、リンゴは**止まっていた**。手を離したら、リンゴは重力に引かれて真下に落下した。

一方、全く同じ現象を、船外から見るとこうなる。

———— 船外の視点 ————

進んでいく船のマストの上にリンゴを手に持った人がいる。重力とあの人の手の力がつりあっているので、人も、人が持っているリンゴも、船と同様に**等速運動**していた。人が手を離したら、重力に引かれたせいでリンゴの速度が右向きから右下斜め向きに変わり、しかもどんどん下向きの速度が増えていった。

船の外から見ると放物線を描いて落下している[†7]物体が、船上では（船が止まっている時となんら変わらず）まっすぐ下に落下しているように見える。つまり船上の人は、船上で起こる現象だけを見たのでは、静止と等速直線運動を区別できない。なぜそうなるのかをじっくり考えれば、慣性の法則の正しさが実感できるだろう。

慣性の法則は「地球がほぼ等速直線運動で動いている。そしてその上にいる我々はそれに気付けない」[†8]という物理現象を理解するためには必須のものであったのである。

[†7] このような運動がどのように記述されるかについては5.2.2節でやる。ここでは「物体を水平に投げたらこんなふうな線を描く運動をするだろうな」ということをなんとなく感じておくだけでよい。

[†8] 厳密には、地球は等速直線運動ではなく楕円運動しつつ自転しているが、その軌道は非常に大きい楕円であるし自転はゆっくりなので、ほぼ等速直線運動としてもよい（後で、自転や公転が地球上の運動にもたらす効果について考えよう）。

4.3 運動の法則の理解のために——1次元の速度と加速度

前節では「力が働かない場合」の物理法則である「慣性の法則」を説明したので、続いて「力が働く場合」にその力と運動はどう関係してくるのか、その物理法則を説明したい。そのためにまず、運動をどのように記述すべきかを考えておく。

静力学の時にもまず第1章で一直線上に力が働く場合を考えて第2章で2次元、3次元でのつりあいを考えた。同様に、この章では、一直線上の運動だけを扱うことにする。2次元的、3次元的な運動は第5章に回す。

ここまで説明してきたように、力という状態量(力が状態量であるということについては、1.6.4節でも話した)は物体の「加速度」という量と関係してくる。どのように関係するかというと、(もちろん実験によって確認されたことなのではあるが)その式自体は非常に単純であり、

$$（力）=（質量）\times（加速度） \tag{4.1}$$

となっている。加速度という量の厳密な定義(ただし、この章は1次元のみを考えるので、1次元での厳密な定義)は次の節で考えるが、速度の変化の割合を表す量である。

運動の法則は単純であるが、それゆえに理解しにくい部分もある。そこでまず、「速度」や「速度変化」をどのように定義し、計算していけばいいのか、をまず考えよう。動力学という学問は物体の運動を考えるものであるから、「物体が今どこにいるか」を表現する方法を作っておく必要がある。

4.3.1 座標とは何か(1次元で)

物体の位置を指定するのに座標を使うという着想はデカルトによる。そのため、今でも位置を (x, y, z) という三つの数字で表す、もっともよく使われる直交座標系が**デカルト座標系**[†9]と呼ばれている。

この章ではいきなり (x, y, z) と三つも考えるのはやめて、まず1次元の「x 座標」の意味を考えよう。

[†9] デカルトは17世紀のフランス人哲学者・数学者。デカルト座標系は英語では「Cartesian coordinate system」(カーテシアン座標系)と呼ぶのだが、この「Cartesian」はデカルトのラテン語名「Cartesis」から来ている。

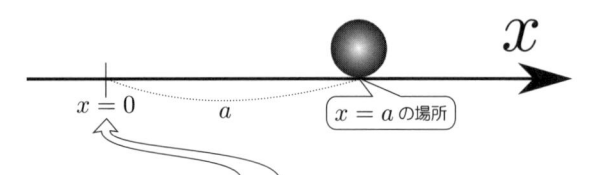

「x 座標」を定めるには、まず原点（$x=0$ の点）を決める。そして、運動を考えたい向きを向いた「x 軸」という直線を引く[†10]。

ここでは 1 次元運動、すなわち（上下方向とか左右方向とか）一方向にしか運動しない物体の運動を考える。一方向にしか運動しないのであれば、どこかに「原点」を置いて、その原点からどれだけ移動した場所にいるか、で物体の位置が表現できる。

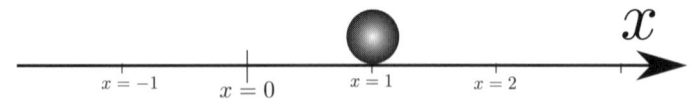

x 軸には向きがあるため、原点から x 軸と逆向きに移動した場所の座標は負の値になる。「$x=-3$ の位置」にもちゃんと意味がある。

4.3.2　速度とは何か（1 次元で）

「速さは、移動距離を移動に要した時間で割ったもの」が初等教育で習う「速さ」の定義である。しかしこの定義では「ある程度の時間間隔の間の速さ」は計算できても、「ある時刻における（瞬間における）速さ」を計算する方法がわからない[†11]。

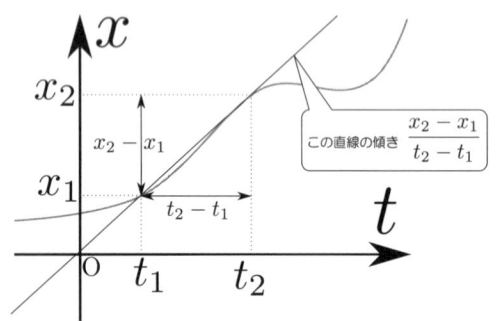

時間と座標が右に示すようなグラフで表現されていたとしよう。時刻 t_1 での速度はいくらか？ ― $\dfrac{x_2-x_1}{t_2-t_1}$ という量がグラフに書き込まれているが、それは「時刻 t_1 から時刻 t_2 までの間での『移動距離を移動に要した時間で割ったもの』」であって、決して時刻

[†10] 実は一般的な「座標」を考える時、この「座標軸」が直線である必要はない。ある数が「座標」となるためには、その数を一つ決めれば場所が一つ定まるようになってさえいればよい。
[†11] 「そんなものを定義する必要があるのか？」と思うかもしれないが、あるのだ！――実際、車のスピードメータが測っている速さは「今この瞬間の速度」である。

4.3 運動の法則の理解のために——1次元の速度と加速度

t_1 での速度ではない。変化量を表すのに Δ という文字を使うことにすれば、$\Delta x = x_2 - x_1$ で $\Delta t = t_2 - t_1$ である。

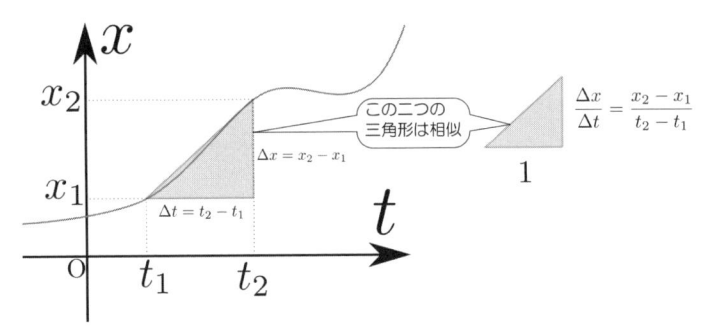

$\dfrac{\Delta x}{\Delta t}$ は図に描かれた三角形の斜辺の傾き（相似で底辺が 1 である三角形の高さ）である。つまり、速度は「t-x グラフの傾きである」ことも言える[†12]。

「時刻 t_1 における速度」を定義するための第一段階として、時刻 t_2 を、もっと時刻 t_1 に近い時刻に変更してみよう。$t_{1.5}$ という時刻を、t_1 と t_2 の間においてみよう。ここで $t_{1.5}$ としたのは、単に「t_1 と t_2 の間」ということを示したかっただけで、ちょうど真ん中である必要はない。とにかく t_2 よりも t_1 に近づいていればよい。こうして我々の考える「速度」は

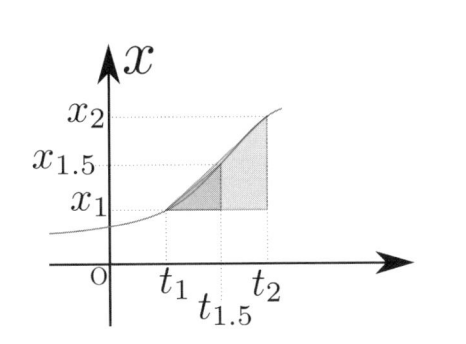

時刻 t_1 から時刻 t_2 までの速度：
$$\dfrac{\Delta x}{\Delta t} = \dfrac{x_2 - x_1}{t_2 - t_1} \tag{4.2}$$

から、

時刻 t_1 から時刻 $t_{1.5}$ までの速度：
$$\dfrac{\Delta x}{\Delta t} = \dfrac{x_{1.5} - x_1}{t_{1.5} - t_1} \tag{4.3}$$

に変わった。これはまだ本当に得たい「時刻 t_1 における速度」ではないが、より目標には近づいている。

こうしてどんどん時刻の間隔を狭めて（と同時に、x の間隔も狭めて）いくと、この $\dfrac{\Delta x}{\Delta t}$ が一定の値に近づいていくと考えられる——その一定値をもって、「時刻 t_1 における速度」と呼ぶ。これはちょうど、時刻 t_1 における曲線

[†12] 横軸が X、縦軸が Y であるようなグラフを「X-Y グラフ」と呼ぶ。ここでは横軸が t で縦軸が x。

の傾きであり、微分という量そのものである[†13]。

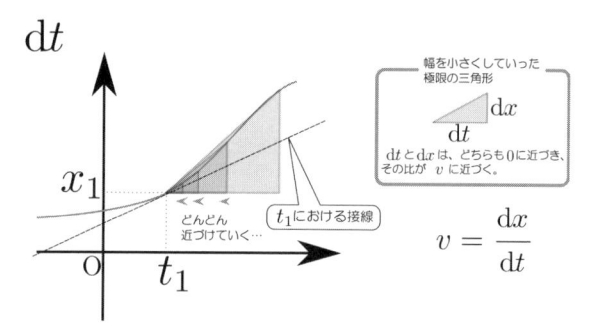

「Δなんとか」には「なんとかの変化」という意味があったわけだが、さらに「いずれ→0の極限を取る」という意味を持たせた新しい記号として、「dなんとか」という記号を作る。

tの変化	tの変化 後で→0にする量	xの変化	xの変化 後で→0にする量
Δt	dt	Δx	dx

のような関係である。この記号を使うと、

$$\frac{dx}{dt} = \lim_{\Delta t \to 0} \frac{\Delta x}{\Delta t} \tag{4.4}$$

である。dx（dt も）は「dx」で一つの文字（量）であって、$d \times x$ のような掛け算ではないことに注意しよう[†14]。時々、

──────────── 絶対やってはいけない ────────────
$$\frac{dx}{dt} = \frac{x}{t} \tag{4.5}$$
────────────────────────────────────

などという恐ろしい計算をする人がいるが、意味を考えればこれが全然だめだということはわかるであろう。

───────────────────

[†13] このように極限をとっていく操作がどのような意味を持つかについては、付録のA.1節のあたりで（特にA.2.2節では図形で）説明しているので、ここだけではピンとこない人は、そちらも参照してほしい。 → p323 → p328

[†14] そのことを強調するため、本書ではdとそれに続く文字（xなど）を（筆記体のように）つなげてある。この書き方は一般的ではない、本書だけの「こだわり」である。

4.3 運動の法則の理解のために—1次元の速度と加速度

【FAQ】どんなに Δt を小さくしても、$\frac{\Delta x}{\Delta t}$ が一定にならなかったら？

そのような場合、「$x(t)$ は微分不可能である」ということになる。そんな状況はお手上げである。もしそんな運動がこの世に存在するのなら、その運動に対してニュートン力学を適用することはできない。

しかし、我々にとってはたいへん幸せなことに、微分不可能な運動を考えなくてはいけない状況に陥ることは（少なくとも、普通の力学を考えている限りは）ないのである。

$\mathrm{d}t$ はここで「t の変化量」（くどいようだが、記号 d は「〜の変化」を表現する文字であることに注意）であり、かつ「最終的には 0 になる運命を持っている微小な数」である。$\mathrm{d}x$ は $\mathrm{d}t$ が 0 に近づくと同時に 0 に近づいていくが、その近づく過程において、$\mathrm{d}x = v\,\mathrm{d}t$ という一定の比率に近づいていく。この v すなわち

$$v = \frac{\mathrm{d}x}{\mathrm{d}t} \tag{4.6}$$

のことを「速度」と呼ぶ。$\mathrm{d}x$ および $\mathrm{d}t$ という量は、どちらも大きさは 0 である。大事なのはその二つの比 $\left(v = \frac{\mathrm{d}x}{\mathrm{d}t}\right)$ である。そういう意味で、$\mathrm{d}x$ は $\mathrm{d}t$ との**比を取って初めて意味のある量になる**（だから、$\mathrm{d}x = v\,\mathrm{d}t$ という式は意味のある式である）[15]。

座標 x が時間の関数である（それを明示するならば、$x(t)$ となる）ように、速度 v も t の関数である。

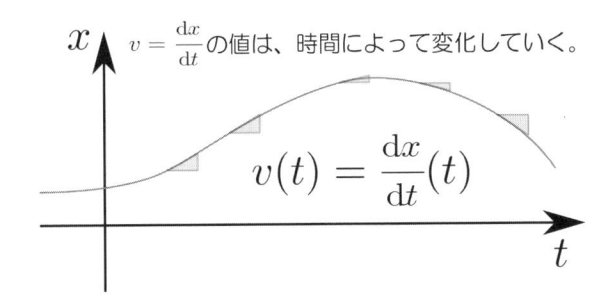

$v = \frac{\mathrm{d}x}{\mathrm{d}t}$ の値は、時間によって変化していく。

$$v(t) = \frac{\mathrm{d}x}{\mathrm{d}t}(t)$$

---
[15] 微分という計算の意味および計算法については、付録 A にまとめてあるので、数学的技巧としての微分が苦手な人は、ここで付録を参照してほしい。 → p323

よって、以下では速度を $v(t)$ あるいは $\dfrac{\mathrm{d}x}{\mathrm{d}t}(t)$ と書こう[16]。

　$x(t)$ という関数が決まれば、上で行なったような一定の手順を踏むことで $v(t)$ を求めることができる。$v(t)$ は $x(t)$ から導かれるので、「$v(t)$ は $x(t)$ の**導関数**である」という言い方をする[17]。また別の言い方では、「$x(t)$ を t で微分すると $v(t)$ になる」である。「t で微分する」は「$x(t)$ から $v(t) = \dfrac{\mathrm{d}x}{\mathrm{d}t}(t)$ を求める」という計算の別の言い方である。「$x(t)$ という関数から $v(t)$ という関数を作った」ことを強調した書き方が、

$$v(t) = \frac{\mathrm{d}}{\mathrm{d}t} x(t) \tag{4.7}$$

である。ここでは、$\dfrac{\mathrm{d}}{\mathrm{d}t}$ を「微分演算子」[18]と考えて、その演算子 $\dfrac{\mathrm{d}}{\mathrm{d}t}$ が左から掛かって $v(t)$ になった」という式になっている。普通の数の掛け算の場合、「掛ける」のは左からでも右からでもよいが、微分演算子の場合、左から掛けなくてはいけない。$\dfrac{\mathrm{d}}{\mathrm{d}t}$ という演算子は「自分より右にあるものを微分する」演算子として定義されているからである。$\dfrac{\mathrm{d}}{\mathrm{d}t}(tf(t))$ （関数 $f(t)$ に t を掛けてから t で微分する）と、$t\dfrac{\mathrm{d}}{\mathrm{d}t}f(t)$ （関数 $f(t)$ を t で微分してから t を掛ける）は全く意味が違う。

　この「$\dfrac{\mathrm{d}}{\mathrm{d}t}$ を掛ける」という計算を、˙のような点を上につけることで表現することもある。すなわち、

$$v(t) = \frac{\mathrm{d}}{\mathrm{d}t} x(t) = \dot{x}(t) \tag{4.8}$$

のように書くことも多い（スペースがかなり節約できる）。微分は $y' = \dfrac{\mathrm{d}y}{\mathrm{d}x}$ のように ′ を使って表現することも多い[19]が、時間微分に関しては ˙ を使うことが多い。

---

[16] 煩雑になる時などには (t) は省略されることも多いが、文脈で判断しよう。
[17] といっても「導かれる関数」ならなんでも導関数というわけではなくて、微分という手続きにより得られたもののみを「導関数」と呼ぶ。
[18] 一般的にはなんらかの "演算" ルールによってある関数から別の関数が作られる時、その操作を「（関数から関数への）演算」と呼び、その演算を表す記号を「演算子」と呼ぶ。その "演算" ルールが微分であるならば、「微分演算子」と呼ぶ。
[19] $\dot{y}$ はニュートンの記号、$\dfrac{\mathrm{d}y}{\mathrm{d}x}$ はライプニッツの記号。

4.3 運動の法則の理解のために——1次元の速度と加速度

「速さ (speed)」はスカラーで「速度 (velocity)」はベクトルである。速度と言うときは $\vec{v}$ で表し、速さは $v = |\vec{v}|$ である（48ページのルールの通り）。1次元では「速度」と言うときは正負があり、「速さ」という時はその絶対値である。

慣性の法則が伝えていることは、この速度という物理量もまた「状態量」[→ p34]であるということである。ここでは速度を

$$v(t) = \lim_{\Delta t \to 0} \frac{x(t + \Delta t) - x(t)}{\Delta t} \tag{4.9}$$

という定義で[20]導入した。この定義を見ると、$x(t + \Delta t)$ と $x(t)$ という二つの（微小時間とはいえ）離れた時刻の座標を使って定義されているから、

───────────── 速度に関する誤った考え ─────────────
ある時刻 t の状態と、それから少しだけ後の時刻 $t + \Delta t$ の状態を使って表されているので、"状態量"（ある時刻の状態を表す量）ではない。
──

と考えたくなる。しかし、慣性の法則から、他からの影響がなければその状態（速度）は保たれるということがわかるし、速度を変化させるには何かの作用（実は「力」であることが次の運動の法則でわかるわけだが）が他から及ぼされなくてはいけない。

物体（宇宙にあるすべての物体！）は自分の速度（運動の状態）をいわば「記憶している」わけである[21]。人間の直観的理解（アリストテレス的理解に近いものになる）は、しばしば速度が状態量であることを忘れてしまう。だから、「手とボールが離れてしまった後でもボールが進み続ける」[→ p116]ことに理由を求めてしまったりする（慣性の法則からすれば当たり前のことなのに）。この点を理解しておかないと、慣性の法則の意義が認識できないのではないかと思うので、あえて注意をしておいた。

なお、質量と速度（ともに状態量）の積は「運動量」（第6章でやる）[→ p175]とい

---

[20] この式は(4.4)[→ p126] と同じ式であるが、分子の Δx を関数 $x(t)$ を使って表現している。

[21] もちろん物体に脳味噌があって「俺は今何 m/s で動いている」と記憶しているという意味ではない。なお、本書サポートページなどで公開しているように、コンピュータのプログラムの中で物体を"動かす"と、プログラムの中で速度を覚えさせる領域（変数）を用意しなくてはいけない。自然法則は自動的にそれをやっている。

う、また別の状態量になる[†22]。

　ここまでで、質量、力、座標、速度という4種類の状態量が出てきた。質量という状態量は時間が経っても変化しない。座標という状態量は時間が経つと速度という状態量にしたがって変化する。では、速度という量の時間変化はどうなるだろうか？

4.3.3　加速度とは何か（1次元で）

　では次に、座標→速度（＝座標の時間微分）という関係と同様に、

　　　速度→加速度（＝速度の時間微分）

という関係となる新しい量「加速度」を定義する。先に数式で書くと、

$$x(t) \to v(t) = \frac{dx}{dt}(t) = \lim_{\Delta t \to 0} \frac{x(t + \Delta t) - x(t)}{\Delta t} \tag{4.10}$$

の真似をして

$$v(t) \to a(t) = \frac{dv}{dt}(t) = \lim_{\Delta t \to 0} \frac{v(t + \Delta t) - v(t)}{\Delta t} \tag{4.11}$$

のようにして加速度$a(t)$を定義するのである[†23]。速度が「単位時間あたりに座標$x(t)$の変化する割合」であったように、加速度は「単位時間あたりに速度$v(t)$の変化する割合」である。

　微分の回数は「階」を使って数えることになっているので、$v(t)$は$x(t)$の一階微分であり、$a(t)$は$x(t)$の時間の二階微分である[†24]。もちろん、「$a(t)$は$v(t)$の一階微分である」も正しい。

　加速度は

$$a(t) = \frac{dv}{dt}(t) = \frac{d}{dt}\left(\frac{dx}{dt}(t)\right) \tag{4.12}$$

である。あるいは、二階微分の時は・の点を2個にして、¨を使って表現し、

$$a(t) = \dot{v}(t) = \ddot{x}(t) \tag{4.13}$$

と書くこともある。

[†22] そこで「座標」と「運動量」の二つを「物体の運動を表現する状態量」として対等の立場で扱っていこう、というのが解析力学におけるハミルトン形式（本書の範囲外）である。
[†23] 加速度は英語で「acceleration」なので、aという文字で表すことが多い。
[†24] たまたま発音は同じだが、「一回微分」「二回微分」ではない（間違えても意味はわかるが）。

この式を
$$\frac{\mathrm{d}\left(\frac{\mathrm{d}x}{\mathrm{d}t}(t)\right)}{\mathrm{d}t} = \left(\frac{\mathrm{d}}{\mathrm{d}t}\right)^2 x(t) = \frac{\mathrm{d}^2 x}{\mathrm{d}t^2}(t) \tag{4.14}$$

という書き方をすることもある。最後の $\frac{\mathrm{d}^2 x}{\mathrm{d}t^2}(t)$ という書き方は「省略しすぎの省略形」である。$\mathrm{d}x$ は d と x の掛算ではないのだから、分子を $\mathrm{d}^2 x$ などと書くのはほんとうはおかしい。あくまで「省略しすぎの省略形」なので、この式の意味について「$\mathrm{d}t^2$ で割るってなんだろう？—いやそもそも $\mathrm{d}^2 x$ って何？」と悩むのはあまり意味がない（そういう記号だと割りきろう）。この書き方はスペースの節約になる点は便利である。特に、微分の階数がどんどんあがっていくときは、この書き方（n 階微分が $\frac{\mathrm{d}^n}{\mathrm{d}x^n}$ など）を使わないとかえって見にくくなる。

速度には t-x グラフの傾きという図形的意味があったが、加速度にはどういう意味があるであろうか。「傾きの変化の割合」であることを考えると、加速度が正ならば傾きが増加する、すなわちグラフが「下に凸」（⌣）である。逆に加速度が負ならば傾きが減少、すなわちグラフは「上に凸」となる。つまり加速度は t-x グラフの「曲がり具合」を表現しているのである。

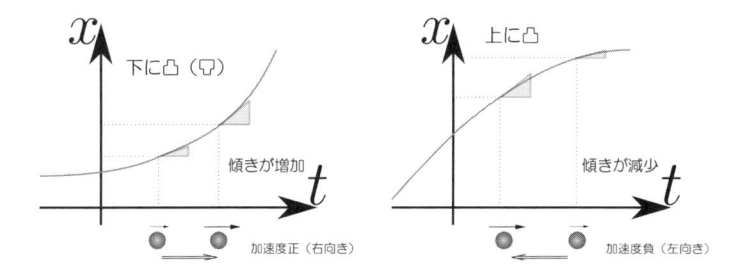

本書の図中では速度は ——▶ のような矢印で、加速度は ⇒ のような二重線矢印で表現することにする。

【補足】 ✚✚✚✚✚✚✚✚✚✚✚✚✚✚✚✚✚✚✚✚✚✚✚✚✚✚✚✚✚✚✚✚✚✚✚✚✚✚
加速度が t-x グラフの「曲がり具合」であることを、微分の定義にもどって確認してみる。

$$\frac{\mathrm{d}x}{\mathrm{d}t} = \lim_{\Delta t \to 0} \frac{x(t+\Delta t) - x(t)}{\Delta t} \quad \text{と} \quad \frac{\mathrm{d}v}{\mathrm{d}t} = \lim_{\Delta t \to 0} \frac{v(t+\Delta t) - v(t)}{\Delta t} \tag{4.15}$$

を組み合わせて書くと、

$$\frac{dv}{dt} = \lim_{\Delta t \to 0} \frac{\frac{x(t+2\Delta t)-x(t+\Delta t)}{\Delta t} - \frac{x(t+\Delta t)-x(t)}{\Delta t}}{\Delta t} \tag{4.16}$$

となる[†25]が、右辺を整理すると、

$$\lim_{\Delta t \to 0} \frac{x(t+2\Delta t)+x(t)-2x(t+\Delta t)}{(\Delta t)^2} \tag{4.17}$$

となる。この式の分子を2で括弧にくくると、

$$x(t+2\Delta t)+x(t)-2x(t+\Delta t) = 2\left(\frac{x(t+2\Delta t)+x(t)}{2} - x(t+\Delta t)\right) \tag{4.18}$$

と書き直せる[†26]。

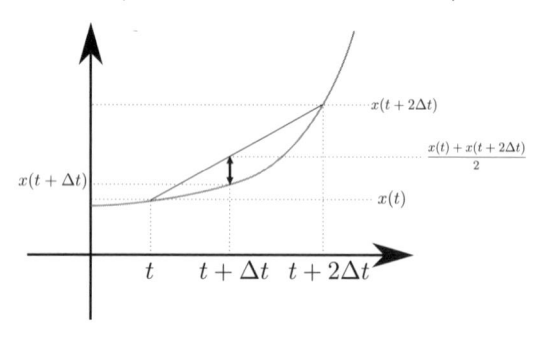

　この式の括弧内は、t と $t+2\Delta t$ という二つの時刻での座標の「中点」である $\frac{x(t+2\Delta t)+x(t)}{2}$ と、中間時刻である $t+\Delta t$ における実際の位置 $x(t+\Delta t)$ の差を計算している。次の図で示すように、それは今考えている線の「凹み具合」を表現する量になっている。こうして「加速度」は、「t-x グラフの曲がり具合表現する量」だと確認できた。

✜✜✜✜✜✜✜✜✜✜✜✜✜✜✜✜✜✜✜✜✜✜✜✜✜✜✜✜✜✜✜✜✜✜✜✜【補足終わり】

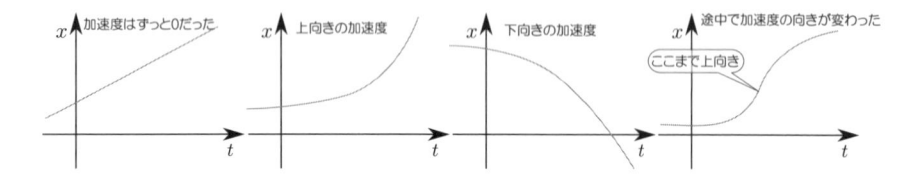

　加速度が力に比例するのだから、上のグラフは左からそれぞれ「力が働かない運動」「上向きの力が働いた運動」「下向きの力が働いた運動」「途中で力の向きが変わった運動」である。

[†25] この式は実はちょっと厳密さを欠く式である。最初の微分の時の Δt と、二回目の微分の時の Δt が一致する必要はないので、ほんとうは $\Delta t, \Delta' t$ というふうに二つの微小量を定義した方がより正確であるが、ややこしくなるだけで益はないので二つの微小量を一致させた。

[†26] 少し前に「d^2x って何？」と悩まなくてよい、と書いたが、この式 (4.17) を見ると、$d^2x = x(t+2\Delta t)+x(t)-2x(t+\Delta t)$ （ただし、$\Delta t \to 0$ の極限を後で取る）と考えればよいようだ。
→ p131

4.4 運動の法則—運動方程式

以上で考えてきたように、力が物体の運動に及ぼす作用は、速度の変化 dv に比例するだろう。同じ速度変化でも、時間をかけてやるより短い時間で行う方が余計に力が必要である、という経験から、力は $\dfrac{dv}{dt}$ すなわち、「単位時間あたりの速度変化の割合」—加速度に比例する、と考えよう。ここまで言えることは、

$$F = (定数) \times \frac{d}{dt}v(t) = (定数) \times \left(\frac{d}{dt}\right)^2 x(t) \tag{4.19}$$

ではないか、ということである。

この (定数) はどんな量であろうかと考えると、これまた日常の経験から「より多くの物体に同じ運動変化の効果（加速度）を生むにはより大きな力が必要である」ことを我々は知っている。だからこの (定数) は物質の量である「質量」（以下、m で表す）に関係するであろう、と考えられる。

ここまでは推測であって実際にこれが物理法則になるかどうかは実験してみなくてはわからない。幸いなることに、たくさんの実験の結果確認されているのは「質量に関係」どころではなく、厳密に「質量に比例する」ことである（自然はもっともシンプルな法則を選んだと言える）。

数々の実験の結果を取り入れることで、運動方程式は

$$F = (定数') \times m\frac{dv}{dt} \tag{4.20}$$

という式になる。この (定数') はどんな単位系を使うかで決まる。現在もっとも多く使われている国際単位系（SI）では、距離 (x) に m（メートル）、時間 (t) に s（秒）、質量 (m) に kg（キログラム）、そして力 (F) に N（**ニュートン（単位の名前として）**）を用いるが、この場合、(定数') が 1 になる[†27]。よって以下の物理法則を得る。

運動方程式

$$F = m\left(\frac{dv}{dt}\right) = m\left(\frac{d}{dt}\right)^2 x(t) \tag{4.21}$$

[†27] そうなるように N という単位を決めたのである。ここまで来てやっとニュートンという単位の意味が話せた。

もし力の単位に N でなく kgf（キログラム重）を使うならば、この式は $F = \dfrac{1}{9.8} m \dfrac{dv}{dt}$ となる[†28]。

運動方程式は $F = ma$ と書こうが $ma = F$ と書こうが、$m\dfrac{dv}{dt} = F$ と書こうが $F = m\dfrac{d^2x}{dt^2}$ と書こうが（なんなら $am = F$ と書いても）自由である[†29]。

力を受けた1次元上を運動する物体の速度変化の様子を図で表現したのが次の図である。

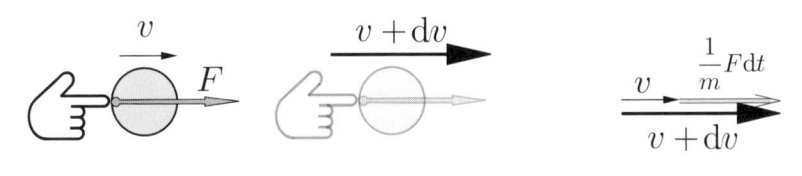

$$m\,dv = F\,dt$$

図の中では運動方程式を $m\,dv = F\,dt$ と表現しているが、これは $m\dfrac{dv}{dt} = F$ と同じことを意味する。dv や dt は、それぞれ v, t の変化であり、最終的には $\to 0$ という極限が取られる量である。つまり $m\,dv = F\,dt$ は左辺も右辺も 0（正確には「0 に近づく量」）なのだが、その比には意味がある。

図で書かれている $\dfrac{1}{m}F\,dt$ は加速度ではなく速度変化（加速度 × dt）であるので、───⇒ とは少し変えて灰色で塗って、═══⇒ と表現した。

こうして「運動の法則」が得られた。我々の知っている「運動」はすべて、この「運動の法則」そして4.2節で学んだ「慣性の法則」、さらに静力学で学んだ「作用・反作用の法則」に従って起こっている。
　　　　　　　　　　　　　　　→ p120
→ p12

これは経験的事実から得られるものであり、何かから証明されるものではない[†30]。この三つが「ニュートンの運動の3法則」である。

ニュートンの運動の3法則をまとめておこう。

[†28] kgfは、「1kgの物体に働く重力が1kgf」という決め方をする単位。「kg重」と書くこともあるし、「キログラムフォース」と読むこともある。

[†29] 「定数と変数の掛け算の時は定数を前に書くのが慣習だから am はおかしい」という考えの人や、「力が加速の原因であることを表現するためには $ma = F$ が望ましい」という考えの人もいるかもしれないが、強制するものではないと思う。

[†30] 別の前提から出発してこれらの法則を導くことは可能（例えば解析力学において「最小作用の原理」からすべてを導く方法もある）だが、それは最初に「前提としておくもの」を変えただけのこと。

4.4 運動の法則—運動方程式

―― 運動の第一法則（慣性の法則）――
物体は力を受けない限り、静止し続けるか等速直線運動を続ける。

―― 運動の第二法則（運動の法則）――
物体の加速度に質量を掛けたものは、物体に働く力にひとしい。

―― 運動の第三法則（作用・反作用の法則）――
二つの物体 A, B があり、A から B に力が働く時には、必ず B から A にも力が働いている。この力は作用点を結ぶ直線の方向にそって働き、互いに逆向きであって大きさは等しい。

少し、運動の法則の感覚をつかむための問題を考えてみよう。

【確認クイズ 4-1】..

右の図は、ガリレオ・ガリレイも行なったという実験である。天秤の片方には重りが、片方には水の入ったタンクを上下に連結したものをつるしておく。最初水はタンクの上にのみ入っている。その状態で天秤はつりあっているのだが、栓を抜き水を下のタンクに送る。

栓を抜いて、水が管の中を落下している間、天秤のつりあいはどうなるだろうか？—まだ下のタンクには水は達してないとして考えよう。

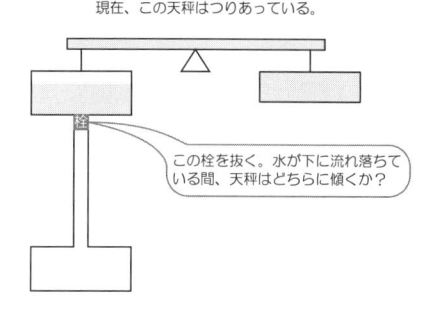

(1) 水が落ちる時、周りの物体を下に押すから、左が下がるだろう。
(2) つりさげられている物体の質量は変わらないから、つりあったままである。
(3) 水が下向きの加速度を持つということはつりあいが崩れているということだから、右が下がるだろう。

のどれになるだろう？—ちなみに、ガリレイもこの問題を考えて予想したうえで実験を行い、その結果に大いに驚いたそうである。

............................自分なりの解答が準備できたらページをめくること。

直観で答えようとすると誤ることが多い[†31]ので、ちゃんと運動方程式を立てて考えていこう。左の水に働く力を考える。状況によらず働く重力は同じである（水の質量が m ならば、大きさ mg で下向き）。一方、加速度を下向きに a とし、「重力以外の力」が大きさ F で上向きに働いていると考えれば、

$$ma = mg - F \quad \text{ゆえに} \quad F = mg - ma \tag{4.22}$$

という式が出る。F は容器のうち水と接している部分が「水を持ち上げてくれる」力である。その反作用は、容器を下向きに F の力で押す。

水が止まっていて、結果として加速度 a が 0 である時、

$$mg = F \tag{4.23}$$

である。これからわかるように、水が止まっているときの方が F は大きい。F は水に働く上向きの力であるから、作用・反作用の法則により、「天秤に働く下向きの力」に等しい。つまり、天秤を下に引っ張る力は水が落ちることによって小さくなるので、右が下がるという (3) が正解である[†32]。

4.5　1次元的な運動の運動方程式

非常に単純な場合で運動方程式を立て、そして解いてみよう。

4.5.1　重力の下での運動

上向きを正とする x 座標を取って、重力が下向き（x の負方向）に働いている時の運動を考えよう。解くべき方程式は、

$$m\frac{d}{dt}\left(\frac{dx}{dt}(t)\right) = -mg \tag{4.24}$$

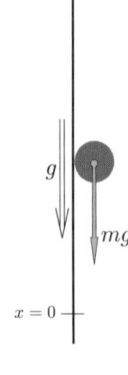

である。右辺の重力が mg ではなく $-mg$ なのは、上向きを正に取ったからである。下向きを正とする座標を使うなら、ここは mg でよい。

[†31] ということもあるし、「私の直観」と「あなたの直観」が一致すればいいが、そうでないとどちらの直観が正しいかで喧嘩になる。数式は正しく使えば、誰でも同じ答えが出る。直観と違って公平である。

[†32] 下のタンクに水が達するとそこで止まる（ということは上向きの加速度を持つ）ので、この傾きを戻す方向に状態が変化するが、これはまさにタンクに落ちている水だけが関与するので、最後の瞬間（管内に水がなくなった状態）を除けばやはり F は小さくなり、右が下がる。

両辺に m があるので、両辺を m で割ることで

$$\frac{\mathrm{d}}{\mathrm{d}t}\left(\frac{\mathrm{d}x}{\mathrm{d}t}(t)\right) = -g \tag{4.25}$$

となり、質量の影響は消えてしまう[†33]。「ガリレイはこのことを示すために、重さの違う二つの物体をピサの斜塔の上から落としてみせたところ、同時に落下した」という**伝説**がある。実際はその実験はしていないらしいし、ガリレイ自身も『新科学対話』という本の中で「(やってみたとしたら) わずかの速度差で落下する」という言い方をしている。ガリレイはこの法則が真空中で成り立つ近似的な法則であることをよく知っていたのである (空気抵抗がある場合については4.7.3節を参照)。
→ p152

このように加速度が時間的に変化しない定数であるような運動は「**等加速度運動**」と呼ぶ。

(4.25) は $x(t)$ という関数の二階微分がどういう値になるかを示す、微分方程式となっている。運動方程式から運動を知るためには、「微分方程式を解く」($x(t)$ の導関数がどうなるかという情報から、$x(t)$ という関数を求めることをこう言う) という操作を行なわなくてはいけない。

右辺は定数であるので、この式を解くのは非常に単純で、単に両辺を積分すればよい[†34]。一回目の積分を行なうと、

$$\frac{\mathrm{d}x}{\mathrm{d}t}(t) = -gt + C \tag{4.26}$$

となる。C は積分定数である[†35]。さらに二回目の積分をして、
→ p339

$$x(t) = -\frac{1}{2}gt^2 + Ct + C' \tag{4.27}$$

となる。C' は二回目の積分に対応する積分定数である。

[†33] というのはもちろん話が逆で、「(空気抵抗などを無視した場合) 質量が違っていても同じ加速度で物体は落下する」ことを知っていたからこそ、重力の大きさが mg になるという式が導かれた。前に、「物体の落下速度は質量に比例する」という物理法則があったとすると、「質量 m の物体と質量 $2m$ の物体を糸でつないで落下させた場合」に矛盾が導かれる、ということを述べた。本当の物理法則ならば
→ p119
全ての物体が同じ加速度で落下するので、現実においては何の矛盾も生じないことはもちろんである。
[†34] 積分という計算に馴染みがない、という人は付録のA.5 節から読もう。微分と積分が「逆の演
→ p335
算」であることについても説明がある。
[†35] 76ページの補足にあるように、積分定数は左辺か右辺か、どちらかにつけておけばよい。

二階微分方程式を解くには積分を二回行なう。積分ごとに積分定数が出てくるので、答えに二つの（運動方程式だけでは決まらない）定数がある。この積分定数 C, C' の物理的意味を考えよう。(4.26) に $t = 0$ を代入すると、$t = 0$ における $\dfrac{\mathrm{d}x}{\mathrm{d}t}$ つまり初速度が、C に等しい（$v(0) = C$）ことがわかる。$t = 0$ における速度を「**初速度**」と呼ぶ。「時刻0での速度」という意味を込めて、v_0 と書くことにしよう。同様に (4.27) を見ると、C' は $t = 0$ における位置座標 x であるということがわかる。$t = 0$ における x は「初期位置」と呼ばれる。これを x_0 と書くことにしよう。結果は以下のようにまとめられる。

$$\begin{aligned} x(t) &= -\frac{1}{2}gt^2 + v_0 t + x_0 \\ v(t) &= -gt + v_0 \\ a(t) &= -g \end{aligned} \quad (4.28)$$

（積分） （微分）

「なぜ運動方程式の解は二つのパラメータを含まなくてはいけないか」について、物理的側面からの理由を説明しておく。今考えているのは物体の運動であるから、同じ力が働いている場合でも、最初にどこにいるか（**初期位置**）、最初どんな速度を持っているか（**初速度**）に応じていろいろな運動が起こらなくてはいけない。同じ方程式を満たしていても、初期位置と初速度が変化する分だけ「解のバリエーション」がなくてはいけない[†36]。つまり、1次元の運動方程式の解は常に2個の「運動方程式では決定できないパラメータ」を持つ[†37]。

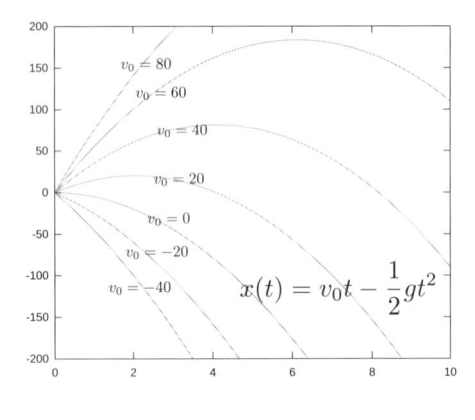

上の図は、同じ場所 $x = 0$ から違う初速度で出発した場合の $x(t)$ の t-x グラフである。$g = 9.8$ として、いろいろな v_0 の値でグラフを描いている。

[†36] 「運動方程式ではすべては決まらないのか、つまらないなぁ」なんて思ってはいけない。最初にどこにいるのか、どんな速度を持っているかと無関係に「今どこにいるのか」が決定できてしまうなどということはあり得ないのだから、これでいいのである。
[†37] 平面上（2次元）なら座標が二つなのでパラメータの数は4になるし、3次元なら6になる。

4.5 1次元的な運動の運動方程式

　右の図は、同じ初速度で違う場所から出発した場合の t-x グラフである。初速度は $v_0 = 40$ で統一してある。こちらのグラフは上のものに比べて「同じ形をしている」ことがわかりやすいだろう。しかし実は（上のグラフも含めて）すべてのグラフが実は「同じ形のグラフの平行移動」である。

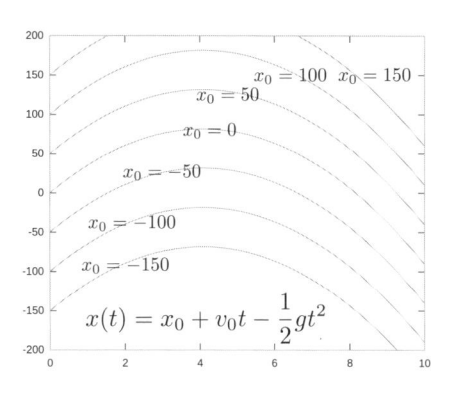

$$x(t) = x_0 + v_0 t - \frac{1}{2}gt^2$$

　この「すべての運動が互いの平行移動になる」という性質は、加速度が $-g$ という一定値であることから来ているのだが、$x(t) = x_0 + v_0 t - \frac{1}{2}gt^2$ という式からもそれがわかる。

$$\begin{aligned}
x(t) &= x_0 + v_0 t - \frac{1}{2}gt^2 = x_0 + \underbrace{\frac{1}{2g}(v_0)^2 - \frac{1}{2g}(v_0)^2}_{=0} + v_0 t - \frac{1}{2}gt^2 \\
&= x_0 + \frac{1}{2g}(v_0)^2 \underbrace{- \frac{1}{2}g\left(t - \frac{v_0}{g}\right)^2}_{-\frac{1}{2g}(v_0)^2 + v_0 t - \frac{1}{2}gt^2}
\end{aligned} \quad (4.29)$$

という計算[38]を行うと、このグラフは $x(t) = -\frac{1}{2}gt^2$ のグラフを、t 方向に $\frac{v_0}{g}$ だけ、x 方向に $x_0 + \frac{1}{2g}(v_0)^2$ だけ平行移動したものであるとわかる。

━━ グラフの平行移動について ━━

$y = f(x)$ という関数を、x 方向に a、y 方向に b 平行移動すると、$y - b = f(x - a)$ となる。すなわち、$x \to x - a, y \to y - b$ と置き換えればよい。時々、「平行移動するのだから足せばよい」と思ってか $x \to x + a$ とやってしまう人がいるが、平行移動は「もともと $x = 0$ だった場所を $x = a$ にする」ことだから、

- 古い式に $x = x_1$ を代入した結果
- 新しい式に $x = x_1 + a$ を代入した結果

が同じになるようにしなくてはいけない。古い式が $f(x)$ の時、新しい式が $f(x-a)$ であれば、上を満たす。

---

[38] このように、( )^2 + (定数) の形に式をまとめることを「完全平方の形にする」と言う。2行目で $\frac{1}{2g}(v_0)^2$ を足して引いているのは、( )^2 の形を作るため。

4.6 動摩擦力が働く運動

4.6.1 動摩擦力

2.2節では静止摩擦力について考えたが、摩擦力にはもう一種類、「動摩擦力」がある。
→ p40

静止摩擦力は物体を動かそうとするときにそれを邪魔する力であったが、（静止摩擦係数）×（垂直抗力）という上限があり、それ以上の強さの力は出せなかった。つまりある程度以上の力を加えると物体は動き出す。そして、動き出すと「動きを止めようとする力」は別の形——動摩擦力に変わる。

動摩擦力の大きさは（動摩擦係数）×（垂直抗力）と近似される。厳密にはこの式は正しくなく、動いている速度により変化することもあるし、垂直抗力にぴったり比例するとは限らないが、ここではこの近似を用いておく（この近似はそんなに悪い近似ではない）。経験によるとたいていの場合、動き出すと摩擦力は弱くなるので、（静止摩擦係数）＞（動摩擦係数）である。

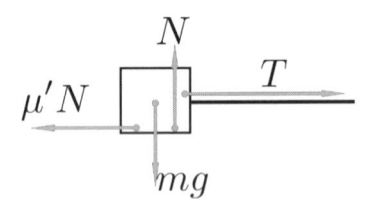

動摩擦力は「動きを遅くしようとする方向」に働く。速度の逆向きである。大きさを式で表すと $\mu'N$ となる（動摩擦係数を μ' とした）。この式は向きを表現していない。むりやり表現するとしたら、

$$-\mu'N\frac{v}{|v|} \tag{4.30}$$

のようにして、v と逆を向くように（$v > 0$ なら動摩擦力は負、$v < 0$ なら動摩擦力は正）とするしかないだろう。

上のグラフは床の上に物体をおいて糸の張力 T を用いて水平に引っ張った時の、T と摩擦力（静止摩擦力と動摩擦力をまとめて表現した）の大きさのグラフである。静止状態では T と静止摩擦力 f がつりあうことで静止しているので、$T = f$ が成立している。ところが T が μN（静止摩擦力の上限）を超えると、物体が動き出すことで摩擦力は「動摩擦力」に変わる。動摩擦力は T に連動して変化することはなく、ずっと一定である[39]。

---

[39] 動摩擦力が（動摩擦係数）×（垂直抗力）であるので、ついつい静止摩擦力の方も（静止摩擦係数）×（垂直抗力）と考えてしまう人が時々いるが、（静止摩擦係数）×（垂直抗力）は「静止摩擦力の最大値」であることに注意しよう。

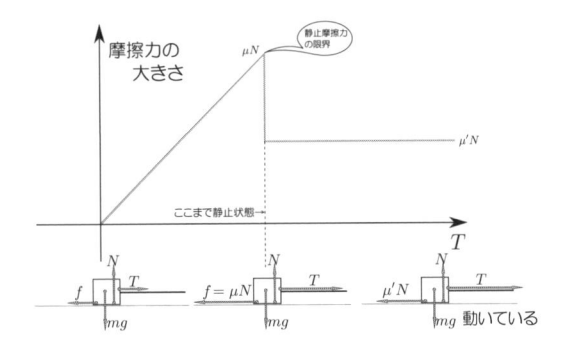

4.6 動摩擦力が働く運動

「物体を一定の力で押し続け、途中でそれをやめた時」について運動を考えてみよう。

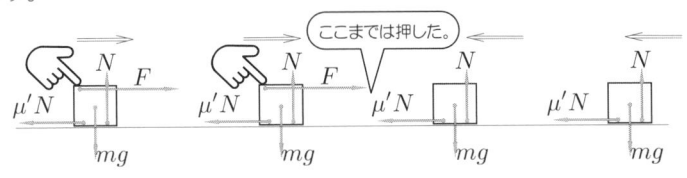

上下方向は $N = mg$ が常に成立する。左右方向の運動方程式は、

(押している間) $m\dfrac{dv}{dt} = F - \mu'N$ (4.31)

(押すのをやめた後) $m\dfrac{dv}{dt} = -\mu'N$ (4.32)

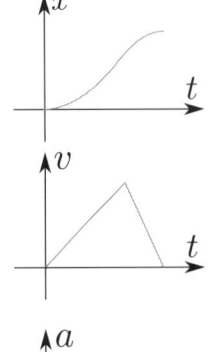

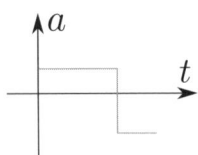

が成立する（これらの式が成立するのは物体が右すなわち正の方向に動いている時だけである）。

$F > \mu'N$ であれば、押している間は加速度が正（図で右向き）、押すのをやめた後は加速度が負（図で左向き）という。運動のグラフは右のようになる。

加速度 a が正の間は速度 v が増加し、a が負の間は v が減少する。動摩擦力のために、手の力 F が消えた後は速度が0に向かう——素朴なアリストテレス的な考えではそれを「物体は力を加えないと止まってしまう」と解釈してしまうわけだが、正しい考えでは「摩擦力が働いたから減速した」と解釈する。

いったん物体が静止すると、動摩擦力はなくなる（そして、外から力が働いてない今の状況では、静止摩擦力もなくなる）。

静止摩擦力と動摩擦力の違いは、「静止か動か」で決まるのではなく「接触面がくっついた状態か、すべる状態か」で決まる[†40]。あるいは「静止摩擦力」の「静止」は「一方の面から見てもう一方の面が静止しているか」で決まる。この点を注意しないと間違える例を一つ考えよう。

床の上に物体Bを置き、さらにその上に物体Aを置く。床と物体Bの間には摩擦はない[†41]とし、物体Aと物体Bの間には静止摩擦係数μ、動摩擦係数μ'で表される摩擦が働くものとする（右の図にはまだ摩擦力は書き込まれていない）。物体Aを右に力Fで押す。

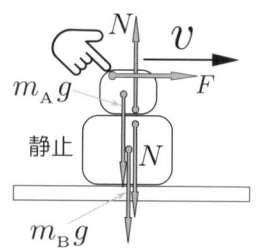

最初物体Bが静止して、物体Aが速度vで右向きに動いているとしよう。この二つの物体にはどんな力が働き、この後どんな運動をするだろうか？？

最初の段階では、物体Bが静止し、物体Aが動いているのだから、AB間に働く力は動摩擦力である。それは右の図のように、物体Aには左向き（速度を遅くする向き）に、物体Bには右向きに（加速する向き）に働く。上下方向は無視して、左右方向の運動方程式を立てると、

$$m_A \alpha = F - \mu' N \\ m_B \beta = \mu' N \quad (4.33)$$

となる。m_A, m_B と α, β はそれぞれ、物体Aと物体Bの質量と加速度である（α, βは右向きを正とした量とした）。

動摩擦力は物体Aと物体Bの速度を近づける方向に働くので、この状態が続けば、二つの物体の速度は一致する（場合によっては、物体Bから物体Aが落ちてしまって、運動が続かないということもある）。

二つの物体の速度が一致してしまうと、物体Aと物体Bは相対的に静止する。その時働く摩擦力はもはや動摩擦力ではなく、静止摩擦力である。「動いているから動摩擦」と考えてはいけない。物体Bから見れば物体Aは静止している（逆に見ても同様）。大事なことは、二つの物体の接触面はぴったりくっついた状態を保っており「ずれ」が起こってはいないということであ

[†40] 例によって名前に引きずられてはいけないのである！
[†41] 実際には摩擦がないなどということはありえないが、ここではあえてそうする。こういう「理想化」を行なった時は、「現実とは違う世界のことをやっている」ことを忘れてはいけない。

る。どのような力が働くか（今の場合、動摩擦力なのか静止摩擦力なのか）は「状態」（今の場合は接触面の状態）が決めるのである。

静止摩擦力は動摩擦力と違って $\mu'N$ などの決まった値を取らないから、f という未定の変数を使って表現しよう。図で表したのが次の図である。物体Aの速度と物体Bの速度は今や一致したので、v という1文字で表した。加速度 α' も同様である（もう α, β と別の文字にする必要はない）。運動方程式は

$$m_A \alpha' = F - f$$
$$m_B \alpha' = f \quad (4.34)$$

となる。この二つの式の和を取れば、

$$(m_A + m_B)\alpha' = F \quad (4.35)$$

という運動方程式ができあがる（物体Aと物体Bが一体となって運動していると考えて内力のことを忘れれば、(4.34) を経由することなく、すぐにこの式ができる）。この場合「静止摩擦力」という内力が、Aに働いた力 F の一部をBへと伝えている。

【確認クイズ 4-2】
車が道路の上を直線的に加速運動している（今どんどんスピードがあがっているところである）。
　この時車には

- 重力
- 地面からの垂直抗力

の他に、もう一つの外力が働く（ただし、ここでは、空気の抵抗は無視しよう）。その力とは

(ア) 動摩擦力
(イ) 静止摩擦力
(ウ) 動摩擦力でも静止摩擦力でもない力

のどれか？
この力は

(A) 進行方向を向いている
(B) 進行方向と逆を向いている

のどちらか。
......................自分なりの解答が準備できたらページをめくること。

「動摩擦力」「静止摩擦力」の字面だけを見て「車が走っているのだから動摩擦力」と答えてしまう人が多い。また、「摩擦は運動を妨げるものだ」という固定観念から「進行方向と逆を向いている」と考えてしまう人も多い。

> ここで「あれっ」と思った人は前に戻ってもう一回考えなおそう。

　動摩擦か静止摩擦かを決めるのは「接触面にすべりがあるかどうか」である。車全体は確かに「左向きに走っている」が接触面であるタイヤと地面は、決してすべっていないのである。

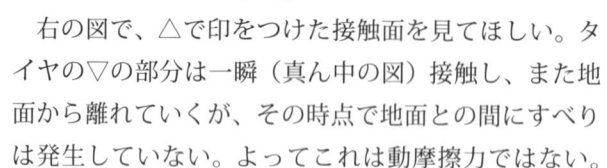

　右の図で、△で印をつけた接触面を見てほしい。タイヤの▽の部分は一瞬（真ん中の図）接触し、また地面から離れていくが、その時点で地面との間にすべりは発生していない。よってこれは動摩擦力ではない。静止摩擦力である。

　もうひとつの問題について「進行方向と逆を向いている」と考えてしまった人も多いのではなかろうか。「摩擦は人間の邪魔をするもの」というイメージにとらわれすぎているとそうなる。

　そもそも、ここで「車が加速している」という現状を考えると（運動方程式 $F = m\dfrac{dv}{dt}$ により！）、加速する向きである運動方向（図の左向き）の力が働かなくてはいけないのは当然である。そして重力も垂直抗力もこの方向ではないのだから、最後に残った静止摩擦力は運動方向を向かなくてはいけない。

　働いている力を図に描き込んだのが右の図である。左向きの力 F がなければ、左向きの加速度は生まれない。

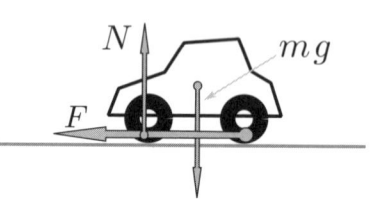

　これを間違えてしまった人は、運動方程式の本質をまだつかみそこなっている。日常で起こるいろんな運動について「この時の加速度は？」「どんな力が働いている？」と考えるようにしよう。いろいろな場面で運動方程式がちゃんと成立していることが実感できるはずである。

　この問題については、8.6.3節で、剛体の問題として考えなおそう。
→ p253

---------- 練習問題 ----------

【問い4-1】エレベータには人が乗りすぎるとブザーが鳴るシステムがついているものがある。そのようなエレベータに多人数が乗り込んだが、エレベータが停止している時、発車する時はブザーが鳴らなかった。ところがエレベータが目的地に着く直前、突然ブザーが鳴った。ブザーがこんなふうに作動したのはなぜか？（この時のエレベータは昇りか、降りか？）ヒント → p380へ　解答 → p391へ

【問い4-2】ある人が高層ビルの高いところから降下中のエレベータの中でこう考えた。

「もしこのエレベータの綱が切れて落下したとしよう。エレベータが
地面に落下する瞬間に、中でジャンプすればきっと助かるだろう」

この男の考えは間違っているが、どこに問題があるか？？

ヒント → p381へ　解答 → p391へ

4.7　微分方程式としての運動方程式

運動方程式を解く練習を続けよう。

運動方程式は、$x(t)$ という関数を時間 t で二階微分すると F という量になるという式になっていて、微分方程式である。明示してこなかったが、F は $x(t)$ と $v(t)$ の関数である[42]。それを強調して書くと、

$$F\left(x(t), \frac{\mathrm{d}x}{\mathrm{d}t}(t)\right) = m\frac{\mathrm{d}}{\mathrm{d}t}\left(\frac{\mathrm{d}x}{\mathrm{d}t}(t)\right) \tag{4.36}$$

というのが運動方程式である。

以下で、1次元運動で簡単な場合について、微分方程式としての運動方程式を解く練習をしておこう。その方法として

(1) **両辺を積分する。**
(2) **方程式を満たしそうな関数を探す。**
(3) **変数分離して積分する。**

を紹介する。(1) についてはすでに4.5.1節で述べた。(3) は基本的には (1) なのだが、積分の前に一個手順が入る。では、以下の例題でそれぞれの方法を見ていこう。
　→ p136

---

[42] 加速度 $\dfrac{\mathrm{d}^2x}{\mathrm{d}t^2}(t)$ や、さらにその微分 $\dfrac{\mathrm{d}^3x}{\mathrm{d}t^3}(t)$ が F に含まれることは絶対ない、というわけではないが、あまり物理的によい例ではない。本書では扱わないことにする。

4.7.1 速度に比例する抵抗力が働く場合

重力がない状況で速度に比例し、速度と逆向きの抵抗力が働いている場合を考えよう。

ここで解くべき運動方程式は

$$m\frac{dv}{dt}(t) = -k\frac{dx}{dt}(t) \tag{4.37}$$

であるが、まずは $v(t) = \dfrac{dx}{dt}(t)$ と書いて、

$$m\frac{dv}{dt}(t) = -kv(t) \tag{4.38}$$

としよう。ここで右辺が $-kv(t)$ とマイナス符号がついているのは、こうすることで $v(t) > 0$（正の向きの速度）ならば力が負、$v(t) < 0$（負の向きの速度）なら力が正となり正しく「抵抗」力となっているからである（動摩擦力の時のように場合分けする必要はない）。

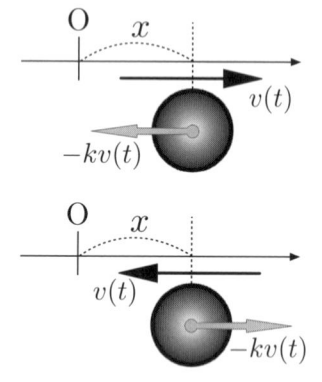

方程式を満たしそうな関数を探す

この方程式の解き方の一つは「こうなる関数を探す」というものである。この式を見ると、「微分すると元の関数の定数倍になる」式になっている。そのことがより明確になるように、

$$\frac{d}{dt}v(t) = -\frac{k}{m}v(t) \tag{4.39}$$

としよう。さて、我々の知っている関数で「微分すると元に戻る関数」はと

4.7 微分方程式としての運動方程式

いうと、指数関数が思いつく[43]。そこで$v = e^{\lambda t}$としてみる（λは未知の定数である）。(4.39)にこれを代入すると、

$$\lambda e^{\lambda t} = -\frac{k}{m} e^{\lambda t} \tag{4.40}$$

となるので、$\lambda = -\dfrac{k}{m}$ となる。(4.39)という一階微分方程式を解いたので、答えは一つの未定の定数を含むはずである。$e^{-\frac{k}{m}t}$には未定の定数が含まれていないから、何かを見落としたことになる。何を見落としているかというと、

> (4.39)が左辺も右辺もvの一次の項しか含んでないので、一つの解が見つかれば、その定数倍も解になる

ということである。つまり、$e^{-\frac{k}{m}t}$が解ならば、$Ce^{-\frac{k}{m}t}$も解である。

$$v(t) = Ce^{-\frac{k}{m}t} \tag{4.41}$$

とわかった[44]。このCの物理的意味はやはり、「$t=0$での速度」であるから、初速度という意味を込めてv_0と書くことにして、

$$v(t) = v_0 e^{-\frac{k}{m}t} \tag{4.42}$$

のように速度$v(t)$が求められたので、次は$x(t)$を求める。右辺はもはやtの関数となっているので、単に積分すればよい。

$$x(t) = -\frac{m}{k} v_0 e^{-\frac{k}{m}t} + C' \tag{4.43}$$

ここでの積分定数C'の意味は少しややこしいが、これまで同様、$t=0$の時、xが初期位置x_0になる、ということをこの式に入れてみると、

---

[43]「そんなの思いつかないよ」という人もいるかもしれない。しかし今後経験を積むうちに思いつけるようになる。それまでは試行錯誤していくしかない。思いつかなかったときの方法もこの後紹介する。
[44] ここでも、vがどのようなtの関数であるかが判明したので、以後$v(t)$と書く。

$$x_0 = -\frac{m}{k}v_0 + C' \tag{4.44}$$

より、

$$C' = x_0 + \frac{m}{k}v_0 \tag{4.45}$$

と求められる。結果は以下の通り。

$$x(t) = -\frac{m}{k}v_0 \mathrm{e}^{-\frac{k}{m}t} + x_0 + \frac{m}{k}v_0 = x_0 + \frac{m}{k}v_0\left(1 - \mathrm{e}^{-\frac{k}{m}t}\right) \tag{4.46}$$

変数分離して積分する

 さて、上では「似た性質を持つ関数を思いつく」という形での解法を示したが「思いつかなかったらどうするか」ということで、それ以外の方法も説明しておく。

 一つの方法は「**変数分離による解法**」と呼ばれる。「変数分離」とは、変数を左辺と右辺に分離するということである。この式に登場している変数は「時間t」と「速度v」であるが、vが左辺にも右辺にもあるのが解くのを難しくしている。そこでvを左辺に、tを右辺にと集めて分離してしまう。

 それはつまり、

$$\begin{aligned}\frac{\mathrm{d}v}{\mathrm{d}t} &= -\frac{k}{m}v \\ \frac{\mathrm{d}v}{v} &= -\frac{k}{m}\mathrm{d}t\end{aligned} \quad \text{(両辺に}\,\mathrm{d}t\,\text{を掛け、}v\,\text{で割る)} \tag{4.47}$$

という計算である。左辺はvだけ、右辺はtだけになった(変数分離された)ので、後は両辺それぞれを考えていけばよい。

4.7 微分方程式としての運動方程式

> 【FAQ】 $\dfrac{dv}{dt}$ に dt を掛けて dv にするなんて計算、してもいいんですか？
>
> 数学の本によく「$\dfrac{dv}{dt}$ は割り算ではない」と書いてあるものだから、このような疑問が後を絶たない。もちろん単なる割り算ではないのは確かだが、微分の定義にもどって考えれば、$\dfrac{dv}{dt} = \lim\limits_{\Delta t \to 0} \dfrac{\Delta v}{\Delta t}$ なのだから、定義に戻って、その極限を取る前の式を考えればよい。それはつまり、
>
> $$\frac{\Delta v}{\Delta t} = -\frac{k}{m}v + (極限を取ると消える量) \tag{4.48}$$
>
> という式である（$\lim\limits_{\Delta t \to 0} \dfrac{\Delta v}{\Delta t}$ という式は、極限を取るとこうなる、という式なのだから、lim を外した時には極限を取ると消える量がついていてもよい）。「分母を払う」計算は、(4.48) から、
>
> $$\frac{\Delta v}{v} = -\frac{k}{m}\Delta t + (\Delta の 2 次以上の微小量) \tag{4.49}$$
>
> を作る計算だと思えばよい。

(4.47)の両辺に積分記号 $\int$ をくっつけて、
→ p148

$$\int \frac{dv}{v} = -\frac{k}{m}\int dt \tag{4.50}$$

という式を作る[†45]。この式の両辺はすぐ積分できて、

$$\log v = -\frac{k}{m}t + C \quad (C は積分定数) \tag{4.51}$$

となる。両辺を指数関数の肩に乗せて、

$$\begin{aligned} e^{\log v} &= e^{-\frac{k}{m}t + C} \\ v &= e^{C} e^{-\frac{k}{m}t} \end{aligned} \tag{4.52}$$

となる。$e^{C} = v_0$ とすれば、これは(4.42)と同じ式である。どちらの方法でも
→ p147
同じ式が得られた。

[†45] ここでやっている計算の「両辺に $\int$ をくっつけて」の意味は、77ページにも書いた通り。「こんなことやっていいの？」と悩む人が多いが、意味を考えれば何の問題もないことはわかるはず。

結果の整理

ここまででいろんな方法で運動方程式を解いて（当然ながら）同じ結果を得たので、結果を概観しよう。右に、$m=1, v_0=1$として、$k=1, k=2, k=3$の場合のvのグラフを示す。

kが大きくなるほど、早く速度が0に近づくということがグラフからもわかる。

次に、$k=1, m=1$として、$v_0=1, v_0=2, v_0=3$の場合のグラフである。初速度の違いがどのように運動を変えるかを感じて欲しい。$v(t) = v_0 e^{-\frac{k}{m}t}$となっているので、すべての時間において速度は初速度に比例するが、$t \to \infty$ではどの場合も0に近づいていく。

次に、同じ状況での$x(t)$のグラフを見よう。

どのグラフもある位置で止まってしまっているように見える。実際$x(t)$の式で$t \to \infty$にすると、

$$x(t) = x_0 + \frac{m}{k}v_0\left(1 - \underbrace{e^{-\frac{k}{m}t}}_{\to 0}\right)$$

となって$x(\infty) = x_0 + \frac{m}{k}v_0$になるのである。

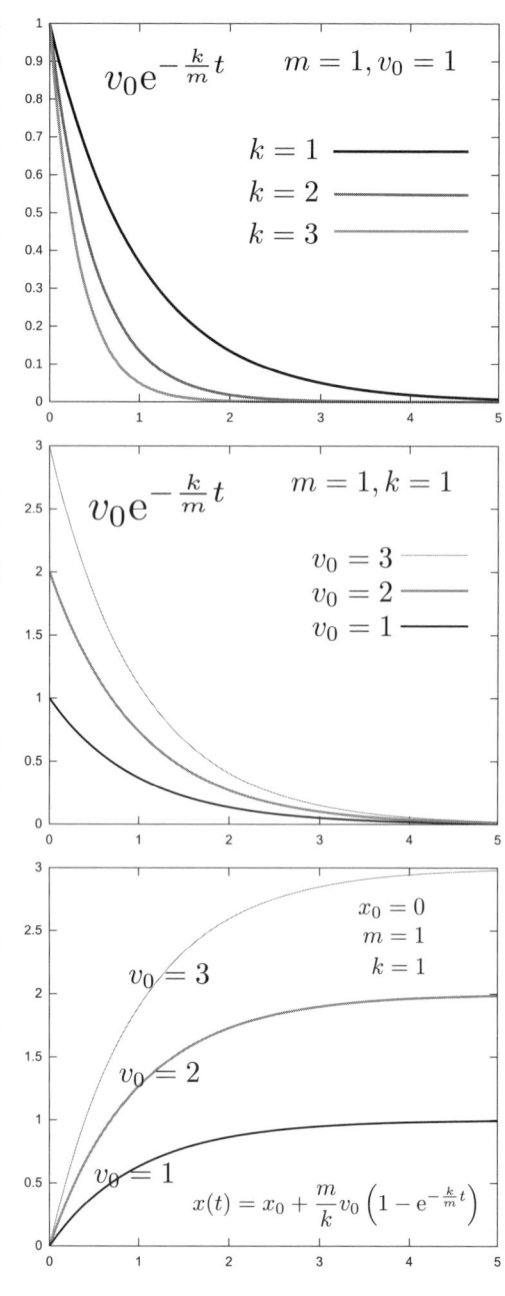

4.7.2 次元解析を使った考察 ✚✚✚✚✚✚✚✚✚✚✚✚✚✚✚✚✚✚✚【補足】

ここで、付録Dで説明している「次元解析」を使って結果を考察しておこう。
→ p373

力の次元は $[\mathrm{MLT}^{-2}]$ であり、$F = kv$ の比例定数 k の次元は（力の次元を速度の次元 $[\mathrm{LT}^{-1}]$ で割ることによって）$[\mathrm{MT}^{-1}]$ である。つまりここで考えた問題の運動方程式に登場する定数は $m[\mathrm{M}]$ と $k[\mathrm{MT}^{-1}]$ の二つだが、この二つから $\frac{m}{k}$ とすれば時間の次元を持つ量を作ることができる。一方、これだけでは距離の次元を作る量も、速度の次元を作る量も作ることができない。

系に含まれる定数だけを使って、時間の次元を持つ定数や距離の次元を持つ定数を作ることができた時、それらを「**特徴的な時間**（characteristic time）」および「**特徴的な距離**（characteristic length）」[†46]と呼ぶ。今の場合は特徴的な時間は $\frac{m}{k}$ だが、特徴的な距離はない[†47]。

この問題の特徴的な時間は、「速度は $e^{-\frac{k}{m}t}$ という因子で減衰していく（つまり、$\frac{m}{k}$ 時間が経つと速度が $\frac{1}{e}$ 倍になる）」という形で問題の答えに関係した。

運動方程式だけではなく初期条件も使うと、特徴時間に初速度 v_0 を掛けることで（次元が $[\mathrm{T}] \times [\mathrm{LT}^{-1}]$ で $[\mathrm{L}]$ になる）長さの次元を持つ量を作ることができるが、この量 $\frac{m}{k}v_0$ は、「$t \to \infty$ で物体は初期位置からどれだけの距離進んでいるか」の答えになる。

ここでは計算が終わってから次元解析を行なったわけだが、実は計算する前から、「$\frac{m}{k}$ という時間」や「$\frac{m}{k}v_0$ という距離」が何かの意味を持つ量になるだろう、ということが予想できた。例えば「どこで止まるか？」の答えは（微分方程式を解いたりして計算する前に）「$\frac{m}{k}v_0$ の無次元定数倍（2 とか π で掛けたり割ったり）[†48]だろう」と予想できるのである。次元解析はこのように「物理量がどれくらいになるか、あたりをつける」のに使える。

単に数値的なあたりをつけるだけでない。例えば（問題を解く前に）「いつ止まるか？」を次元解析で出そうとしてみる。しかし k, m, v_0 を使って作ることができる時間の次元を持つ数値は $\frac{m}{k}$ しかなく、v_0 によらない。「いつ止まるか？」が初速度に依存しないとはとても思えないから、「いつ止まるか？」はこの運動方程式(4.37)からは求められない、ということが予想できる。
→ p146

✚✚✚✚✚✚✚✚✚✚✚✚✚✚✚✚✚✚✚✚✚✚✚✚✚✚✚✚✚✚✚✚✚【補足終わり】

[†46] 「特性時間」「特性距離」という場合もある。

[†47] 4.5.1節で考えた落体の運動では m と g しか定数がなく、特徴的時間も特徴的距離もない。初期位
→ p136
置や初速度を入れないと距離や時間は出てこない。

[†48] 次元解析では、この「無次元定数」はわからない。この問題で $\frac{m}{k}v_0$ と定数がつかなかったのは偶然である。

4.7.3 速度に比例する抵抗を受けながらの落下

重力と空気抵抗が、同時に働いたらどうなるだろうか？—運動方程式は

$$m\frac{d}{dt}\left(\frac{dx}{dt}(t)\right) = -mg - k\frac{dx}{dt}(t) \tag{4.53}$$

である。だいたいの予想として、一定の力である mg に比べて、空気抵抗は速度が増加するにしたがって増えるから、どこかで速度が一定になるのでは？—と考えられる[†49]。

とりあえず $v(t) = \dfrac{dx}{dt}(t)$ として、

$$m\frac{dv}{dt}(t) = -mg - kv(t) \tag{4.54}$$

を解こう。これもいろいろな解き方があるが、一つの方法は右辺を

$$m\frac{dv}{dt}(t) = -k\underbrace{\left(v(t) + \frac{mg}{k}\right)}_{=V(t)} \tag{4.55}$$

と直して、$V(t) = v(t) + \dfrac{mg}{k}$ と置く。$\dfrac{mg}{k}$ は微分すると 0 だから、$\dfrac{dv}{dt}(t) = \dfrac{dV}{dt}(t)$ である。こうして、

$$m\frac{dV}{dt}(t) = -kV(t) \tag{4.56}$$

と式を変えてしまえば、後は重力がないときと同じように計算できる。

$$V(t) = Ce^{-\frac{k}{m}t} \tag{4.57}$$

として、時刻 $t = 0$ で速度が $v(0) = v_0$ になるとすれば、

$$\begin{aligned}\underbrace{v(t) + \frac{mg}{k}}_{V(t)} &= \underbrace{\left(v_0 + \frac{mg}{k}\right)}_{V(0)}e^{-\frac{k}{m}t} \quad \Big\}\text{(積分)}\\ x(t) + \frac{mg}{k}t &= -\frac{m}{k}\left(v_0 + \frac{mg}{k}\right)e^{-\frac{k}{m}t} + C'\end{aligned} \tag{4.58}$$

[†49] と予想した後で前節で考えた次元解析を行なうと、運動方程式に含まれる定数として重力加速度 g が増えたので、初速度を入れなくても $\dfrac{mg}{k}$ $[\text{LT}^{-1}]$ という形で速度の次元を持つ量を作ることができる。この量は後でちゃんと意味を持ってくる。

とし、積分定数 C' は $x(t)$ の初期条件 $x(0) = x_0$ から、

$$x_0 = -\frac{m}{k}\left(v_0 + \frac{mg}{k}\right) + C'$$
$$x_0 + \frac{m}{k}\left(v_0 + \frac{mg}{k}\right) = C' \tag{4.59}$$

と求める。最終的結果をまとめると、

$$x(t) = x_0 - \frac{mg}{k}t + \frac{m}{k}\left(v_0 + \frac{mg}{k}\right)\left(1 - e^{-\frac{k}{m}t}\right) \tag{4.60}$$

となる。空気抵抗を無視していたときとは違って、「物体の落下は質量によらない」とはいかない。
→ p137

　右の図は初速度 $v_0 = 0$ として描いた $x(t)$ のグラフである。$k = 0$ と示しているのは空気抵抗なしの落下で、放物線である。空気抵抗が大きくなると k が大きくなるので、$\frac{m}{k}$ が小さくなる。

　このグラフから、$k \neq 0$ であればある程度時間が経つとグラフがほぼ直線（等速運動）になっていることが見てとれる。$e^{-\frac{k}{m}t}$ の項がほぼ0になって $-\frac{mg}{k}t$ が $x(t)$ のほとんどを占めているのである。この $\frac{mg}{k}$ を「**終端速度**」と呼ぶ。

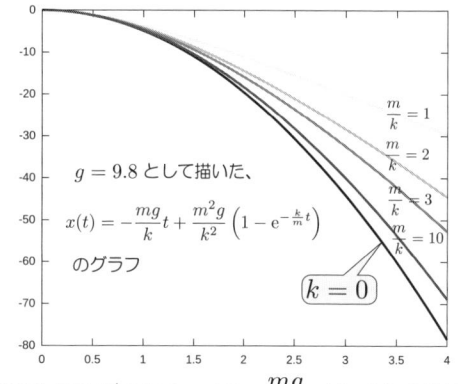

【補足】✚✚✚✚✚✚✚✚✚✚✚✚✚✚✚✚✚✚✚✚✚✚✚✚✚✚✚✚✚✚✚✚✚✚✚
付録A.7.1節で説明した「斉次部分と非斉次部分を分けて解く」という手法を使
→ p343
うと、(4.53)すなわち、$m\frac{d}{dt}\left(\frac{dx}{dt}(t)\right) = -mg - k\frac{dx}{dt}(t)$ を
→ p152

$$\begin{aligned}&\to \text{（斉次部分）} \quad m\frac{d}{dt}\left(\frac{dx_1}{dt}(t)\right) = -k\frac{dx_1}{dt}(t) \\ &\to \text{（非斉次部分）} \quad m\frac{d}{dt}\left(\frac{dx_2}{dt}(t)\right) = -mg - k\frac{dx_2}{dt}(t)\end{aligned} \tag{4.61}$$

のように二つに分けて解くことができる。斉次部分は $\frac{dx_1}{dt}(t) = Ce^{-\frac{k}{m}t}$ という解があることはすぐにわかる。非斉次部分については、とにかく一つ解を見つければ

いいのだから、試行錯誤をして探す。実は「$\dfrac{dx_2}{dt}(t)$ が定数だったら？」と考えると実にあっさりと答えが見つかる。このとき左辺 $m\dfrac{d}{dt}\left(\dfrac{dx_2}{dt}(t)\right)$ は 0 だから、右辺が 0 になるようにするには、$\dfrac{dx_2}{dt}(t) = -\dfrac{mg}{k}$ であればよい。こうして、

$$\dfrac{dx}{dt}(t) = \underbrace{Ce^{-\frac{k}{m}t}}_{\text{斉次部分}} \underbrace{-\dfrac{mg}{k}}_{\text{非斉次部分}} \tag{4.62}$$

のように解を求める。積分定数は初期条件によって決められる。
✚✚✚✚✚✚✚✚✚✚✚✚✚✚✚✚✚✚✚✚✚✚✚✚✚✚✚✚✚✚✚【補足終わり】

4.7.4 速度の自乗に比例する抵抗を受けながらの運動

今度は空気などの抵抗が v^2 に比例する場合を考えよう[50]。運動方程式は $m\dfrac{dv}{dt} = -Kv^2$ という形になる（K は比例定数）。ただし、ここでは $v > 0$ の場合しか考えない。微分方程式を解いていこう。

$$\begin{aligned}
m\dfrac{dv}{dt} &= -Kv^2 \quad &\text{(変数分離：} v^2 \text{でわって } dt \text{を掛ける)} \\
m\dfrac{dv}{v^2} &= -K\,dt \quad &\text{(両辺積分)} \\
-m\dfrac{1}{v} &= -Kt + C
\end{aligned} \tag{4.63}$$

となる。初速度を v_0 とすると（つまり $t=0$ で $v=v_0$ と上の式に代入すると）

$$-\dfrac{m}{v_0} = C \tag{4.64}$$

が成り立つので、それを代入して整理すると、

$$-m\dfrac{1}{v(t)} = -Kt - \dfrac{m}{v_0} \quad \text{より} \quad v(t) = \dfrac{m}{\frac{m}{v_0} + Kt} = \dfrac{v_0}{1 + \frac{K}{m}v_0 t} \tag{4.65}$$

として、$v(t) = \dfrac{dx}{dt}$ を使ってさらに積分を続けると、

---

[50] 現実の空気抵抗はもっともっと複雑な式（$-kv - Kv^2$ で終わらず、さらにいろんな関数・・・が足されたものになる）であるが、速度が速い時は v^2 の項が強く効き、遅い時は v の項が強く効く。

4.7 微分方程式としての運動方程式

$$\frac{dx}{dt} = \frac{v_0}{1+\frac{K}{m}v_0 t}$$ （変数分離）

$$dx = \frac{v_0}{1+\frac{K}{m}v_0 t}\,dt$$ （さらに積分） (4.66)

$$x(t) = \frac{m}{K}\log\left(1+\frac{K}{m}v_0 t\right) + C'$$

となる。積分定数 C' は、初期位置を指定（$x(0)=x_0$）することで、

$$x_0 = \frac{m}{K}\underbrace{\log(1)}_{=0} + C' \tag{4.67}$$

となって $C' = x_0$ と決まり、

$$x(t) = x_0 + \frac{m}{K}\log\left(1+\frac{K}{m}v_0 t\right) \tag{4.68}$$

となる。この場合はどこまでも走り続ける。

次の図は、$K=1, m=1$ として $v_0 = 1, 2, 3, 4$ と変化させた時の $x(t)$ のグラフである。

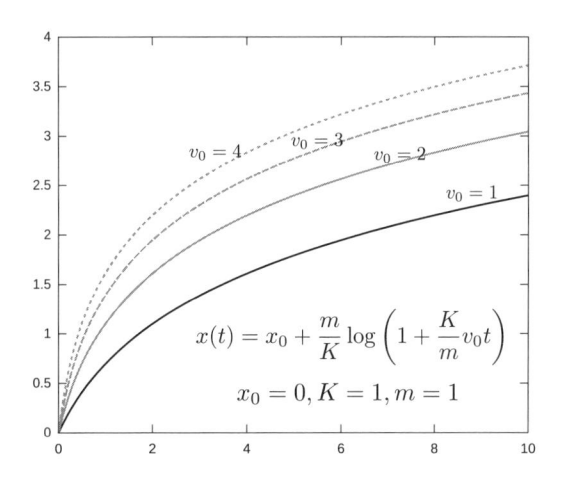

このグラフを見ると、初速度が大きいほど負の加速度（減速度？）が大きいのが見て取れる。例えば、$t=10$ での状態を見ると、$v_0=4$ の場合の位置は、$v_0=1$ の場合の位置の4倍よりずっと小さい。また、このときの速度差はあまりないように思われる。$v(t)$ の式 $\frac{v_0}{1+\frac{K}{m}v_0 t}$ を $\frac{1}{\frac{1}{v_0}+\frac{K}{m}t}$ として分母を

見ると、t が大きいところでは初速度の違いが速度にあまり効かなくなっていることがわかる。

4.8 運動の法則に関する補足

> この節は「こだわる人のための補足」なので、最初は飛ばして差し支えない。ある程度勉強してから読めばよい。

4.8.1 運動方程式は物理法則である ++++++++++++++ 【補足】

「運動方程式は力をどのように測定するかを規定した式、すなわち"力の定義式"である」と考えている人がたまにいる。しかし、第1章で行なったように、静力学の段階で「力の大きさを測る方法」を考えることはある程度できる。静力学の知識を用いて力を測定するためには何か「基準となる力」を決めることが必要であろうし、「物体を取り巻く状況が全く同じなら、その物体が（受ける／及ぼす）力は同一である」ことを暗黙の了解としなくてはいけないだろう（このあたりのことは、2.8.1節参照）。例えば、今「基準となる力」としてバネ定数が1であるように「基準バネ」をもってきて、「基準バネが単位長さだけ伸びた時、このバネは単位力で両端につけられた物体を引っ張るとする」というふうに力の単位を決めたとする。作用・反作用の法則があるので、「基準バネが単位長さだけ伸びた時、このバネは単位力で両端を引っ張られている」としても同じである。このような力の単位の決め方は通常のやり方ではないが、ここでは説明のためにこういう単位系を使うことにする[†51]。こうすればこの基準バネの出す力とつりあう力を「1基準力」とすることができる[†52]。つまり、力は加速度を用いなくても定義できる量である。特に、1.6.4節で強調したように、力は物体の状態で決まる量である。物体それ自体がどんな状態にあるか（バネであればどれだけ伸びているか縮んでいるか）で決定される量であって、加速度がなければ決まらない量ではない、ということを強調しておこう。

逆に「運動方程式は質量の定義式である」と考えている人もいるのだが、この考え方には注意が必要である[†53]。質量は（日本語の場合、その使われている漢字の通りに！）「物質の量」である。我々は物質の量を測る時に大きさ（「体積」と書いた方がより厳密であろう）で測ったり、手に持った時の手応え（つまりは「重量」）で

[†51] 物理法則などの内容は、どんな単位で書かれているか、あるいはその量をどのような手段で測定するかによらず成立するべきであることはもちろんである。

[†52] この「基準力の定義」がうまくいくためには作用・反作用の法則が成立せねばならないし、「同じだけ伸びたバネは同じ大きさの力を出す」という前提が必要であることは言うまでもない（言うまでもないことではあるのだが、念の為に脚注として書いた）。

[†53] 正しくないとも言い切れないが、手放しで正しいとも言えない。

4.8 運動の法則に関する補足

測ったりする。質量は体積や重量よりももっと本質的な物質固有の量である（体積はぎゅっと圧縮すると小さくしたりできるから、物質の固有で不変な量ではない）ということは2.8.2節でも述べた。ただし、質量を実際に使うにおいてはなんらかの「質量を測る手段」が与えられなくてはいけないが、その方法として $\vec{F}=m\vec{a}$ が使われる。そのようにして決めた質量を**慣性質量**と呼ぶ。

運動方程式の左辺も右辺も別々に定義された量で書かれている。物質の状態変化によって変わる「状態量」である「力」を左辺に、物体の固有の量を測る尺度（こっちは状態変化で変わらない）である「質量」、そして運動状態から導かれる「加速度」を右辺に置かれて、各々が別々に定義された三つの量の間の関係を述べた「物理法則」である。特に、力と質量がそれぞれ別に「相加性」を持つ量として定義されていることに注意しよう[†54]。

我々は、このように単純な式で世界が記述できるということを「なんたる幸運！」と感謝すべきであろう。

4.8.2 第一法則は要らないのか？　+++++++++++++++【補足】

ここで、ニュートンの運動の法則についてよく尋ねられる疑問について話しておく。しかし、この議論は「ニュートンの法則を使う立場」からすれば無用のことである。よって、実用こそ大事と考える人はこの節を遠慮無く飛ばして構わない。

その疑問とは

> 第二法則は式で表現すれば $\vec{F}=m\dfrac{\mathrm{d}\vec{v}}{\mathrm{d}t}$ であり、これは力が働いてない（すなわち $\vec{F}=0$ ）ならば $\dfrac{\mathrm{d}\vec{v}}{\mathrm{d}t}=0$、つまり速度が一定（「静止」を含む）ということを示している。つまり第一法則は第二法則に含まれているのではないのか？

というものである。

できあがった「ニュートン力学」を後から考えると、「第一法則は不要では？」と考えてしまうのも仕方はないかもしれない。

これに対する答えとしてよく言われるのは、

> **第一法則は慣性系の存在を規定している。**

というものだ。「慣性系」とはつまり「慣性の法則が成立する座標系」である。ニュートンは力学をはじめるにあたって「慣性の法則が成立するような座標系がこの世にはある、と仮定しますよ」と宣言を行なう必要があった[†55]ので、それを行なったの

[†54] 質量はスカラーの相加性、力はベクトルの相加性である。
[†55] 地球は自転しているし公転しているし、厳密なところを言えば慣性系ではない。ニュートンは「理想的環境」として慣性系（彼は絶対空間と呼んでいる）を規定する必要があった。

が第一法則だ、というわけである。それならもういっそのこと第一法則を「慣性系が存在する」という法則に書きなおしたらどうか、という気もするが、歴史的なものはなかなか簡単には直せない。「慣性系が存在する」と言ったが、それは唯一無二のものなのか、という点については、後で検討しよう。
→ p292

考えようによっては不要であるかのごとく思える法則をニュートンがわざわざ「第一法則」にもってきた理由は、この法則が打ち立てられる[†56]前の "**常識**" であるアリストテレス的考え方を（まず何よりも先に）打ち破っておく必要があったからであろう。最初に習う力学がニュートン力学である我々にとっては、「わざわざ宣言する必要があるの？」と思えるかもしれない。しかし、アリストテレス的な考えは素朴なだけに強力であり現代の物理学習者の中にも、なかなか抜け出せない人がいる。よって、現代人である我々も第一法則を肝に銘じておく必要は、大いにある。129ページでも説明したが、第一法則は「速度は状態量である」と示しているという意味でも意義がある。第一法則がない頃の人間の認識では、「速度は時間が経てばなくなって、やがて物体は静止する」と思われていたのだから、こういう量は「状態で決まる量」とは言えない。

✚✚✚✚✚✚✚✚✚✚✚✚✚✚✚✚✚✚✚✚✚✚✚✚✚✚✚✚✚✚✚【補足終わり】

章末演習問題

★【演習問題 4-1】
　右の図のように滑車に両端に質量 m の物体と質量 M の物体をつるし、静止させた状態からそっと手を離した。$M > m$ であったとして、二つの物体が同じ大きさ a の加速度（ただし、向きは逆）で運動をした。それぞれの物体の運動方程式を立て、加速度 a を求めよ。

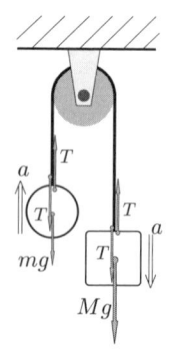

ヒント → p3w へ　　解答 → p12w へ

[†56] 第一法則すなわち慣性の法則を打ち立てたのはニュートンではなくガリレオ・ガリレイである。

4.8 運動の法則に関する補足

★【演習問題 4-2】
右の図のように滑車に両端に質量 m の物体と質量 M の物体をつるし、静止させた状態からそっと手を離した。

(1) どちらの物体も動き出さなかったとすると、m と M にはどんな関係があるか。
(2) その関係は満たされてなかったため、M の方が加速度 a で落下し始めたとする。この時 m の方はどんな運動をするはずか。
(3) 運動方程式を立てて a を求めよ。

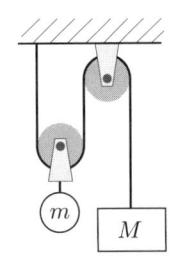

ヒント → p4w へ　解答 → p13w へ

★【演習問題 4-3】
定滑車にかけられたロープの片方に猿がぶらさがっており、もう片方に猿と同じ質量のおもりがつるされている。猿がするするとロープを登ると、おもりはどうなるだろうか？
(A) おもりに働く力は変化しないから、おもりは動かない。
(B) おもりに働くロープの張力が強くなるから、おもりは上に上がる。
(C) 猿が上にあがる勢いがロープを通じて伝わり、おもりは下に下がる。
のうち、どれになるかを力と加速度の図を描いて説明せよ。

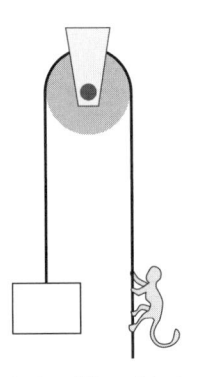

ヒント → p4w へ　解答 → p14w へ

★【演習問題 4-4】
速度の自乗に比例する抵抗と重力が働く場合の運動方程式

$$m\frac{dv}{dt} = mg - Kv^2 \tag{4.69}$$

を解いて $v(t)$ を求めよ。初速度は $v(0) = v_0$ とし、速度 $v(t)$ は常に正であるとする。

ヒント → p4w へ　解答 → p13w へ

第 5 章

運動の法則 その2

ー2次元以上の運動

2次元・3次元での運動の法則を考えよう。

第2章を飛ばしてきた人は、ここでいったん戻った方がいい。
→ p39

5.1 2次元以上の運動をどう記述するか

第4章で「1次元で運動はどのように表現すべきか」ということを述べた。この章ではそれを2次元以上の運動に拡張していく。そのため、2次元以上の運動の場合に「物体の位置をどう表示するか」を考えておこう。
→ p115

5.1.1 位置ベクトル

ベクトルはすでに力を表現するために必要なものとして出てきて、そこで定義についても述べた。ここでは位置を表現するためのベクトル「**位置ベクトル**」を導入する。
→ p46

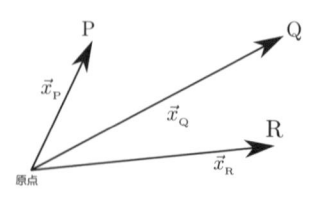

ある物体Pの位置ベクトルとは、原点からその物体のいる位置までの移動を表現するベクトルである。物体Pの位置ベクトルは$\vec{x}_P$のように添え字Pをつけて表現する。原点はどこでも好きに選んでいいが、途中で変えてはいけない（原点が移動するような場合については後で考える）。書籍という媒体
→ p288

5.1 2次元以上の運動をどう記述するか

の都合上図は 2 次元であるが、もちろん本来の位置ベクトルは 3 次元的に（立体的に）考えるべきものである。原点を O と書けば、原点の位置ベクトルは $\vec{x}_O$ であるが、これは零ベクトル $\vec{0}$ である[†1]。

位置ベクトルは、どれも基点（矢印の根元）を原点に取るという約束をしていることに注意しよう。つまり位置ベクトルは束縛ベクトルである。これにたいし、基点を原点以外に置いた場合は**変位ベクトル**という呼び方をする。

点 P から点 Q への変位ベクトルを $\overrightarrow{PQ}$ と書くことにしよう。位置ベクトルを使って表現すると、

$$\overrightarrow{PQ} = \vec{x}_Q - \vec{x}_P \tag{5.1}$$

と書ける（左辺と右辺で PQ の並び方が逆だが、これで正しい！！）。

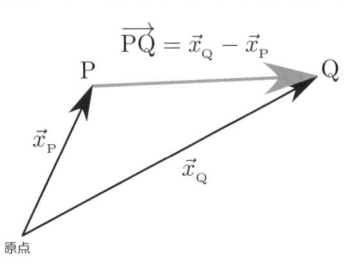

変位ベクトルについては、

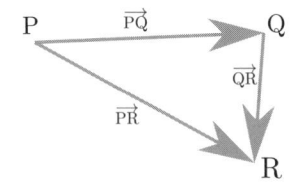

$$\overrightarrow{PQ} + \overrightarrow{QR} = \overrightarrow{PR} \tag{5.2}$$

のような足し算（つまりは普通の「ベクトル和」）の式が成立する。図でも明らかだし、

$$\underbrace{\vec{x}_Q - \vec{x}_P}_{\overrightarrow{PQ}} + \underbrace{\vec{x}_R - \vec{x}_Q}_{\overrightarrow{QR}} = \underbrace{\vec{x}_R - \vec{x}_P}_{\overrightarrow{PR}} \tag{5.3}$$

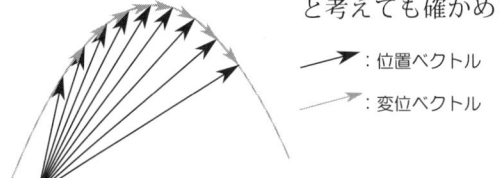

と考えても確かめられる。

物体の位置を表現するのが「位置ベクトル」であり、位置の変化を表現するのが「変位ベクトル」である。

位置ベクトルを表す時、前節で書いたように図を描いて考えるのも一つの方法だが、数字で表現した方が数式での計算に持っていける分、便利である。以下ではまず、2 次元の場合について考えよう。

> 2 次元座標系について不慣れな人は、ここで C.1 節を読むこと。
> → p366

[†1] 原点 O という時の「O」は「origin」の頭文字なのだが、たまたま $\vec{0}$ の 0 と似た文字になる。

5.1.2 速度ベクトルと加速度ベクトル

1次元の問題では、位置を表す座標$x(t)$の時間微分が速度$v(t) = \dfrac{\mathrm{d}x}{\mathrm{d}t}(t)$であった。2次元以上では、位置ベクトル$\vec{x} = x\vec{e}_x + y\vec{e}_y$を微分したもの

$$\frac{\mathrm{d}\vec{x}}{\mathrm{d}t}(t) = \frac{\mathrm{d}x}{\mathrm{d}t}\vec{e}_x + \frac{\mathrm{d}y}{\mathrm{d}t}\vec{e}_y \tag{5.4}$$

が速度ベクトルとなる。極座標では位置ベクトルは$r\vec{e}_r$であるが、速度ベクトルは$\dfrac{\mathrm{d}r}{\mathrm{d}t}\vec{e}_r$ではないことに注意しよう。$\vec{x} = r\vec{e}_r$を微分すると、

$$\frac{\mathrm{d}\vec{x}}{\mathrm{d}t} = \frac{\mathrm{d}}{\mathrm{d}t}(r\vec{e}_r) = \frac{\mathrm{d}r}{\mathrm{d}t}\vec{e}_r + r\frac{\mathrm{d}}{\mathrm{d}t}\vec{e}_r \tag{5.5}$$

となる。$\vec{e}_r$が場所によって違うため、時間が経過した後の$\vec{e}_r$は違う方向を向いており、微分する時にはその$\vec{e}_r$の時間変化の方も計算に入るのである。

$$\frac{\mathrm{d}}{\mathrm{d}t}\vec{e}_r = \frac{\mathrm{d}\theta}{\mathrm{d}t}\vec{e}_\theta \tag{5.6}$$

という結果に注意しよう。図に描いたように、微小時間$\mathrm{d}t$の間にθが$\mathrm{d}\theta$変化したとすると、$\vec{e}_r$も$\vec{e}_\theta$も角度$\mathrm{d}\theta$だけ回転する。$\vec{e}_r$も$\vec{e}_\theta$も長さは1だから変化の大きさは$\mathrm{d}\theta$である。そして、その方向を図で読み取ると、$\vec{e}_r$の変化は$\vec{e}_\theta$の方向を、$\vec{e}_\theta$の変化は$-\vec{e}_r$の方向を向いている。よって$\mathrm{d}\vec{e}_r = \mathrm{d}\theta\vec{e}_\theta$である（同様に、$\mathrm{d}\vec{e}_\theta = -\mathrm{d}\theta\vec{e}_r$でもある）。

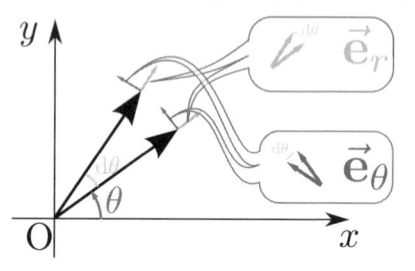

この時、$\dfrac{\mathrm{d}\theta}{\mathrm{d}t}$（いわば「$\vec{x}$が単位時間に何rad回るか」という量）を「**角速度**」と呼び、ωという文字[†2]を使って書く。単位は[rad/s]となる。この結果は

$$\frac{\mathrm{d}}{\mathrm{d}t}\underbrace{(\cos\theta\vec{e}_x + \sin\theta\vec{e}_y)}_{\vec{e}_r} = \frac{\mathrm{d}\theta}{\mathrm{d}t}\underbrace{(-\sin\theta\vec{e}_x + \cos\theta\vec{e}_y)}_{\vec{e}_\theta} \tag{5.7}$$

という計算をやってもわかる（$\vec{e}_x, \vec{e}_y$は場所によらないことに注意）。よって、

$$\frac{\mathrm{d}\vec{x}}{\mathrm{d}t} = \frac{\mathrm{d}r}{\mathrm{d}t}\vec{e}_r + r\frac{\mathrm{d}\theta}{\mathrm{d}t}\vec{e}_\theta = \dot{r}\vec{e}_r + r\dot{\theta}\vec{e}_\theta \tag{5.8}$$

[†2] ωはギリシャ文字で、読み方は「おめが」。

5.1 2次元以上の運動をどう記述するか

という答えが出る（θ成分の$r\dot\theta$は確かに「θ方向の速度」になっている）。さらに微分すると、加速度が

$$\frac{\mathrm{d}\vec{v}}{\mathrm{d}t}(t) = \left(\frac{\mathrm{d}^2 r}{\mathrm{d}t^2} - r\left(\frac{\mathrm{d}\theta}{\mathrm{d}t}\right)^2\right)\vec{e}_r + \left(2\frac{\mathrm{d}r}{\mathrm{d}t}\frac{\mathrm{d}\theta}{\mathrm{d}t} + r\frac{\mathrm{d}^2\theta}{\mathrm{d}t^2}\right)\vec{e}_\theta \tag{5.9}$$

となることがわかる。ここで行った計算を図で表現すると以下のようになる。

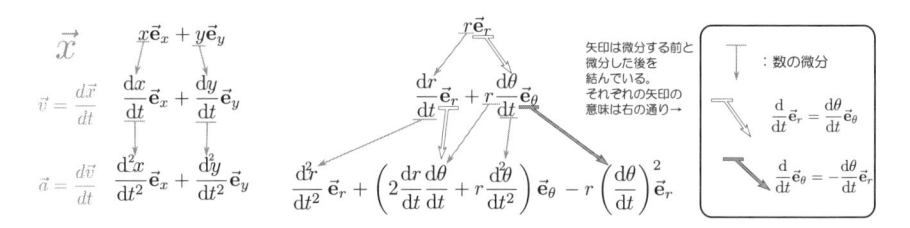

 左が直交座標を使った計算で、この場合は座標基底の単位ベクトル（$\vec{e}_x$ など）は微分しなくてよい。一方極座標では基底ベクトルの方も微分するので結果が複雑になる（一番下の行を成分ごとにまとめ直すと(5.9)になる）。

 極座標にはこのようなデメリットがあるので、このややこしさを打ち消すメリットがあるかどうかをよく考えてから使う必要がある。

 1次元での力と速度変化は134ページの図のようであったが、2次元では

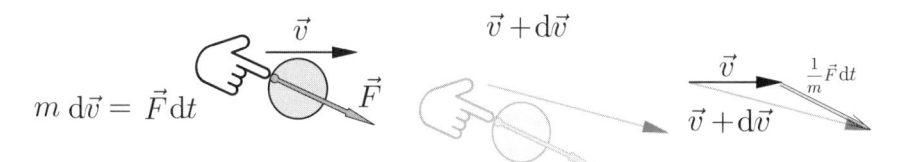

$$m\,\mathrm{d}\vec{v} = \vec{F}\,\mathrm{d}t$$

となる。1次元で考えていた時にはなかったことだが、力の作用に「速さを変える」（速度ベクトルを伸ばす／縮める）と「運動の向きを変える」の両方があることがわかる。各々対応する加速度を下の図のように定義する。

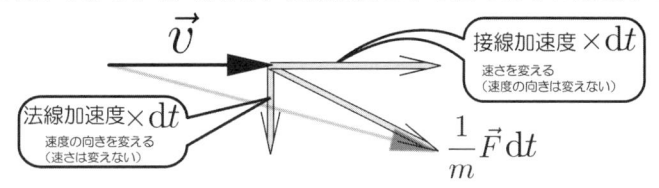

 接線加速度は向きを変えない加速度、法線加速度は速さを変えない加速度である。

【FAQ】たとえ $\vec{v}$ と $\vec{a}$ が垂直でも、速さはいつか変わるのでは？

と思う人は、下の左の図のように考えているのではないかと思う。

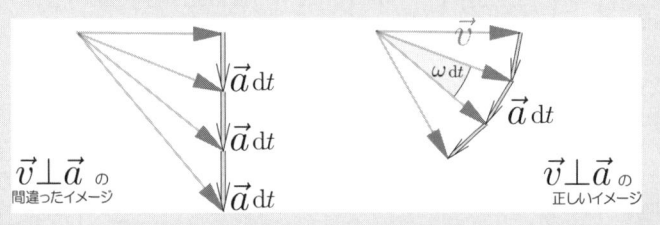

$\vec{v}\perp\vec{a}$ の
間違ったイメージ

$\vec{v}\perp\vec{a}$ の
正しいイメージ

このイメージを持ってしまうと、どんどん速度が速くなるように感じる。しかしこの図のような運動は「$\vec{v}$ と $\vec{a}$ が垂直」という条件を、最初の一瞬だけしか満たしていない。$\vec{v}$ と $\vec{a}$ が垂直であるというのは、上の右の図のように垂直であるという条件を満たしながら速度と加速度が同時に回っていく状況である[†3]。

$\vec{v}$ が単位時間あたりに回る角度を ω と書く[†4]と、法線加速度の大きさは $|\vec{v}|\omega$ と表せる。(5.9) の加速度の式にも似たような（厳密に同じではない）項 $-r\left(\dfrac{\mathrm{d}\theta}{\mathrm{d}t}\right)^2 \vec{\mathrm{e}}_r$ があったことを思い出そう。

5.2 平面直交座標を使った運動の例

5.2.1 運動の分解

平面直交座標で運動方程式を立てるとき、$\vec{F} = m\dfrac{\mathrm{d}\vec{v}}{\mathrm{d}t}$ の左辺も右辺もベクトルであるから[†5]、これらを x 成分と y 成分に分解して、

$$F_x \vec{\mathrm{e}}_x + F_y \vec{\mathrm{e}}_y = m\left(\dfrac{\mathrm{d}v_x}{\mathrm{d}t}\vec{\mathrm{e}}_x + \dfrac{\mathrm{d}v_y}{\mathrm{d}t}\vec{\mathrm{e}}_y\right) \tag{5.10}$$

と書ける。x 成分と y 成分は独立に扱ってよく、

$$F_x = m\dfrac{\mathrm{d}v_x}{\mathrm{d}t} \quad \text{と} \quad F_y = m\dfrac{\mathrm{d}v_y}{\mathrm{d}t} \tag{5.11}$$

[†3] 図では $\vec{v}$ と $\vec{a}$ が微妙に垂直ではないが、それは本当は 0 の極限を取る $\mathrm{d}t$ に有限の長さを与えて絵を描いているからで、$\mathrm{d}t \to 0$ ではちゃんと直交する。

[†4] 同じ文字を使ったが、この ω は角速度 $\dfrac{\mathrm{d}\theta}{\mathrm{d}t}$ （位置ベクトル $\vec{x}$ が回る速度）ではないことに注意。一般には $\vec{x}$ の回る角度と $\vec{v}$ の回る角度は等しくない。

[†5] 左辺がベクトルなのに右辺がベクトルでない、なんてことはありえないので当たり前である。

と二つの式に分けて考えられる[†6]。このように分離ができるのは直交座標を使っているおかげである。

5.2.2 落体の運動

質量 m の物体には下向きに大きさ mg の重力が働く。今 y 軸を上向きに取ることにする（x 軸は水平方向を向く。3次元で考えるならばもう一つ軸が必要である）と、重力は $-mg\vec{e}_y$ と表すことができるので、運動方程式は

$$m\frac{d\vec{v}}{dt} = -mg\vec{e}_y \tag{5.12}$$

である。$\vec{v} = v_x\vec{e}_x + v_y\vec{e}_y$ と置くと、この式を

$$m\frac{dv_x}{dt} = 0, \quad m\frac{dv_y}{dt} = -mg \tag{5.13}$$

と分解することができ、逐次積分することによって、

$$\begin{aligned} m\frac{dv_x}{dt} &= 0 &\to v_x &= v_{0x} &\to x &= x_0 + v_{0x}t \\ m\frac{dv_y}{dt} &= -mg &\to v_y &= v_{0y} - gt &\to y &= y_0 + v_{0y}t - \frac{1}{2}gt^2 \end{aligned} \tag{5.14}$$

と解くことができる。この x, y の式から

$$y = y_0 + v_{0y}\underbrace{\left(\frac{x-x_0}{v_{0x}}\right)}_{t} - \frac{1}{2}g\underbrace{\left(\frac{x-x_0}{v_{0x}}\right)^2}_{t^2} \tag{5.15}$$

のように t を消去すると、y を x の二次式で表現できる。この x-y 座標にこの二次式をグラフ化して書いた線を「放物線」と呼ぶのは、これが物体を放り投げた時にできる軌跡の線だからである。

$\vec{v}_0 = (v_{0x}, v_{0y})$ は初速度すなわち $t = 0$ での速度、$\vec{x} = (x_0, y_0)$ は初期位置すなわち $t = 0$ での位置座標である。

[†6] もっとも、例えば F_x が y の関数になっていることだってありえるので、二つの式が分離して扱えるとは限らない。

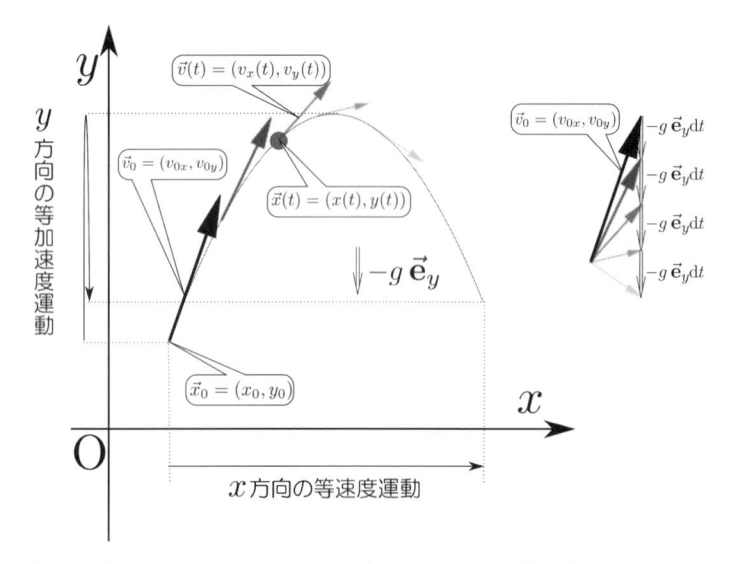

平面上の運動であったものが、x方向だけを見れば等速度運動に、y方向だけを見れば等加速度運動に、と分解された。

この時の「速度変化」を図に示すと、上の図の右側のようになる。速度の変化は鉛直方向（重力の働いている方向）にのみ、起こっている。

---------------------------- 練習問題 ----------------------------

【問い5-1】 速度に比例する抵抗力$-k\vec{v}$が働く場合について、この節の問題を解いてみよ。
ヒント→ p381へ　解答→ p391へ

5.3　平面極座標を使った運動の例

5.3.1　向心加速度

物体が原点を中心とした円運動している場合を考えよう。円運動している、とわかった時点で$\dfrac{\mathrm{d}r}{\mathrm{d}t} = 0$であるから、それを(5.9)に代入すると、

$$\vec{a}(t) = -r\left(\frac{\mathrm{d}\theta}{\mathrm{d}t}\right)^2 \vec{e}_r + r\frac{\mathrm{d}^2\theta}{\mathrm{d}t^2} \vec{e}_\theta \tag{5.16}$$

となる。すなわち、円運動の加速度は二つあり、円の中心を向く $-r\left(\dfrac{\mathrm{d}\theta}{\mathrm{d}t}\right)^2 \vec{\mathrm{e}}_r$ と接線方向を向く $r\dfrac{\mathrm{d}^2\theta}{\mathrm{d}t^2}\vec{\mathrm{e}}_\theta$ である。前者を「**向心加速度**」と呼ぶ[†7]。角速度を ω で表す[†8]と、向心加速度は $-r\omega^2\vec{\mathrm{e}}_r$ となる。r も ω^2 も正で前にマイナス符号があるから、この加速度は必ず内側（r が減る方向）を向く。

円運動している時の速さは $v=r\omega$ となるので、向心加速度の大きさは $v\omega$ または $\dfrac{v^2}{r}$ とも書くことができる。速度の大きさが $r\omega$、加速度の大きさが $v\omega$ であることの意味は、右に描いたような図をみれば理解できるだろう。微小時間 $\mathrm{d}t$ の間に速度が $\omega\mathrm{d}t$ だけ回る。その速度の変化（速さの変化ではなく）は、半径 v で角度 $\omega\mathrm{d}t$ の扇形の弧の長さになる。

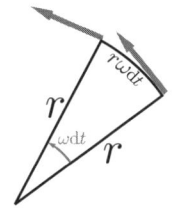

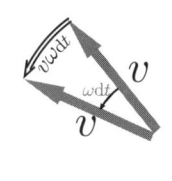

平面的な回転運動に関する以下のクイズを考えてみよう。

【確認クイズ5-1】 ....
地球と月という系を考える（その他の星についてはしばらく忘れよう）。月は地球を中心とした等速円運動を行なっているとしよう。
(1) 月は図の（あ）の方向に運動しているのだから、地球が月に及ぼす力もこの方向を向いていると考えていいだろうか？
(2)（そんなことは絶対に起こらないが）地球の引力がいきなり消失したとしよう。月は図の矢印のうち、どの方向に飛んでいくだろうか？
(3) 上の説明と図は厳密には間違っている。どの点で間違っているか？？

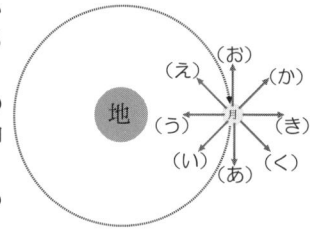

.................................自分なりの解答が準備できたらページをめくること。

[†7] 向心加速度に質量 m を掛けたもの $-mr\omega^2\vec{\mathrm{e}}_r$ を「向心力」と呼ぶことがあるが、この言葉は「重力」「垂直抗力」「張力」などの実在の力とは違い、「回転するためにはこの力が（なんらかの形で）必要だ」という意味であることに注意。つまり「向心力」は「こういう力がほしい」という要求である。「回転したら向心力が生まれる」という誤解がよくあるが、勝手に出てくるものではなく、実在の力（垂直抗力なり張力なり）によって要求が満たされねばならない。
[†8] この場合は角速度（単位時間あたりに $\vec{r}$ の回る角度）は単位時間あたりに $\vec{v}$ が回る角度に等しい。

(1)については、もちろんそんなことを考えてはいけない。力は加速度すなわち速度の変化方向を向くのだから、速度方向を向く場合もあるが、そうでない場合もある（今考えているのはまさに「そうでない場合である。実際には働く力は（う）の方向（つまり地球に引っ張られる方向）である。

ここで（あ）もしくは（い）の方向だと考える人が多いが、そう考えてしまう人は「運動しているということは力が必要」というアリストテレス的考え方から脱していない。あるいは、摩擦のある状況に慣れすぎているのかもしれない。しかし今考えているように真空の宇宙空間中を月が動いているという時に、摩擦を考える必要はないのである。

(2)については、力がなくなることは「速度が変化しなくなる」ことなので、（あ）の方向にまっすぐ飛んでいく。

ここで（き）や（く）と答える人が多い。「（う）の方向に働いていた力がなくなったから、逆向きの（き）に動くのでは？」という考えをする人である。あるいはそれにもともとの運動速度を加えて（く）と考える人もいる。しかし、（う）の方向の力は（力がなくなる前は）速度の向きを変えるという作用をしていたのであって、それに対抗する別の力によって打ち消されていたわけではないから「なくなったから逆に動く」なんてことはないのである。

また「遠心力が働くから」という答えをする人も多い。

遠心力は「ある立場に立った時にあるように見える、見かけの力」であって、そもそも力ではないし、今はその「ある立場」に立っていないので、遠心力の出番はない。

詳しいことは後でじっくり説明するが、今の段階では
→ p299

> 遠心力なんて力は存在しない（名前に「**力**」とついているが、実在する力ではない）

と思っていてよい（「遠心力」もまた、日常用語で誤用されることの多い言葉である）。

(3)については、運動の第三法則すなわち作用・反作用の法則を思い出してほしい。

ここではまだ万有引力の性質や円運動に関しては細かい説明をしていないが、その段階でも「地球は動かない」として考えていることには違和感を持
→ p306

たなくては（持てなくては）いけない。

月に地球へと向かう力が働いているのなら、同じ大きさの力が地球にも働いているはずであり、地球が「静止している」ことはありえない。実は地球の方も（月に比べると小さいけど）円運動をしている。動かない点（不動点）となっているのは地球と月の「重心」である。なぜ重心になるのかについては、後で考えよう。
→ p303

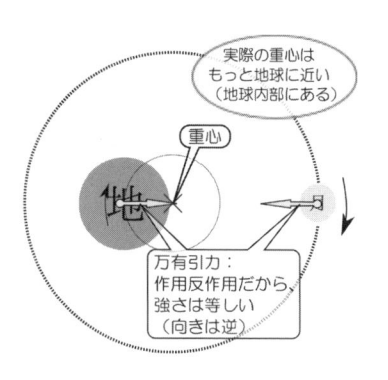

------ 練習問題 ------

【問い5-2】 実際の月の軌道は円ではなく楕円である。月が地球に近いところにいる時と、地球から遠いところにいる時では、どちらが速くなるかを、力と速度の絵を描いて説明せよ（厳密な計算などは必要ない。図で説明しよう）。
　この問題においては地球の運動については無視しておいても差し支えない。

ヒント → p381へ　解答 → p391へ

5.3.2 水平床上の円運動

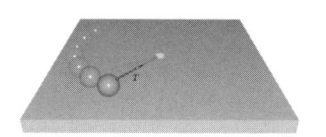

簡単な例として、糸に結び付けられた物体がなめらかな床上を回転運動しているところを考えよう。糸は床に空いた穴に通されている（穴の縁と糸の間もなめらかだとする）。上下方向には運動しないとして水平方向だけを考えれば、

$$-T\vec{e}_r = m\left(\left(\frac{d^2r}{dt^2} - r\left(\frac{d\theta}{dt}\right)^2\right)\vec{e}_r + \left(2\frac{dr}{dt}\frac{d\theta}{dt} + r\frac{d^2\theta}{dt^2}\right)\vec{e}_\theta\right) \quad (5.17)$$

という運動方程式が成立する。ただし、糸の張力の大きさをTとした。糸を固定してあれば$\frac{dr}{dt}$も$\frac{d^2r}{dt^2}$も0なので、

$$-T\vec{e}_r = m\left(-r\left(\frac{d\theta}{dt}\right)^2\vec{e}_r + r\frac{d^2\theta}{dt^2}\vec{e}_\theta\right) \quad (5.18)$$

という式になる。θ方向成分の式は$mr\frac{d^2\theta}{dt^2} = 0$なので、$\frac{d\theta}{dt} = \omega = $一定である。よって張力は$T = mr\omega^2$と決まる[†9]。

[†9] こういう時、「Tが向心力になる」という言い方をする。[†7]に書いたように、実在の力Tが「向心力がほしい」という要求を満たしたのである。
→ p167

糸の張力を今求めた $mr\omega^2$ より少しだけ大きくしてみる。すると (5.17) における $m\dfrac{d^2r}{dt^2}$ の項が負になる（つまり、r が小さくなり始める）。

(5.17)の θ 成分から $2\dfrac{dr}{dt}\dfrac{d\theta}{dt} + r\dfrac{d^2\theta}{dt^2} = 0$ であるから、$\dfrac{dr}{dt} < 0$ になると（今 $\dfrac{d\theta}{dt} > 0$ だとすれば）$r\dfrac{d^2\theta}{dt^2} > 0$ となる。これは $\dfrac{d\theta}{dt}$ が増加する（$\dfrac{d^2\theta}{dt^2} > 0$）ことを意味する。運動方程式の θ 成分は

$$2\dfrac{dr}{dt}\dfrac{d\theta}{dt} + r\dfrac{d^2\theta}{dt^2} = 0 \quad \rightarrow \quad \dfrac{1}{r}\dfrac{d}{dt}\left(r^2\dfrac{d\theta}{dt}\right) = 0 \tag{5.19}$$

と書きなおすことができて、これは $r^2\dfrac{d\theta}{dt}$ が一定であることを意味する[10]。

$r^2\dfrac{d\theta}{dt} = h$ と置こう（h は定数）。θ 方向の速度成分は $v_\theta = r\dfrac{d\theta}{dt} = \dfrac{h}{r}$ となり、r が小さくなると大きくなる。この関係は糸の張力 T を変化させても変わらない。よって T を強くすることで物体の円運動の半径を小さくすると、結果として物体はより速くなる。

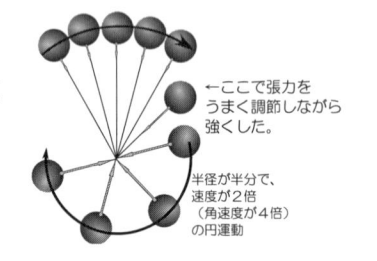

右に、糸の張力を調節して回転の半径を小さくする過程の模式図を示した。このように回転の半径を小さくすることで角速度や回転の速度が速くなる様子は、フィギュアスケートのスピンなどで見ることができる。

---------------- 練習問題 ----------------

【問い5-3】次の図の三つのジェットコースターで、もっとも安全なもの（頂点で落ちる危険がもっとも小さいもの）はどれか？

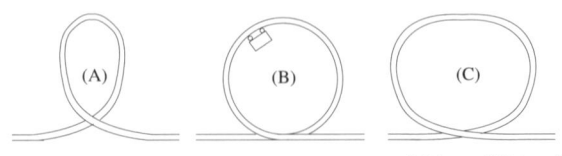

ヒント → p381 へ　　解答 → p391 へ

---

[10] これは後で角運動量の保存則という形でまとめられるのだが、このような「保存則」は運動方程式
→ p230
を真面目に解けば自然に出てくるものである。

5.3.3 振り子の運動

　長さ ℓ の糸で質量 m の物体をつるした振り子を考えよう。糸の物体にくくりつけられていない方の端が原点（$r = 0$）に固定されていると考えて、この点を中心に極座標を取り、真下が $\theta = 0$ であるとする。糸がたるんだりすることを考えなければ、物体は常に原点から ℓ のところにいるから、$r = \ell$ で $\dfrac{\mathrm{d}r}{\mathrm{d}t} = 0$ と考えてよい。そう考えると、極座標で書いた振り子の運動方程式は

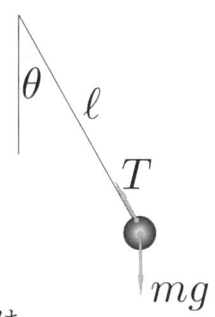

$$-m\ell\left(\frac{\mathrm{d}\theta}{\mathrm{d}t}\right)^2 = -T + mg\cos\theta \tag{5.20}$$

$$m\ell\frac{\mathrm{d}^2\theta}{\mathrm{d}t^2} = -mg\sin\theta \tag{5.21}$$

となる。(5.20)は二階微分を含んでいないから、運動方程式というよりは「張力 T を求める式」である。(5.21)の方を解こう。

　(5.21)は左辺は時間微分で右辺は θ の関数となっている。こういう場合、「両辺を時間積分」しようとしても（右辺が t の関数ではないから）うまくいかない。そこでひとつの方法として、「t 積分を θ 積分に変える」ような操作が必要になる。具体的にはどうするかというと、まず θ 積分した式を書くと

$$m\ell\int\frac{\mathrm{d}^2\theta}{\mathrm{d}t^2}\,\mathrm{d}\theta = -mg\int\sin\theta\,\mathrm{d}\theta \tag{5.22}$$

だが、右辺は積分できそうだが、左辺は「時間微分した後 θ で積分」なので、簡単にはできない。そこで積分変数を置換して（つまり $\mathrm{d}\theta = \dfrac{\mathrm{d}\theta}{\mathrm{d}t}\mathrm{d}t$ として）、

$$m\ell\int\frac{\mathrm{d}^2\theta}{\mathrm{d}t^2}\frac{\mathrm{d}\theta}{\mathrm{d}t}\,\mathrm{d}t = -mg\int\sin\theta\,\mathrm{d}\theta \tag{5.23}$$

とすると、

$$\frac{\mathrm{d}^2\theta}{\mathrm{d}t^2}\frac{\mathrm{d}\theta}{\mathrm{d}t} = \frac{\mathrm{d}}{\mathrm{d}t}\left(\frac{1}{2}\left(\frac{\mathrm{d}\theta}{\mathrm{d}t}\right)^2\right) \tag{5.24}$$

を使って積分が実行できて、

$$\frac{1}{2}m\ell\left(\frac{\mathrm{d}\theta}{\mathrm{d}t}\right)^2 = mg\cos\theta + C \tag{5.25}$$

という式を得る。最高点 $\theta = \theta_0$ で $\dfrac{d\theta}{dt} = 0$ という初期条件を置くと、$C = -mg\cos\theta_0$ となる。

$$\frac{1}{2}m\ell\left(\frac{d\theta}{dt}\right)^2 = mg(\cos\theta - \cos\theta_0)$$

$$\left(\frac{d\theta}{dt}\right)^2 = \frac{2g}{\ell}(\cos\theta - \cos\theta_0) \qquad (5.26)$$

$$\frac{d\theta}{dt} = \pm\sqrt{\frac{2g}{\ell}(\cos\theta - \cos\theta_0)}$$

$\left(\dfrac{1}{2}m\ell\text{で割る}\right)$

(両辺の平方根を取る)

というところまでは比較的容易に計算できる。しかしこの後の計算はたいへん面倒で、これまでのような初等的な積分を繰り返すという方法では解けない $\left(\displaystyle\int \dfrac{d\theta}{\sqrt{\cos\theta - \cos\theta_0}}\text{という積分が容易ではない}\right)$。そこでここでは、この積分からどこまでが言えるか、という点を確認しておこう。(5.21)に近似を使って計算することもできるが、それは9.3.2節で実行する。

まずすぐにわかることは「ルートの中が0になるところで物体が（いったん）静止する」ことから、$\cos\theta \geq \cos\theta_0$ でなくてはならないことである。これはつまり「最初の位置より高いところにはいかない」という（ある意味）あたりまえのことが示された[†11]。

練習問題

【問い5-4】 この節で考えた振り子の糸の張力 T を求めよ。この物体が人であり、ロープに掴まって $\theta = \dfrac{\pi}{3}$ で初速度0で運動し始めたとして、最下点でこの人がロープを引っ張る力は、自分の体重を支えるのに必要な力 mg の何倍か。

ヒント → p381 へ　解答 → p391 へ

【問い5-5】 この節で考えた振り子のおもりに、最下点 $\theta = 0$ において水平な初速度 v_0 を与えたとする。おもりが $\theta = \pi$ に達する条件を求めよ。達するためには、糸の張力 T が負になってはいけない（そうなると、糸がたるむ）。

ヒント → p381 へ　解答 → p391 へ

[†11] これについても、エネルギー保存の話をした後で考えなおそう。
→ p225

5.3.4 3次元の座標 ++++++++++++++++++++++++++ 【補足】

> 一応ここでまとめておくが、3次元座標を使っての問題は少し後になってから考える。とりあえず飛ばしておいて必要になってから戻ってもよい。

3次元の運動方程式も $\vec{F} = m\dfrac{d\vec{v}}{dt}$ であることにはなんの代わりもなく、直交座標系であれば、

$$F_x = m\frac{dv_x}{dt}, \quad F_y = m\frac{dv_y}{dt}, \quad F_z = m\frac{dv_z}{dt} \tag{5.27}$$

の三つに分けて考えられる。つまり、直交座標系の三つの方向それぞれについて、独立に運動方程式が成立する。右辺の加速度が独立なのは座標 x, y, z が独立であるからである。一方、力が独立な成分 F_x, F_y, F_z に分解できるのは、力という物理量が（ありがたいことに）そういう性質を持ってくれているからである、ということは2.3.3節の最後でも述べた。座標、その微分である速度、さらにその微分である加速度もまた、ベクトルとして足し算・分解のできる量である。それぞれ、
→ p49

$$\text{位置ベクトル：} \vec{x} = x\vec{e}_x + y\vec{e}_y + z\vec{e}_z \tag{5.28}$$

$$\text{速度ベクトル：} \vec{v} = \frac{dx}{dt}\vec{e}_x + \frac{dy}{dt}\vec{e}_y + \frac{dz}{dt}\vec{e}_z \tag{5.29}$$

$$\text{加速度ベクトル：} \vec{a} = \frac{d^2x}{dt^2}\vec{e}_x + \frac{d^2y}{dt^2}\vec{e}_y + \frac{d^2z}{dt^2}\vec{e}_z \tag{5.30}$$

と表される。このように簡単なのは、$\vec{e}_x, \vec{e}_y, \vec{e}_z$ が場所によらず常に同じ方向を向いているからだが、この後の極座標・円筒座標ではそうはいかない[†12]。

極座標での位置ベクトルと速度・加速度ベクトルは

$$\vec{x} = r\vec{e}_r \tag{5.31}$$

$$\vec{v} = \dot{r}\vec{e}_r + r\dot{\theta}\vec{e}_\theta + r\sin\theta\dot{\phi}\vec{e}_\phi \tag{5.32}$$

$$\vec{a} = \left(\ddot{r} - r(\dot{\theta})^2 - r\sin^2\theta(\dot{\phi})^2\right)\vec{e}_r + \left(r\ddot{\theta} + 2\dot{r}\dot{\theta} - r\sin\theta\cos\theta(\dot{\phi})^2\right)\vec{e}_\theta$$
$$+ \left(r\sin\theta\ddot{\phi} + 2\sin\theta\dot{r}\dot{\phi} + 2r\cos\theta\dot{\theta}\dot{\phi}\right)\vec{e}_\phi \tag{5.33}$$

のように計算できる（ここでは $\dfrac{d}{dt}$ を使って書いていると式が長くなるので、$\cdot$ を使った表記を使った）。

------------------------------練習問題------------------------------

【問い5-6】 速度・加速度ベクトルの式 (5.32), (5.33) を確認せよ。

ヒント → p381 へ　解答 → p392 へ

[†12] さらに、ずっと後になってやる「非慣性系」では、直交座標であっても簡単にはいかない。
→ p295

円筒座標では位置ベクトル、速度ベクトル、加速度ベクトルは以下の通り。

$$\vec{x} = \rho\,\vec{e}_\rho + z\,\vec{e}_z \tag{5.34}$$

$$\vec{v} = \dot{\rho}\,\vec{e}_\rho + \rho\dot{\phi}\,\vec{e}_\phi + \dot{z}\,\vec{e}_z \tag{5.35}$$

$$\vec{a} = \left(\ddot{\rho} - \rho(\dot{\phi})^2\right)\vec{e}_\rho + \left(\rho\ddot{\phi} + 2\dot{\rho}\dot{\phi}\right)\vec{e}_\phi + \ddot{z}\,\vec{e}_z \tag{5.36}$$

---------------------------------練習問題---------------------------------

【問い5-7】 速度・加速度ベクトルの式 (5.35),(5.36) を確認せよ。

ヒント → p381 へ　解答 → p392 へ

✚✚✚✚✚✚✚✚✚✚✚✚✚✚✚✚✚✚✚✚✚✚✚✚✚✚✚✚✚✚✚✚【補足終わり】

章末演習問題

★【演習問題5-1】
　なめらかな表面を持つ半径 R の球の頂点に質量 m の質点があり、初速度 v_0 を x 軸方向に持っていた。この質点は最初球の表面に沿って落ちていったが、やがて球面から離れ空中に飛び出した。運動方程式を立て、物体はどこで球面から離れるかを調べよ。3次元極座標を使ってもよいが、どうせ運動は z-x 面だけで起こると考えれば、2次元極座標で考えてもよい。

ヒント → p4w へ　解答 → p14w へ

★【演習問題5-2】
　水面に浮かぶボートを崖の上からロープで引っ張っている。ボートには、重力、水からの浮力、速度に比例する水平な抵抗力が働いているとする。図のように、ロープが水平となす角を θ としよう。

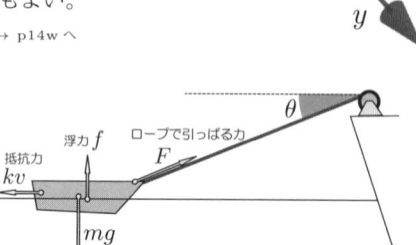

(1) 一定速度で動かすために必要な力を求めよ。この力はボートが崖に近づくと大きくなるか、小さくなるか？
(2) ボートを一定速度 v で動かすためには、ロープを単位時間にどれだけの長さたぐればよいか。
(3) θ がある角度より大きくなると、ボートに水平運動をさせることができなくなる。その角度を求めよ。

ヒント → p5w へ　解答 → p14w へ

第 6 章

保存則 その1
——運動量

この章では、運動量という量を定義して、その保存則を導く。

6.1 保存則——微分方程式から、積分形の法則へ

運動方程式は、微分方程式 $\vec{F} = m\dfrac{\mathrm{d}\vec{v}}{\mathrm{d}t}$ で表される。この式は「ある時刻での力と、同じ時刻での加速度の関係」を表している。つまり「ある瞬間において成り立つ式」である[†1]。

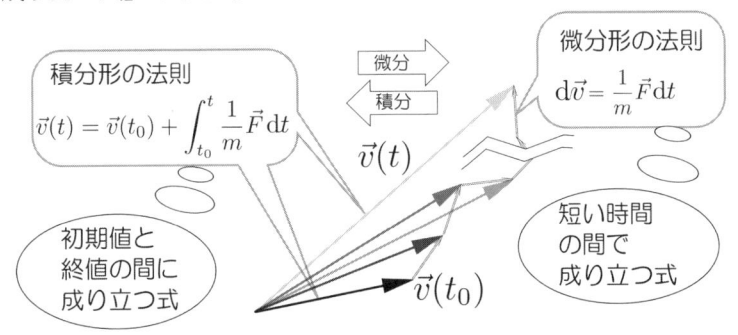

積分形の法則
$\vec{v}(t) = \vec{v}(t_0) + \displaystyle\int_{t_0}^{t} \dfrac{1}{m}\vec{F}\,\mathrm{d}t$

微分 / 積分

微分形の法則
$\mathrm{d}\vec{v} = \dfrac{1}{m}\vec{F}\,\mathrm{d}t$

初期値と終値の間に成り立つ式

短い時間の間で成り立つ式

$\vec{v}(t)$

$\vec{v}(t_0)$

少し書きなおして $\mathrm{d}\vec{v} = \dfrac{1}{m}\vec{F}\,\mathrm{d}t$ として、これを時間積分することで、「初速度 $\vec{v}(t_0)$」と「現在の速度 $\vec{v}(t)$」の関係を導けることを示したのが上の図である。

[†1] 厳密に言うと、$\dfrac{\mathrm{d}\vec{v}}{\mathrm{d}t}$ というのは「微小時間 $\mathrm{d}t$ の間の速度の微小変化 $\mathrm{d}\vec{v}$」で決まる量なので、「ある瞬間」ではなく「$\mathrm{d}t$ という時間間隔」で定義されているが、$\mathrm{d}t \to 0$ とするのだから「瞬間」だと思ってもまぁよかろう。

これまで行なってきたように、「運動方程式を解く」というのはこのように微分方程式を積分していくことであるが、結局のところ毎回毎回積分しているのならば、最初から「**運動方程式を積分した法則**」を作っておけばいいのではないか？――というのが「積分形の法則」の考え方である。この積分は定積分で行うので、瞬間（あるいは「dt という微小な時間間隔」）で定義されていた法則（微分形の法則）が「ある時間間隔（t_0 から t）の両端（最初と最後）」で定義された法則（積分形の法則）に変わる。

微分方程式で表現される物理法則は運動方程式以外にもいろいろあり、他の方程式でもこの考え方は使える（もちろん逆に、積分形の法則を見つけておいてそれを微分形に直す、ということもある）。

こうやってできあがった積分形の法則はしばしば、ある物理量が時間変化しない、という結果を出す。このような形の物理法則を「保存則」と呼ぶ。ここからの3章では力学における「保存則」のもっとも単純な例を示そう。

この章では時間積分する（$\int dt$）のだが、他にも積分のやり方はある（時間積分ではなく空間で積分したり、積分する前に何かを掛けたり）。次の章より後でまた別の積分、別の保存則を考えていく。

6.2　力積と運動量

運動方程式 $\vec{F} = m\dfrac{d\vec{v}}{dt}$ の右辺に質量 m があるが、この m は定数である[†2]から、

$$\vec{F} = \frac{d}{dt}(m\vec{v}) \tag{6.1}$$

と書くことができる。この $m\vec{v}$ を $\vec{p}$ と書いて「**運動量**」（うんどうりょう）と呼ぶことにしよう[†3]。

運動量 $\vec{p}$ を使うと、

$$\vec{F} = \frac{d\vec{p}}{dt} \quad \text{または} \quad \vec{F}\,dt = d\vec{p} \tag{6.2}$$

[†2] 「相対論的力学では m は定数ではないのでは」ということを気にする人がいるかもしれないが、それは本書の範囲外である。

[†3] 運動量に文字 p を使うのは、ニュートンが運動量を「impetus」と書いたからだそうである。i でも m でもなく3文字目なのは、i も m も他の意味で使われているから。現代では運動量は英語で「momentum」と呼ぶ。この単語は「動き」を意味するラテン語から来ているのだが、ややこしいことには「力のモーメント」のモーメントと語源が同じだったりする（現在使われている意味は全く違うのに）。momentum の複数形は momentums ではなく、momenta である。

6.2 力積と運動量

という形で運動方程式を書くことができる。右に書いた $\vec{F}\,\mathrm{d}t = \mathrm{d}\vec{p}$ は微小時間（$\mathrm{d}t$）における運動量の微小変化（$\mathrm{d}\vec{p}$）の満たすべき式であり、両辺ともに一次の微小量である[†4]。

$\vec{F}\,\mathrm{d}t = \mathrm{d}\vec{p}$ を積分して積分形の法則に直すと、

$$\int_{t_0}^{t_1} \vec{F}\,\mathrm{d}t = \vec{p}\,\big|_{t=t_1} - \vec{p}\,\big|_{t=t_0} \tag{6.3}$$

という結果が出る[†5]。右辺は $\displaystyle\int_{t=t_0}^{t=t_1} \frac{\mathrm{d}\vec{p}}{\mathrm{d}t}\,\mathrm{d}t$ という積分の結果で「$\vec{p}$ を微分してから積分する」ので元にもどり、両端（$t=t_0$ と $t=t_1$）での値が残っている。

> **【FAQ】元に戻るなら $\vec{p}$ になるのでは？**
>
> 不定積分なら、そうなる。正確には、不定積分なら $\displaystyle\int \vec{F}\,\mathrm{d}t = \vec{p} + \vec{C}$（$\vec{C}$ は積分定数のベクトル）になる。ここで行なった積分は定積分なので、結果は「積分の両端での差」になる。ここで定積分を行なった理由は、時刻 t_0 から時刻 t_1 までの間に力を及ぼした、という状況を考えての計算だからである。
> → p339

この「力を時間積分したもの $\left(\displaystyle\int_{t_0}^{t_1} \vec{F}\,\mathrm{d}t\right)$ を「**力積**(りきせき)」と呼ぶ。もし力が一定なら、力積は単なる掛算 $\vec{F}(t_1 - t_0)$ になる。積分する前の $\vec{F}\,\mathrm{d}t$ は「微小時間内の力積」である。式 (6.3) は「力積は運動量の変化に等しい」ことを表現した式である[†6]。

式に含まれている物理的内容は、$\vec{F} = \dfrac{\mathrm{d}\vec{p}}{\mathrm{d}t}$ と $\displaystyle\int_{t_0}^{t_1} \vec{F}\,\mathrm{d}t = \vec{p}\,\big|_{t=t_1} - \vec{p}\,\big|_{t=t_0}$ でなんらかわりはない。前者はある時刻一瞬の物理現象を表しているのに比べ、後者は t_0 から t_1 までという時間間隔の物理現象を表している。

物理的内容に違いがないのなら積分形の法則を出す必要はどこにあるのであろうか？——積分形の法則の大きな威力は、次の節で導く保存則を考える時に発揮されるのである。

[†4] だから、この式は極限として定義されているのだ…ということはそろそろ注意しなくてもいいだろうか。

[†5] $\vec{p}\,\big|_{t=t_1}$ は「時刻 t が t_1 の時の $\vec{p}$ の値」を表す。

[†6] (6.3) までいかなくても、$\vec{F}\,\mathrm{d}t = \mathrm{d}\vec{p}$ を見ただけで「力積は運動量の変化に等しい」と読み取ってほしい。

6.3 複合系の運動量の保存

―― 運動量保存の法則 ――
系が外部から力を受けない時、その系の持つ運動量の総和は時間的に変化しない。

を導くことができる（以下で示す）。これは質点一個の話なら「$\vec{F} = m\dfrac{d\vec{v}}{dt}$ で $\vec{F} = 0$ だから $\dfrac{d\vec{v}}{dt} = 0$」とあたりまえのことであるが、質点が二個以上あって互いに力を及ぼしている場合（複合系の場合）でも成り立つ。そのためには、作用・反作用の法則と運動の法則（運動方程式）を組み合わせる必要がある。

6.3.1 外力が働かない場合の運動量の変化

下の図のように考えると、「運動方程式の足し算」をすることで、内力が消えてしまって、$m_1\vec{v}_1 + m_2\vec{v}_2$ の時間微分が 0 になることがわかる。

$$\vec{F}_{2\to 1} = \frac{d(m_1\vec{v}_1)}{dt}$$
$$+\ \vec{F}_{1\to 2} = \frac{d(m_2\vec{v}_2)}{dt}$$

作用・反作用の法則より
$$\vec{F}_{1\to 2} = -\vec{F}_{2\to 1}$$

$$0 = \frac{d}{dt}(m_1\vec{v}_1 + m_2\vec{v}_2)$$

より一般的に N 個の質点（各々の質量を $m_1, m_2, \cdots, m_N$ とする）が速度 $\vec{v}_1, \vec{v}_2, \cdots, \vec{v}_N$ を持ち、力 $\vec{F}_{i\to j}$（i, j には重複しない 1 から N までの数字が入る）を及ぼしあっているとしよう。その時各物体の運動方程式は、

$$\begin{aligned}
\vec{F}_{2\to 1} + \vec{F}_{3\to 1} + \cdots + \vec{F}_{N-1\to 1} + \vec{F}_{N\to 1} &= \frac{d}{dt}(m_1\vec{v}_1) \\
\vec{F}_{1\to 2} + \phantom{\vec{F}_{2\to 1} +} \vec{F}_{3\to 2} + \cdots + \vec{F}_{N-1\to 2} + \vec{F}_{N\to 2} &= \frac{d}{dt}(m_2\vec{v}_2) \\
\vdots \vdots& \\
\vec{F}_{1\to N} + \vec{F}_{2\to N} + \vec{F}_{3\to N} + \cdots + \vec{F}_{N-1\to N} &= \frac{d}{dt}(m_N\vec{v}_N)
\end{aligned} \quad (6.4)$$

という式（$\vec{F}_{i\to i}$ のような「自分で自分を押す／引く力」はないことに注意）になる。以上の式を一般的な式で表すと、

6.3 複合系の運動量の保存

$$\sum_{\substack{i=1\\i\neq j}}^{N}\vec{F}_{i\to j}=\frac{\mathrm{d}}{\mathrm{d}t}(m_j\vec{v}_j) \tag{6.5}$$

という式になる。$F_{i\to i}$のような項がないことを反映して、左辺の和記号$\sum_{\substack{i=1\\i\neq j}}^{N}$は「$i=j$は除いて$i=1$から$i=N$まで足し算」という意味である。

この式のjをさらに$j=1$から$j=N$まで足し上げると、

$$\sum_{j=1}^{N}\sum_{\substack{i=1\\i\neq j}}^{N}\vec{F}_{i\to j}=\sum_{j=1}^{N}\frac{\mathrm{d}}{\mathrm{d}t}(m_j\vec{v}_j) \tag{6.6}$$

という式になるわけだが、この式の左辺は0である。それは（例によって作用・反作用の法則のおかげで）$\vec{F}_{i\to j}=-\vec{F}_{j\to i}$が成立するため、左辺の和を取る時に必ず足して0となる組み合わせが現れるからである。

こうして、複数個の物体に対しても（外力を受けないなら）運動量保存則

$$\frac{\mathrm{d}}{\mathrm{d}t}\left(\sum_{j=1}^{N}m_j\vec{v}_j\right)=0 \tag{6.7}$$

が成立する。さらにこの法則を積分形に持っていくことで、

$$\left.\sum_{j=1}^{N}m_j\vec{v}_j\right|_{t_1}-\left.\sum_{j=1}^{N}m_j\vec{v}_j\right|_{t_0}=0 \quad\to\quad \left.\sum_{j=1}^{N}m_j\vec{v}_j\right|_{t_1}=\left.\sum_{j=1}^{N}m_j\vec{v}_j\right|_{t_0} \tag{6.8}$$

という式が作られる（右の式は「時刻t_0での運動量の総和と時刻t_1での運動量の総和が等しい」という形になっていて、より「保存則」らしい）。

運動量保存則は「運動方程式＋作用・反作用の法則」であるから、物理として新しいことが出てきたわけではない。しかし運動量保存則は非常に有用である。というのは、保存則があることで、「途中経過を考えず、前後の状態だけを見ることで何かを求めることができる」からである。

例えば、「真空で無重力の宇宙で、静止していた体重Mの宇宙飛行士が質量mのボールを速度vで投げた。宇宙飛行士はどれだけの速度を持つことになるか？」という問題を考えるとき、運動量保存則を知らない人は、「宇宙飛行士がボールに及ぼした力を$\vec{F}(t)$とすれば宇宙飛行士にはボールから$-\vec{F}(t)$の力が働くから運動方程式を立てて〜」のように計算を行なうことになるが、

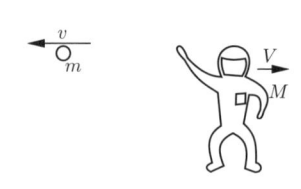

運動量保存則を考えるなら、途中に何が起こったのかはすっとばして、

$$0 = mv - MV \qquad (6.9)$$

のように運動量保存則（最初はどっちも止まっていたから運動量は0、投げた後はそれぞれ左向きを正として $mv, -MV$ の運動量を持つ）の式を立てればすぐに宇宙飛行士の速度が $V = \dfrac{mv}{M}$ とわかる（ただしここでは宇宙飛行士もボールも質点と考えている）。この「途中をすっとばして」ができるのが保存則のありがたいところである。

---------------------------- **練習問題** ----------------------------

【問い6-1】「鉄1kgと綿1kgはどっちが重い？」という質問がある（答えはもちろん「同じ」）。では「ぶつかってきたら痛いのはどっち？」ならどうだろう？——やはり「同じ」か、それとも鉄のほうが痛いか？
　直感によれば答は明らかであるが、物理的考察とともに答えよ。

ヒント → p382へ　　解答 → p392へ

6.3.2　衝突とはね返り係数

保存則が威力を発揮する例として、二個の物体が衝突する状況を考えよう。衝突の際に互いの間に働く力はかなりややこしい式で表現されているものであり、これを積分するのは容易ではない。

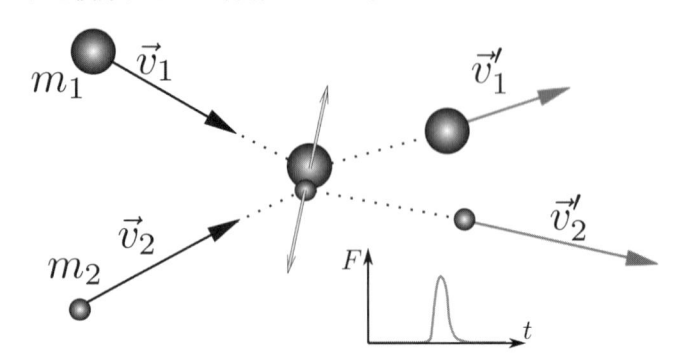

実際、衝突の時に働く力Fは、時間の関数であって一様ではない（上の図

6.3 複合系の運動量の保存

中のグラフのように瞬間的に大きな力が働いていて、その関数形は既知ではない)ので、その力積 $\int \vec{F} \mathrm{d}t$ を計算するのも容易ではない。

だがここで積分形の法則である運動量保存則を使うと「途中でどんな力が働いたのか？」を全く考えることなく、最初と最後の運動量に関する式

$$m_1\vec{v}_1 + m_2\vec{v}_2 = m_1\vec{v}_1' + m_2\vec{v}_2' \tag{6.10}$$

を得ることができる。

二つの物体が力を及ぼし合っている時（そして、それ以外の外力がない時）、二つの運動量が増減する。しかし全運動量は保存している。ということは、この二つの物体の間で「運動量の受け渡し」が行われていると考えることもできる。つまり

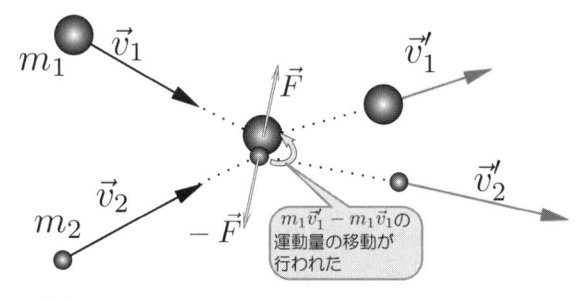

$$m_1\vec{v}_1' = m_1\vec{v}_1 + \int \vec{F} \mathrm{d}t \tag{6.11}$$

$$m_2\vec{v}_2' = m_2\vec{v}_2 - \int \vec{F} \mathrm{d}t \tag{6.12}$$

の $\int \vec{F} \mathrm{d}t$ を「m_2 から m_1 に渡された運動量」と考えるのである。m_1 は渡された側なので＋で、m_2 は渡した側なので－に寄与する（二つの式で力積の符号が違うのは $\vec{F}$ が m_1 に働いた力であり、作用反作用の法則により m_2 に働いた力は $-\vec{F}$ だからだ、とも言える）。

運動量保存則(6.10)を、

$$m_1(\vec{v}_1' - \vec{v}_1) = -m_2(\vec{v}_2' - \vec{v}_2) \tag{6.13}$$

と書くと「m_1 の運動量変化は、m_2 の運動量変化の逆である（運動量が移動した）」ことを強調した書き方になる。

例えばここで考えた衝突において、最初の速度 $\vec{v}_1$ と $\vec{v}_2$ がわかっていて、衝突後の速度 $\vec{v}_1', \vec{v}_2'$ を知りたいとしよう。この場合、未知数は6つである（速度は3次元ベクトルなので、$\vec{v}_1', \vec{v}_2'$ は 2×3 の6個の変数）。

もし力積が計算可能なものであれば、(6.11) と (6.12) という2組（ベクトルの式であるから、式の数としては $2 \times 3 = 6$ 本）の式という情報を得ることができる。

しかし、力積が計算可能でない場合には(6.10)（式の数としては3本）しか使えないから、保存則だけでは情報が不足する。必要な答を得るためには、その他の条件を使っていくことが必要になることが多いだろう。

「その他の条件」としてまず「衝突の際に働く力に垂直な方向の運動量は変化しない」ことが使える。これはもちろん、衝突の際に働いた力の向きがわかってないと使えない条件である。例えば**摩擦のない面**であれば、衝突した時の接触面（以下、「衝突面」と呼ぼう）に平行な方向には力が働かない。

衝突の時の条件としてよく使われるのが「はね返り係数」という量で、

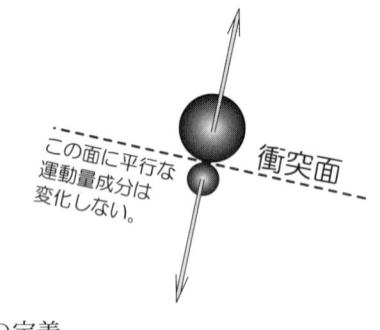

---- はね返り係数の定義 ----

$$（はね返り係数）= \frac{|衝突後の相対速度の衝突面に垂直な成分|}{|衝突前の相対速度の衝突面に垂直な成分|}$$

で定義される。この量は「衝突する物体の様子（材質や形状等）だけで決まる」と言われることが多いのだが、実はその法則は常に成り立つわけではない[7]。

はね返り係数は0以上1以下の数字になる。1の時を「**弾性衝突**」、0の時を「**完全非弾性衝突**」と呼ぶ。後で説明するが、$e = 1$ というのはエネルギーとの関係からも特別な状況である（なぜ最大値が1なのかもそこで説明しよう）。

簡単な1次元衝突の場合で計算をしておこう。3次元衝突で衝突面に摩擦がない場合は、衝突面に垂直な成分についてここで行う計算と同じ計算を行えばよい。衝突面に平行な方向については各々の運動量が変化しないとして

---

[7] 後で、非常に単純なモデルではこうなることを示すが、これはほんとに「単純なモデル」だからであって、現実にはこの係数は衝突速度に依存する。あくまで「特別な場合でのみ成り立つ近似」として使うべきものである。

6.3 複合系の運動量の保存

計算する。

運動量保存則は

$$m_1 v_1 + m_2 v_2 = m_1 v_1' + m_2 v_2' \quad (6.14)$$

である。ここでは図のように $v_1 > v_2$ で $v_2' > v_1'$ の状況を考えたので、e の式は

$$e = \frac{v_2' - v_1'}{v_1 - v_2} \quad (6.15)$$

となり、この二式を連立させて解く（1次元では未知数は v_1', v_2' で式も二つなので、はね返り係数 e がわかっているなら、解ける）。

まず上の式から $v_2' = v_1' + e(v_1 - v_2)$ とわかるからこれを、(6.14) に代入して、

$$m_1 v_1 + m_2 v_2 = m_1 v_1' + m_2 \left(v_1' + e(v_1 - v_2)\right)$$
$$m_1 v_1 + m_2 v_2 = (m_1 + m_2) v_1' + e m_2 (v_1 - v_2) \quad (6.16)$$
$$(m_1 - e m_2) v_1 + (1 + e) m_2 v_2 = (m_1 + m_2) v_1'$$

のように計算して、

$$v_1' = \frac{(m_1 - e m_2) v_1 + (1 + e) m_2 v_2}{m_1 + m_2}, v_2' = \frac{(1 + e) m_1 v_1 + (m_2 - e m_1) v_2}{m_1 + m_2} \quad (6.17)$$

となる（v_2' の方も同様の計算だが、「(6.14) も (6.15) も $1 \leftrightarrow 2$ という取り換えで対称だから、答も対称だろう」という予想を立てると計算を省略できる）。

$e = 0$ が「一体化した」場合で、その時は

$$v_1' = v_2' = \frac{m_1 v_1 + m_2 v_2}{m_1 + m_2} \quad (6.18)$$

になる[†8]。$e = 1$ の時は

$$v_1' = \frac{(m_1 - m_2) v_1 + 2 m_2 v_2}{m_1 + m_2}, v_2' = \frac{2 m_1 v_1 + (m_2 - m_1) v_2}{m_1 + m_2} \quad (6.19)$$

である。$m_1 = m_2$ の時は $v_1' = v_2, v_2' = v_1$ と速度がちょうど入れ替わる。

[†8] 後で重心について考えるが、(6.18) はつまり、衝突前の重心の速度がそのまま衝突後の速度になっているということである。
→ p186

6.3.3 摩擦力は運動量保存則の適用外か？ ╋╋╋╋╋╋╋╋╋【補足】

4.6.1節で考えたような「動摩擦力が働いて動いていた物体が静止する」という
→ p140
過程を考えると、「こういう時、運動量保存則は成立しないのだな」と思ってしまう人もいるかもしれない。しかし運動量保存則は「運動方程式（第二法則）」と「作用・反作用の法則（第三法則）」の二つから導かれたものなのだから、成立しないということは（ニュートン力学が成立しないという恐るべき事態に陥らない限り）ありえない。つまり、「摩擦があると運動量保存則が成立しない」という考え方は誤りである。どこを誤ったのだろう？？

運動量保存則が出てきた過程をもう一度見なおしてみよう。そこで「作用・反作用の法則」が重要な役割を果たしたことを忘れてはいけない。動摩擦力にも反作用があることを思い出してほしい。物体にかかる摩擦力は物体の運動量を変化させるが、その反作用（床にかかる摩擦力）は床の運動量を変化させる。人が床を蹴り走り出すと、床（そして、床につながっている物体すべて）が後ろに下がるのである。

「そんなものを見たことはない」と思うかもしれないが、たいていの場合「床につながっている物体」とはつまり地球全体である。地球全体の質量の大きさ（6.0×10^{24} kg）を考えると、その加速度は絶望的なまでに小さい。つまり、下がっていたとしても観測などとてもできないのである。観測できないがゆえに、我々は地球を「静止しているもの」と思い込んでしまう。その思い込みに間違いがあった。

------------練習問題------------

【問い6-2】この節を読んだ人が次のように考えた。これは正しいか？

> 物体を地面との摩擦で静止させると、少しだけだが地球を動かすことができるのか。じゃあ今日から毎日、地面の上で東向きに物を動かして、摩擦で止めよう。ずっとやっていれば、地球はこの方向に動くはずだ。

なお、「地球は自転・公転しているから、"東"の方向は一定ではない」というのは、ここで考えるべき問題とは関係ない話であるので、とりあえず地球は自転・公転せずに宇宙に静止しているものと考えること。　ヒント→p382へ　解答→p392へ

╋╋╋╋╋╋╋╋╋╋╋╋╋╋╋╋╋╋╋╋╋╋╋╋╋╋╋╋╋╋╋【補足終わり】

6.4 重心とその運動

6.4.1 外力がある場合の運動量変化

6.3.1節では外力がない場合を考えたが、外力があるならば外力の部分は消
→ p178
されずに残る。そのような場合の計算は、(6.5) の左辺に $\vec{F}_{外\to j}$（外部から j
→ p179

番目の物体への力）が加わり、

$$\vec{F}_{外\to j} + \sum_{\substack{i=1 \\ i\neq j}}^{N} \vec{F}_{i\to j} = \frac{\mathrm{d}}{\mathrm{d}t}(m_j \vec{v}_j) \tag{6.20}$$

になると思えばよい。

以後の計算は同じように行なえば、$\vec{F}_{i\to j}$ の項が足し上げによって消えるのは同様なので、

---── 外力と運動量変化 ──---

系の運動量の総和の時間微分は、系が受ける外力の和に等しい。

$$\sum_{j=1}^{N} \vec{F}_{外\to j} = \sum_{j=1}^{N} \frac{\mathrm{d}}{\mathrm{d}t}(m_j \vec{v}_j) \tag{6.21}$$

という法則が成り立つ。

この法則は、右の図のように複数の物体を一個の物体と考えることにした時は、内力のことは忘れて外力だけが働くとして計算してもよい、ということを保証する。

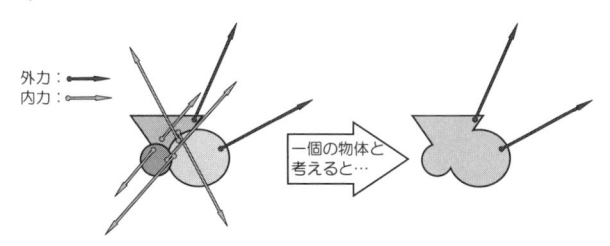

内力が消えるということは、運動方程式を立てる時に「複合物体の質量は足し算できる（質量の相加性）」が使えることを保証している。(6.21) では、複数の物体の位置 $\vec{x}_j$ が違う場合で考えたが、全体が一体となって運動していて、各々の速度 $\frac{\mathrm{d}\vec{x}_j}{\mathrm{d}t}$ が等しい（同じ速度で運動する）のならば、添字を取ってすべて $\frac{\mathrm{d}\vec{x}}{\mathrm{d}t}$ と書くことにしよう。そうすれば、

$$\sum_{j=1}^{N} \vec{F}_{外\to j} = \underbrace{\sum_{j=1}^{N} m_j}_{M} \frac{\mathrm{d}}{\mathrm{d}t}\left(\frac{\mathrm{d}\vec{x}}{\mathrm{d}t}\right) \tag{6.22}$$

となる。つまり、複数の物体（各々の質量が m_j）が一体となって動く時の質

量は $M = \sum_{j=1}^{N} m_j$ と、足し算で書ける。こうして慣性質量が相加性を持つことが確認できた。

外力が $\frac{\mathrm{d}}{\mathrm{d}t}$ (なにか) の形に書ける場合、運動方程式は

$$\frac{\mathrm{d}}{\mathrm{d}t}\left(\sum_{j=1}^{N} m_j \frac{\mathrm{d}\vec{x}_j}{\mathrm{d}t}\right) = \frac{\mathrm{d}}{\mathrm{d}t}(なにか) \tag{6.23}$$

になるので、これを積分すると

$$\sum_{j=1}^{N} m_j \frac{\mathrm{d}\vec{x}_j}{\mathrm{d}t} - (なにか) = 一定 \tag{6.24}$$

という形になり、運動量とは別の保存する量ができる（その一例が次の練習問題）。

---------------- 練習問題 ----------------

【問い6-3】 水面に浮かべられた質量 M のボートの上に質量 m の人が乗っている。最初、人もボートも静止していたとする。人がボート上をしばらく動きまわった後、また（ボートも人間も）静止した。水面からボートへ、浮力の他に抵抗力が働き、その抵抗力はボートが速度 V で運動する時 $-KV$（K は定数）と表せる場合、最初と最後で変化してない量を求めよ。 ヒント → p382 へ　解答 → p393 へ

6.4.2　重心

前節ではすべての物体が同じ場にあるとして（$\vec{x}_i \to \vec{x}$ として）「複数の物体を一個の物体と考える」ことを行なったが、そうではなく各々の物体の位置が違っていたばあい、「一個の物体と考えた物体」はどこにいると思って運動方程式を立てればよいであろうか？？

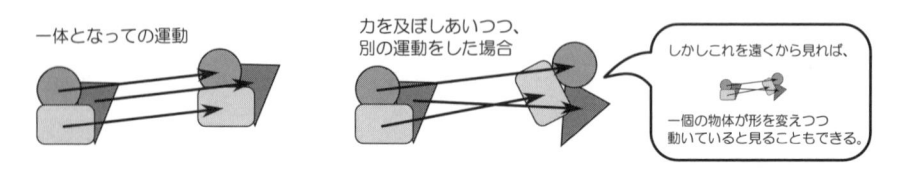

一体となっての運動　　　　力を及ぼしあいつつ、
　　　　　　　　　　　　　別の運動をした場合

しかしこれを遠くから見れば、
一個の物体が形を変えつつ
動いていると見ることもできる。

数学的にこの問題を考えるのは非常に単純である。つまり、

6.4 重心とその運動

$$\sum_{j=1}^{N} \vec{F}_{\text{外}\to j} = \sum_{j=1}^{N} m_j \frac{\mathrm{d}}{\mathrm{d}t}\left(\frac{\mathrm{d}\vec{x}_j}{\mathrm{d}t}\right) \tag{6.25}$$

という式を

$$\sum_{j=1}^{N} \vec{F}_{\text{外}\to j} = M \frac{\mathrm{d}}{\mathrm{d}t}\left(\frac{\mathrm{d}\vec{x}_{\text{G}}}{\mathrm{d}t}\right) \tag{6.26}$$

という式(M は質量の和、すなわち $M = \sum_j m_j$)に書き直すとしたら、$\vec{x}_{\text{G}}$ はどんなベクトルなのか、という問題になる。

(6.25) と (6.26) を見比べれば、

$$\vec{x}_{\text{G}} = \frac{\sum_{j=1}^{N} m_j \vec{x}_j}{M} \tag{6.27}$$

であればよいことがわかる[†9]。この $\vec{x}_{\text{G}}$ を「重心」[†10]と呼ぶ。右の図には質点が2個の場合の重心の位置を示した。m_1 と m_2 の距離を $m_2 : m_1$ に内分した点になる(位置関係と比は逆になることに注意!)。

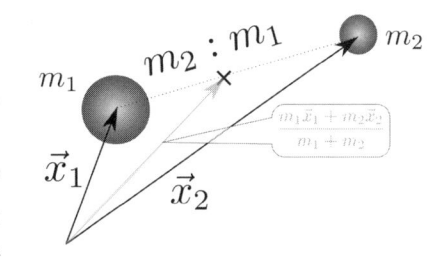

つまり、「質量」という重みをつけて位置ベクトルの和を計算して平均を取った計算結果が重心の位置ベクトルとなる。質量が等しい二つの質点の場合、重心は $\frac{m\vec{x}_1 + m\vec{x}_2}{2m} = \frac{\vec{x}_1 + \vec{x}_2}{2}$ となって、二つの質点の位置の中点に来る(つまり、二物体が対等ならば真ん中に来る)[†11]。

一例として、二つの物体(質量 m_1 と m_2)を、質量が無視できるバネ定数 k のバネでつないだとしよう。重力も考えて運動方程式は

[†9] 運動方程式 (6.26) に入れたら消えてしまうので、$\vec{x}_{\text{G}}$ に $\vec{v}_0 t + \vec{X}_0$ という項をつけてもよい。ただ、これをつけることが何かの役に立つ状況はあまりない。

[†10] ここで定義したのは、英語では「center of mass」と呼ばれる方の「重心」。これをちゃんと訳すと「質量中心」であり、「重心」と呼ぶべきなのは前に定義した「center of gravity(重力中心)」の方。日本語でも厳密に区別する場合には center of mass の方は「質量中心」と呼ぶ。ただし、どうせ同じなので区別してないことが多い。 → p103

[†11] ここでは質点の力学を考えているが、重心というものを考える意味があるのは、考えている系にある程度の「大きさ」がある場合である。ここで考えているのは質点であり質点一個一個には大きさはないのだが系に含まれる質点が離れて存在していれば、その質点間の距離が「系の大きさ」となり、重心を考える意味が生まれる。

$$m_1 \frac{d\vec{v}_1}{dt} = -kX \underbrace{\frac{\vec{x}_1 - \vec{x}_2}{|\vec{x}_1 - \vec{x}_2|}}_{\vec{e}_{\vec{x}_2 \to \vec{x}_1}} - m_1 g \vec{e}_z = -kX \vec{e}_{\vec{x}_2 \to \vec{x}_1} - m_1 g \vec{e}_z \quad (6.28)$$

$$m_2 \frac{d\vec{v}_2}{dt} = -kX \underbrace{\frac{\vec{x}_2 - \vec{x}_1}{|\vec{x}_2 - \vec{x}_1|}}_{\vec{e}_{\vec{x}_1 \to \vec{x}_2}} - m_2 g \vec{e}_z = kX \vec{e}_{\vec{x}_2 \to \vec{x}_1} - m_2 g \vec{e}_z \quad (6.29)$$

となる。後ろにある $\vec{e}_{\vec{x}_2 \to \vec{x}_1} = \dfrac{\vec{x}_1 - \vec{x}_2}{|\vec{x}_1 - \vec{x}_2|}$ と $\vec{e}_{\vec{x}_1 \to \vec{x}_2} = \dfrac{\vec{x}_2 - \vec{x}_1}{|\vec{x}_2 - \vec{x}_1|}$ は[†12]どちらも（ベクトルをその長さで割っているから）長さが1で、物体と物体を結ぶ線の方向を向いているベクトルである。

X はバネの伸びで、バネの自然長を ℓ とすると、

$$X = |\vec{x}_1 - \vec{x}_2| - \ell \quad (6.30)$$

である。運動方程式 (6.28) と (6.29) は連立方程式になっていて解くのは面倒そうに感じるが「2物体の重心はどんな運動をするか？」という問いにはすぐに答えられる。この式を辺々足すと、

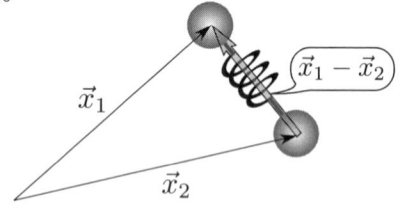

$$\frac{d}{dt}(m_1 \vec{v}_1 + m_2 \vec{v}_2) = -(m_1 + m_2) g \vec{e}_z \quad (6.31)$$

という式になるが、この式を

$$(m_1 + m_2) \frac{d^2}{dt^2} \underbrace{\left(\frac{m_1 \vec{x}_1 + m_2 \vec{x}_2}{m_1 + m_2} \right)}_{\vec{x}_G} = -(m_1 + m_2) g \vec{e}_z \quad (6.32)$$

と書きなおせば、5.2.2節で考えた放物運動の方程式[†13]の、質量が $m_1 + m_2$
→ p165
である場合になっている。$\underbrace{}_{\vec{x}_G}$ と書いた部分が質量 m_1, m_2 の二つの物体の重心の位置ベクトルであることは、187ページの図の中で示した通りである。

こうして「重心は放物運動をする」ことがわかった。

[†12] この二つのベクトルは互いに反対符号である。
[†13] 5.2.2節では2次元で考えていたので重力が $-\vec{e}_y$ 向きだったが、ここでは3次元で考えたので $-\vec{e}_z$
→ p165
向きになったが、それ以外は全く同じ式である。

6.4 重心とその運動

　右の図のように二つの物体をバネでつないで放り投げると、バネが伸び縮みしたり、回転したりと複雑な変化を伴う運動をするが、重心だけを見れば、$M\frac{\mathrm{d}^2}{\mathrm{d}t^2}\vec{x}_\mathrm{G} = -Mg\vec{e}_z$ という運動方程式から計算される放物運動をしているのである[†14]。

　前に確認クイズ5-1の(3)で、「地球と月の重心が不動点である」と説明し、理由を述べなかった。ここで考えたことから、外力がなければ系の重心は静止もしくは等速直線運動することがわかる。

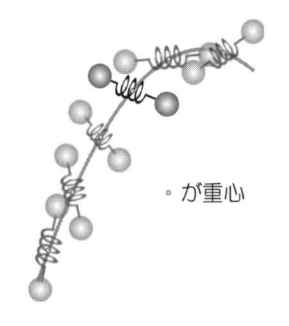

　さて、我々は(6.28)と(6.29)を足し算することで $-kX$ の項を消して重心の運動方程式を得た。逆に $g\vec{e}_z$ に比例する項の方を消してみよう。

(6.28)を書きなおして、
$$\frac{\mathrm{d}^2}{\mathrm{d}t^2}\vec{x}_1 = -\frac{1}{m_1}kX\vec{e}_{\vec{x}_2\to\vec{x}_1} - g\vec{e}_z \quad (6.33)$$

(6.29)を書きなおして、
$$\frac{\mathrm{d}^2}{\mathrm{d}t^2}\vec{x}_2 = \frac{1}{m_2}kX\vec{e}_{\vec{x}_2\to\vec{x}_1} - g\vec{e}_z \quad (6.34)$$

としてから引き算すれば $-g\vec{e}_z$ の項は消える。

　結果は、
$$\frac{\mathrm{d}^2}{\mathrm{d}t^2}(\vec{x}_1 - \vec{x}_2) = -\left(\frac{1}{m_1} + \frac{1}{m_2}\right)kX\vec{e}_{\vec{x}_2\to\vec{x}_1} \quad (6.35)$$

となる。この式は第9章で考える単振動の方程式になっていて、両辺とも $\vec{x}_1 - \vec{x}_2$ の関数なので、これを一つの変数と考えれば解いていくことができる（ここでは解けそうだということを確認したことでよしとしよう）。

　実はここでは「物体 m_2 に上に人がいて、自分を基準点として運動方程式を作ったらどうなるか？」という計算をしていることになる。このような考え方の一般論は第10章で行なう。ここでは単純に「運動方程式を連立方程式のように解いていく」という計算をしたと思ってほしい。その時、$\frac{1}{m_1} + \frac{1}{m_2}$ という因子の意味についても考えよう。

[†14] このことを実感するには、（別にバネつきでなくてもいい）大きい物体をくるくる回りながら飛ぶように投げてみることをお勧めする。確かに「放物線を描いて飛ぶ」一点（そこが重心）があるのが見て取れる。その場所に印でもつけてから投げてみるとなおよい。

6.5 ロケットの運動

昔、実際に宇宙へロケットが飛ぶ前に、

--- **誤った主張** ---

力学には作用・反作用の法則がある。つまり反作用がないと物体には作用（力）も働かない。真空中の宇宙船には、反作用を受ける相手がいないのだから、いくら燃料を噴射しても進むことはできない。

という主張が、真面目に（なんと新聞記事として）されたことがある。もちろんこれは間違いで、この新聞は後に謝罪記事を出すことになった。

--- **練習問題** ---

【問い6-4】 上の主張の間違いがどこにあるかを指摘せよ——もちろん「実際にはロケットは飛んでいるから間違い」などと結論から判断するのではなく、この「誤った主張」の内部の論理にどのような誤りがあるのかを指摘してほしい。

ヒント → p382へ　解答 → p393へ

具体的にどのようにロケットに力が伝わるのか、という点をちゃんと書いておこう。ロケットというのは、燃焼室で燃料（灯油のような液体の場合もあれば、固体の場合もある）を燃やして膨張させる。そして燃焼の結果としてできたガスが後方に噴出することによって推力を得る。よって噴射される燃料のことは「推進剤」とも呼ばれる[†15]。この推進剤がロケットに力を及ぼすわけだが、その力というのは具体的には、燃焼室の壁に及ぼされる「ガスの圧力」である。そして、燃焼室は後ろが開いている[†16]から、燃焼室にかかる圧力の総和[†17]は前向きになる。これは決して「ガスの圧力だから反作用ではない」と言っているのではない。どちらで考えても同じことである（どちらで考えるのがよいのかは、今何を解

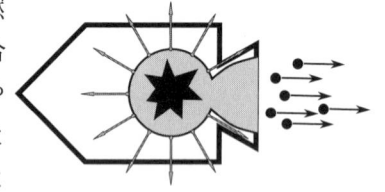

[†15] エネルギー源と推進剤が同一でないような推進機関も考えられるが、ここでは一番単純な場合を考える。

[†16] ここからガスが外に出る。後ろが開いてなければ当然、ロケットは加速できない。

[†17] 図では省略しているが、燃焼室から出た後のノズルの部分でもガスがロケットを前に押してくれるように、ノズルの形を工夫する。

きたいかによって決まる)。

　ロケットが燃料を噴射して加速した結果、どのような速度を得るかも微分方程式で解くことができる。この場合は、運動方程式より運動量保存則を考える方が式を作りやすい。一つの理由は上で考えたような「燃焼室の圧力」を一個一個考えるのはたいへん面倒だということ。もう一つの理由は、ロケットから燃料がどんどん噴射されていく結果、「ロケット」として認識しているものの範囲が変わっていく[†18]ので、運動方程式の形には書きにくい（書けないわけではない）ことである。

　では運動量保存を使うとどのように式が立てられるかを以下で示そう。

　図のように微小質量 $-dm$ が[†19]ある微小時間の間に噴射速度 w で噴射されたとする。ここで噴射速度 w というのは、「ロケットが止まっているとしたら、ロケットから後方に向けて速さ w で噴射される」という意味である。しかしロケットは（前方に）速度 v で進んでいたのだから、噴射後の速度は（図の左向きすなわちロケットの進行方向を正として）$v-w$ になる。これがわかりにくい人は、まずロケットが止まっていたら右向きに w という速さ（左向きを正とすれば $-w$ という速度）で推進剤が飛んでいく、というところから考えるとよい。

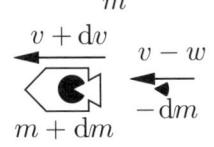

　噴射する前と噴射した後（上の図の上下）の運動量保存を考えて、

$$mv = (m+dm)(v+dv) - dm(v-w) \tag{6.36}$$

という式を作る。この式を整理すると、

$$mv = mv + \underbrace{dm\,v}_{相殺\to} + m\,dv + \underbrace{dm\,dv}_{二次の微小量} \underbrace{-dm\,v}_{\leftarrow相殺} + dm\,w$$
$$0 = m\,dv + dm\,w \tag{6.37}$$

となる。

　この式の意味を物理的に解釈すると、$m\,dv$ の項はロケットの運動量の増加

[†18] 最初は噴射される推進剤を含めたものが「ロケット」だが、飛んでいくうちに推進剤は消費されていくので、「ロケット」の質量はどんどん減っていく。

[†19] ここで噴射する質量が $-dm$ となっているのは、dm の意味は「質量 m の変化」であり、今は質量は減っていくのだから、$-dm > 0$ だからである。

である[20]。$dm\,w$ の方は、噴射された燃料（質量 $-dm$）の運動量の増加である。燃料は最初速度 v だったものが速度 $v-w$ に変わったのだから、「速度が $-w$ だけ増加した」と考えてよい。$-dm$ の質量が $-w$ の速度変化をすれば、運動量変化は $dm\,w$ になる。

以上の考察が最初からできれば、すぐに $0 = m\,dv + dm\,w$ を立ててそこから計算を始めてもよい。慣れてきたらそうしたいところである。

後はこれを変数分離で解いていくと、

$$-w\frac{dm}{m} = dv \quad \text{(積分)} \tag{6.38}$$
$$-w\log m + C = v$$

となる。出発時に質量が m_0 だった（質量が m_0 であった時に速度が 0 であった）という初期条件を入れると、

$$-w\log m_0 + C = 0 \tag{6.39}$$

となるので、

$$v = w\,(\log m_0 - \log m) = w\log\left(\frac{m_0}{m}\right) \tag{6.40}$$

となる。$\dfrac{m_0}{m}$ は「質量比」と呼ばれる量で、出発時の質量が現在のロケットの質量の何倍であるかを表す量である。$\log$ というのは増加の遅い関数である。例えば、質量比を 100 にしても v は質量比 10 の場合の 2 倍にしかならない。ロケットの性能は噴射速度 w をいかに速くできるかに大きく依存する。

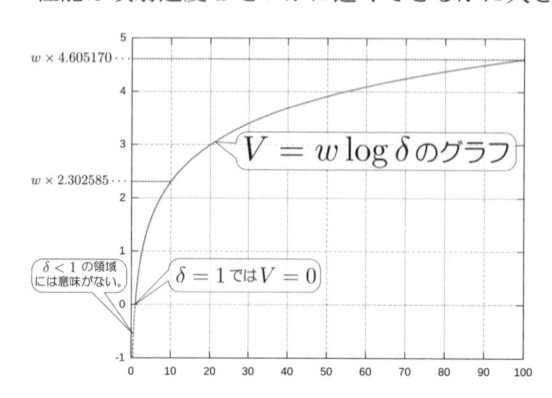

$V = w\log\delta$ のグラフ

---

[20] 「ロケットの質量は m にすべきか $m + dm$ にすべきか」で悩む人がたまにいるが、その差 $dm\,dv$ は高次の微小量だから気にしなくてよい。
→ p338

章末演習問題

★【演習問題6-1】
以下のような冗談がある。

> 水面の上にまず左足を出す。左足が沈む前に右足を出し、その右足が沈む前に左足を出す。これを続ければ水面上を歩ける。

さてこれを物理的に否定するにはどのように考えればよいだろうか。また逆に、これが可能になるとしたらどういう状況であろうか。

★【演習問題6-2】
重力が無視できる環境において、空気中に水滴が一定の密度で分布している。水滴はすべて空中に静止している状態であるとする。この中で何かのはずみで半径 r_0 の比較的質量が大きい水滴が生まれ、ある方向に速度 v_0 で移動を開始した。移動すると同時に、大きい水滴は小さい水滴を吸収して「太って」いく。

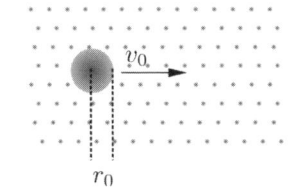

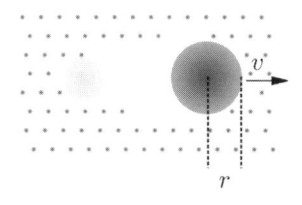

半径が r になった時の速度を求めよ。

★【演習問題6-3】
床の上に単位長さあたりの質量が ρ であるひもが置いてあった。このひもの端を手に持って等速度 v で真上に引き上げる。ひものうち空中にある部分の長さが L である時、必要な力はいくらか？——空中にある分以外は床と接していて動いてないし、かつ垂直抗力によって重力が打ち消されている状態なので考えなくてよいので、ひもの空中にある部分に働く重力と、この部分の運動量の変化を考えればよい。

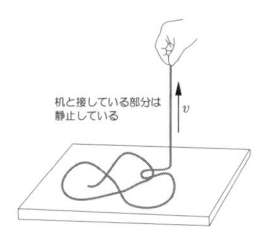

★【演習問題6-4】
静止している質量 m の球に、同じ質量の球が速度 $\vec{v}$ を持ってはね返り係数を1の衝突をした。衝突面は $\vec{v}$ と θ という角度を持っていた。

この時衝突後の二つの球の速度 $\vec{v}_1, \vec{v}_2$ は直角の角度をなすことを示せ。

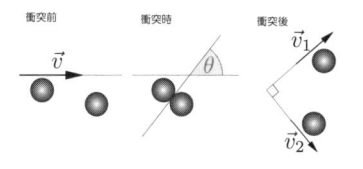

第7章

保存則 その2
——力学的エネルギー

運動量に続いて、もう一つの大事な保存量を定義しよう。

7.1 仕事

7.1.1 1次元運動における仕事の定義

第6章では、まず「力積」という「力の時間積分」を定義して、そこから運動量保存則を導いた。同じことを時間積分ではなく「空間積分」でやってみよう。まずは1次元で考えて、力の x （物体の位置座標）による積分

$$W = \int_{x_1}^{x_2} F \, dx \quad (7.1)$$

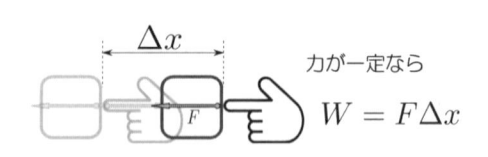

を「**仕事**」と称することにする。この x は力を受けている物体の位置座標である。よって、dx は「力を受けている物体の変位」を表す。

力が一定なら $W = F\Delta x$

この物理用語の「仕事」は日常用語の「仕事」とは意味が大きく違う。特に大きな違いは「いくら力を出しても物体が移動してなかったら $dx = 0$ なので仕事は 0 である」という点である。人情としては「力を出してくれたのだから動かなくても仕事をしたことにしてあげたい」という気持ち

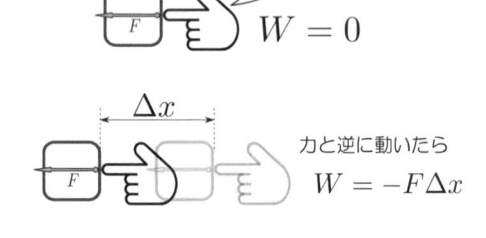

動かないっ！ $W = 0$

力と逆に動いたら $W = -F\Delta x$

が働くこともあろうが、物理での仕事はそういう斟酌(しんしゃく)は一切しない。それどころか、$F\,\mathrm{d}x$ が負であるような状況（F と $\mathrm{d}x$ が逆を向いているような状況）では仕事は負になってしまう。

力の単位がN（ニュートン）であったから、仕事の単位はN·mであるが、これをまとめて一文字のJ（**ジュール**）で表すことになっている。

また、単位時間あたりになす仕事を「**仕事率**」[†1]と呼び、単位はJ/sであるところを一文字でW（**ワット**）で表す。[†2] 仕事率は

$$F\frac{\mathrm{d}x}{\mathrm{d}t} = Fv \tag{7.2}$$

となるので、（力）×（速度）で書ける。

> **【FAQ】負の向きに動いた時の仕事は負にしないのですか？**
> ....
> 仕事の正負は、「力の向きと移動の向きが同じ」なら正、逆なら負と決める。x 軸の正方向に動いたか負方向に動いたかは関係ない。ある量がベクトルかどうかを判定するには「x 軸（3次元問題なら y 軸や z 軸も）の向きを反転した時、値が変わるか？」という点を手がかりにするとよい。力 F も変位 $\mathrm{d}x$ も一緒に符号を変えるので、この二つの積である仕事は符号が変わらない。

7.1.2 運動エネルギー——仕事は「何の変化」になるか？

「仕事」をこのように日常感覚的な "仕事" とは違う意味で定義するのは、そう定義することに御利益があるからである。

運動量と力積の話をした時、「力積＝運動量の変化」という関係から、運動量を定義した。そして運動量はとても便利な概念となった。力の時間積分である力積で行なったのと同じことを、力の空間積分であるところの仕事でも行なえないだろうか？——やってみよう。仕事は運動方程式を使うと、

$$\int F\,\mathrm{d}x = \int m\frac{\mathrm{d}}{\mathrm{d}t}\left(\frac{\mathrm{d}x}{\mathrm{d}t}\right)\mathrm{d}x \tag{7.3}$$

[†1] 仕事率は英語では power である。英語では物理用語としての force（力）と power（仕事率）は明確に意味が違う。
[†2] 仕事率の単位ワットは電力の単位のワットと同じである。電力は「電源のする仕事率」という意味である。電力は英語では electric power なので、本来は『電気仕事率』と訳すべきであった。

と計算される。右辺を見ると「時間tで微分してから空間xで積分する」という形になっている。力積の時は「時間で微分して時間で積分」をしたので計算ができた。そこで、「$\mathrm{d}x = \dfrac{\mathrm{d}x}{\mathrm{d}t}\mathrm{d}t$ を使ってx積分をt積分に置換積分しよう」と考えて、
→ p341

$$\int F\,\mathrm{d}x = \int m\frac{\mathrm{d}}{\mathrm{d}t}\left(\frac{\mathrm{d}x}{\mathrm{d}t}\right)\frac{\mathrm{d}x}{\mathrm{d}t}\mathrm{d}t \tag{7.4}$$

とする[†3]。$\dfrac{\mathrm{d}x}{\mathrm{d}t} = v$と書けば、

$$\int F\,\mathrm{d}x = \int m\frac{\mathrm{d}v}{\mathrm{d}t}v\,\mathrm{d}t \tag{7.5}$$

であり、$\dfrac{\mathrm{d}}{\mathrm{d}t}(v^2) = 2\dfrac{\mathrm{d}v}{\mathrm{d}t}v$であることを使えば

$$\int F\,\mathrm{d}x = \int \frac{\mathrm{d}}{\mathrm{d}t}\left(\frac{1}{2}mv^2\right)\mathrm{d}t \tag{7.6}$$

と計算される。右辺は「tで微分してからまたtで積分する」という計算になっているから、ある意味、「元に戻る」。ここまでは不定積分だったが、定積分で書くと、

$$\int_{x_0}^{x_1} F\,\mathrm{d}x = \left[\frac{1}{2}mv^2\right]_{t_0}^{t_1} = \frac{1}{2}mv^2\bigg|_{t=t_1} - \frac{1}{2}mv^2\bigg|_{t=t_0} \tag{7.7}$$

である。この定積分は「時刻$t = t_0$に物体が場所$x = x_0$にいて、時刻$t = t_1$には物体が場所$x = x_1$にいる」という条件で行なっている。

こうして力積の時の、
→ p177

$$\int_{t_0}^{t_1} F\,\mathrm{d}t = mv\big|_{t=t_1} - mv\big|_{t=t_0} \tag{7.8}$$

に似ている(が、少し違う)式が出てきた。

力積の時はこのmvを「運動量」と呼んで、「加えられた力積の分だけ運動量が変化する」と考えたわけだが、$\dfrac{1}{2}mv^2$の方も同様に考えてこれを「運動エネルギー」[†4]と呼び、「された仕事の分だけ、運動エネルギーが変化する」と考える。

[†3] このあたりの計算は5.3.3節で考えたのと同様のことをやっている。
→ p171

[†4] エネルギーという言葉は元はギリシャ語から来ているが「内部に蓄えられた仕事」という意味あいを持つ。単語 energy のうち、en- が「内部に」を意味し、erg が仕事を意味する (cgs 単位では erg は仕事の単位であった)。

7.1 仕事

【FAQ】運動量 mv を v で積分すると運動エネルギーですか？

そういうふうに表すこともできる。運動エネルギーの変化は $\int F\,dx$ であるが、$F = m\dfrac{dv}{dt}$ であることを使うと、

$$E = \int m\frac{dv}{dt}dx = \int m\frac{dx}{dt}dv = \int mv\,dv \tag{7.9}$$

のように変形でき、「mv を v で積分してエネルギー」の形になる。ただ、「v で積分する」ということ自体に物理的操作が対応しているわけではない。

このように、仕事と運動エネルギーの間の関係は、力積と運動量の間の関係に似た部分を含んでいる。もちろんこの二つは全く同じではないが、どちらも運動方程式を積分することによって生まれた関係式である。まとめると以下の図のようになる。

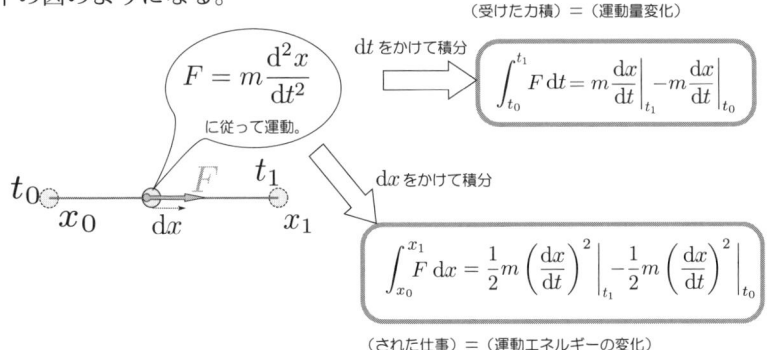

（受けた力積）＝（運動量変化）

$$F = m\frac{d^2x}{dt^2}$$

に従って運動。

dt をかけて積分

$$\int_{t_0}^{t_1} F\,dt = m\frac{dx}{dt}\bigg|_{t_1} - m\frac{dx}{dt}\bigg|_{t_0}$$

dx をかけて積分

$$\int_{x_0}^{x_1} F\,dx = \frac{1}{2}m\left(\frac{dx}{dt}\right)^2\bigg|_{t_1} - \frac{1}{2}m\left(\frac{dx}{dt}\right)^2\bigg|_{t_0}$$

（された仕事）＝（運動エネルギーの変化）

似ている部分については共通の考え方で理解できる[†5]。似ている部分、違う部分を区別しながら理解していこう。違う部分として特に注意しておきたいことは「**力積および運動量はベクトル（向きのある量）だが、仕事および運動エネルギーはスカラー（向きのない量）である**」ことである。

単純な例として、4.5.1 節で考えた 1 次元的な重力場中の落下で式を作ってみる。$x = x_0$ で初速度 v_0 で出発した物体が高さ $x(t)$ にやってきた時、速さ

[†5] 数式において $ax + bx = (a+b)x$ と「同類項の簡約」ができるように、物理概念についても「同類をまとめる」ことが理解を深める助けになることがある。そしてこういうことは物理の、いや物理以外でも学問のありとあらゆるところで起こるものだ。

は $v(t)$ になっていた、とすると、

$$\underbrace{-mg(x(t)-x_0)}_{\text{仕事}} = \underbrace{\frac{1}{2}m\left(v(t)\right)^2 - \frac{1}{2}m(v_0)^2}_{\text{運動エネルギーの変化}} \tag{7.10}$$

という式が成立する（左辺では、重力 mg が移動方向と逆であるからマイナス符号をつけた）。微分方程式を解いた結果である(4.28)を使って確認すると、
→ p138

$$\text{左辺} = -mg\underbrace{\left(-\frac{1}{2}gt^2 + v_0 t\right)}_{x(t)-x_0} = \frac{1}{2}m(gt)^2 - mgv_0 t \tag{7.11}$$

$$\text{右辺} = \frac{1}{2}m\underbrace{\left(-gt + v_0\right)}_{v(t)}^2 - \frac{1}{2}m(v_0)^2 = \frac{1}{2}m(gt)^2 - mgv_0 t \tag{7.12}$$

となって、確かに運動エネルギーの変化と仕事は等しいことが確認できる。

(7.10)の左辺を計算する時には、x 座標がどれだけ変化したか、だけが重要であって、途中経過には関係ないことに注意しよう。つまり右の図の（経路A）だったのか（経路B）だったのかによらず、(7.10)は成り立つ。

「経路B」の方の計算では、まず $x = H$ まで登る時に重力が $-mg(H-x_0)$ の仕事をし、次に $x(t)$ まで落ちてくる時に重力が $mg(H-x(t))$ の仕事をした（行きと帰りで符号が逆であることに注意）。その二つの仕事の和が $-mg(x(t)-x_0)$ である。運動方向が力と逆の時には仕事が負になることがうまく働いている。

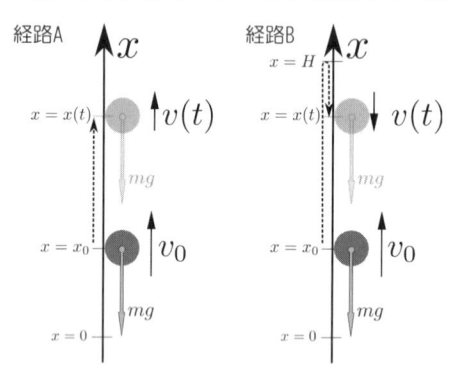

(7.10)は

$$\underbrace{\left(\frac{1}{2}m\left(v(t)\right)^2 + mgx(t)\right)}_{\text{時刻 } t \text{ での値}} - \underbrace{\left(\frac{1}{2}m(v_0)^2 + mgx_0\right)}_{\text{最初の値}} = 0 \tag{7.13}$$

のように変形できること（つまり、（ある状態量の変化）=0 という形に直せること）に注意しよう。後でこれを使って、「位置エネルギー」を定義する。
→ p202

7.1.3 2次元、3次元での仕事の定義

ここまでは1次元すなわち一直線上の運動を考えてきたが、ここで2次元的、3次元的な運動における仕事を考えよう。

―― 仕事の1次元から3次元へのシンプルな拡張 ――
$$W_{1次元} = \int F\, dx \quad \to \quad W_{3次元} = \int F_x\, dx + \int F_y\, dy + \int F_z\, dz \quad (7.14)$$

というのが単純な拡張であろう（2次元は z を省略すればよし）[†6]。この積分も、力 $\vec{F} = (F_x, F_y, F_z)$ を受けている物体の移動に沿って行なう（つまり dx, dy, dz が物体の「微小な移動」である）。

(7.14) のような積分は、物体の移動経路の「線」に沿っての積分なので「線積分」と呼ぶ。

$$W_{3次元} = \int (F_x\, dx + F_y\, dy + F_z\, dz) \quad (7.15)$$

のように三つまとめて書いてもよい。こうして書くと、括弧の中身は、

$$\text{力：} \quad \vec{F} = F_x \vec{e}_x + F_y \vec{e}_y + F_z \vec{e}_z \quad \text{または} \quad \vec{F} = (F_x, F_y, F_z)$$
$$\text{微小変位：} \quad d\vec{x} = dx\, \vec{e}_x + dy\, \vec{e}_y + dz\, \vec{e}_z \quad \text{または} \quad d\vec{x} = (dx, dy, dz)$$
(7.16)

という二つのベクトルの内積[†7]を計算したものになっているから、$W_{3次元} = \int \vec{F} \cdot d\vec{x}$ と書く。

仕事 $W = \int F\, dx$ は運動エネルギー $\frac{1}{2} m v^2$ の増加である、ということは3次元の場合に素直に拡張できる。逆に微分を使って確認しよう。

$$d\left(\frac{1}{2} m \underbrace{\left((v_x)^2 + (v_y)^2 + (v_z)^2\right)}_{|\vec{v}|^2}\right) \quad \left(\text{微分 } (d(v_x)^2 = 2v_x\, dv_x \text{ など})\right)$$
$$= m(v_x\, dv_x + v_y\, dv_y + v_z\, dv_z) \quad (\text{各項を } dt \text{ で割って } dt \text{ を掛ける})$$
$$= m \underbrace{\frac{dv_x}{dt}}_{F_x} \underbrace{v_x\, dt}_{dx} + m \underbrace{\frac{dv_y}{dt}}_{F_y} \underbrace{v_y\, dt}_{dy} + m \underbrace{\frac{dv_z}{dt}}_{F_z} \underbrace{v_z\, dt}_{dz} = F_x\, dx + F_y\, dy + F_z\, dz$$
(7.17)

[†6] $F_x\, dy$ のような量は、簡単に結びつく保存則がないので考えない。
[†7] 「ベクトルの内積」について詳しくない人は付録のB.1節を読もう。
→ p350

である（左辺が運動エネルギーの変化、右辺が仕事）。せっかくだからベクトルの記号を使って同じ計算を書いておく。$(v_x)^2+(v_y)^2+(v_z)^2 = \vec{v}\cdot\vec{v}$と、こちらもベクトルの内積を使って書くことができるので、運動エネルギーの変化は

$$\mathrm{d}\left(\frac{1}{2}m\vec{v}\cdot\vec{v}\right) = m\,\mathrm{d}\vec{v}\cdot\vec{v} = \underbrace{m\frac{\mathrm{d}\vec{v}}{\mathrm{d}t}}_{\vec{F}}\cdot\underbrace{\vec{v}\,\mathrm{d}t}_{\mathrm{d}\vec{x}} \tag{7.18}$$

である（よりコンパクトに書ける）。

運動量・運動エネルギーの保存則のまとめ図を3次元に関して描くと、以下のようになる。

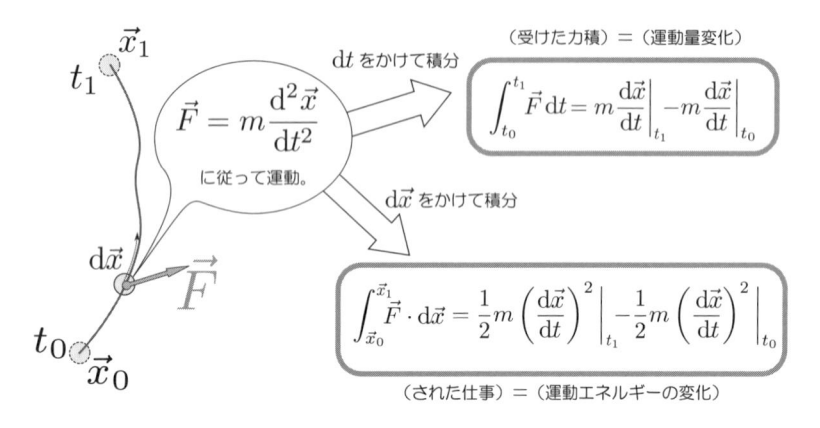

$$\vec{F} = m\frac{\mathrm{d}^2\vec{x}}{\mathrm{d}t^2}$$に従って運動。

（受けた力積）＝（運動量変化）

$$\int_{t_0}^{t_1}\vec{F}\,\mathrm{d}t = m\frac{\mathrm{d}\vec{x}}{\mathrm{d}t}\bigg|_{t_1} - m\frac{\mathrm{d}\vec{x}}{\mathrm{d}t}\bigg|_{t_0}$$

$\mathrm{d}t$をかけて積分

$\mathrm{d}\vec{x}$をかけて積分

$$\int_{\vec{x}_0}^{\vec{x}_1}\vec{F}\cdot\mathrm{d}\vec{x} = \frac{1}{2}m\left(\frac{\mathrm{d}\vec{x}}{\mathrm{d}t}\right)^2\bigg|_{t_1} - \frac{1}{2}m\left(\frac{\mathrm{d}\vec{x}}{\mathrm{d}t}\right)^2\bigg|_{t_0}$$

（された仕事）＝（運動エネルギーの変化）

7.1.4 変位と直交する力は仕事をしない

——— 力と変位が垂直であれば仕事は0である ———

$\vec{F}$と$\mathrm{d}\vec{x}$ が垂直であれば、$\vec{F}\cdot\mathrm{d}\vec{x} = 0$である。

という大事な性質がある。これは内積の性質から来る。

実際、速度と加速度が垂直ならば速さが変化しない、ということはすでに164ページのFAQでも考えた。力と加速度の向きは同じだし、速度と微小時間内の変位の向きも同じである。また、速さが変化しないなら運動エネルギーも変化しないのは当然である。

力と変位が角度θを持っている場合は、これも内積の性質により、

$$\vec{F}\cdot\mathrm{d}\vec{x} = |\vec{F}||\mathrm{d}\vec{x}|\cos\theta \tag{7.19}$$

となる[†8]。雰囲気としては「力という作用が有効に働いて物体がその力の方向に移動した時、『仕事をした』と認める」というふうに考えてよい。

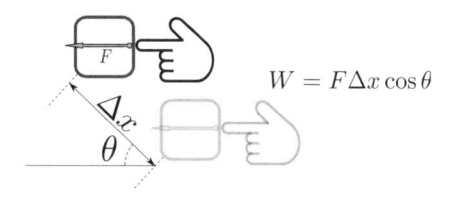

$$W = F\Delta x \cos\theta$$

7.2 保存力と位置エネルギー

7.2.1 位置エネルギーの導入

ここまでで運動エネルギーを定義することで、

$$(運動エネルギーの変化) = (その間にされた仕事) \tag{7.20}$$

という形で表すことができることを述べた。大事なことは、左辺が(最後のエネルギー) − (最初のエネルギー)のように、今起こった運動の端点(「最初」と「最後」)だけに依存する量で書け、間にどんなことがあったのか(物体は直進したのか曲線上を動いたのか、等速運動だったのか加速運動だったのかなど)には全く依らなくなったことである。しかし、右辺は「その間にされた仕事」であるから、運動がどのように行なわれたのかによって変わってくる。しかし運動量保存則でもわかったように、保存則のありがたさは「途中の経過を気にしなくてもよいこと」である。

そこでこの「その間にされた仕事」も「途中の経過が関係ない量」に書き換えて、左辺に移すことはできないか(つまりこれもまた「状態量の変化」という形に書けないか)、ということを考えてみる。そこで、もし(ある力による仕事)が(ある状態量の変化)と書けたなら、

$$(運動エネルギーの変化) = \underbrace{(ある力による仕事) + (それ以外の力による仕事)}_{(その間にされた仕事)}$$

↓左辺に移項

$$(運動エネルギーの変化) - \underbrace{(ある力による仕事)}_{(ある状態量の変化)} = (それ以外の力による仕事)$$

$$(\text{「運動エネルギー} - \text{ある状態量」の変化}) = (それ以外の力による仕事) \tag{7.21}$$

[†8] まず仕事を(7.19)で定義する、という方向で説明している本も多いと思うが、本書では $\frac{1}{2}m|\vec{v}|^2$ の保存則を出す過程で $F_x\,dx + F_y\,dy + F_z\,dz$ で仕事を定義して、それがベクトルの内積になっているから(7.19)になる、という形でこの式を導入した。

のように、仕事の一部（他の力がなければ全部）を左辺の（○○の変化）にまとめてしまうことができる。実際、(7.13)で示したように、重力のみが関係する場合にはエネルギーの変化の式が確かに（ある状態量の変化）=0という形に直せた。

ここで「−ある状態量」に「位置エネルギー」[†9]という名前をつけると、

$$(\text{「運動エネルギー} + \text{位置エネルギー」の変化}) = (\text{それ以外の力による仕事}) \tag{7.22}$$

と式をまとめることができる。そして、左辺は「状態量の変化」として、ある過程の最初と最後だけを見て計算できるようになる。

こんなふうにできるのは、今考えている「ある力」による仕事が

$$(\text{ある力による仕事}) = (\text{ある状態量の変化}) = -(\text{位置エネルギーの変化}) \tag{7.23}$$

と書ける時だけである。こうできる力の種類を「保存力」と呼ぼう。

7.1.2節で「運動エネルギー」を、ここで「位置エネルギー」を定義した。この二つを合わせて「力学的エネルギー」と呼び、一般的な「エネルギー」という言葉を、以下のように定義する。

---- 力学的エネルギーの定義 ----

系の状態量であって、仕事をすればするだけ減少し、仕事をされればされるだけ増加するような量を定めることが可能であった場合、その状態量を力学的エネルギーと呼ぶ。

運動エネルギーがこの定義に従う量であることは、既に述べた。

上の定義には「力学的エネルギーは状態量である」ことと「仕事によって増減する」ことが含まれている。そして重要なことは「力学的エネルギーが定義できる場合とできない場合がある」ことである（後で検討しよう）。

「力学的」とつけている理由は、仕事以外の理由（代表的なのは「熱」）で増減するエネルギーも存在しているからである。しかし本書は力学の本なのでそのようなエネルギーについては扱わないことにする。よって以下では特に必要な場合を除いて、いちいち「力学的」とつけないことにする。

[†9] 「**ポテンシャルエネルギー**」と呼ぶこともある。「ポテンシャル」とは「隠れている」という意味で、運動エネルギーのように「動きの見える」エネルギーと対比させてこう呼ぶ。

7.2 保存力と位置エネルギー

一つ注意をしておこう。時々、

> ///////// **エネルギーの誤ったイメージ** /////////
> 物体の中に「エネルギー」という名前の"実体あるもの"が充填されている。

のようなイメージを持ってしまっている人がいるが、それは**全く正しくない**。エネルギーは前ページに書いた定義の通りに定められたものであって、系の状態によって決まる。系の持つ属性の一つである。物質とは別に「エネルギー」という実体あるものが存在しているわけではない。

エネルギーの定義を短く「**エネルギーとは、仕事をする能力である**」と表現することがよくある。ここでも、日常用語に引きずられないように注意が必要で、エネルギーは「仕事をしたらした分だけ、きっちり減る」ことに注意しよう。その意味で、日常用語で「持って生まれた能力」などと言う時の「能力」とは根本的に違うのである。

> **【FAQ】エネルギーが 0 になったらもう仕事はできないんですね？**
>
> とは限らない——というのは、エネルギーが 0 から負の量へと変化した場合も、その分だけ仕事をできるからである。運動エネルギー $\frac{1}{2}mv^2$ はどうやっても負にはならないから、0 になる（ということはすなわち静止する）ともう仕事はできない。しかし例えば後で出てくる重力の位置エネルギー mgh は 0 に $\xrightarrow{\text{p204}}$ なっても（ということはすなわち $h = 0$ の場所に到着しても）、さらに低い位置に移動することで仕事をすることが可能である。エネルギーの 0 点が「エネルギー最低の状態」という意味を持っていた時のみ、「エネルギー 0 だからもう仕事はできない」と判断できる。

(ある力による仕事) = −(状態量の変化) と書けるためには、この (ある力による仕事) が前後の状態だけで決まらなくてはいけない。以下でまず、いくつかの力についてそれが成り立つことを見よう。

7.2.2 重力のする仕事と重力の位置エネルギー

　物を持ち上げるとき、どのように持ち上げるかによってその時に重力のなす仕事が変わるかどうかを考えてみよう。図のように質量 m の物体を高さ h まで持ち上げる間に、重力がどれだけ仕事をするか、計算してみる。

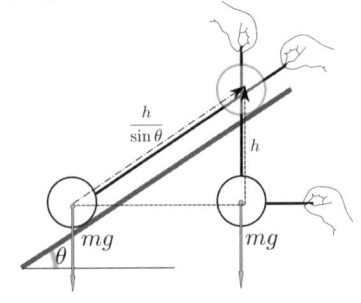

　図に破線で書き込んだ方の経路では、まず物体を横方向に移動させ目的地の真下まで持っていった後真上に上げている。横方向に移動するときは重力と移動方向は垂直であるから、その内積 $\vec{F} \cdot \Delta \vec{x}$ は 0 であり、仕事も 0 である。真上に移動する時は重力は mg で下向き、移動方向は上向き（力と逆向き）で距離 h だけ移動する。よって重力のする仕事は $-mgh$ である。

　一方、同じように高さ h まで持ち上げるのだが、水平との角度 θ の斜面を上がったとする。このときは重力と移動方向のなす角は $\theta + \dfrac{\pi}{2}$ であり、移動距離は $\dfrac{h}{\sin\theta}$ である。よって重力のする仕事は

$$mg \times \frac{h}{\sin\theta} \times \cos\left(\theta + \frac{\pi}{2}\right) = \frac{mgh}{\sin\theta} \times (-\sin\theta) = -mgh \tag{7.24}$$

となって、やはり仕事は $-mgh$ である（このような計算で考えてもいいが、「重力のうち、移動方向の成分は $-mg\sin\theta$ だから」と考えてもよい）。

　ここで重力ではなく、手で引っ張っている方の力を考えておこう。この力は真上に持ち上げるときには mg 以上、斜めに持ち上げるときには $mg\sin\theta$ 以上が必要である。手がする仕事はどちらの経路でも mgh 以上となる。「mgh 以上」と言うと、「mgh よりも多い、余った部分はどこへ行くのか？」と聞きたくなるが、それは（他に力が働いていない限りは）運動エネルギーの増加になる。もし慎重に力の強さを制御して等速運動させたとすれば、手のする仕事はぴったり mgh となる。大事なことは仕事量が経路によらないことである。斜面を使うことで力は弱くてすむが、仕事で比較すると変化しない。

　重力のする仕事 $-mgh$ は「$-mg \times$ (高さの変化)」と書ける。よってこれの符号を変えた「$mg \times$ (高さの変化)」を「位置エネルギーの変化」と考えることができる。つまり、$mg \times$ (高さ) を「重力の位置エネルギー」と呼ぶことに

7.2 保存力と位置エネルギー

して、

(運動エネルギーと重力の位置エネルギーの変化) = (重力以外の力のした仕事) (7.25)

と式を書きなおすことができる。左辺は最初と最後の状態だけを知ればわかる量になっている。重力の仕事がそのような形に書きなおせた（重力が保存力だった）ので、これができた。

こうして mgh という「重力の位置エネルギー」を考えると、その変化量をエネルギーの定義の式(7.20)の左辺に置くことができ、エネルギーの変化の式が簡略化されることがわかった。特に、重力以外の力が仕事をしないときは（運動エネルギーと重力の位置エネルギーの和）は変化しない（保存する）。

これを使っていろいろな問題を簡単に解くことができる。

例えば物体を崖の上から投げるとしよう。ただし、空気抵抗を無視して考える。

初速度の大きさ（＝速さ）が同じだとすると、どんなふうに投げたら、地面に落下した時の速さが速くなるだろうか？？

なんとなく、真下めがけて投げた方が速くなりそうに思う人が多いかもしれない。しかし（運動エネルギーと重力の位置エネルギー）が保存するということを考えると、答えは「どれでも同じ」であるとわかる。

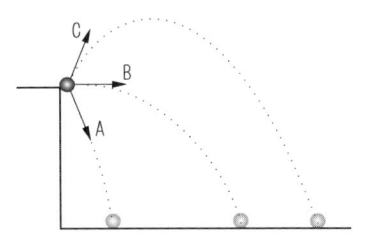

投げた時のエネルギーは（AでもBでもCでも）同じ速さだから運動エネルギーは同じ、同じ場所だから位置エネルギーは同じである。地面でも高さが同じだから位置エネルギーは同じなのであり、運動エネルギーが同じになることになる（ということは「速さ」は同じなのである）。

なお、同じなのは「速さ」であって、「速度」は違う（つまり向きは違う）。

------------------------------ 練習問題 ------------------------------

【問い7-1】 次のような二つの斜面上に物体（質点）を置き、下まで落ちてきた時の速さを測った（摩擦は無視する）。二つの斜面は、出発地点と到着地点の位置関係は同じで、途中の経路がちょうど上下をひっくり返した形になっているものとする。

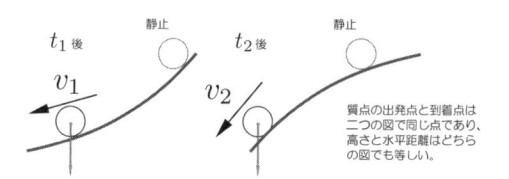

(1) 到着時の速さ (v_1, v_2) を比較せよ。
(2) 落ちてくるまでの時間 (t_1, t_2) を比較せよ。

ヒント → p382へ　解答 → p393へ

　ここで働いている力は重力と垂直抗力であったが、垂直抗力は（どの状況においても）運動方向と垂直なので、全く仕事をしない。よって右辺の(重力以外のした仕事)が0になる、というのが上の問題では大事だったことは記憶しておこう。

　もう一つ覚えておいてほしいことは、この重力の位置エネルギー mgh を定義するとき、高さ h がどこを原点とするかは全く任意だということである。これに限らず、エネルギーの定数のずれは物理になんら影響を与えない。エネルギーの定義が「エネルギーの変化＝仕事」のように変化量を基本にしているからである。

7.2.3　バネのする仕事と弾性力の位置エネルギー

　バネのする仕事を計算しておく。バネの場合は力が一定ではなく、（自然長のときを $x=0$ として）$F=-kx$（向きに注意）のように変化する。ここで（図に描いたように）$x>0$ の領域では x が増加するときのバネの力は負の仕事をする（バネは x を減少させる方向に力を与える）。よって $x=x_0$ から $x=x_1$ まで移動する間にバネのする仕事は

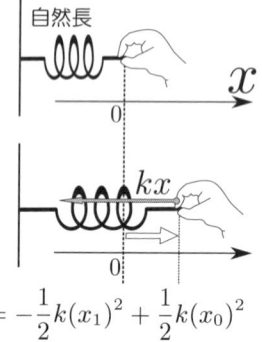

$$W = \int_{x=x_0}^{x=x_1} F\,dx = -\int_{x_0}^{x_1} kx\,dx = \left[-\frac{1}{2}kx^2\right]_{x_0}^{x_1} = -\frac{1}{2}k(x_1)^2 + \frac{1}{2}k(x_0)^2 \tag{7.26}$$

となる。ここで仕事を計算する時に、「仕事は力×距離だから」などと考えて $W = kx \times x = kx^2$ などとやってしまわないように注意しよう。この時のバネの力は x が大きくなるに従って増えるので、単純に「力×距離」とやって

はいけない[†10]。こんなふうに「距離に応じて変化する力」の場合に「力 × 距離」を計算するという計算が積分である[†11]。エネルギーの変化の式を

$$(運動エネルギーの変化) = \underbrace{-\frac{1}{2}k(x_1)^2 + \frac{1}{2}k(x_0)^2}_{バネのする仕事} + \cdots$$

$$(運動エネルギーの変化) + \underbrace{\frac{1}{2}k(x_1)^2 - \frac{1}{2}k(x_0)^2}_{バネの位置エネルギーの変化} = \cdots \tag{7.27}$$

のように変形する（移項によるマイナス符号に注意）。「バネの位置エネルギー」は $\frac{1}{2}kx^2$ と定義した。(7.27) の $\cdots$ の部分は（バネ以外がする仕事）が入るが、もしバネ以外が仕事をしないのなら、運動エネルギーと $\frac{1}{2}kx^2$ の和が保存する。

7.3 力学的エネルギーの保存

7.3.1 複合系の力学的エネルギーの保存

運動量の定義と作用・反作用の法則から運動量保存則が導かれた時のことを思い出して、力学的エネルギーという量の保存則を導こう。以下のように、二つの物体が互いに仕事をしている時の模式図を描く。

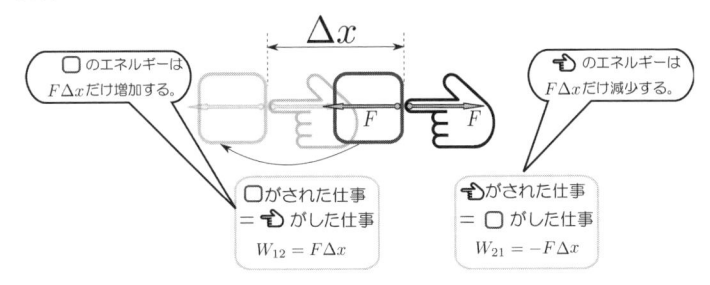

図に描いた状況では「物体がされた仕事」と「手がされた仕事」[†12]は逆符号で大きさが等しい（この二つの大きさが等しくならない状況については、7.3.4 節で考える）。それゆえ、エネルギーの和は保存する。
→ p214

[†10] そうやってしまうと、バネが自然長の時にすでに kx という力を出していた、という違う現象での仕事を計算してしまうのである。
[†11] 積分が何なのか理解できてない人は、付録のA.5 節を読むこと。
→ p335
[†12] すべての情報を与えるならば、「手が物体にした仕事」もしくは「手から物体にされた仕事」ということ。

ここで「する仕事」「される仕事」という言葉を使ったが、力の「作用・反作用」に区別はなく、どっちを作用と呼んでも反作用と呼んでもよかったのと同様に、二つの物体が力を及ぼしあっている時、「仕事をする」側と「仕事をされる」側というのはどっちがどっちでもよい。日常用語的には、原因を作った方が「仕事をして」、もう一方が「仕事をされた」と考えた方が感覚にあうが、そうである必要はないのである。図を見て「手が物体に仕事をするのはわかるが、物体が手に仕事をするのは変だ」などと考えてはいけない。物理用語と日常用語は区別して使おう[†13]。

手のエネルギーが $F\Delta x$ 減り、物体のエネルギーが $F\Delta x$ 増えるということを、右図のように「エネルギーが移動した」と解釈することもできる（力積を「運動量の移動」と考えたのと同様である）。

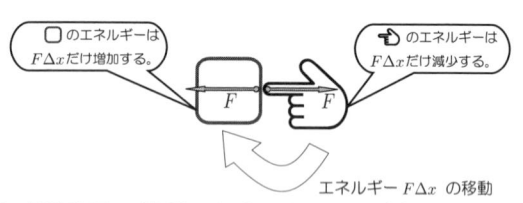

今の図のように直接押すのではなく、いろんな道具（てこ、シーソー、ペンチ、ジャッキなど）を使った場合でも、仕事を「エネルギーの移動」と考えることができる。それは、すぐ後で述べる「仕事の原理」のおかげで、道具を使っても仕事を増やすことはできないからである。仕事の原理がなければ、手のエネルギーが $F\Delta x$ 減った時に物体のエネルギーが $F\Delta x$ 増えるとは言えなくなってしまい、エネルギーは保存しなくなってしまう。

エネルギーというものを、「天下りに与えられるもので、それが保存するということは天の法則である」というふうに感じている人がよくいるのだが、そうではなく、むしろ「人間の都合で作ったもの」と考えた方がよいかもしれない（少なくとも初等力学を勉強している段階では）。運動方程式について説明した時、「運動方程式は物理法則である」ことを強調した。では「エネルギー保存則は物理法則なのか？」というと、違う。むしろ「エネルギーは保存するように定義された量である」と考えた方がよい。力に比べ、エネルギーは実体的な量ではないのである。

[†13] これを言うのは何度目だろうか？——物理で使う言葉と日常用語と同じものを使っているのがいけないのかもしれない。物理を勉強する時は、日常の感覚とは違う概念を学んでいるのだ、という覚悟と気概が必要である。

【補足】＋＋＋＋＋＋＋＋＋＋＋＋＋＋＋＋＋＋＋＋＋＋＋＋＋＋＋＋＋＋＋＋＋＋
　エネルギーや運動量が状態量であるのに対し、力積や仕事は状態量ではない。むしろ「状態量の変化」と結びつく量である[14]。

$$S' = S + f_入$$
または、$S' = S - f_出$

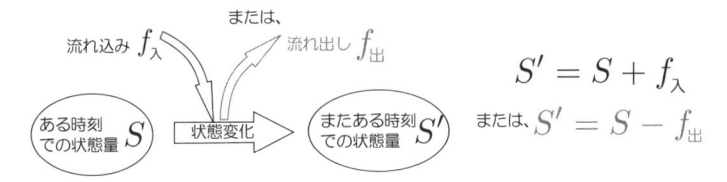

　状態変化を模式して書いたものが上の図であるが、「状態量 S」や「S'」がエネルギーまたは運動量に対応し、「流れ込み $f_入$」や「流れ出し $f_出$」がそれぞれ仕事または力積に対応する（「系が外部からされる仕事」「系が外部から与えられた力積」は流れ込みで、「系が外部にする仕事」「系が外部に与える力積」は流れ出し）。物理量が「状態量」なのか「流れ込み（流れ出し）」なのか、しっかり区別して理解した方がよい（特に熱力学を勉強するときには「熱」がどちらなのかに注意しよう）。
＋＋＋＋＋＋＋＋＋＋＋＋＋＋＋＋＋＋＋＋＋＋＋＋＋＋＋＋＋＋【補足終わり】

7.3.2　保存力と非保存力——保存力の条件

　重力と弾性力の場合では、位置エネルギーを定義することができ、仕事を（エネルギーの変化）＝（された仕事）という等式の右辺から左辺に移すことができた。新しい言葉をつかって表現すれば「重力と弾性力は**保存力**であった」。

　同様のことが他の力でもできるだろうか？——残念ながら、いつもできるとは限らない。つまりこの世には、保存力と非保存力があり、**ある性質を持った力**である時に限り、その力は保存力となり、この仕事を運動の端点のみに依存する形に書き換えることができるのである。保存力のする仕事は位置エネルギーの変化に書き直せるので、

（運動エネルギー＋位置エネルギーの変化）＝（保存力でない外力のした仕事） (7.28)

という形にまで持っていくことができる。

　保存力である例としては重力と弾性力を紹介したので、保存力でない例をいくつか紹介しよう。7.2.2節で考えた斜面を持ち上げる状況で、動摩擦力が

---
[14] 状態量を「溜まっているもの」という意味で「stock」、状態量の変化にあたる量を「流れ」の意味で「flow」と呼ぶこともある。

働いたとしよう。図に示したように、垂直抗力が $mg\cos\theta$ となり、動摩擦力はその μ 倍となる。結果、動摩擦力のする仕事は

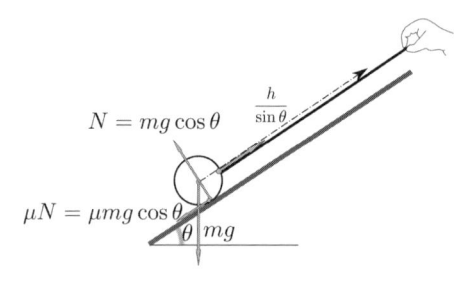

$$\mu mg\cos\theta \times \frac{-h}{\sin\theta} = -\mu mgh\frac{\cos\theta}{\sin\theta} \quad (7.29)$$

となる。これは明らかに角度 θ に依存するから、摩擦が働く場合は「同じ高さに持ち上げるときの仕事は同じ」とは言えなくなる。さらに重要なことは、動摩擦力は斜面と物体の間に働く力であるが、斜面の方は運動してない。つまり、動摩擦力が物体にする仕事は負だが、斜面にする仕事は0なのである（これではエネルギーが保存するはずはない）。

　動摩擦力に関してはもっと致命的なことがある。それは「上り」と「下り」で逆符号にならないことである。

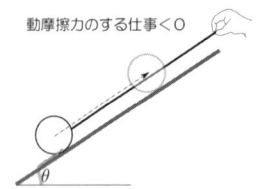

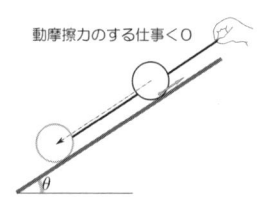

　それゆえに、元の場所に戻ってくるまでの間に摩擦力がした仕事が0にならない。もし（できないのだが）「動摩擦力の位置エネルギー」が定義できたとすると、その位置エネルギーは、同じ場所なのに「行ってくる前と行ってきた後では違う値を持つ」ことになってしまい、状態量ではない（履歴に依存する量となる）。そんなものはエネルギーとしては使えないのである。

　ある力が保存力であるための条件——「ある力のする仕事が途中の運動に依存せずに端点だけで決まるための条件」——はなんであろうか。まずすぐにわかることは、この力は物体のいる場所だけで決まる力でなくてはならない。動摩擦力の例でわかるように、同じ場所に物体がいても右に動いているか左に動いているかで力が変わってしまう（ひいては、仕事が変わってしまう）と、保存力にはなり得ない。よって保存力であるための必要条件は、力 $\vec{F}$ が場所 $\vec{x}$ の関数であること、「数式で表現すれば $\vec{F}(\vec{x})$ と書けること[15]」である。

---

[15] この $\vec{F}(\vec{x})$ という式は、$\vec{F}(x,y,z)$ の省略形である。

4.7.1 節で考えた速度に比例する抵抗などは保存力ではない。
→ p146

しかしこれだけでは条件として不十分である。単純な例として、図の灰色の部分（左側）には重力が働き、右側では働かないような場合を考えよう。つまり右側の部分だけが無重力状態になっているような（当然、こんな状況は現実には存在し得ない）場合である。このような状況では、まっすぐ上昇した場合と無重力状態に移動してから上昇し、その後無重力状態の場所から抜けてきた場合（図の経路Aと経路B）では、全く仕事量が違ってしまう。

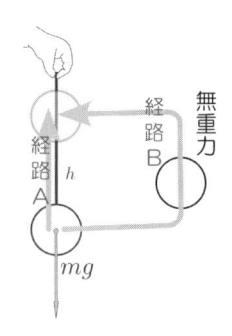

ある力が保存力であるためには、その力が場所によってのみ決まり、かつ力のなす仕事が移動経路によらず出発点と到着点だけで決まるようになっていなくてはならない。力 $\vec{F}(\vec{x})$ が保存力であるならば、対応する位置エネルギー $U(\vec{x})$ を求めることができて、（例えば(7.26)のように）
→ p206

$$\int_{\vec{x}_0}^{\vec{x}_1} \vec{F} \cdot \mathrm{d}\vec{x} = -U(\vec{x}_1) + U(\vec{x}_0) \tag{7.30}$$

と書くことができる。この積分の意味は、「$\vec{x}_0$ から出発して $\vec{x}_1$ に到着するような経路を微小部分に区切って、その微小移動 $\mathrm{d}\vec{x}$ とその場所で働く力 $\vec{F}(\vec{x})$ と内積を取り、それを経路ごとに足しあげた（積分した）」というものである。あるいは逆に

$$F_x = -\frac{\partial U(\vec{x})}{\partial x}, F_y = -\frac{\partial U(\vec{x})}{\partial y}, F_z = -\frac{\partial U(\vec{x})}{\partial z} \quad \left(\vec{F}(\vec{x}) = -\vec{\nabla} U(\vec{x})\right) \tag{7.31}$$

と書くこともできる。ここで $\vec{\nabla}$ という記号は「ナブラ」と読み、

$$\vec{\nabla} = \vec{e}_x \frac{\partial}{\partial x} + \vec{e}_y \frac{\partial}{\partial y} + \vec{e}_z \frac{\partial}{\partial z} \tag{7.32}$$

という微分演算子である（$\vec{F} = F_x \vec{e}_x + F_y \vec{e}_y + F_z \vec{e}_z$ を $\vec{F}(\vec{x}) = -\vec{\nabla} U(\vec{x})$ に代入して両辺を比較すればこれで(7.31)がちゃんと表現できている）。

具体的な例でこの式を確認しておく。重力では力は $\vec{F} = -mg\vec{e}_z$ である（この場合定数であるが、場所を決めれば決まる、という意味では立派な「場所の関数」である[†16]）。$\int \vec{F} \cdot \mathrm{d}\vec{x}$ という積分は結局 $\int F_z \, \mathrm{d}z$ だけが生き残り、

[†16] 実は場所を決めなくても決まっているのだが。

$W = -mg(z_1 - z_0)$ となるから、$U(\vec{x}) = mgz$ となる。逆にこれを微分すれば、$F_x = 0, F_y = 0, F_z = -mg$ である。

バネの弾性力の位置エネルギーは（まだ1次元的にしか考えてないので y, z 座標は無視すると）$U = \frac{1}{2}kx^2$ であるから、力は $F = -kx$ となり、たしかにフックの法則を再現する。ここで $F = -kx$ とマイナス符号がついているが、
→ p28
バネが伸びている時（$x > 0$）に力は x の減る方向（$F < 0$）となるのでこれでちょうどいいのである。3次元的に考えるならば $U = \frac{1}{2}k(x^2 + y^2 + z^2)$ となり、$F_x = -kx, F_y = -ky, F_z = -kz$ となる（ちゃんと3次元的に正しいフックの法則になる）。

7.3.3 仕事が経路によらない条件 ✚✚✚✚✚✚✚✚✚✚✚✚✚✚✚【補足】

$\int_{\vec{x}_0}^{\vec{x}_1} \vec{F} \cdot \mathrm{d}\vec{x}$ は出発点と到着点が指定されているもの「途中経過」が指定されていない、中途半端な式である。保存力である場合には途中経過によらないのだが、ではどのようなときに途中経過によらなくなるか？

非常に単純な例として、$\vec{x}_1 = \vec{x}_0 + \Delta x \vec{e}_x + \Delta y \vec{e}_y$（$\Delta x, \Delta y$ は微小な距離とする）である場合について、$\int_{\vec{x}_0}^{\vec{x}_1} \vec{F} \cdot \mathrm{d}\vec{x}$ を二つの経路（一方はまず x 方向に Δx 移動してから y 方向に Δy 移動する、もう一方は手順を逆にする）で計算してみて、同じになるためにはどうでなくてはいけないかを調べてみる。以下の計算では z 座標は無視して考える。

$$\int_{x_0}^{x_1} F_x(x, y_0) \, \mathrm{d}x + \int_{y_0}^{y_1} F_y(x_1, y) \, \mathrm{d}y \quad (7.33)$$

と

$$\int_{y_0}^{y_1} F_y(x_0, y) \, \mathrm{d}y + \int_{x_0}^{x_1} F_x(x, y_1) \, \mathrm{d}x \quad (7.34)$$

の差であるから、同じ積分をやっているものどうしをくくると、

$$\int_{x_0}^{x_1} (F_x(x, y_0) - F_x(x, y_1)) \, \mathrm{d}x + \int_{y_0}^{y_1} (F_y(x_1, y) - F_y(x_0, y)) \, \mathrm{d}y \quad (7.35)$$

となる[†17]。二つの近似をする。まず $x_1 = x_0 + \Delta x, y_1 = y_0 + \Delta y$ という状況で考えていることを思い出して、Δ が微小の時 $f(x + \Delta) = f(x) + \Delta \frac{\mathrm{d}f}{\mathrm{d}x}(x) + \mathcal{O}(\Delta^2)$

[†17] 力 F_x, F_y の引数（どの場所の力を計算しているのか）によく注意してこの式を見ること！

7.3 力学的エネルギーの保存

と書いた[18]ことを思い出して、

$$F_y(x_1,y)-F_y(x_0,y) = \Delta x\frac{\partial F_y}{\partial x}(x_0,y), \quad F_x(x,y_0)-F_x(x,y_1) = -\Delta y\frac{\partial F_x}{\partial y}(x,y_0) \tag{7.36}$$

となる[19]。∂ という微分記号に慣れてない人は付録A.8.1節を見よ。これから
→ p348

$$-\int_{x_0}^{x_1} \mathrm{d}x \frac{\partial F_x}{\partial y}(x,y_0)\Delta y + \int_{y_0}^{y_1} \mathrm{d}y \frac{\partial F_y}{\partial x}(x_0,y)\Delta x \tag{7.37}$$

とする。

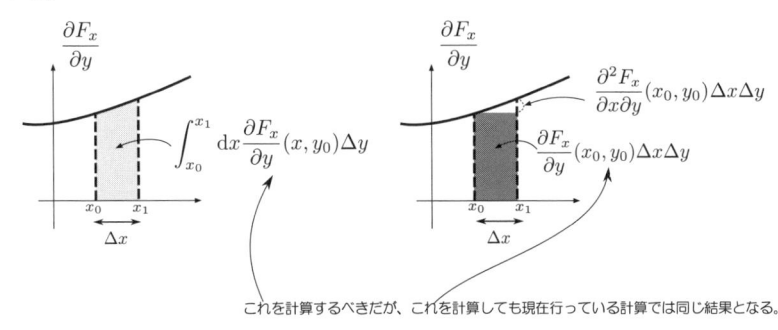

上の図のように考えて、さらに積分もどうせ狭い範囲で行なうのだから、$\int_{x_0}^{x_1} \mathrm{d}x \to \Delta x$ のように単なる微小長さを掛けるだけの計算にする。結局経路による仕事の差は

$$\left(-\frac{\partial F_x}{\partial y}(x_0,y_0) + \frac{\partial F_y}{\partial x}(x_0,y_0)\right)\Delta x\Delta y \tag{7.38}$$

となる。ここでこうして、力が $\dfrac{\partial F_y}{\partial x} - \dfrac{\partial F_x}{\partial y} = 0$ を満たしていれば、微小部分だけ違う二つの経路で仕事に差がないことがわかった。

今は x-y 平面上で考えたが、当然他の方向でも同じことが言えなくてはいけないので、

$$\frac{\partial F_z}{\partial y} - \frac{\partial F_y}{\partial z} = 0, \frac{\partial F_x}{\partial z} - \frac{\partial F_z}{\partial x} = 0, \frac{\partial F_y}{\partial x} - \frac{\partial F_x}{\partial y} = 0 \tag{7.39}$$

の三つがすべて（しかもすべての場所で）満たされなくてはいけない。これで任意

---

[18] $\mathcal{O}(\ )$ という記号については p327 を見よ。
[19] ここで「**どうせ微小だから Δx や Δy は 0 だ**」と早とちりしないようにしよう。そんなことをすると、「$0=0$」という意味のない式が出てきて途方にくれる。

の経路に対して仕事が変わらないということが言える。なぜなら任意の二つの経路の仕事の差は、今考えた微小な仕事の差の足算で必ず書くことができるからである。

$\dfrac{\partial F_z}{\partial y} - \dfrac{\partial F_y}{\partial z}$

$\dfrac{\partial F_x}{\partial z} - \dfrac{\partial F_z}{\partial x}$

$\dfrac{\partial F_y}{\partial x} - \dfrac{\partial F_x}{\partial y}$

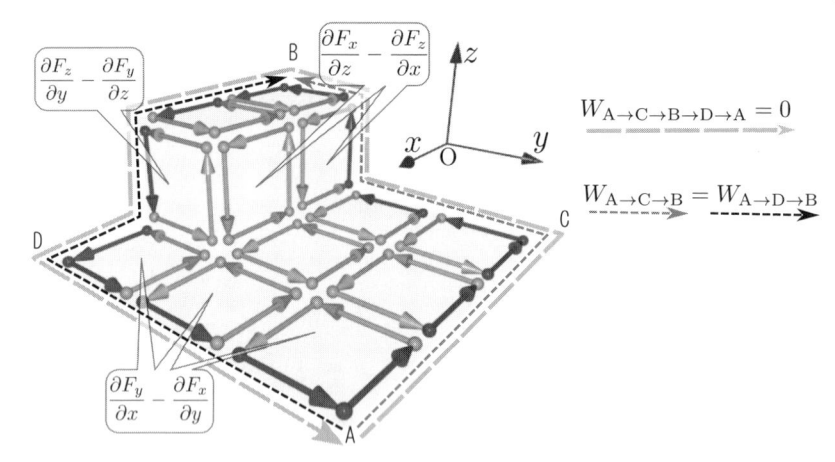

$W_{\text{A}\to\text{C}\to\text{B}\to\text{D}\to\text{A}} = 0$

$W_{\text{A}\to\text{C}\to\text{B}} = W_{\text{A}\to\text{D}\to\text{B}}$

図に描き込まれた矢印でできた四角形一個一個が(7.39)で表される「微小面積をぐるっと回った時の仕事」である。これを組み合わせていくことで、図では黒で示した矢印にそって動かした時の仕事以外の仕事は（逆向き矢印と足し合わせされるので）消えてしまう。これは「任意の経路で一周した時にトータルの仕事は0である」ことを示していることになるのである。そしてそれは、図に破線で書き込んだ「A地点からB地点に行く」時の仕事が、Cを経由していくかDを経由していくかで変わらないことを示している。

(7.39)は記号$\vec{\nabla}$を使うと、$\vec{\nabla} \times \vec{F} = 0$とコンパクトに書くことができる。電磁気や流体力学ではこの計算が非常に重要になる。

重力$\vec{F} = (0, 0, -mg)$にしろ、バネの弾性力$\vec{F} = (-kx, -ky, -kz)$にしろ、この条件をちゃんと満たしている（だから位置エネルギーが存在できる）。

✦✦✦✦✦✦✦✦✦✦✦✦✦✦✦✦✦✦✦✦✦✦✦✦✦✦✦✦✦✦✦✦✦【補足終わり】

7.3.4 物体の変形による仕事の不一致

エネルギーが保存しなくなるのはどういう時か、ということについて一つの考察をしておこう。もちろん前節で書いたような「保存力でない力が働いた場合」がその例であるが、それにはどのような可能性があるだろうか。もう一度エネルギーの保存がどのように導かれたかに戻り、保存しなくなる可能性を探ろう。7.3.1節で書いたように、一方がされる仕事が$F\Delta x$であった時にもう一方のされる仕事が$-F\Delta x$である、という「仕事は足して0」という関係が成立していて、はじめてエネルギーの保存が結論できる。

7.3 力学的エネルギーの保存

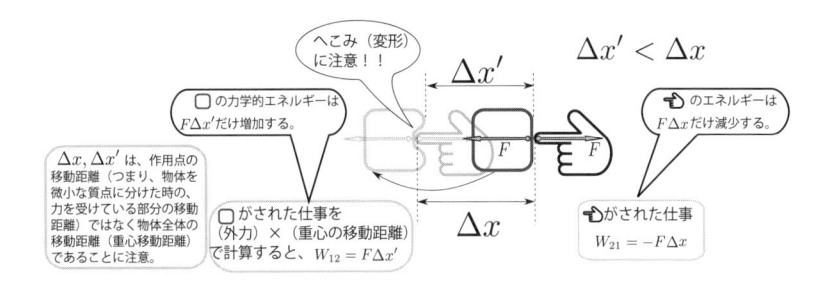

(図中の注記:
- へこみ(変形に注意!!)
- □の力学的エネルギーは $F\Delta x'$ だけ増加する。
- $\Delta x' < \Delta x$
- ☝のエネルギーは $F\Delta x$ だけ減少する。
- $\Delta x, \Delta x'$ は、作用点の移動距離(つまり、物体を微小な質点に分けた時の、力を受けている部分の移動距離)ではなく物体全体の移動距離(重心移動距離)であることに注意。
- □がされた仕事を(外力)×(重心の移動距離)で計算すると、$W_{12} = F\Delta x'$
- ☝がされた仕事 $W_{21} = -F\Delta x$)

ところが、上の図のように押された物体が変形した場合、二つの物体の移動距離[20]は同じにならず、仕事の絶対値も同じではなくなってしまう。この絵の状況では、増えるエネルギーの方が小さくなってしまうため、全体のエネルギーは減る。よってエネルギー保存則が成立しなくなる原因の一つの例として、「**物体の変形が原因で「する仕事」と「される仕事」が同じでなくなった**」をあげることができるであろう。この場合、エネルギーは物体の変形に消費された、ということになる。その他には熱(衝突箇所が熱くなる)[21]や音(どかん、と衝突音がなる)や光(火花が出る)等になる。

ただし、この「変形する」物体がその変形に使われた仕事をエネルギーとして保持してくれていれば、その分のエネルギーも含めることでエネルギーの保存は成立する。バネを例にして確認しよう。

二つの物体(各々の質量を M, m とする)がある。その間にバネ定数 k で自然長が L の(質量が無視できる)バネがある。時刻 t での物体 M, m の位置座標をそれぞれ $x_M(t), x_m(t)$ とする。

この時のバネの長さは $x_m(t) - x_M(t)$ で、自然長の状態から $x_m(t) - x_M(t) - L$ だけ伸びているから、ここで解くべき運動方程式は以下のとおりである。

$$\begin{aligned} M\frac{\mathrm{d}^2 x_M(t)}{\mathrm{d}t^2} &= k\left(x_m(t) - x_M(t) - L\right) \\ m\frac{\mathrm{d}^2 x_m(t)}{\mathrm{d}t^2} &= -k\left(x_m(t) - x_M(t) - L\right) \end{aligned} \quad (7.40)$$

---

[20] □の方は移動距離を重心の移動距離にして仕事を計算していることに注意。作用点の移動を使う場合と、仕事の定義に2種類あることになる。物体を質点とみなした場合の「される仕事」を考えたいときは重心移動の方を使う(本書ではここ以外は作用点の方を使う)。

[21] 熱の単位として仕事と同じ J(ジュール)を使うのはそのため。なお、よく使われる熱の単位であるカロリーは、ジュールと、1cal=4.1855J という関係がある。

ここでバネの力が物体 M には正の向き、物体 m には負の向きで働いていることに注意しよう。

微小時間 dt の間に物体 M が dx_M、物体 m が dx_m だけ移動したとすると、「物体 M にされる仕事」は $M\dfrac{d^2 x_M(t)}{dt^2} dx_M$ で、「物体 m にされる仕事」は $m\dfrac{d^2 x_m(t)}{dt^2} dx_m$ である。この二つ

$$\begin{aligned} M\frac{d^2 x_M(t)}{dt^2} dx_M &= k\left(x_m(t) - x_M(t) - L\right) dx_M \\ m\frac{d^2 x_m(t)}{dt^2} dx_m &= -k\left(x_m(t) - x_M(t) - L\right) dx_m \end{aligned} \quad (7.41)$$

の和は（$dx_M = dx_m$ でない限り）0 にはならない。右辺の和

$$-k\left(x_m(t) - x_M(t) - L\right)\left(dx_m - dx_M\right) \quad (7.42)$$

は「−(バネのたくわえる弾性エネルギーの変化)」になっている。確認しよう。バネの自然長からの伸びは $x_m(t) - x_M(t) - L$ なのだから、その弾性エネルギーは $\dfrac{1}{2}k\left(x_m(t) - x_M(t) - L\right)^2$ であり、$x_m(t)$ と $x_M(t)$ がそれぞれ dx_m, dx_M だけ変化した時の変化量は（定数 L は変化しないことに注意）

$$\begin{aligned} &\frac{1}{2}k\left(x_m(t) + dx_m - x_M(t) - dx_M - L\right)^2 - \frac{1}{2}k\left(x_m(t) - x_M(t) - L\right)^2 \\ &= \frac{1}{2}k\left(2x_m(t) - 2x_M(t) - 2L + \cancel{dx_m} - \cancel{dx_M}\right)\left(dx_m - dx_M\right) \\ &= k\left(x_m(t) - x_M(t) - L\right)\left(dx_m - dx_M\right) \end{aligned} \quad (7.43)$$

である（1 行めから 2 行目の変形には $a^2 - b^2 = (a+b)(a-b)$ を使っている）。さらに、dx が微小であることから $\mathcal{O}(dx^2)$ になる項を無視した（式に／で示した）。

こうして、バネの変形によって失われた仕事 (7.42)×(−1) は、ちょうどバネの弾性力のエネルギーの増加 (7.43) になっていることが確認できた。

エネルギーがちゃんと保存してくれるのは、「変形しない物体」と「変形するが、その変形に使われた仕事がエネルギーという形で保持される物体」[†22]に限られる。現実の物体ではこれが満たされていない場合も多い（ただしその場合も、変形に使われたエネルギーをちゃんと計算できるならば保存則の式を立てることはできる）。

[†22] このような性質を持つ物体を『弾性体』と呼ぶ。

7.3 力学的エネルギーの保存

1.6.3節で考えたようにミクロな立場で見れば、物体が変形するということは物体を作っている原子分子の間の「仮想的なバネ」が自然長から伸び縮みするということであるとも考えられる。

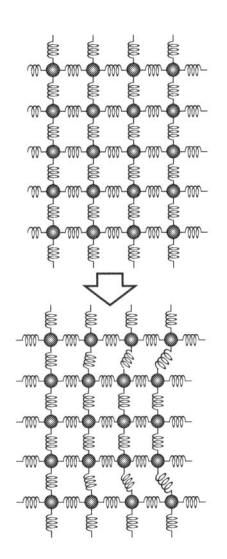

このバネにあたるものが蓄えるエネルギーが、ここで失ってしまったエネルギーの一部である。215ページに書いたように、現実の現象においてはいろいろな理由によりエネルギーが失われる。しかし、失われたエネルギーはミクロな目でみればなんらかの形で残っているのである[23]。

"失われた"エネルギーの行き先には「内部エネルギー」（温度によって変化するエネルギーで、熱によって出入りする）や「化学的エネルギー」（物質の化合状態によって変化するエネルギーで、物質の化学反応によって出入りする）などがある。これらの「力学的」でないエネルギーも考慮にいれると、全エネルギーはちゃんと保存するようになっている。

---------- 練習問題 ----------

【問い 7-2】 摩擦がなく床面を速度 V で進んでいる台車の上に人間が乗り、質量 m のボールを前方に向かって投げた。ボールが速度 $v(>V)$ で飛んでいくと、台車および人間（あわせて質量 M とする）の速度は V' に変わった。

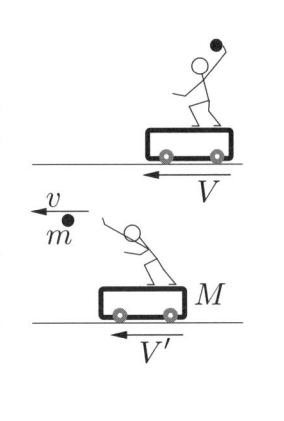

(1) 運動量保存則を使って V' を求めよ。
(2) このとき、全運動エネルギーはどれだけ変化しているか。
(3) その変化はどのような「仕事」から得られたか？—定性的にでよいので考察せよ。

重力の影響は無視して考えよ。

ヒント → p382 へ　解答 → p393 へ

---

[23] 例えば「エネルギーが熱となって失われている」という時、分子レベルまで見ればエネルギーが増加している部分（分子運動のエネルギーなど）があってトータルのエネルギーは保存している。ここまで考えるのは初等力学の範囲を超えるので、興味を持った人は熱力学・統計力学などを勉強していただきたい。

7.4 仕事の原理

「変形しない物体」であれば、仕事が増えたり減ったりすることは本当にないのだろうか？——この疑問に対する答となるが**仕事の原理**である。

7.4.1 仕事の原理の実例

物体は、持っているエネルギーを減少させることによって、それだけの仕事を外部になすことができる。となると、「できる限り多くの仕事をさせたい」と考えるのは当然であり、「なんらかの仕掛けをもって物体の仕事を増幅することはできないのだろうか？」と思案したくなる。ここでは、いろんな道具を考えて、仕事を増やせるかどうかについて考えてみよう。

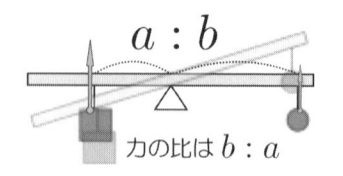

まず、てこを考えよう。シーソーのような状況を考えてみると、たしかに支点からの腕の長さに反比例して力の強さが変わるのだから、「力を強くした」という意味では「得をした」と考える。しかし仕事ではどうであろうか。図でわかるように、力が $b:a$ の比で強くなった替りに移動距離は（腕の長さに比例して）$a:b$ になるのだから、仕事 $W = \int \vec{F} \cdot \mathrm{d}\vec{x}$ はどちらでも同じになってしまう。つまり、てこでは力は強くできても仕事は増やせない。

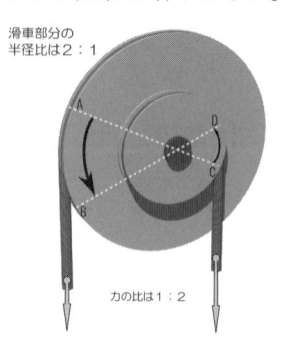

シーソー同様の「力を強くするシステム」としては、右図のように半径の違う滑車を組み合わせたものもある。二つの張り合わされた滑車が軸の周りに回転すると、外側の滑車が糸に引っ張られる距離（A→B）は、内側の滑車の糸が引っ張る距離（C→D）よりも長い（図では2：1の比になる）。こうしてやはり力が強くなった分だけ距離が長くなり、仕事の量は変化しない。

[†24] もちろん、これは「道具が役に立たない」と言っているのではない。必要な力を小さくしてくれる道具は、とってもありがたいものである。

[†25] 法則が成立することを確認するには慎重な確認が必要である。エネルギー保存則はそういう慎重な確認の結果として得られている法則である。降って湧いたものでもないし、誰かえらい人がそう決めたからそうしようというような押し付けでもない。

7.4 仕事の原理

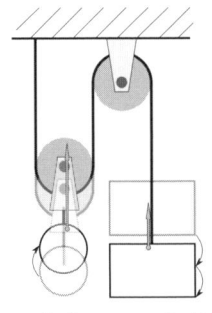

次に動滑車を考えてみよう。左図のような動滑車では、力の強さを2倍にできる。しかしその替り、糸を2ℓ引っ張っても物体はℓしか上がらない。仕事はやはり変化していないのである[†24]。

てこの原理を利用して弱い力で強い力を出す仕組みとしては、他にも歯車の組み合わせ、ドライバーや釘抜き、ペンチなどの大工道具などもある。

もう一つ、力を増やす仕組みとしては流体（水や油など）を使ったピストンとシリンダーを使う仕組みがある。静止した流体では圧力が等しいので、ゆっくりとピストンを押す場合、力は面積に比例して増えたり減ったりする。この場合も、同じ体積の流体が移動してきた時は面積が大きければ移動距離が小さいので、仕事$F\Delta x$は一定となる（力$F = PS$と面積に比例するが、$\Delta x = \dfrac{\Delta V}{S}$と体積変化が一定なら面積に反比例する）。よってこの場合も、仕事は増やせない。

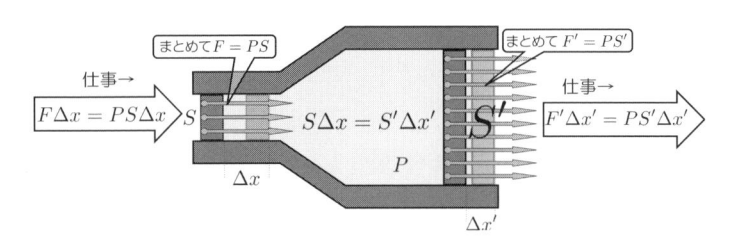

道具とは違うが、7.2.2節で考えたように、物を移動するとき、重力のする仕事は経路によらない、ということも「同じ効果をなすのには同じだけの仕事が必要」だということを意味している。力を強くして人間の作業をやりやすくしてくれる仕組みは日常のいろんなところで役立っているのだが、その仕組みも決して、仕事を増やしてはくれないのである。

以上から、「**道具を用いて、仕事を増やすことはできない**」という原理を経験的に読み取ることができる（証明は次節）。これを「仕事の原理」と呼ぶ。

仕事の原理が成り立つことはエネルギー保存の法則にとって大変重要である。この原理が破られることがあれば、そのような道具を使って仕事を増加させることでエネルギーを増加させることができることになり、エネルギー保存則には何の意味もなくなってしまうであろう[†25]。

7.4.2 仕事の原理の証明

前節で仕事の原理を「経験的に読み取ることができる」と述べた。では、これはどのように、何から証明されるものであろうか。

> この節の内容を理解するには、第3章で考えた剛体のつりあい（特に力のモーメント）の理解が必要である。第3章が未読の人は、第3章を今から読むか、仕事の原理を「経験から得られた原理である」として認め、次へ進むこと。

仕事の原理は質量が無視できる剛体で作った道具に関して証明できる。

まず、ある質量が無視できる剛体があって、剛体の上の点 $\vec{x}_i (i=1,2,\cdots,N)$ に各々外力 $\vec{F}_i$ が働いているとしよう[†26]。そして、剛体とは変形しない点であったから、$\vec{x}_i$ のそれぞれは運動しても、相互の位置関係は変わらないとしよう。具体的には、任意の i,j に対して $|\vec{x}_i - \vec{x}_j| = L_{ij}$ という長さ（図には一部のみを示している）は変化しないものとする。

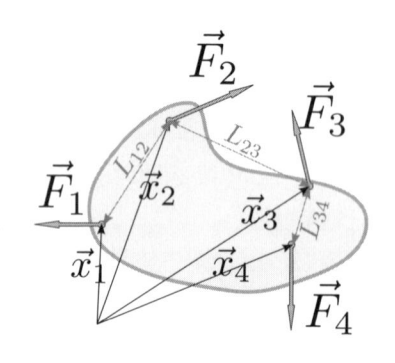

ここで考える剛体は質量がないと仮定した。質量のある剛体が動くと、剛体も運動エネルギーを持つ。どのようにエネルギーを持つかは後で考えよう（ここではそれが0ではないことを認識していれば十分である）。あるいは剛体の位置が上下に運動すれば剛体の重力の位置エネルギーも増減する。剛体で作られた道具自体のエネルギーが増減すると、当然その分だけ仕事が増減することになる。それは計算を少しややこしくするので、ここではその煩雑さを避けて剛体自体は質量がないもしくは無視できるほど小さい（ゆえに剛体自体はいかなる意味でもエネルギーを持たない）とする。

質量がない剛体に関しては、たとえその剛体が運動していたとしても、そこに働く力と力のモーメントがつりあわなくてはいけない[†27]。すなわち、

[†26] この他にも剛体の内部に3.5.3節で説明した応力が「内力」として働いているが、内力の効果は消し合うから考慮に入れない。また、外力の作用点での摩擦などによるエネルギー損失はないとする。

[†27] $\vec{F}=m\vec{a}$ の $m=0$ なのでつりあいの式が成立する。力のモーメントについてはまだ $\vec{F}=m\vec{a}$ にあたる式(8.6)を出していないが、同様に質量がない物体に対するモーメントは0になっていなくてはいけない。

7.4 仕事の原理

$$\sum_{i=1}^{N} \vec{F}_i = 0, \quad \sum_{i=1}^{N} \left(\vec{x}_i \times \vec{F}_i\right) = 0 \tag{7.44}$$

が成り立つ。この時、剛体に行なわれる仕事は $\sum_{i=1}^{N} \vec{F}_i \cdot \Delta \vec{x}_i$ である。$\Delta \vec{x}_i$ は、この剛体の上の N 個の点の変位ベクトルであるが、$\vec{x}_i$ それぞれが独立ではないのだから、Δx_i それぞれも独立ではない。相互の関係 $|\vec{x}_i - \vec{x}_j| = L_{ij}$ を崩さないように動こうとすると剛体の動きは「並進」と「回転」しかない。

もし剛体が回転することなく並進しているのであれば、$\Delta \vec{x}_i = \Delta \vec{X}$ のようにすべての $\Delta \vec{x}_i$ が等しくなる(これなら相互関係は崩れない)。その場合、

$$\sum_{i=1}^{N} \vec{F}_i \cdot \underbrace{\Delta \vec{x}_i}_{\Delta \vec{X}} = \underbrace{\left(\sum_{i=1}^{N} \vec{F}_i\right)}_{=0} \cdot \Delta \vec{X} = 0 \tag{7.45}$$

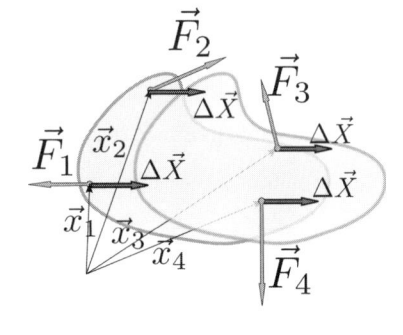

となって、剛体になされる仕事は確かに 0 となる。ここで言う「剛体になされる仕事」とは、「剛体の各部分(その位置ベクトルが $\vec{x}_i$ で表される)になされる仕事の和」という意味である。各部分の一つ一つは質点であるので、外部からされる仕事は外部に対してする仕事とちょうど逆符号となる。

次に、原点を中心とした微小角度 $d\theta$ の回転であったとしよう。その時は、回転軸を $\vec{e}$ として、$\Delta \vec{x}_i = d\theta\, \vec{e} \times \vec{x}_i$ のように書ける(B.4 節を参照)。これを使って、

$$\begin{aligned}&\sum_{i=1}^{N} \vec{F}_i \cdot \underbrace{(d\theta\, \vec{e} \times \vec{x}_i)}_{\Delta \vec{x}_i} \\ &= d\theta\, \vec{e} \cdot \underbrace{\left(\sum_{i=1}^{N} \vec{x}_i \times \vec{F}_i\right)}_{=0} = 0\end{aligned} \tag{7.46}$$

のように計算すると、この仕事も(力のモーメントのつりあいの式を使って)0 である[28]。

---

[28] 内積と外積に関する公式 (B.30) $\left(\vec{a} \cdot (\vec{b} \times \vec{c}) = \vec{b} \cdot (\vec{c} \times \vec{a})\right)$ を使った。
→ p363

原点以外の任意の点（Pとしよう）を中心とした回転は「まずPが原点になるように平行移動する」「その原点（つまりP）の周りに回転する」「逆の平行移動をして戻す」という3段階に分けて考えると、各段階で仕事は0であるから、やはり剛体が全体としてする仕事は0である。

こうして、剛体でできた器具がどのように運動しようと、その剛体に働く力と力のモーメントがつりあっている限り、剛体は全体として外部に仕事ができないことが示された。これはつまり、この器具になんらかの仕事がされたとすれば、同じだけの仕事を器具は外部に対してなす。つまり「剛体でできた器具は仕事を増やしも減らしもしない」ことがわかった。これが仕事の原理[29]である[30]。

ここでは剛体を使ったが、変形する物体であっても、その変形が仕事を変えてしまわないような変形なら、仕事の原理はちゃんと成り立つ。例えばガソリンエンジンなどに組み込まれているクランクというメカニズム（右の図）は、ピストンの往復運動を回転運動に変える装置であるが、摩擦を無視するならば仕事は増えも減りもしない。

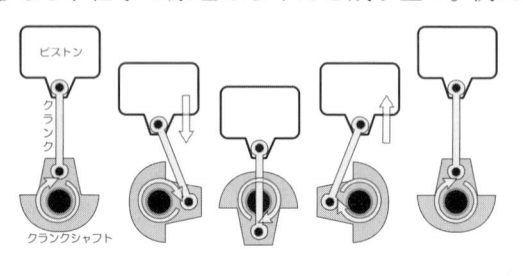

7.3.4節の例では物体の変形によりする仕事とされる仕事に差が生じ、エネルギーの損失があった。この場合との違いは、回転の過程においてクランクと他の部品との接合部分は常に同じ動きをすることである。つまり、クランクと他の部品との接合部において、接合部の変位ベクトル$\Delta \vec{x}$が共通である。力$\vec{F}$は作用・反作用の法則により大きさが同じで向きが逆なので、接合部を通じて受け渡しされる仕事の量が同じになる。

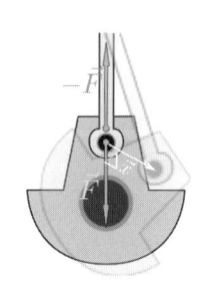

---

[29] 「原理」という言葉は証明したり他の法則から導いたりすることができない法則に対して使われることが多い。仕事の原理は証明できるのに「原理」というのは妙に聞こえるかもしれないが、こっちを原理にして力のつりあいや力のモーメントのつりあいを法則として導くこともできる。

[30] ここでは、実際に剛体が動いた（並進したり回転したりした）と考えて仕事が0であることを示したが、実は、つりあいの状態にありさえすれば、仮想的な運動（実際に動いてなくてもかまわない）に対しても仕事は0になる。これは「仮想仕事の原理」と呼ばれ、逆にこれをつかってつりあいの条件を考えられる。さらにこの考え方が解析力学でも重要になる。

滑車にかかった糸の場合も同じで、曲がったりまっすぐになったりするので変形していることになるが、糸を微小な区間で分けて、その各微小部分を上のクランク同様に考えればやはり仕事は増えも減りもしない。

7.4.3 永久機関

　力学的エネルギーという概念、そしてその保存則を理解するために、ここでは「永久機関」と呼ばれる仮想的な機械を考えよう。例えば車のエンジンは車を動かすという「仕事」をしている。車のエンジンなら、ガソリンという「エネルギー源」が必要である。外部から燃料を注入しなくても「仕事」をし続ける機関のことを「**永久機関**」と呼ぶ[†31]。

　永久機関の一例を右の図に示した。棒とその先にあるおもりが回転することで、左と右で状態が違ってくる。例えば図の2番と6番では、6番の方が中心軸より内側にあるから、モーメントを計算すると2番の作る時計回りのモーメントの方が大きい。よって機械は時計回りに回転する（ような気がする）。

　しかしこれは「2番と6番」という二つを取り出したことによる錯覚である。「1番と5番」「3番と7番」は同様に時計回りのモーメントを作るが、「4番と8番」の組み合わせはむしろ、反時計回りに回そうとする力のモーメントを作りそうである。

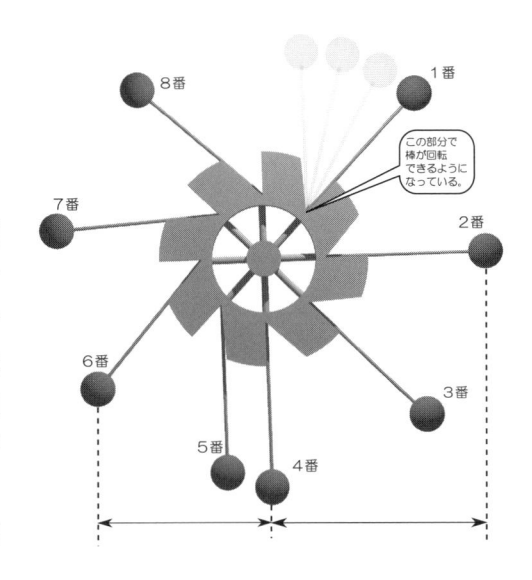

　ちゃんと8個のおもりの作るモーメントを計算してみればこのモーメントはある状況は時計回り、ある状況は反時計回りとなり、その中間点にモーメントがちょうど消える場所があり、そこがつりあいの位置となる。

[†31] 時々勘違いしている人がいるが、永久に動き続けるだけならそれはエネルギー損失がないだけのことで、永久機関とは呼べない。永久機関と呼べるのは「永遠に仕事をし続ける」場合である。

そんなことはこの章で仕事とエネルギーについて考えた人ならば、もう当然のことになっているはずだ。この機械が一周回転する間におもりに対して重力のなす仕事を考えてみれば、それは重力の位置エネルギー mgh の変化である。一周して戻ってくる、と考えた時点でトータルの仕事は0になるに決まっているのである。

永久機関として、磁石を使った次の図のようなものある。

磁石に引っ張られ、斜面を登る

斜面がなくなったので、下に落ちる。

下にあるゆるい斜面を転がって、元の位置に戻る。

磁石による力も保存力である。保存力と保存力を足した力はやはり保存力なので、磁石の力によって仕事がどんどんできるということは、残念ながら有り得ない。ガソリンなしで車を動かせないだろうか、というのは人類誰でも夢見ることである。しかしそれが果たせないことは仕事の原理とエネルギー保存則によって示されているのである[32]。

逆に「永久機関などない」ということから力学の法則を導くこともできる。次の図は「ステヴィンの三角柱」[33]と呼ばれる永久機関風の装置である。

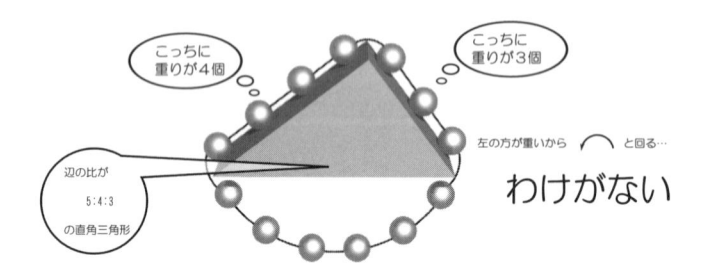

こっちに重りが4個

こっちに重りが3個

辺の比が 5:4:3 の直角三角形

左の方が重いから ⌒ と回る…

わけがない

ステヴィンは「これが動かないことから力の分解の法則を見つけることが

---

[32] 物理学は夢のない学問であろうか。しかし人が夢見ているかどうかにかかわらず、ダメなものはダメなのである。ダメなことがわかった夢をいつまでも見ているより、より可能性がある夢の方向へと手を伸ばした方がよい。それが正しい夢の見方というものだ。物理学は人が無益な夢にとらわれずに正しい夢を見るための手助けをしてくれているのだと信じたい。

[33] ステヴィンは、16世紀の数学者・物理学者。ここで述べた力の合成則の他、仕事の原理に近いものも見つけている。
→ p218

できる」と主張した[†34]。

　左右の辺に乗った四つと三つの物体を一個にまとめて $4m, 3m$ の質量のある物体として書きなおしたのが右の図である。それぞれのおもりに働く重力は $4mg$ と $3mg$ と違う大きさだが、力を分解して斜面に平行な方向の成分を求めると、全く同じになる。逆に、上のような機械が動かないことが「力がベクトルで分解できる」ことを示しているのである。重りの数の比と、重力のうち斜面に平行な成分の比がちょうど逆比になっている。

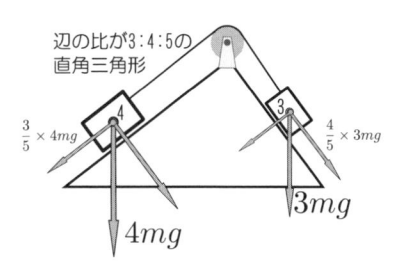

7.5　エネルギー・運動量保存則を使える例

7.5.1　非対称振り子

　例えば図のような「非対称振り子」で、物体がどの位置まで登ることができるか、という問題は、エネルギー保存を考えるとただちに、「出発点と同じ高さまで」とわかる。しかしここで「糸の張力」は物体にとっては外力である。外力である張力（保存力ではない）は(7.28)の右辺の「外力のした仕事」のところに貢献するはずなのだが、エネルギーが保存しているのはなぜだろうか。実はこの場合張力は常に運動方向に垂直なので、仕事をしないのである。よって、（エネルギーの変化）＝0 という形の保存則が使える。確認しておくと、

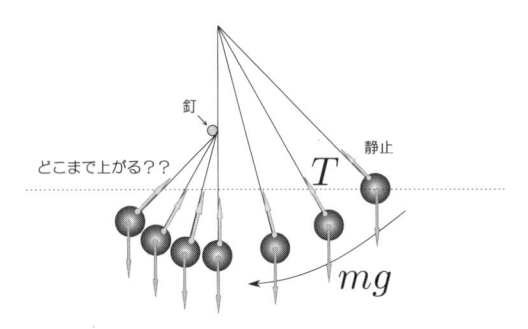

- 重力は保存力なので、エネルギー変化のみを考えればよい。
- 張力は仕事をしないので、エネルギー変化に寄与しない。

という二つの事情で、エネルギー保存則だけで問題が解ける。

[†34] ステヴィンはこれが永久機関になると主張したのではない。だから『永久機関』と書かず『永久機関風の装置』と書いた。

7.5.2 滑車

演習問題4-1で考えた滑車と物体の組みについても、エネルギー保存則は使える。この場合張力Tは仕事をする。しかし、二つの張力のする仕事は消し合うのである（これも仕事の原理のおかげである）。張力そのものは（同じ向きを向いているので）消し合わないが、仕事は（物体の運動方向が逆になっているおかげで）消し合ってくれる。動滑車、てこ、シーソーなどの他の道具を使っても、この状況は変わらない。

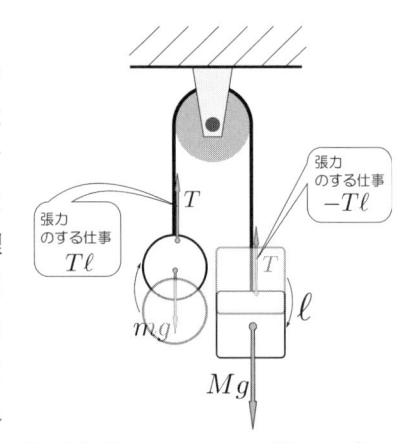

初速度0で、Mの方がℓ下がった時（mの方はℓ上がっていることに注意）の速度をvとすると、エネルギー保存則から

$$0 = \frac{1}{2}mv^2 + \frac{1}{2}Mv^2 + mg\ell - Mg\ell \tag{7.47}$$

という式が成り立つ（張力のする仕事は足して0だから計算に入ってこない）。これからvを求める計算ができる。

7.5.3 衝突現象における保存則

6.3.2節で考えた衝突現象におけるエネルギー保存について考えてみよう。

$$\begin{aligned} m_1\vec{v}_1 + m_2\vec{v}_2 &= m_1\vec{v}_1' + m_2\vec{v}_2' \\ m_1(\vec{v}_1' - \vec{v}_1) &= -m_2(\vec{v}_2' - \vec{v}_2) \end{aligned} \tag{7.48}$$

が成立する（一行目は運動量保存の式であり、二行目は同じことを「運動量の移動が逆向きで等しい」と表現した式）。ここで速度を$\vec{v} = \vec{v}_\perp + \vec{v}_\parallel$のように「衝突面に垂直な成分$v_\perp \vec{e}_\perp$」（$\vec{e}_\perp$は、衝突面に垂直な方向の単位ベクトル）と「衝突面に平行な成分$\vec{v}_\parallel$」に分けたとすると、後者は変化しないので、

$$\begin{aligned} m_1 v_{1\perp} \vec{e}_\perp + m_2 v_{2\perp} \vec{e}_\perp &= m_1 v_{1\perp}' \vec{e}_\perp + m_2 v_{2\perp}' \vec{e}_\perp \\ m_1(v_{1\perp}' - v_{1\perp}) &= -m_2(v_{2\perp}' - v_{2\perp}) \end{aligned} \tag{7.49}$$

というのが意味のある部分となる。またはね返り係数は

7.5 エネルギー・運動量保存則を使える例

$$e = \frac{|v'_{1\perp}\vec{e}_\perp - v'_{2\perp}\vec{e}_\perp|}{|v_{1\perp}\vec{e}_\perp - v_{2\perp}\vec{e}_\perp|} = \frac{v'_{2\perp} - v'_{1\perp}}{v_{1\perp} - v_{2\perp}} \tag{7.50}$$

と書ける（衝突前と衝突後で相対速度は逆を向いているので、最後の表現では分母と分子で引き算を逆にしている）。運動エネルギーの変化

$$\Delta E = \frac{1}{2}m_1|\vec{v}'_1|^2 + \frac{1}{2}m_2|\vec{v}'_2|^2 - \frac{1}{2}m_1|\vec{v}_1|^2 - \frac{1}{2}m_2|\vec{v}_2|^2 \tag{7.51}$$

のうち、衝突面に平行な部分はどうせ変化しないので、垂直成分だけが関係し、

$$\Delta E = \frac{1}{2}m_1(v'_{1\perp})^2 + \frac{1}{2}m_2(v'_{2\perp})^2 - \frac{1}{2}m_1(v_{1\perp})^2 - \frac{1}{2}m_2(v_{2\perp})^2 \tag{7.52}$$

と書いてよい。これを少し順番をかえて

$$\Delta E = \underbrace{\frac{1}{2}m_1(v'_{1\perp})^2 - \frac{1}{2}m_1(v_{1\perp})^2}_{\frac{1}{2}m_1(v'_{1\perp}-v_{1\perp})(v'_{1\perp}+v_{1\perp})} + \underbrace{\frac{1}{2}m_2(v'_{2\perp})^2 - \frac{1}{2}m_2(v_{2\perp})^2}_{\frac{1}{2}m_2(v'_{2\perp}-v_{2\perp})(v'_{2\perp}+v_{2\perp})} \tag{7.53}$$

のように因数分解から、運動量保存則から $m_2(v'_{2\perp} - v_{2\perp}) = -m_1(v'_{1\perp} - v_{1\perp})$ と書き換えられることを使って

$$\begin{aligned}
&= \frac{1}{2}m_1(v'_{1\perp} - v_{1\perp})(v'_{1\perp} + v_{1\perp}) + \frac{1}{2}\underbrace{m_2(v'_{2\perp} - v_{2\perp})}_{-m_1(v'_{1\perp}-v_{1\perp})}(v'_{2\perp} + v_{2\perp}) \\
&= \frac{1}{2}m_1(v'_{1\perp} - v_{1\perp})(v'_{1\perp} + v_{1\perp} - v'_{2\perp} - v_{2\perp}) \\
&= \frac{1}{2}m_1(v'_{1\perp} - v_{1\perp})(\underbrace{v'_{1\perp} - v'_{2\perp}}_{-e(v_{1\perp}-v_{2\perp})} + v_{1\perp} - v_{2\perp}) \\
&= \frac{1}{2}m_1(1-e)(v'_{1\perp} - v_{1\perp})(v_{1\perp} - v_{2\perp})
\end{aligned} \tag{7.54}$$

とする。物体1の方が $\vec{e}_\perp$ に関して「後方」にいた場合を考えると、$v_{1\perp} > v_{2\perp}$ でないとそもそも衝突しないから、$v_{1\perp} - v_{2\perp} > 0$ である。またこのとき物体1は物体2に前から力を受けたのだから、速度は減る。つまり $v'_{1\perp} - v_{1\perp} < 0$ である。よって $1 - e > 0$ の時、$\Delta E < 0$ となる。

こうして、はね返り係数 e が1の時のみエネルギーが保存する（$\Delta E = 0$）ことが確認された。$e < 1$ の時はエネルギーが減るのだが、そのエネルギーは変形に使われたり、熱や音になって消耗したりする。エネルギーが増える
→ p214
ことはありえないので、$e > 1$ にはならない。

7.5.4 簡単なモデルによる、衝突に関する考察 ✢✢✢✢✢✢✢ 【補足】

一つのモデルとして、バネ定数 k のバネでつながれた質量 m_2 の物体と質量 m_3 の物体のうち、質量 m_2 の方に質量 m_1 の物体が速度 v で衝突してきた結果どうなるかを、二つの物体が弾性衝突した（つまり、エネルギーは保存していた）場合で考えてみよう。最初バネは自然長であったと考える。$e=1$ の場合なので(6.19)を使う。今の場合は $v_1 = v, v_2 = 0$ と考えていいので、

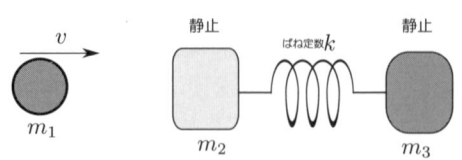

$$v_1' = \frac{(m_1-m_2)v}{m_1+m_2}, v_2' = \frac{2m_1v_1}{m_1+m_2} \quad (7.55)$$

である。この後 m_2 と m_3 およびバネからなる物体は、バネの振動を起こしつつ運動していくはずだが、重心は

$$v_G = \frac{m_2}{m_2+m_3}v_2' = \frac{2m_1m_2}{(m_1+m_2)(m_2+m_3)}v \quad (7.56)$$

という速度で運動する。

我々がこの衝突を「遠くから」見ていたとすれば、m_2 と m_3 が一個の物体のように見える。m_1 と「m_2 と m_3」の衝突と考えて計算したはね返り係数（ただし絶対値なしで計算する）は

$$\frac{v_G - v_1'}{v_1} = \frac{2m_1m_2}{(m_1+m_2)(m_2+m_3)} - \frac{m_1-m_2}{m_1+m_2} \quad (7.57)$$

となり、これは衝突速度によらない定数となっているので、「はね返り係数が1でなく、運動エネルギーが保存してない」ように見えるであろう[35]。

------ 練習問題 ------

【問い 7-3】

(1) (7.57)のはね返り係数の絶対値が1を超えないことを示せ。

(2) このはね返り係数は普通と違ってマイナスにもなる。その時はどんな現象が起こるのか？

ヒント → p382 へ　解答 → p394 へ

✢✢✢✢✢✢✢✢✢✢✢✢✢✢✢✢✢✢✢✢✢✢✢✢✢✢✢✢ 【補足終わり】

---

[35] この場合、はね返り係数が衝突速度によらず一定になってくれている。しかし、この "法則" は一般的には成り立たない。現実的なモデルでは衝突の仕方に依存して変わってしまうことがわかっている。

章末演習問題

★【演習問題7-1】
【演習問題6-3】において、最初のひも全体が静止した状態からひもの先端が L_1 だけ持ち上った状態までの間で、手のした仕事とエネルギーの変化を比較せよ。差はどうなったと考えられるか。

★【演習問題7-2】
2次元平面の各点において、以下で示すような力が働いている。ただし、k は定数である。

(1) $\vec{F} = kx\vec{e}_x + ky\vec{e}_y$
(2) $\vec{F} = ky\vec{e}_x + kx\vec{e}_y$
(3) $\vec{F} = ky\vec{e}_x - kx\vec{e}_y$

それぞれ、どのような力になるか、図を描け。その上で、この力が保存力であるかどうかを判定せよ。

★【演習問題7-3】
6.5 節の計算に、エネルギー保存則からくる制限を加えてみよう。(6.36) では $-\mathrm{d}m$ という質量の燃料が燃やされて推進剤として噴射される、という考えから

$$mv = (m + \mathrm{d}m)(v + \mathrm{d}v) - \mathrm{d}m(v - w)$$

という運動量保存の式を立てた。この燃料兼推進剤は、単位質量を燃やすことによって、ϵ だけの化学的エネルギーを力学的エネルギーに変化させられるような物質だとする。すなわち、この微小変化の間に $-\epsilon\,\mathrm{d}m$ というエネルギーが発生するとしてエネルギー保存の式を立て、噴射速度 w と ϵ の関係を導け。

★【演習問題7-4】
【演習問題6-4】ははね返り係数1の場合の問題であったから、エネルギー保存からも解くことができる。エネルギー保存則と運動量のベクトル図を使って衝突後の速度が直角であることを示せ。

★【演習問題7-5】
7.5.1節の振り子が最下点から π 回ったところに達するためには、どの高さから運動を開始すればよいだろうか?

釘から最下点までの距離を r として、釘の太さは無視して考えよ。

第 8 章

保存則 その3
——角運動量

運動量やエネルギーを定義したときと同様の方法で、「角運動量」という保存量が定義できる。

> 第3章をまだ読んでなかった人はここで戻ること。
> → p83

8.1 角運動量と保存則

ここでも第6章や第7章と同様に運動方程式を積分することで保存量を定義したい。ただし、単純な積分ではなく、ある量を掛けてから積分する。

8.1.1 質点の角運動量の定義

質点の運動方程式 $\vec{F} = m\dfrac{\mathrm{d}^2\vec{x}}{\mathrm{d}t^2}$ の両辺に、$\vec{x}$ を（外積として）掛ける。

$$\vec{x} \times \vec{F} = m\vec{x} \times \frac{\mathrm{d}^2\vec{x}}{\mathrm{d}t^2} \tag{8.1}$$

となる。この式の左辺は第3章で考えた「力のモーメント」そのものである。この式の右辺は、$m\dfrac{\mathrm{d}}{\mathrm{d}t}\left(\vec{x} \times \dfrac{\mathrm{d}\vec{x}}{\mathrm{d}t}\right)$ と書くことができる。というのは、ライプニッツ則を使って分解すると、この微分が $\vec{x}$ にかかった方の項は以下に示すように消え去る運命にある（同じベクトルどうしの外積は0である）からである。

8.1 角運動量と保存則

$$m\frac{\mathrm{d}}{\mathrm{d}t}\left(\vec{x}\times\frac{\mathrm{d}\vec{x}}{\mathrm{d}t}\right) = m\underbrace{\frac{\mathrm{d}\vec{x}}{\mathrm{d}t}\times\frac{\mathrm{d}\vec{x}}{\mathrm{d}t}}_{=0} + \underbrace{m\vec{x}\times\frac{\mathrm{d}^2\vec{x}}{\mathrm{d}t^2}}_{(8.1)\text{の右辺}} \tag{8.2}$$

そこで、

$$\vec{x}\times\vec{F} = \frac{\mathrm{d}}{\mathrm{d}t}\left(m\vec{x}\times\frac{\mathrm{d}\vec{x}}{\mathrm{d}t}\right) \tag{8.3}$$

と書くことができる。よって、

$$\vec{L} = m\vec{x}\times\frac{\mathrm{d}\vec{x}}{\mathrm{d}t} = \vec{x}\times\underbrace{m\frac{\mathrm{d}\vec{x}}{\mathrm{d}t}}_{\vec{p}} \tag{8.4}$$

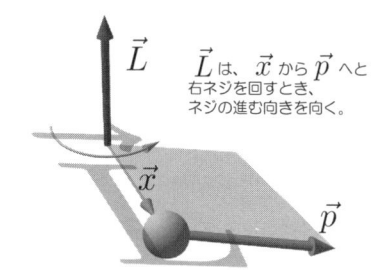

$\vec{L}$ は、$\vec{x}$ から $\vec{p}$ へと右ネジを回すとき、ネジの進む向きを向く。

のように、「**角運動量**」[1]ベクトル $\vec{L}$ を[2]位置ベクトル $\vec{x}$ と運動量ベクトル $\vec{p}$ の外積（上図を見よ）$\vec{L} = \vec{x}\times\vec{p}$ と定義[3]すると、

$$\vec{x}\times\vec{F} = \frac{\mathrm{d}\vec{L}}{\mathrm{d}t} \tag{8.5}$$

となる。$\vec{L}$ は運動の方向でも位置ベクトルの方向でもなく、その両方に垂直な方向を向く。これは「回転軸の方向」と解釈すべきである。

さらに、力のモーメントを $\vec{x}\times\vec{F} = \vec{N}$ と書くことにすると、

$$(\text{力のモーメントと角運動量の関係})\quad \vec{N} = \frac{\mathrm{d}\vec{L}}{\mathrm{d}t} \tag{8.6}$$

という、運動方程式 $\vec{F} = \frac{\mathrm{d}\vec{p}}{\mathrm{d}t}$ によく似た式ができる。よって、外力が働かない時（$\vec{F} = 0$ の時）に運動量 $\vec{p}$ が保存したように、

--- 角運動量保存則 ---

外力が $\vec{N} = 0$ を満たしていれば、角運動量 $\vec{L}$ の和は時間的に変化しない。

という法則が成立する。

---

[1] この段階では「$\vec{x}$ と運動量の外積がどうして角運動量なの？」という疑問が湧くかもしれない。後で角運動量と角度の密接な関係が明らかになる。

[2] 真偽のほどは定かではないが、なぜ L という文字を使うかというと、図に薄く書いたように $\vec{x}\times\vec{p}$ と外積を取っている様子が「L字型」だからという説がある。

[3] 角運動量の定義の仕方で気をつけておきたいことは、この量は「座標原点の選び方」に依存するということである。運動量の方は $m\frac{\mathrm{d}\vec{x}}{\mathrm{d}t}$ なので原点は（微分された時点で消えてしまって）関係なくなっている。

$\vec{N} = 0$ になる為に力が0である必要はなく、$\vec{x} \times \vec{F} = 0$ であればよい（$\vec{F}$ が $\vec{x}$ と平行であればよい）。「原点に向かう（もしくは離れる）方向」の力なので、「**中心力**」と呼ぶ。運動量保存が成り立つのは「外力が働かない場合」であったが、角運動量保存則は中心力であれば外力が働いても成り立つ。

まずもっとも単純な、物体に外力が働いていない場合で角運動量保存則がちゃんと成立することを図解しよう。右の図は等速直線運動している物体の位置と運動量ベクトルを描いたものだが、外積が一定のままで運動し続ける。図形的に考えると、図の平行四辺形の面積が角運動量の大きさであり、平行四辺形の天井（$\vec{p}$）が辺の方向に平行移動しても底辺も高さも変わらず、面積も変わらないからだ、と説明できる。

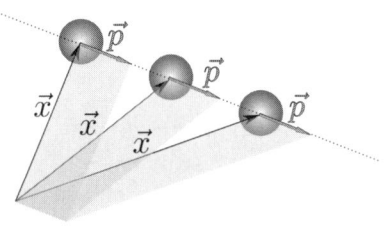

中心力の場合に角運動量が変化しないのも、図形的説明ができる。力 $\vec{F}$ は運動量 $\vec{p}$ を $\vec{x}$ と同じ方向に変化させるのだが、その変化はやはり、平行四辺形の面積を変化させない[†4]。

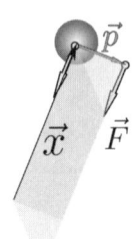

これで運動方程式から出てくる三つの保存則を出し終えたので、図解してまとめ、それぞれで保存則が成り立つ条件が違うことを確認しておこう。

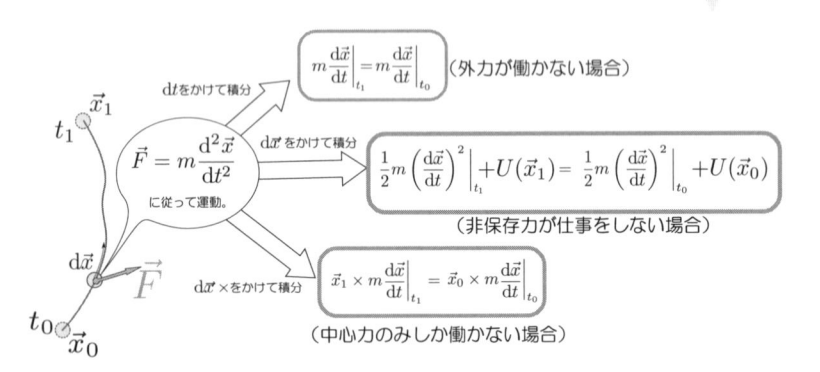

$\vec{F} = m\dfrac{\mathrm{d}^2\vec{x}}{\mathrm{d}t^2}$ に従って運動。

dt をかけて積分 → $m\dfrac{\mathrm{d}\vec{x}}{\mathrm{d}t}\Big|_{t_1} = m\dfrac{\mathrm{d}\vec{x}}{\mathrm{d}t}\Big|_{t_0}$ （外力が働かない場合）

$\mathrm{d}\vec{x}$ をかけて積分 → $\dfrac{1}{2}m\left(\dfrac{\mathrm{d}\vec{x}}{\mathrm{d}t}\right)^2\Big|_{t_1} + U(\vec{x}_1) = \dfrac{1}{2}m\left(\dfrac{\mathrm{d}\vec{x}}{\mathrm{d}t}\right)^2\Big|_{t_0} + U(\vec{x}_0)$ （非保存力が仕事をしない場合）

$\mathrm{d}\vec{x}\times$ をかけて積分 → $\vec{x}_1 \times m\dfrac{\mathrm{d}\vec{x}}{\mathrm{d}t}\Big|_{t_1} = \vec{x}_0 \times m\dfrac{\mathrm{d}\vec{x}}{\mathrm{d}t}\Big|_{t_0}$ （中心力のみしか働かない場合）

これは「覚えておく」ものではなく、「どのようにして導出されたか」を考えれば自動的に理解できるものである[†5]。

[†4] 面積と角運動量の関係については、ケプラーの法則のところでまた出会う。
→ p306

[†5] なんでもかんでも「覚える」のは全くのところ、賢い勉強法ではない。むしろ「覚えることを如何

8.1.2 複合系の角運動量の保存

質点について(8.6)すなわち $\vec{N} = \dfrac{\mathrm{d}\vec{L}}{\mathrm{d}t}$ が成立する。しかし一個の質点ではなく複合系であっても $\vec{N} = \dfrac{\mathrm{d}\vec{L}}{\mathrm{d}t}$ が成立してくれないと、保存則として使い勝手がよくない[†6]。以下で質点が複数個ある場合（もしくは系を各々が質点とみなせる部分に分割できた場合）の角運動量について、運動量について6.3節で、エネルギーについて7.3.1節で考えたのと同様のことを考えよう。(6.20)でも示したように、外からj番目の部分に対して$\vec{F}_{\text{外}\to j}$という外力が、i番目の部分からj番目の部分に対して$\vec{F}_{i\to j}$という内力が働くときの運動方程式は

$$\vec{F}_{\text{外}\to j} + \sum_{\substack{i=1\\ i\neq j}}^{N} \vec{F}_{i\to j} = \dfrac{\mathrm{d}}{\mathrm{d}t}(m_j \vec{v}_j)$$

であったから、これに左から$\vec{x}_j \times$を掛けて、

$$\vec{x}_j \times \vec{F}_{\text{外}\to j} + \sum_{\substack{i=1\\ i\neq j}}^{N} \vec{x}_j \times \vec{F}_{i\to j} = \dfrac{\mathrm{d}}{\mathrm{d}t}(\vec{x}_j \times \vec{p}_j) \tag{8.7}$$

を得る（右辺に(8.2)同様の変形を行なった）。これを$j=1$からNまで足していく。左辺第二項はjで和を取ると（(6.6)と同様）0になる。というのは和を取る過程でかならず$i \leftrightarrow j$と入れ替えを行なったものが現れる。

$$\vec{x}_j \times \vec{F}_{i\to j} + \vec{x}_i \times \underbrace{\vec{F}_{j\to i}}_{-\vec{F}_{i\to j}} = (\vec{x}_j - \vec{x}_i) \times \vec{F}_{i\to j} \tag{8.8}$$

となるから、その部分は0である。

図のようにいくつかの剛体が互いに力を及ぼし合っている状況を考えると、作用・反作用が作用線を共有するという性質のおかげで、作用のモーメントと反作用のモーメントの和はかならず消える。例えば図の$\vec{x}_{31} \times \vec{F}_{3\to 1}$ と $\vec{x}_{13} \times \vec{F}_{1\to 3}$ という二つのモーメントの和が0になることは見て取れる。式の上では、$\vec{x}_j - \vec{x}_i$ が $\vec{F}_{i\to j}$ と平行になるため、外積が0になるという形で現れる。

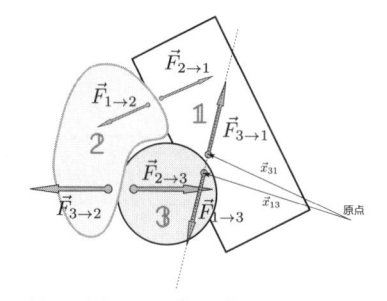

に少なくするか」を考えるほうが勉強になる。

[†6] 運動量の場合もエネルギーの場合も（エネルギーの場合は多少制約があるが）、系の内力がなす運動量変化やエネルギー変化が相殺してくれることで保存則が「使える」ものになったことを思い出そう。

よって、いくつかの物体の複合系についても、$\vec{N} = \dfrac{\mathrm{d}\vec{L}}{\mathrm{d}t}$ が成り立つ（ここでの $\vec{N}$ は外力によるモーメントのみの和である）。これにより、

$$\sum_{j=1}^{N} \vec{x}_j \times \vec{F}_{外\to j} = \frac{\mathrm{d}}{\mathrm{d}t} \sum_{j=1}^{N} (\vec{x}_j \times \vec{p}_j) \tag{8.9}$$

を得た。質点の集合（剛体を含む）に対しても、「外部から受ける力のモーメントの総和と、角運動量の総和の時間微分は等しい」という法則が成り立つ[†7]。

8.1.3　いろいろな座標系での角運動量

まず直交座標系で考えよう。

$$\vec{L} = \underbrace{(x\vec{e}_x + y\vec{e}_y + z\vec{e}_z)}_{\vec{x}} \times \underbrace{(p_x\vec{e}_x + p_y\vec{e}_y + p_z\vec{e}_z)}_{\vec{p}} \tag{8.10}$$

という外積を考える。(B.28)で行なったのと同様の計算により、
→ p362

$$(xp_y - yp_x)\underbrace{\vec{e}_x \times \vec{e}_y}_{\vec{e}_z} + (yp_z - zp_y)\underbrace{\vec{e}_y \times \vec{e}_z}_{\vec{e}_x} + (zp_x - xp_z)\underbrace{\vec{e}_z \times \vec{e}_x}_{\vec{e}_y} \tag{8.11}$$

$$L_x = yp_z - zp_y, \quad L_y = zp_x - xp_z, \quad L_z = xp_y - yp_x \tag{8.12}$$

となる。x 成分には x がなく y, z があるといういっけん不思議な式になっているが、L_x が「x 軸回りの回転」つまり「y-z 平面での回転」を表していることを考えれば、むしろこれでよい、というよりこうでなくてはいけない。

次に極座標系を考えよう。極座標系での運動量は(5.32)に m を掛けたものである。$\vec{x}$ が $r\vec{e}_r$ という簡単な形になるおかげで、
→ p173

$$\begin{aligned}\vec{L} &= \underbrace{r\vec{e}_r}_{\vec{x}} \times \underbrace{m(\dot{r}\vec{e}_r + r\dot{\theta}\vec{e}_\theta + r\sin\theta\dot{\phi}\vec{e}_\phi)}_{\vec{p}} \\ &= mr^2\dot{\theta}\underbrace{\vec{e}_r \times \vec{e}_\theta}_{\vec{e}_\phi} + mr^2\sin\theta\dot{\phi}\underbrace{\vec{e}_r \times \vec{e}_\phi}_{-\vec{e}_\theta} = mr^2\underbrace{(\dot{\theta}\vec{e}_\phi - \sin\theta\dot{\phi}\vec{e}_\theta)}_{\vec{\omega}}\end{aligned} \tag{8.13}$$

というすっきりした形になる。極座標で表した角運動量ベクトルには r 成分がないし、r 方向の運動量成分（$m\dot{r}$）を含まない。式に $\underset{\vec{\omega}}{\smile}$ と示した部分は「**角速度ベクトル**」と呼ばれるベクトルである。

[†7] 以上の計算は、運動量の時に(6.21)を出すために行なった計算と全く同様である（忘れてしまっていた人は戻って確認しよう）。
→ p185

8.1 角運動量と保存則

---- **練習問題** ----

【問い8-1】 同様に円筒座標系での $\vec{L}$ を計算せよ。　ヒント → p382 へ　解答 → p394 へ
→ p370

質点の場合、$\vec{L} = mr^2 \vec{\omega}$ が成り立ち、運動量が（質量）×（速度）であったのと同様に、角運動量は $mr^2 \times$（角速度）と書ける。

前に定義した角速度は2次元の平面的円運動の話であったので、「単位時間
→ p162
あたりの回転角度」であったが、今回はそれがベクトルになった。2次元の場合、角速度は $\omega = \dfrac{\mathrm{d}\theta}{\mathrm{d}t}$ であり、方向などはなかった。3次元では（r 成分はないので）二つの成分があるベクトルである。

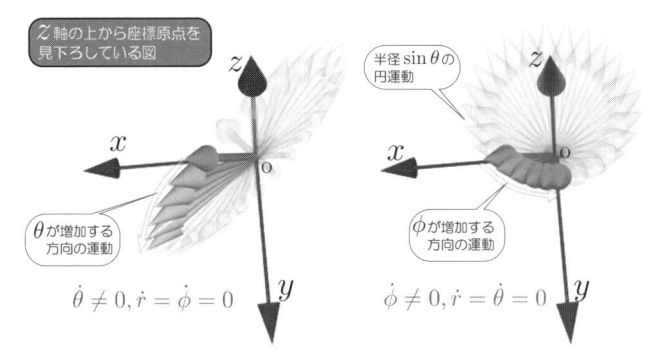

$\dot{\theta} \neq 0, \dot{r} = \dot{\phi} = 0$ 　　　　　$\dot{\phi} \neq 0, \dot{r} = \dot{\theta} = 0$

その二つの「角速度ベクトルの成分」に対応するものを図示したのが上の図であり、長さ1のベクトルをある角度 (θ, ϕ) から、

左：θ だけを増加させた場合　　**右**：ϕ だけを増加させた場合

の各々の動きを z 軸上の方から見下ろしたように描いたものである。

左の図の場合、θ 方向にのみ運動していて、$\dot{\theta}$ は矢印の先の速度に等しい（ラジアンの定義を思い出せ）。逆に右の図の場合の運動は ϕ 方向のみだが、
→ p72
この矢印の先は（半径 $\sin\theta$ の円運動をするので）$\sin\theta\dot{\phi}$ の速度で移動する。つまり、$\vec{\omega} = \dot{\theta}\vec{e}_\phi - \sin\theta\dot{\phi}\vec{e}_\theta$ の各々の成分である。

気をつけておきたいことは、「θ 方向の速度」に関係する $\dot{\theta}$ が $\vec{e}_\theta$ ではなく $\vec{e}_\phi$ の係数であるということだ。一方、「ϕ 方向の速度」に関係する $\sin\theta\dot{\phi}$ は $-\vec{e}_\theta$ の係数である。つまり、**角速度ベクトルの向きは速度の方向ではなく、回転軸の方向である**。次の図に描いたように、θ が増加する方向に右ネジを回し
→ p356
たときに、ネジが進む方向は ϕ 方向。すなわち θ が変化するときの回転軸は

ϕ方向を向いている。

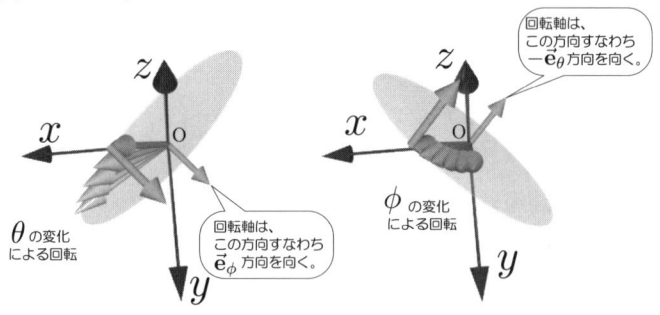

同様に、上右の図でわかるように、ϕが増加する方向へ右ネジを回した時のネジの進む方向は$-\theta$方向である[†8]。

付録のB.4節にあるように、「単位ベクトル$\vec{e}$を軸として角度$d\alpha$だけベクトル$\vec{x}$を回転させる」という操作は$\vec{x} \to \vec{x} + d\alpha\, \vec{e} \times \vec{x}$で表現される。ここではその微小角度が$\omega dt$になっていると考えて、$dt\,\vec{\omega}$を（外積として左から）掛けることで微小回転が起こる。確認してみよう。

$$dt\,\vec{\omega} \times \vec{x} = dt\,(\dot{\theta}\,\vec{e}_\phi - \sin\theta\,\dot{\phi}\,\vec{e}_\theta) \times r\vec{e}_r = dt\,\underbrace{r(\dot{\theta}\,\vec{e}_\theta + \sin\theta\,\dot{\phi}\,\vec{e}_\phi)}_{\vec{v} - \dot{r}\vec{e}_r} \tag{8.14}$$

となるが、$r(\dot{\theta}\,\vec{e}_\theta + \sin\theta\,\dot{\phi}\,\vec{e}_\phi)$は極座標での速度の式(5.32)から$\dot{r}\vec{e}_r$を抜いたものである。逆に考えると、

$$\vec{v} = \dot{r}\vec{e}_r + \vec{\omega} \times \vec{x} \tag{8.15}$$

のように、質点の速度ベクトル$\vec{v}$は$\dot{r}\vec{e}_r$と角速度に関係する$\vec{\omega} \times \vec{x}$に分けられる。位置ベクトルに左から$\vec{\omega}\times$を掛けることで速度のうち回転に対応する部分のベクトルが出てくる。

> 【FAQ】ϕ方向を向くベクトルに、θ方向の速度を表させるなんて、ややこしい！——そんなことしない方がいいのでは？
>
> ・・・・・・・・・・・・・・・・・・・・・・・・・・
>
> という疑問が湧く人もたくさんいると思う。しかし、実在の物体が回転している状況を記述するには、物体の速度の向きよりも「回転軸の向き」の方が重要になることが多いのである。

[†8] θが一定でϕが増加し続ける場合の運動は、回転軸の向きが少しずつ変わっていくことに注意。$\vec{e}_\theta$というベクトルもϕが変われば向きを変えていく。

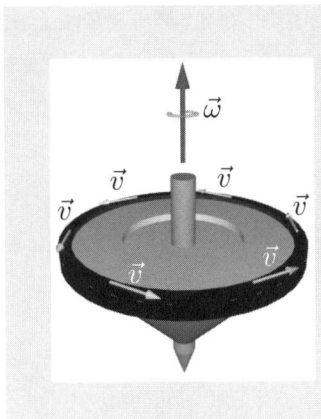

左の図のように、コマが回っているところを思い浮かべよう。コマを構成している物質の微小部分をとりだすと、その速度（図の$\vec{v}$）は場所によっていろんな方向を向くし、コマが回るにしたがってその微小部分の速度の向きも変化する（$\vec{v}$は空間的にも時間的にも一様でない）。しかし（外からモーメントがかからない限り）回転軸は一定である。速度よりも回転軸を主役にした方が、こういう状況は考えやすいのである。

すぐ後で、この$\vec{L}$がどのように向きを変えるかを微分方程式を解いて計算していく過程を示す。

8.2 簡単な剛体の場合の角運動量

8.2.1 剛体に可能な運動

ここまでは質点（大きさがない物体）の話であったが、ここからは剛体（大きさがあるが変形しない物体）の場合を考えていく。剛体の運動は、大まかに2種類に分けられる。

物体全体が同じ速度で動く「並進運動」（その大きさを表すのは運動量$\vec{p}$）と重心が動かずに回る「回転運動」（その大きさを表すのが角運動量$\vec{L}$）である。もちろん、この二つを合成した運動もある。

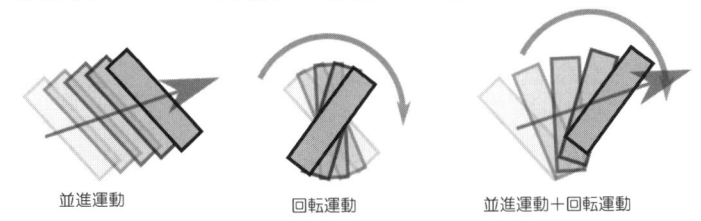

並進運動の方は$\vec{F} = \dfrac{d\vec{p}}{dt}$で、回転運動の方は$\vec{N} = \dfrac{d\vec{L}}{dt}$によって記述されている。現実にはこの二つが同時に起こっているが、並進の方は質点の運動として前の章まででも扱った運動と同様なので、ここでは主に回転運動の方を考えていくことにしよう。

上の図は平面で描いた。平面の回転は一種類しかないが、3次元内では

そうではない。3次元の空間内では並進運動が自由度[†9]が3、回転運動も自由度3である（2次元ではそれぞれ、2と1）。
→ p91

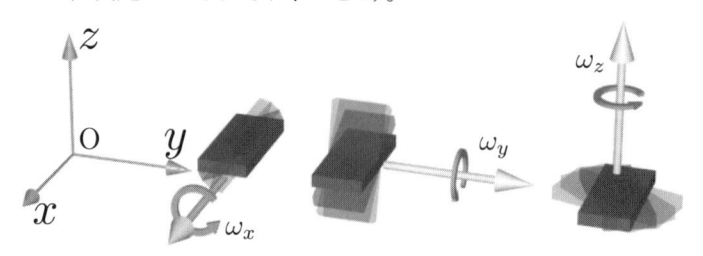

図ではx, y, z軸周りの回転を示した（実際の回転は任意の軸で起こりえる）。剛体の回転の角速度ベクトルを$\vec{\omega} = (\omega_x, \omega_y, \omega_z)$としよう[†10]。

以下では剛体が運動している具体的状況をいくつか考えて、角運動量を計算してみよう。

8.2.2 細い棒状の剛体の角運動量

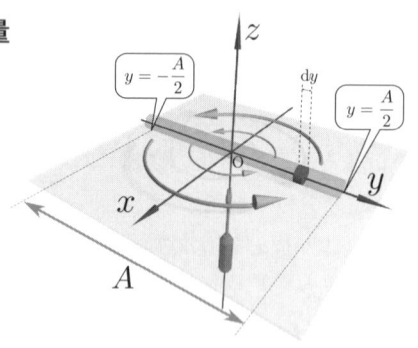

単位長さあたりρ_Lの質量を持ち、長さがAである細い[†11]剛体棒が棒の中心周りに角速度ωで回るときの角運動量を考えよう。

右の図のように、棒の現在位置に沿ってy軸を置く（棒は回転しているので、ある時刻でこうなっていたとしても時間が経てば変わっていくことに注意）。さらに原点が棒の中心になるようにして、回転の面がx-y平面になるようにx軸を選ぶ（これによって角運動量ベクトルがz軸方向を向くことが決定した）。棒をy軸に垂直な面で切り刻み、まず座標がyから$y + dy$の微小片（図の黒くなっている部分）を考える。

[†9] 運動を記述するのに必要なパラメータの数を「自由度」と呼ぶ。
[†10] 質点の力学では$\vec{x}(t)$という三つの変数の二階微分方程式として運動方程式を考えてきたので、回転についても角度θに対応するもの（実はこれも三つの変数がある）を考えていくべきところであるが、この本ではそこまで立ち入らず、質点でいえば速度$\vec{v}$もしくは運動量$\vec{p}$に対応する角速度$\vec{\omega}$もしくは角運動量$\vec{L}$についてのみ考えていくことにする。
[†11] こういう場合の「細い」とは「太さが無視できるほど小さい」という意味。長さをいつものようにLにしなかったのは、角運動量と同じ文字になってしまうので。

8.2 簡単な剛体の場合の角運動量

この微小部分の持つ角運動量を$\vec{\ell}$という文字で表したとすると、

$$\vec{\ell} = \underbrace{y\vec{e}_y}_{\vec{x}} \times \underbrace{\rho_{\text{L}}\,\mathrm{d}y}_{m}\underbrace{(-y\omega\vec{e}_x)}_{\vec{v}} = \rho_{\text{L}}\omega y^2\,\mathrm{d}y\,\vec{e}_z \tag{8.16}$$

であり、全体の角運動量はこれを$y = -\dfrac{A}{2}$から$y = \dfrac{A}{2}$まで積分することで得られる。よって、全角運動量$\vec{L}$は

$$\begin{aligned}
\vec{L} &= \rho_{\text{L}}\omega\,\vec{e}_z \int_{-\frac{A}{2}}^{\frac{A}{2}} y^2\,\mathrm{d}y = \rho_{\text{L}}\omega\,\vec{e}_z \left[\frac{y^3}{3}\right]_{-\frac{A}{2}}^{\frac{A}{2}} \\
&= \frac{\rho_{\text{L}}\omega}{3}\vec{e}_z\left(\left(\frac{A}{2}\right)^3 - \left(-\frac{A}{2}\right)^3\right) = \frac{\rho_{\text{L}}\omega A^3}{12}\vec{e}_z
\end{aligned} \tag{8.17}$$

となる。ここで、棒が回転するに従いx-y平面における位置は動いていくことに注意しよう（例えば$\dfrac{1}{4}$周期後には棒はx軸上にいる）。しかしこの結果を見るとx-y平面内の角度に関係する量は入っていないから、$\vec{L}$は時間変化しない[†12]。すなわち角運動量は保存する。

この時の全運動量を計算してみると、

$$\vec{p} = \int_{-\frac{A}{2}}^{\frac{A}{2}} \rho_{\text{L}}\,\mathrm{d}y\,(-y\omega\vec{e}_x) \tag{8.18}$$

となるが、被積分関数は奇関数であるから答えは0である（実際、重心である中央は動いていないのだからそうなることはもっともである）。つまり、この場合は棒は回転運動だけで並進運動（重心の移動）はない。
→ p342

棒の質量を$m\,(=\rho_{\text{L}}A)$、回転の半径のうち最大のものを$R\,\left(=\dfrac{A}{2}\right)$という文字で表して$\vec{L}$を$m, R$を使って表現すると、

$$\vec{L} = \frac{mR^2}{3}\omega\vec{e}_z \tag{8.19}$$

となる。つまり、この棒の持っている角運動量は、その質量が一番外側に集中していると考えた場合の$\vec{L} = mR^2\omega\vec{e}_z$の$\dfrac{1}{3}$倍となる。

[†12] この点が安心できないという人は、棒が任意の角度にいる場合について計算をやり直してみるとよい。

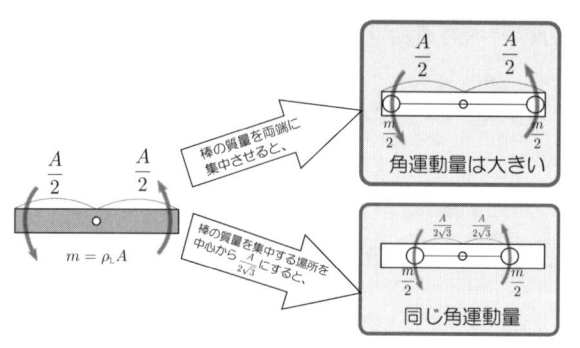

棒は真ん中あたりの角運動量は小さくなっているので、質量が外側に集中しているのに比べて小さくなるのは当然である。この場合、この棒の持つ角運動量は、原点から$\frac{R}{\sqrt{3}}$離れたところに質量$\frac{m}{2}$の質点が二つあって回っているのと同じだということになる（二つにわけておくと、運動量＝0という点も同じになる）。

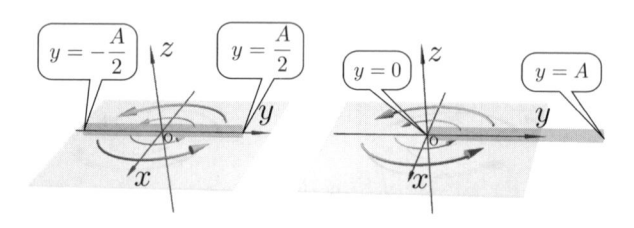

同じ棒が、端点を中心にして角速度ωで回っている場合（上の右図）を考える。この時の角運動量を計算するには、積分範囲を0からAまでに変えればよく、

$$\vec{L} = \rho_{\text{L}}\omega\vec{e}_z \int_0^A y^2 \, dy = \rho_{\text{L}}\omega\vec{e}_z \left[\frac{y^3}{3}\right]_0^A = \frac{\rho_{\text{L}}\omega A^3}{3}\vec{e}_z \tag{8.20}$$

となる。真ん中を中心とした場合の$\vec{L}$である(8.17)よりも4倍大きい。ただし、この場合回転半径の最大のものは$R = A$であるから、$\vec{L} = \frac{mR^2}{3}\omega\vec{e}_z$という関係は同じである。

運動量$\vec{p} = \int_0^A \rho_{\text{L}} \, dy (-y\omega\vec{e}_x) = -\frac{\rho_{\text{L}}\omega A^2}{2}\vec{e}_x$は0ではない。今、棒が$y$軸方向を向いている時を選んで計算したから$-x$軸方向になったが、時間が経つと向きも変化していく。つまり角運動量は保存しているが、運動量は保存

しない。ということは、この運動を続けるためには（モーメントは加えなくてもいいが）外力を加え続けなくてはならない。

次に、やはり棒の端点を中心として回すが、棒をx-y平面から角度θだけ傾けてみよう。この場合、棒の微小部分の位置ベクトルは$y\vec{e}_y$ではなく、

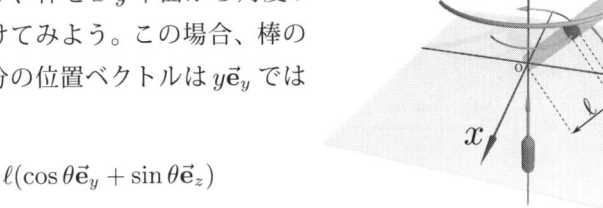

$$\ell(\cos\theta\vec{e}_y + \sin\theta\vec{e}_z)$$

となる。ℓは原点から棒にそって測った長さで$0 \leq \ell \leq A$である。まずℓから$\ell + \mathrm{d}\ell$の範囲にある微小部分の角運動量を考えて、それを積分することにする。全角運動量は

$$\vec{L} = \int_0^A \underbrace{\left(\ell(\cos\theta\vec{e}_y + \sin\theta\vec{e}_z)\right)}_{\vec{x}} \times \underbrace{\rho_{\mathrm{L}} \mathrm{d}\ell}_{m} \underbrace{(-\ell\cos\theta\omega\vec{e}_x)}_{\vec{v}}$$
$$= \int_0^A ((\cos\theta\vec{e}_z - \sin\theta\vec{e}_y)) \rho_{\mathrm{L}} \mathrm{d}\ell\, \ell^2 \cos\theta\omega$$
$$= \rho_{\mathrm{L}}\omega(\cos\theta\vec{e}_z - \sin\theta\vec{e}_y)\cos\theta \int_0^A \mathrm{d}\ell\, \ell^2 = \frac{\rho_{\mathrm{L}}\omega A^3}{3}(\cos\theta\vec{e}_z - \sin\theta\vec{e}_y)\cos\theta$$
(8.21)

となる。角運動量は角速度ベクトル$\vec{\omega} = \omega\vec{e}_z$と平行ではない[†13]。

それどころか、$\vec{L}$は回転するにしたがって向きを変える（計算の時にy軸方向を向いているとしたから$\vec{e}_y$成分が現れたが、向きが変わればこの部分の向きも変わる）。この運動では運動量はもちろんのこと、角運動量も保存してない。ということは、このような運動を行なわせるには力と、力のモーメントを加え続けなくてはいけないということである[†14]。

8.2.3 平面板の角運動量

やはり簡単な例として、縦a、横bという長さの長方形の板（単位面積あたりρ_{S}の質量[†15]を持っているとする）が回転している場合の角運動量を計算してみよう。一番単純な回転は角速度ベクトル$\vec{\omega}$が長方形と垂直な場合で

[†13] 質点の場合、または剛体でも対称性がいい場合に限り、$\vec{L}$と$\vec{\omega}$は平行になる。
[†14] バットでも振ってみると実感できるかもしれない。
[†15] 単位面積あたりの質量は面密度とも呼ばれ、σという文字を使う場合も多い。σは「しぐま」と読む。sに対応するギリシャ文字で、面積に関係するところで出てくることが多い。

あろう。回転軸を長方形の中心におき、その点を原点として回転軸の方向を z 軸とする。x, y 軸は長さがそれぞれ a, b である辺の方向に置こう。

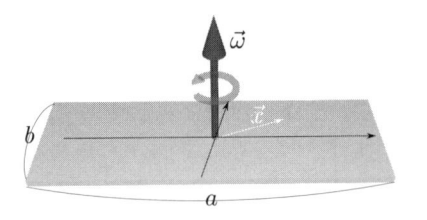

この場合の角運動量は

$$\vec{L} = \int_{-\frac{a}{2}}^{\frac{a}{2}} \mathrm{d}x \int_{-\frac{b}{2}}^{\frac{b}{2}} \mathrm{d}y\, \rho_\mathrm{s} \left[\underbrace{(x\vec{e}_x + y\vec{e}_y)}_{\vec{x}} \times (\omega\vec{e}_z \times \underbrace{(x\vec{e}_x + y\vec{e}_y)}_{\vec{x}}) \right] \tag{8.22}$$

を計算すればよい。$[\ \ ]$ の中身を計算していくと、

$$\vec{x} \times (\vec{\omega} \times \vec{x}) = (x\vec{e}_x + y\vec{e}_y) \times \underbrace{\omega(x\vec{e}_y - y\vec{e}_x)}_{\omega\vec{e}_z \times \vec{x} \text{の結果}} = \omega(x^2 + y^2)\vec{e}_z \tag{8.23}$$

となる。積分を実行すると、x^2 の方の項が

$$\int_{-\frac{a}{2}}^{\frac{a}{2}} \mathrm{d}x \int_{-\frac{b}{2}}^{\frac{b}{2}} \mathrm{d}y\, x^2 = \int_{-\frac{a}{2}}^{\frac{a}{2}} \mathrm{d}x\, bx^2 = \left[\frac{bx^3}{3}\right]_{-\frac{a}{2}}^{\frac{a}{2}} = \frac{a^3 b}{12} \tag{8.24}$$

となり、y^2 の方は $a \leftrightarrow b$ と立場を入れ替えて $\frac{ab^3}{12}$ となるから、全角運動量は

$$\vec{L} = \frac{\rho_\mathrm{s}\omega(a^3 b + ab^3)}{12}\vec{e}_z \tag{8.25}$$

と求められる。全質量 $M = \rho_\mathrm{s} ab$ を使って書くと $\vec{L} = \frac{M(a^2 + b^2)}{12}\omega\vec{e}_z$ となる。

つぎに、$\vec{\omega}$ を一般的にして、x, y 成分もある場合の式を書いておこう(板は回転して配置が変わっていくが、ここでの計算は最初の位置にある瞬間についてのみ行う)。

$$\begin{aligned}
\vec{L} &= \int_{-\frac{a}{2}}^{\frac{a}{2}} \mathrm{d}x \int_{-\frac{b}{2}}^{\frac{b}{2}} \mathrm{d}y\, \rho_\mathrm{s}(x\vec{e}_x + y\vec{e}_y) \times ((\omega_x\vec{e}_x + \omega_y\vec{e}_y + \omega_z\vec{e}_z) \times (x\vec{e}_x + y\vec{e}_y)) \\
&= \rho_\mathrm{s} \int_{-\frac{a}{2}}^{\frac{a}{2}} \mathrm{d}x \int_{-\frac{b}{2}}^{\frac{b}{2}} \mathrm{d}y\, (x\vec{e}_x + y\vec{e}_y) \times ((\omega_x y - \omega_y x)\vec{e}_z + \omega_z(x\vec{e}_y - y\vec{e}_x)) \\
&= \rho_\mathrm{s} \int_{-\frac{a}{2}}^{\frac{a}{2}} \mathrm{d}x \int_{-\frac{b}{2}}^{\frac{b}{2}} \mathrm{d}y\, ((\omega_x y - \omega_y x)(-x\vec{e}_y + y\vec{e}_x) + \omega_z(x^2 + y^2)\vec{e}_z) \\
&= \rho_\mathrm{s} \int_{-\frac{a}{2}}^{\frac{a}{2}} \mathrm{d}x \int_{-\frac{b}{2}}^{\frac{b}{2}} \mathrm{d}y\, (-\omega_x xy\vec{e}_y + \omega_x y^2\vec{e}_x + \omega_y x^2\vec{e}_y - \omega_y xy\vec{e}_x + \omega_z(x^2 + y^2)\vec{e}_z)
\end{aligned} \tag{8.26}$$

となるが、積分領域を考えると x, y それぞれについて奇関数である部分は積分後に 0 になるので[16]、

$$\vec{L} = \rho_\mathrm{s} \int_{-\frac{a}{2}}^{\frac{a}{2}} \mathrm{d}x \int_{-\frac{b}{2}}^{\frac{b}{2}} \mathrm{d}y \, (\omega_x y^2 \vec{e}_x + \omega_y x^2 \vec{e}_y + \omega_z (x^2 + y^2) \vec{e}_z) \tag{8.27}$$

となる[17]。積分の結果は

$$\vec{L} = \frac{\rho_\mathrm{s} a b^3}{12} \omega_x \vec{e}_x + \frac{\rho_\mathrm{s} a^3 b}{12} \omega_y \vec{e}_y + \frac{\rho_\mathrm{s} a b (a^2 + b^2)}{12} \omega_z \vec{e}_z \tag{8.28}$$

である。この場合も、$\vec{L}$ と $\vec{\omega}$ はもはや平行ではないことに注意しよう。

8.3 剛体の角運動量の一般論と慣性モーメント

ここまでで、いくつかの具体例を計算したので、この節では一般的な角運動量の式を出しておこう。計算を系統的に行なうために、「慣性モーメント」という量を定義したい。

我々は運動方程式 $\vec{F} = \frac{\mathrm{d}\vec{p}}{\mathrm{d}t}$ によく似た、$\vec{N} = \frac{\mathrm{d}\vec{L}}{\mathrm{d}t}$ という式を得た。運動方程式は $\vec{p} = m\vec{v}$ を使って $\vec{F} = m\frac{\mathrm{d}\vec{v}}{\mathrm{d}t}$ とも書けた。そこで $\vec{N} = \frac{\mathrm{d}\vec{L}}{\mathrm{d}t}$ の方も、角速度ベクトル $\vec{\omega}$ と「質量のようなもの」I を使って $\vec{N} = I\frac{\mathrm{d}\vec{\omega}}{\mathrm{d}t}$ と書けないか？――というふうに考えてみたくなるところである。しかし、そのためにはまず、$\vec{p} = m\vec{v}$ と書けたのと同様に $\vec{L} = I\vec{\omega}$ と書いてくれないと困る。ところがここまでで示したように、回転の仕方によっては $\vec{L}$ は $\vec{\omega}$ と同じ方向を向かないので、そういう単純な式にはなってくれないのである。

質点が動く時の速度は (8.15) にも書いたように $\vec{v} = \dot{r}\vec{e}_r + \vec{\omega} \times \vec{x}$ と書くことができ、この時角運動量ベクトルは角速度ベクトルに比例した $\left(\vec{L} = mr^2\vec{\omega}\right)$。よって質点の場合は $I = mr^2$ と単純に置ける。

---
[16] ここで積分領域の対称性のおかげで xy に比例する二つの項が消えたが、対称な形をしてなかった場合は当然、この項も残る。

[17] $\omega_x \vec{e}_x$ の比例係数である $\rho_\mathrm{s} \int_{-\frac{a}{2}}^{\frac{a}{2}} \mathrm{d}x \int_{-\frac{b}{2}}^{\frac{b}{2}} \mathrm{d}y \, y^2$ と $\omega_y \vec{e}_y$ の比例係数である $\rho_\mathrm{s} \int_{-\frac{a}{2}}^{\frac{a}{2}} \mathrm{d}x \int_{-\frac{b}{2}}^{\frac{b}{2}} \mathrm{d}y \, x^2$ を足すと $\omega_z \vec{e}_z$ の比例係数である $\rho_\mathrm{s} \int_{-\frac{a}{2}}^{\frac{a}{2}} \mathrm{d}x \int_{-\frac{b}{2}}^{\frac{b}{2}} \mathrm{d}y \, (x^2 + y^2)$ となる。z 方向に厚みのない板の場合、常にこうなる。後で「直交軸の定理」としてまとめよう。

しかし、8.2.2節で計算した棒の場合、x-y面上をz軸を軸に回っている場合は$\vec{L} = \dfrac{mR^2}{3}\vec{\omega}$（→(8.19)）という形で$\vec{L}$と$\vec{\omega}$は平行であったが、$x$-$y$平面から斜めに角度を持っている場合は$\vec{L} = \dfrac{\rho_{\rm L} A^3}{3}\cos\theta(\cos\theta\vec{\omega} - \omega\sin\theta\vec{e}_y)$（→(8.21)）という形になり、平行にならなかった。

注意すべきは、質点の位置ベクトル$\vec{x}$と角速度ベクトル$\vec{\omega}$は常に垂直だが、剛体の一部である一点を指す位置ベクトル$\vec{x}$と剛体全体の角速度ベクトル$\vec{\omega}$は垂直とは限らないことである。

今、原点を通る軸の周りに剛体が角速度ベクトル$\vec{\omega}$を持って回転しているとする（原点は剛体内にあってもいいし、なくてもいい）。剛体のうち、位置ベクトル$\vec{x}$の位置にある微小部分の速度は$\vec{\omega}\times\vec{x}$という形に書かれる。この速度ベクトルを使って角運動量を作ると、$\vec{\ell} = \vec{x}\times(\rho_{\rm V}(\vec{x})\,{\rm d}^3\vec{x}\,\vec{\omega}\times\vec{x})$となる（$\rho_{\rm V}(\vec{x})\,{\rm d}^3\vec{x}$は微小部分の質量である）が、ここで公式(B.31)すなわち$\vec{a}\times(\vec{b}\times\vec{c}) = (\vec{a}\cdot\vec{c})\vec{b} - (\vec{a}\cdot\vec{b})\vec{c}$を使うと、

$$\vec{\ell} = \rho_{\rm V}(\vec{x})\,{\rm d}^3\vec{x}\,\left(|\vec{x}|^2\vec{\omega} - (\vec{x}\cdot\vec{\omega})\vec{x}\right) \tag{8.29}$$

となる。$\vec{x}$と$\vec{\omega}$が常に直角すなわち$\vec{x}\cdot\vec{\omega} = 0$が成り立つ時（単純な円運動の時はこうなる）を除いて、$\vec{\ell}$と$\vec{\omega}$は平行にならないということに注意しておこう（下の図を見ながら物体を回してみて納得すること）。

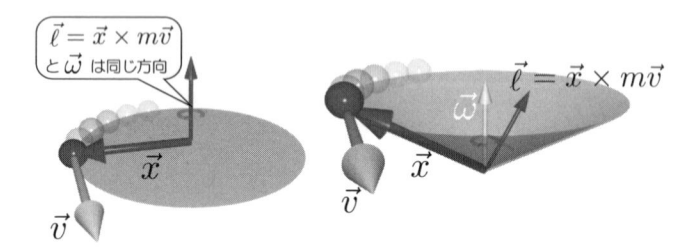

$\vec{\ell}$を計算する。$|\vec{x}|^2 = x^2 + y^2 + z^2$, $\vec{x}\cdot\vec{\omega} = x\omega_x + y\omega_y + z\omega_z$を代入して、とりあえず$x$成分だけを取り出して計算しよう。

$$\begin{aligned}\ell_x &= \rho_{\rm V}(\vec{x})\,{\rm d}^3\vec{x}\,\left((x^2 + y^2 + z^2)\omega_x - (x\omega_x + y\omega_y + z\omega_z)x\right) \\ &= \rho_{\rm V}(\vec{x})\,{\rm d}^3\vec{x}\,\left((y^2 + z^2)\omega_x - xy\omega_y - xz\omega_z\right)\end{aligned} \tag{8.30}$$

8.3 剛体の角運動量の一般論と慣性モーメント

y,z成分は、これをサイクリック置換したものになるであろうから、
$\rightarrow$ p356

$$\begin{aligned}
\ell_x &= \rho_{\text{V}}(\vec{x})\,\mathrm{d}^3\vec{x} \left(\ (y^2+z^2)\,\omega_x \quad\quad -xy\,\omega_y \quad\quad -xz\,\omega_z \right) \\
\ell_y &= \rho_{\text{V}}(\vec{x})\,\mathrm{d}^3\vec{x} \left(\quad\quad -yx\,\omega_x \ +(x^2+z^2)\,\omega_y \quad\quad -yz\,\omega_z \right) \\
\ell_z &= \rho_{\text{V}}(\vec{x})\,\mathrm{d}^3\vec{x} \left(\quad\quad -zx\,\omega_x \quad\quad -zy\,\omega_y \ +(x^2+y^2)\,\omega_z \right)
\end{aligned} \quad (8.31)$$

という答えを得る。つまり、ℓ_x,ℓ_y,ℓ_z のいずれも、$\omega_x,\omega_y,\omega_z$ のすべてに依存している。

全角運動量 $\vec{L}$ は $\vec{\ell}$ を積分したものとなるので、

$$\begin{aligned}
I_{xx} &= \int \rho_{\text{V}}(\vec{x})(y^2+z^2)\,\mathrm{d}^3\vec{x}, & I_{xy} &= I_{yx} = -\int \rho_{\text{V}}(\vec{x})xy\,\mathrm{d}^3\vec{x}, \\
I_{yy} &= \int \rho_{\text{V}}(\vec{x})(x^2+z^2)\,\mathrm{d}^3\vec{x}, & I_{yz} &= I_{zy} = -\int \rho_{\text{V}}(\vec{x})yz\,\mathrm{d}^3\vec{x}, \\
I_{zz} &= \int \rho_{\text{V}}(\vec{x})(x^2+y^2)\,\mathrm{d}^3\vec{x}, & I_{zx} &= I_{xz} = -\int \rho_{\text{V}}(\vec{x})zx\,\mathrm{d}^3\vec{x}
\end{aligned} \quad (8.32)$$

のように定義すると、

$$\begin{aligned}
L_x &= I_{xx}\omega_x + I_{xy}\omega_y + I_{xz}\omega_z \\
L_y &= I_{yx}\omega_x + I_{yy}\omega_y + I_{yz}\omega_z \\
L_z &= I_{zx}\omega_x + I_{zy}\omega_y + I_{zz}\omega_z
\end{aligned} \quad (8.33)$$

となる。

I_{xx},I_{yy},I_{zz} のことを「**慣性モーメント**」と呼び、I_{xy},I_{yz},I_{zx} のことを「**慣性乗積**」と呼ぶ。対称性がいい場合では慣性乗積は0になることもあるが、そうでない場合もある[18]。

もし、今考えている物体が $z=0$ の面（x-y面）に集中していたとすると、$I_{xx}=\int \rho_{\text{V}}(\vec{x})y^2\,\mathrm{d}^3\vec{x}$ と $I_{yy}=\int \rho_{\text{V}}(\vec{x})x^2\,\mathrm{d}^3\vec{x}$ の和が $I_{zz}=\int \rho_{\text{V}}(\vec{x})(x^2+y^2)\,\mathrm{d}^3\vec{x}$ になる。

(8.33) をまとめて、
$$L_i = \sum_{j=x,y,z} I_{ij}\omega_j \quad (8.34)$$

と書く（ここで i と j は x,y,z のいずれかが入る添字である）。

---

[18] 実は、座標系をうまく取れば常に慣性乗積を0にできる。本書ではそれについては扱わない。

I_{ij} を全部まとめて「慣性テンソル」と呼ぶ[†19]。角運動量に対するこの式 $L_i = \sum_{j=x,y,z} I_{ij}\omega_j$ が運動量に関する $\vec{p} = m\vec{v}$ に対応する。

8.4 慣性テンソルの性質

剛体の形と質量分布から慣性テンソルを先に求めておけば、角運動量の計算ができる。この節では慣性テンソルの計算で役立つ定理を述べよう。

8.4.1 平行軸の定理

慣性テンソルを計算する時の便利な公式である「平行軸の定理」を以下で示そう。慣性テンソルをある座標系 $\vec{x} = (x, y, z)$ で計算した時と、物体の重心 $\vec{x}_G = (x_G, y_G, z_G)$ を原点とする座標系 $\vec{x}' = (x', y', z')$ で計算した場合の差を考えてみる。この二つの座標系の関係は $\vec{x} = \vec{x}' + \vec{x}_G$ なので、

$$I_{zz} = \int d^3\vec{x}\, \rho_V(\vec{x})(x^2 + y^2) = \int d^3\vec{x}\, \rho_V(\vec{x})((x' + x_G)^2 + (y' + y_G)^2) \quad (8.35)$$

となるのだが、$(x' + x_G)^2 = (x')^2 + 2x'x_G + (x_G)^2$ を使ってさらに積分要素 $d^3\vec{x}$ は $d^3\vec{x}'$ と同じであることを使うと、

$$\begin{aligned}
I_{zz} &= \int d^3\vec{x}\, \rho_V(\vec{x})(x^2 + y^2) = \int d^3\vec{x}\, \rho_V(\vec{x})((x' + x_G)^2 + (y' + y_G)^2) \\
&= \underbrace{\int d^3\vec{x}\, \rho_V(\vec{x})((x')^2 + (y')^2)}_{I_{z'z'}} + 2\underbrace{\int d^3\vec{x}\, \rho_V(\vec{x})(x'x_G + y'y_G)}_{=0} \\
&\quad + \underbrace{\int d^3\vec{x}\, \rho_V(\vec{x})((x_G)^2 + (y_G)^2)}_{=M}
\end{aligned} \quad (8.36)$$

のように計算できる。第二項が 0 になる理由は以下の通り。第二項の積分から、定数である x_G を外に出すと

$$2x_G \underbrace{\int d^3\vec{x}\, \rho_V(\vec{x})x'}_{M \times \text{「重心」の } x' \text{座標}} \quad (8.37)$$

[†19] テンソルは I_{ij} のように添字を持っている量の一般名称。特に添字が二つの時は「二階のテンソル」と呼ぶ。

となるが、x' 座標は「重心が $x' = 0$」となるように作った座標なのだから、これは0になる（y' 座標も同様）。つまり、慣性モーメント I_{zz} は、$\vec{x}'$ 座標系での慣性モーメント $I_{z'z'}$ と、この物体の全質量が重心に集中した場合の慣性モーメント $M((x_G)^2 + (y_G)^2)$ の和になる。I_{xx}, I_{yy} についても同じことが言えるのはすぐにわかるであろう。

---------- 練習問題 ----------

【問い8-2】I_{xy} についても上と同様の計算ができて、「重心を原点においた時の慣性乗積」と「重心に全質量が集中した時の慣性乗積 $-Mx_G y_G$ の和になることを示せ。

ヒント → p383 へ　解答 → p394 へ

―― 平行軸の定理 ――

一般の点を原点とした慣性テンソルは、重心を原点として計算した慣性テンソルと、重心に全質量が集中したとして計算した慣性テンソルの和である。

という定理が成り立つ。これを使って計算を楽にできる。

8.4.2　直交軸の定理

平面状の物体の時に成り立つ。その平面を $z = 0$ の面（x-y 平面）に選ぶと、慣性テンソルを計算するときも常に $z = 0$ になる。(8.32)が
→ p245

$$\begin{aligned}
I_{xx} &= \int \rho_S(\vec{x}) y^2 \, d^2\vec{x}, & I_{xy} = I_{yx} &= -\int \rho_S(\vec{x}) xy \, d^2\vec{x}, \\
I_{yy} &= \int \rho_S(\vec{x}) x^2 \, d^2\vec{x}, & I_{yz} = I_{zy} &= 0, \\
I_{zz} &= \int \rho_S(\vec{x})(x^2 + y^2) \, d^2\vec{x}, & I_{zx} = I_{xz} &= 0
\end{aligned} \quad (8.38)$$

と変わる（積分は2次元になり、密度も面密度になった）が、これから明らかに

―― 直交軸の定理 ――

$z = 0$ の平面の上にのみ質量が分布する物体では、$I_{zz} = I_{xx} + I_{yy}$

という定理が成り立つ。8.2.3節の最後の脚注で書いたことが一般的に示せた。
→ p243

8.5 様々な物体の慣性テンソル

慣性モーメントおよび慣性乗積の定義は(8.32)で与えたので、いろいろな物体でこれを計算しておくことができる。(8.32) は 3 次元的な広がりのある場合であるが、1 次元的もしくは 2 次元的な広がりしかない場合は、積分が少し単純になる。
→ p245

以下ではすべて重心を原点とする計算を行なう。重心が原点でなかったときは平行軸の定理を使って計算すればよい。
→ p246

8.5.1　1 次元的な広がりのある物体

この節では、単位長さあたりの質量が ρ_L であるような物体について慣性テンソルを計算する。

棒についてはすでにある程度計算した。長さ L で直線棒の場合、棒の軸を x 軸にとれば、質量のある場所は $y = z = 0$ の点のみなので、0 でない慣性テンソルは I_{yy}, I_{zz} のみで、どちらも

$$\int_{-\frac{L}{2}}^{\frac{L}{2}} dx \, \rho_L x^2 = \frac{\rho_L}{3} \left(\left(\frac{L}{2} \right)^3 - \left(-\frac{L}{2} \right)^3 \right) = \frac{\rho_L L^3}{12} \tag{8.39}$$

となる。

次に、半径 r の細いリングの慣性テンソルを考えよう。リングが x-y 平面内にあり、中心が原点に一致するようにしておくと、質量のあるところでは $z = 0$ であるから、0 でない可能性のある慣性テンソルは $I_{xx}, I_{yy}, I_{zz}, I_{xy}$ である。積分は x-y 平面上に極座標 (r, θ) をおいて、$r = $ 一定として θ を 0 から 2π まで積分すればよいだろう。微小長さが $r \, d\theta$ であることを使って、

$$I_{xx} = \rho_L \int_0^{2\pi} d\theta \, r \underbrace{y^2}_{r^2 \sin^2 \theta}, I_{yy} = \rho_L \int_0^{2\pi} d\theta \, r \underbrace{x^2}_{r^2 \cos^2 \theta}, I_{zz} = \rho_L \int_0^{2\pi} d\theta \, r \underbrace{(x^2 + y^2)}_{r^2},$$

$$I_{xy} = -\rho_L \int_0^{2\pi} d\theta \, r \underbrace{xy}_{r^2 \cos \theta \sin \theta}$$

$$\tag{8.40}$$

となり、$x = r \cos \theta, y = r \sin \theta$ を代入して積分を行なえばよい。

$$I_{xx} = I_{yy} = \rho_L \pi r^3 = \frac{Mr^2}{2}, I_{zz} = 2\rho_L \pi r^3 = Mr^2, I_{xy} = 0 \tag{8.41}$$

8.5 様々な物体の慣性テンソル

がわかる（$M=2\pi r\rho_\text{L}$ を使った）。ここでも直交軸の定理が成り立っている。
→ p247

右の図を見て（図だと z 軸回りの回転が回っているように見えないが、回っているのだと思ってほしい）、「な

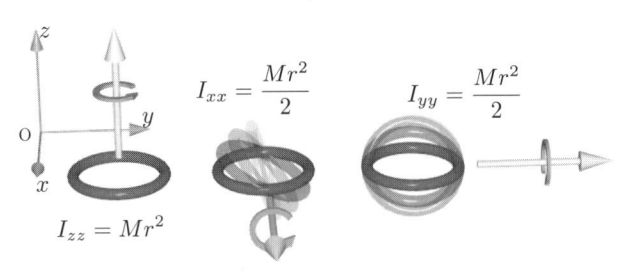

$$I_{xx} = \frac{Mr^2}{2}$$

$$I_{yy} = \frac{Mr^2}{2}$$

$$I_{zz} = Mr^2$$

るほど z 軸周りに回すのは x 軸や y 軸より 2 倍たいへんそうだ」と実感していただきたい（実際に何かを回してみて実感するのもよい）。

なお、z 軸周りに回す場合、質量 M が中心から距離 R の位置にのみ存在しているので、質点の場合と同じ式（MR^2）になるのは当然だとも言える。

8.5.2　2 次元的な広がりのある物体

x-y 平面からはみださない物体ならば、$z=0$ の場所にしか質量が分布していないので、やはり 0 でない可能性があるのは $I_{xx}, I_{yy}, I_{zz}, I_{xy}$ のみである。

長方形の板の場合、8.2.3 節で積分を行なって、(8.28) という結果を得ていたので、
→ p241　→ p243

$$\vec{L} = \underbrace{\frac{\rho_\text{S} ab^3}{12}}_{I_{xx}} \omega_x \vec{e}_x + \underbrace{\frac{\rho_\text{S} a^3 b}{12}}_{I_{yy}} \omega_y \vec{e}_y + \underbrace{\frac{\rho_\text{S} ab(a^2+b^2)}{12}}_{I_{zz}} \omega_z \vec{e}_z \tag{8.42}$$

として慣性モーメントが計算できる。

円盤の場合、2 次元極座標で計算するのがよい。

$$I_{xx} = \rho_\text{S} \int_0^R dr \int_0^{2\pi} d\theta\, r \underbrace{y^2}_{r^2 \sin^2\theta},\ I_{yy} = \rho_\text{S} \int_0^R dr \int_0^{2\pi} d\theta\, r \underbrace{x^2}_{r^2 \cos^2\theta},$$

$$I_{zz} = \rho_\text{S} \int_0^R dr \int_0^{2\pi} d\theta\, r \underbrace{(x^2+y^2)}_{r^2},\ I_{xy} = -\rho_\text{S} \int_0^R dr \int_0^{2\pi} d\theta\, r \underbrace{xy}_{r^2 \cos\theta \sin\theta}$$

(8.43)

となる。この式は、リングの場合の (8.40) で r を積分した結果として考えることもできる（同じ計算になっているのはわかるであろう）。積分の結果は
→ p248

$$I_{xx} = I_{yy} = \frac{\rho_\text{S} \pi R^4}{4} = \frac{MR^2}{4},\ I_{zz} = \frac{\rho_\text{S} \pi R^4}{2} = \frac{MR^2}{2},\ I_{xy} = 0 \tag{8.44}$$

である（$\rho_\mathrm{S} \pi R^2 = M$ を使った）。

8.5.3　3次元的な広がりのある物体

直方体については、長方形の場合の二重積分が三重積分に変わる。また質量が存在する場所は $z=0$ には限らなくなったので、

$$I_{xx} = \rho_\mathrm{V} \int_{-\frac{a}{2}}^{\frac{a}{2}} \mathrm{d}x \int_{-\frac{b}{2}}^{\frac{b}{2}} \mathrm{d}y \int_{-\frac{c}{2}}^{\frac{c}{2}} \mathrm{d}z \, (y^2 + z^2) \tag{8.45}$$

という計算をすればよい。積分の結果は

$$I_{xx} = \frac{\rho_\mathrm{V} abc(b^2+c^2)}{12}, I_{yy} = \frac{\rho_\mathrm{V} abc(a^2+c^2)}{12}, I_{zz} = \frac{\rho_\mathrm{V} abc(a^2+b^2)}{12} \tag{8.46}$$

である。I_{yy}, I_{zz} については a, b, c の取り換えを行なうことで計算できる。慣性乗積は奇関数の積分なので0である。(8.46) の $c \to 0$ の極限を取ると長方形の式(8.42)になる。その時はまず $\rho_\mathrm{V} c = \rho_\mathrm{S}$ と置いて、ρ_S は一定として c を0にする（$\rho_\mathrm{V} \to \infty$ としていることになる）。

代表的な物体の慣性モーメントを図に示そう（計算過程は演習問題**8-1**の解答を見てほしい）。

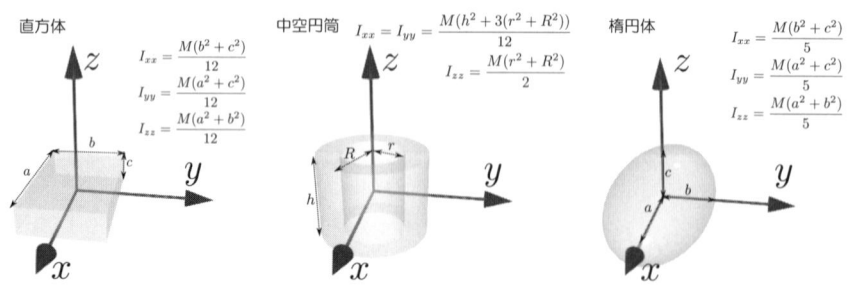

直方体
$I_{xx} = \frac{M(b^2+c^2)}{12}$
$I_{yy} = \frac{M(a^2+c^2)}{12}$
$I_{zz} = \frac{M(a^2+b^2)}{12}$

中空円筒
$I_{xx} = I_{yy} = \frac{M(h^2+3(r^2+R^2))}{12}$
$I_{zz} = \frac{M(r^2+R^2)}{2}$

楕円体
$I_{xx} = \frac{M(b^2+c^2)}{5}$
$I_{yy} = \frac{M(a^2+c^2)}{5}$
$I_{zz} = \frac{M(a^2+b^2)}{5}$

長方形にしたければ、$c \to 0$
棒にしたければ、$b \to 0, c \to 0$

中身の詰まった円筒にしたければ、$r \to 0$
円盤にしたければ、$h \to 0$

球にしたければ、$a = b = c = r$

上の場合は慣性乗積はすべて0になっている。これ以外の形も、積分をちゃんとやれば計算できる。

8.6 回転物体の運動

8.6.1 回転する剛体の運動エネルギー

ある点を中心にある軸の回りに回転している剛体の持つ運動エネルギー E_ω を考えよう。その剛体のうち、位置ベクトル $\vec{x}$ の位置にある微小部分の持つ運動エネルギーは、その部分が速度 $\vec{\omega} \times \vec{x}$ を持っているので、

$$\frac{1}{2} \underbrace{\rho_{\mathrm{v}}(\vec{x})\,\mathrm{d}^3\vec{x}}_{\text{質量}} (\vec{\omega} \times \vec{x})^2 \tag{8.47}$$

である。ベクトルの公式(B.30)を、$(\vec{a} \times \vec{b}) \cdot \vec{c} = \vec{a} \cdot (\vec{b} \times \vec{c})$ と変形して使うと、$(\underbrace{\vec{\omega}}_{\vec{a}} \times \underbrace{\vec{x}}_{\vec{b}}) \cdot \underbrace{(\vec{\omega} \times \vec{x})}_{\vec{c}} = \underbrace{\vec{\omega}}_{\vec{a}} \cdot (\underbrace{\vec{x}}_{\vec{b}} \times \underbrace{(\vec{\omega} \times \vec{x})}_{\vec{c}})$ となるから、

$$E_\omega = \frac{1}{2}\vec{\omega} \cdot \underbrace{\int \mathrm{d}^3\vec{x}\,\rho_{\mathrm{v}}(\vec{x})\left(\vec{\omega}|\vec{x}|^2 - (\vec{\omega} \cdot \vec{x})\vec{x}\right)}_{=\vec{L}} \tag{8.48}$$

である。$\vec{\omega}$ は定数なので積分の外に出した。すると上の式で $\underbrace{}_{=\vec{L}}$ と示した部分が先に計算できることになって、答は $\frac{1}{2}\vec{L} \cdot \vec{\omega}$ であり、$\vec{L}$ の中身(8.32)を使うと、結局この結果は $\frac{1}{2}\sum_{i,j} I_{ij}\omega_i\omega_j$ すなわち、

$$\frac{1}{2}\left(I_{xx}(\omega_x)^2 + I_{yy}(\omega_y)^2 + I_{zz}(\omega_z)^2 + 2I_{xy}\omega_x\omega_y + 2I_{yz}\omega_y\omega_z + 2I_{zx}\omega_z\omega_x\right) \tag{8.49}$$

となる。運動量が $m\vec{v} \to \sum_j I_{ij}\omega_j$ と対応したように、エネルギーも $\frac{1}{2}m|\vec{v}|^2 \to \frac{1}{2}\sum_{i,j} I_{ij}\omega_i\omega_j$ と対応している。

並進運動と回転運動を同時に行なっている場合はどうであろうか？―実はエネルギーも、重心の並進運動によるものと回転運動によるものに分けることができる。剛体上のある一点の速度を重心速度 $\vec{v}_{\mathrm{G}}$ と重心を中心として角速度ベクトル $\vec{\omega}$ の回転と組み合わせたもの（$\vec{v}_{\mathrm{G}} + \vec{\omega} \times (\vec{x} - \vec{x}_{\mathrm{G}})$）として考えると、

$$\frac{1}{2}\int d^3\vec{x}\,\rho_{\rm v}(\vec{x})\,(\vec{v}_{\rm G}+\vec{\omega}\times(\vec{x}-\vec{x}_{\rm G}))^2$$
$$=\frac{1}{2}\int d^3\vec{x}\,\rho_{\rm v}(\vec{x})\left(|\vec{v}_{\rm G}|^2+2\vec{v}_{\rm G}\cdot\vec{\omega}\times(\vec{x}-\vec{x}_{\rm G})+|\vec{\omega}\times(\vec{x}-\vec{x}_{\rm G})|^2\right)$$
$$=\frac{1}{2}\underbrace{\int d^3\vec{x}\,\rho_{\rm v}(\vec{x})}_{M}|\vec{v}_{\rm G}|^2+\vec{v}_{\rm G}\cdot\vec{\omega}\times\int d^3\vec{x}\,\rho_{\rm v}(\vec{x})(\vec{x}-\vec{x}_{\rm G})+\frac{1}{2}\int d^3\vec{x}\,\rho_{\rm v}(\vec{x})|\vec{\omega}\times(\vec{x}-\vec{x}_{\rm G})|^2$$
(8.50)

となるが第二項は例によって重心の定義から 0 であり、第三項は「重心を中心とした回転運動の運動エネルギー」そのものである。

8.6.2 転がる円柱

右の図の水平との角度 θ の斜面の上を円柱がすべることなくころがる場合を考えてみよう。円柱の質量を m、半径を R、軸周りの慣性モーメントを I とする。図にも描いたが、静止摩擦力 $\vec{f}$ が働いていることに注意しよう（これがないと物体はころがらずにすべり落ちる）。円柱の中心を軸として考えると、この力のモーメントは時計回りに fR である。以上より、

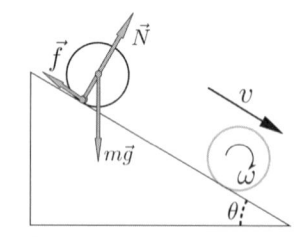

斜面に平行な方向の運動方程式： $m\dfrac{dv}{dt}=mg\sin\theta-f$ (8.51)

軸回りの角運動量の式： $I\dfrac{d\omega}{dt}=fR$ (8.52)

のような式が立つ。すべらずに転がり落ちるためには、速度と角速度の間に $v=R\omega$ が成り立たなくてはいけないから、

$$\frac{I}{R}\frac{dv}{dt}=fR \tag{8.53}$$

とすることで v に関する連立方程式になる。f を消去すると、

$$\begin{aligned}m\frac{dv}{dt}&=mg\sin\theta-\frac{I}{R^2}\frac{dv}{dt}\\\left(m+\frac{I}{R^2}\right)\frac{dv}{dt}&=mg\sin\theta\\\frac{dv}{dt}&=\frac{m}{m+\frac{I}{R^2}}g\sin\theta\end{aligned} \tag{8.54}$$

と加速度（一定）が出る。これを見るとわかるように、すべり落ちる場合の加速度 $g\sin\theta$ に比べて $\dfrac{m}{m+\frac{I}{R^2}}$ 倍になっている。こうなる理由は「静止摩擦力が加速を遅くする」と考えてもよいし、「並進のエネルギーだけでなく回転のエネルギーも必要なので、その分遅い」と考えてもよい。

この円柱が一様な密度であれば、$I = \dfrac{mR^2}{2}$ であり、中空の円筒なら、$I = mR^2$ である。それぞれの場合、すべり落ちる場合の加速度に比べて $\dfrac{2}{3}$ 倍、$\dfrac{1}{2}$ 倍になる（中空の方が遅い）。

---- 練習問題 ----

【問い 8-3】 並進の運動エネルギー $\dfrac{1}{2}mv^2$ と回転の運動エネルギー $\dfrac{1}{2}I\omega^2$ を時間微分すると、ちょうど重力の仕事率になることを示せ。

ヒント → p383 へ　解答 → p394 へ

8.6.3　車輪の加速

車輪を加速するにはどのような力を加えなくてはいけないかを考えよう。自動車や自転車のような構造を考えるのはややこしいので、単なる円筒形の車輪が加速しながら転がっていく状況を考える。車輪の半径を R とすれば、車輪の中心が移動する速度 v と、角速度 ω の間には

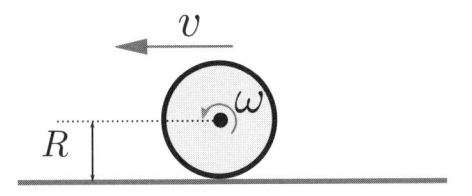

$$v = R\omega \quad (8.55)$$

という関係が必要である。これが満たされていないと、車輪と地面と接地面の部分にある車輪の速度が 0 ではない—つまり車輪がスリップしているということである。実際の自動車や自転車では（急ブレーキをかけてしまった時とか、スピードを出しすぎてカーブを曲がってしまったなどの "失敗" の時以外）車輪が地面の上をすべることはない。

以下では鉛直方向の力（重力と垂直抗力がある）については考えない（図にも描かない）ことにする。自動車などが加速する時、この車輪の回転を速

くする方向に（右の図のような）偶力を与えるのが普通である。
→ p95

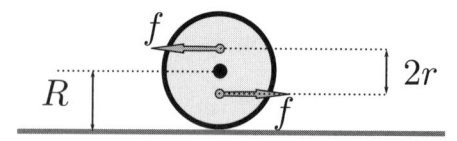

　車の車軸から上下に r ずつ離れた点に、力 f を互いに逆向きにかけている、という状況を考えよう。この二つの力は車輪を反時計回りに回転させる力である（もちろん、この力 f は外部から加える力である）。

　この力のモーメント $2fr$ によって車輪の回転が加速するが、偶力は常に反対向きの力とワンセットであるから、この力だけでは車輪は加速しない[20]。車輪が加速するのは、地面との接触面（上で注意したように、静止している）との間に静止摩擦力が働くからである。

　もう少し因果関係を明確にしつつ、この静止摩擦力（図の F）が現れる理由を記述すると、以下のようになる。

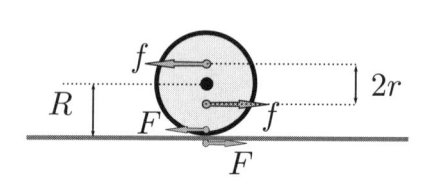

車輪を（図の反時計回りに）回す力を与えることによって、車輪は地面を後ろ（図の右）に蹴る。つまり地面に右向きの力を与えるので、同時に地面から反作用として左向きの力を受ける。この力により車輪は加速する。

では運動方程式を与えよう。

$$M\frac{dv}{dt} = F \tag{8.56}$$

一方、車輪の回転の角速度 ω の時間変化（角加速度 $\frac{d\omega}{dt}$）について考えよう。三つの力が働くが、二つの f は回転を速くする方向のモーメントを、静止摩擦力 F は回転を遅くする方向のモーメントなので、

$$I\frac{d\omega}{dt} = 2fr - FR \tag{8.57}$$

という式が出る。I は車輪の軸を中心とした慣性モーメントで、車輪を単純な円盤と考えるならば $I = \frac{1}{2}MR^2$ である。

---

[20] 完全に摩擦のない面（そんなものはないが、近いところではスケートリンクの上など）の上で車が加速できるか？——と考えてみてほしい。

(8.55),(8.56),(8.57) を連立して、ω を消去しよう。(8.55) すなわち $v = R\omega$
→ p253
から $\dfrac{d\omega}{dt} = \dfrac{1}{R}\dfrac{dv}{dt}$ であるから、(8.57) にこれを代入して

$$\frac{I}{R}\frac{dv}{dt} = 2fr - FR \tag{8.58}$$

となる。この式からは $\dfrac{dv}{dt} = \dfrac{2frR - FR^2}{I}$、(8.56)からは $\dfrac{dv}{dt} = \dfrac{F}{M}$ と、$\dfrac{dv}{dt}$
→ p254
に関して 2 種類の式が出たので、この二つを使って、

$$\begin{aligned}
\frac{2frR - FR^2}{I} &= \frac{F}{M} & \text{(分母を払って)} \\
2MfrR - FMR^2 &= IF & \text{(左辺に } f \text{ を、右辺に } F \text{ を集めて)} \\
2MfrR &= F(MR^2 + I) & \text{(} 2MrR \text{ で割って)} \\
f &= \frac{F(MR^2 + I)}{2MrR}
\end{aligned} \tag{8.59}$$

のように F と f に関係がつく。この関係が成り立たないと、車輪がすべる（F は静止摩擦力だから、上限があることに注意！）。

$$\begin{aligned}
\text{車輪が円盤の場合：} I = \tfrac{1}{2}MR^2 \text{なので、} & \quad f = \frac{3FR}{4r} \\
\text{車輪が円環の場合：} \quad I = MR^2 \text{なので、} & \quad f = \frac{FR}{r}
\end{aligned} \tag{8.60}$$

である（実際の車輪は円環に近い）。

　人間に制御できる力は f の方であり、加速に関係するのは F の方であるが、上で求めたように f が決まれば F が決まるようになっている。

【FAQ】接触面が動いていないとすると、F は仕事ができないのではないか。ではどうやって車輪の運動エネルギーが増加できるのか？
‥‥‥‥‥‥‥‥‥‥‥‥‥‥‥‥‥‥‥‥‥‥
　三つの力が関与したことを考えれば、どの力が仕事をするのかがわかる。F は仕事をしていないのだら、偶力をなす二つの f が仕事をしている。偶力は反対向きの二つの力のペアであるから、これが車輪になす仕事を考えると、互いに相殺して 0 になる——ように最初は思えてしまうかもしれない。ところが車輪

は回転しながら進んでいるので、図の軸の上部分と下部分は同じ速度では動いていないのである。具体的には、上の部分は $v+r\omega$ で、下の部分は $v-r\omega$ の速度で動いている。二つの力のする仕事の仕事率は、

$$f(v+r\omega) - f(v-r\omega) = 2fr\omega \tag{8.61}$$

である。これは、単位時間あたりの並進の運動エネルギー $\frac{1}{2}Mv^2$ の増加と、回転の運動エネルギー $\frac{1}{2}I\omega^2$ の増加に一致する。確認するために、エネルギーの和 $E = \frac{1}{2}Mv^2 + \frac{1}{2}I\omega^2$ を時間微分してみよう。

$$\frac{dE}{dt} = \frac{d}{dt}\left(\frac{1}{2}Mv^2 + \frac{1}{2}I\omega^2\right) = Mv\frac{dv}{dt} + I\omega\frac{d\omega}{dt} \tag{8.62}$$

であるが、運動方程式である(8.56)と(8.57)を代入してやれば、

$$v\underbrace{M\frac{dv}{dt}}_{F} + \omega\underbrace{I\frac{d\omega}{dt}}_{2fr-FR} = vF + \omega(2fr - FR) = 2fr\omega \tag{8.63}$$

となってちゃんと（単位時間あたりのエネルギーの増加）＝（f のする仕事率）になっているのである。

「加速をもたらしている力」は F の方（$F = M\frac{dv}{dt}$ だから）、そして「エネルギー増加をもたらしている力」は f の方（$\frac{dE}{dt} = 2fr\omega$ だから）と"役割分担"がされているのが面白いところ（質点だとこんなことは起きないが、大きさのある物体に対する仕事は単純ではないのでこんなことが起きる）。

実際には車輪だけが動くのではないので、少しだけ問題を現実に近づけて、一輪車の場合で人間の出す力について考えておこう。

右の図は人が一輪車に乗って加速している状況である（車と人間の速度・加速度は一致しているとしよう）。今回も鉛直方向に働く力（重力と垂直抗力）は無視した図を描いている。

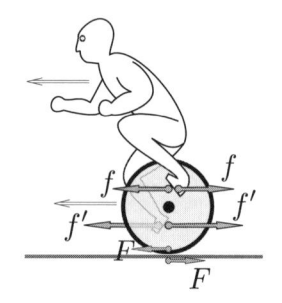

現実的には人間がペダルにちょうど水平の力を加えるというのは難しいだ

8.6 回転物体の運動

ろうが、ここではそれが実現しているとして考えよう。

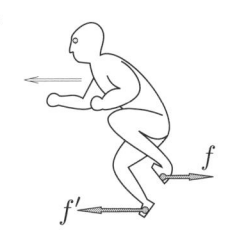

この場合、人間は左足を車の車軸より上にあるペダルにかけて前（左）に力fを働かせ、右足（図では車輪の裏側に見えている方）を車軸より下にあるペダルにかけて後（右）に力f'を働かせている。人間が左に加速するためには、$f' > f$でなくてはならない（右に、人間と人間に働く力だけを取り出した図を描いたので参考にしよう）。

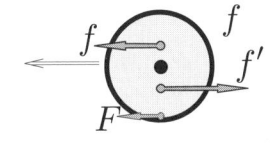

車輪と車輪に働く力を取り出した図が右である。この時、$f' > f$であるから、人間の出す力はむしろ車輪を右向きに加速（左向きに減速）している。もうひとつ、地面からの静止摩擦力Fがあるおかげで車輪は左に加速する。あたりまえだが、地面がなければ人も一輪車も前に進めない。人間が車輪に及ぼす力が加速とは逆向きであることに違和感を覚える人は「人間を左に加速している力を出しているのは車輪である（当然、その力の反作用は車輪にかかる）」ということを考えて納得しよう。

人間の水平方向の運動方程式は

$$m\frac{dv}{dt} = f' - f \tag{8.64}$$

であり、車輪の水平方向の運動方程式は

$$M\frac{dv}{dt} = f - f' + F \tag{8.65}$$

である。さらにモーメントの式

$$I\frac{d\omega}{dt} = fr + f'r - FR \tag{8.66}$$

および速度と角速度の関係$v = R\omega$を使ってf, f'と加速度の関係を求めていくことができる。

---------- **練習問題** ----------

【問い8-4】 (8.64)～(8.66)の3つの方程式を連立させて解いて、F, f, f'を$M, m, I, R, r, \dfrac{dv}{dt}$の関数として求めよ。

ヒント → p383 へ　　解答 → p395 へ

ここでめざとい人は「人間が回転してしまうのでは？」（人間に対する力のモーメントがつりあっていないのでは）と気づいただろう。そう見えてしまうのは鉛直方向の力を無視したからで、実際には人間には重力mgと、サドル（図には描いていない）からの垂直抗力も働いている。この人が身体を前に傾けていれば、この二つの力の作るモーメントはf, f'の作るモーメントとは逆を向く。よってこの人が自分の重心の位置（へその辺りにあるとよく言われる）をコントロールしながら進めば、回転することなく並進加速運動ができるのである（このコントロールが絶妙のバランス感覚を要求するので、一輪車に乗るのは難しい！）。

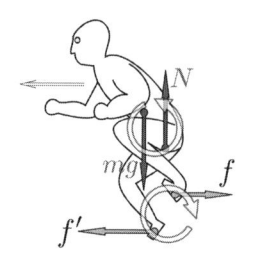

8.7　角運動量の時間変化

$\vec{N} = \dfrac{d\vec{L}}{dt}$ という式は、「力のモーメントは角運動量を変化させる」式だと解釈できる（$\vec{F} = \dfrac{d\vec{p}}{dt}$ が「力は運動量を変化させる」と解釈できるのと同様である）。加速度には接線加速度と法線加速度とがあり、それに対応して力も「速さを速くする（運動量の大きさを変える）力」と「運動の向きを変える（運動量の向きを変える）力」に分けることができた。似た方程式である力のモーメントと角運動量に関しても同じことが言えて、力のモーメント（トルク）を「回転を速くする（角運動量の大きさを変える）トルク」と「回転軸を変える（角運動量の向きを変える）トルク」に分けることができる。

前節で考えた一輪車の場合は、人間がペダルを蹴る力のモーメントは車輪の角運動量を増加させる方向のモーメントを作っていた。

ここでは、角運動量の大きさを変えずに向きだけを変えるトルクが働く場合を考えることにしよう。

8.7.1　倒れないコマ

右の図のように、z軸方向に回転軸を向けて回っている（つまり、角運動量ベクトル$\vec{L}$がz軸方向を向いている）コマを考えて、そのコマの頂点の部分をx軸方向にちょん、と押してみるとどうなるだろうか。「x軸方向にコマ

8.7 角運動量の時間変化

が倒れる」だろうか？（是非試してみることをお勧めする）。

もちろん、静止しているコマなら x 方向に倒れておしまいである。しかし回転しているコマの場合、この力が「角運動量の向きを変える」ということに使われる。[21]

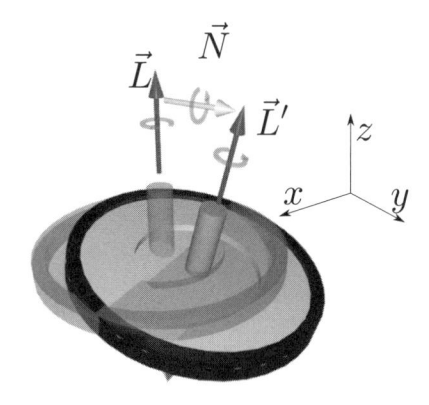

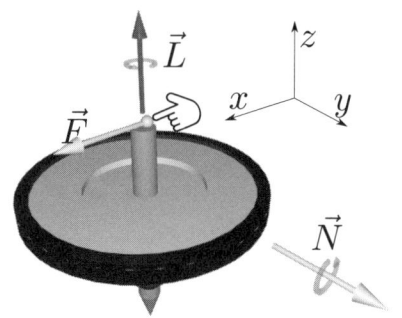

力 $\vec{F}$ は x 方向だが、このコマの足の先（一番下）を基準点[22]として $\vec{F}$ のモーメントを考えると、モーメント $\vec{N} = \vec{x} \times \vec{F}$ のベクトルは y 軸方向を向く。

このため、（力は x 軸方向なのだが！）コマの角運動量は y 成分を持つようになる。つまり y 軸方向に回転軸を変えるのである。

この後力が加わらないのならばこの新しい軸の周りの回転が続く。しかし重力の影響があるために別の現象が始まる。

というのは、傾いた状態では重力もモーメントを作るからである。重心はコマが直立している状態では足の真上にあり、重力はモーメントを作らない。傾いた状態では、重力が $-\vec{e}_x$ 方向を向いたモーメントを作る。このモーメントがまた、$\vec{L}$ の向きを変えていく（$\vec{L}$ と $\vec{N}'$ は垂直なので、$\vec{L}$ の大きさは変わらずに向きだけが変わる。

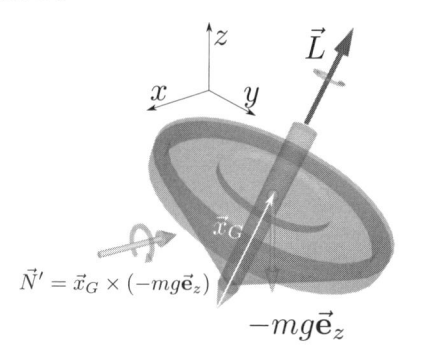

---

[21] もちろん x 方向の並進運動も起こすのだが、それは床からの摩擦力で止まっていく。
[22] どうしてコマの足先を基準点にするのか？——ここは地面に接している点であり、垂直抗力や（あれば）摩擦力など、未知の力が働いている。基準点に働く力はモーメントが 0 だから、角運動量の計算をする時にこれらを考える必要がない。これが足の先を基準点と考える利点である。

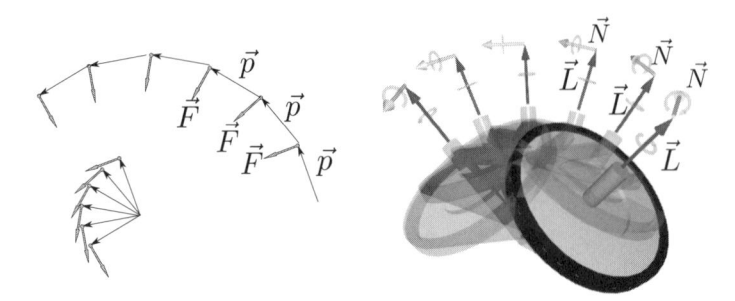

ちょうど $\vec{F}$ と $\vec{p}$ が垂直なときに円運動が起こるのと同様に、$\vec{N}$ と $\vec{L}$ が垂直な時も、$\vec{L}$ の先が円を描くように回っていく。

重力という「コマを倒す力」が働いているのに、回っているコマがなかなか倒れないのは、重力の作るモーメントが、回転軸を変える方向に作用する[†23]からである。このように角運動量と垂直な「力のモーメント」によって、角運動量の向きが変わっていく運動を「**歳差運動**」と呼ぶ。

----- 練習問題 -----

【問い8-5】コマの先端は（これまでの図でそうであったように）尖らせている場合もあるが、右の図のように丸くする場合もある。丸くすると倒れやすくなるように思うかもしれないが、こうしておくと床との接触点において働く動摩擦力が倒れたコマを戻そうとするモーメントを作る。動摩擦力の向きと、そのモーメントの向きを考察せよ。

ヒント → p383 へ　解答 → p395 へ

質点の運動（運動量の時間変化）に接線加速度（運動量の向きは変わらず大きさが変わる）と法線加速度（運動量の向きが変わる）があったように、角運動量も大きさを変える作用と向きを変える作用がある。歳差運動は角運動量が向きを変えていく運動の一種である。

角運動量が向きを変えるその他の例としては、バイクや自転車がカーブを曲がって行く時の車輪の運動がある。右の図では簡単のために一輪車にして車輪の運動のみを描写した（曲がっていく車輪を斜め上から見た図である）。図のように左折する時に車輪が内側に倒れていると、重力と垂直抗力

[†23] 「中心に向けて引っ張っているのに近づくのではなく円運動する」という状況と似ている。

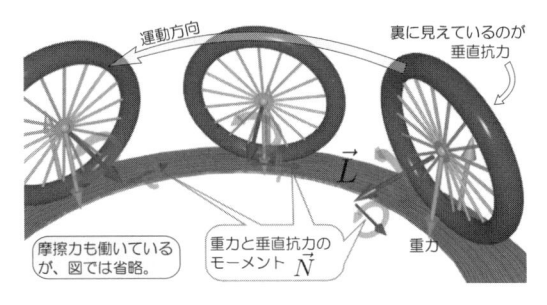

によるモーメントのベクトル $\vec{N}$ が進行方向の逆を向く。その方向の $\vec{N}$ は車輪の角運動量 $\vec{L}$ を左折運動するように変化させていく。このような動きは、硬貨を転がした時の最後の、倒れてしまう前の運動としても、見ることもできる。

8.7.2 剛体同士の衝突

ボールをバットに当てる、というような剛体と剛体が衝突する現象について考えよう。ただし、ここでは2次元的な運動のみの、簡単なものだけとする。また、実際のボールやバットは変形するから剛体ではないが、そこは無視することにする。

質点の衝突においては力積 $\vec{F}\,dt$ による運動量の変化を考えればよかったが、剛体が衝突した時は、それに加えて力積のモーメント[†24] $\vec{x}\times\vec{F}\,dt$ を考える必要がある。この力積のモーメントによって衝突物体が角運動量を交換するわけである。

2球の衝突・合体

回転せずに飛んできた質量が m で等しい二つの球が逆向きで同じ大きさの速度で衝突し、合体したとしよう。質点どうしであれば静止して終わるところであるが、大きさのある物体であれば、回転運動が残る可能性がある。

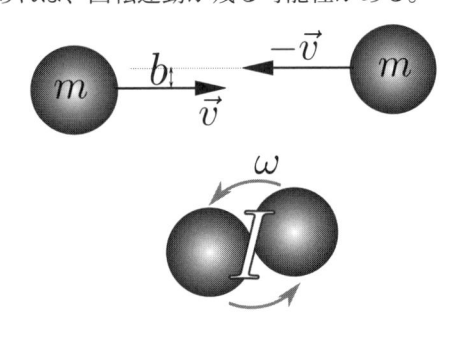

運動量保存則は

$$m\vec{v}+m(-\vec{v})=0 \quad (8.67)$$

となって合体した質量 $2m$ の物体の重心は静止する。一方角運動量保存則はどうなるだろう？

衝突する時の2球の進む線と線の距離を b とする。2物体の重心は

[†24] 「**角力積**」と呼ぶ場合もある

ずっと動かないから、この点を位置ベクトルの原点としよう。この二つの物体はどちらも $\frac{b}{2}mv$ という角運動量（図で反時計回り）を持っている。合体後の物体の慣性モーメント（重心を中心とした）を I とすれば、

$$\frac{b}{2}mv \times 2 = I\omega \tag{8.68}$$

となる。

慣性モーメント I は、球の慣性モーメント $\frac{2}{5}mR^2$ が二つ分と、その二つの球の重心が共通重心から R 離れたところにあることから、

$$I = \frac{2}{5}mR^2 \times 2 + mR^2 \times 2 = \frac{14}{5}mR^2 \tag{8.69}$$

のように計算できる。よってこの場合の角速度は $\omega = \frac{5bv}{14R^2}$ ということになる。

ビリヤード

ビリヤードをやるときのように、球に棒を衝突させる場合を考える。棒がぶつかったことにより、図の点 P において力積 $F\Delta t$ がかかったとしよう。ここで Δt は非常に短い時間であるとする。

最初球が静止していて、この短い時間の直後には速度 v で動いていたとすると、

$$F\Delta t = mv \tag{8.70}$$

が成立する。Δt が非常に小さいのに $F\Delta t$ が mv と等しいのだから、力 F は非常に大きい。他の有限の力（重力・垂直抗力、そして静止摩擦力）がこの短い時間の間に与える力積は無視できるとする。角運動量の変化を考えると、

$$Fh\Delta t = I\omega \tag{8.71}$$

となる。球の慣性モーメントは $I = \frac{2mR^2}{5}$ であるから、

$$mvh = \frac{2mR^2\omega}{5} \text{ より、} v = \frac{2R}{5h}R\omega \tag{8.72}$$

という式が作られる。

$v = R\omega$ すなわち $h = \frac{2}{5}R$ であれば、球はスムーズにすべることなく回転しつつ転がっていく。

$v > R\omega$ すなわち $h < \frac{2}{5}R$ であれば、すべることなく転がるには球の回転が足りないので、すべっていくことになる（極端な場合として $h = 0$ の場合を考えると、球は全く回転せずにすべる）。

$v < R\omega$ すなわち $h > \frac{2}{5}R$ の時はこの逆に球が回転しすぎてすべるということになる。

バットによる打撃

野球のバッティングにあたる衝突を考えよう。ただしここでは近似として簡単な運動を考えて、バットは静止しているものとする（バントの場合を考えよう）。振り回している時のバットは旋回しながらボールと衝突するから、ここでの話よりだいぶ複雑になる。

ボールがバットにあたった時に、やはり短い時間 Δt の間に大きな力 F が加えられ、有限の運動量 $F\Delta t$ をバットに伝えることになる。これによりバットは並進速度 $V = \dfrac{F\Delta t}{M}$ と、角速度 $\omega = \dfrac{Fa\Delta t}{I}$ を与えられる。

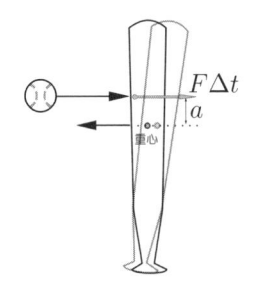

このバットのある位置は瞬間的には動かない。その位置を重心から b の点だとすると、

$$\frac{F\Delta t}{M} = \frac{Fa\Delta t}{I}b \tag{8.73}$$

が成り立つ。つまり、重心から $b = \dfrac{I}{Ma}$ だけ（図の下側に）離れた場所では、並進速度と回転運動の速度が同じになり、その点は動かない（もちろんその瞬間だけである）。この場所を「打撃の中心」と呼ぶ。

バットを持つとき、この打撃の中心を持っていれば、ボールがあたったことによる衝撃を手は感じない。

章末演習問題

★【演習問題 8-1】
250ページの図にある慣性テンソルを計算せよ。

ヒント → p6w へ　解答 → p17w へ

★【演習問題 8-2】
床上にターンテーブルが設置されている。このターンテーブルは床との間に全く摩擦なく回ることができるようになっている。あなたがこのターンテーブルに上に立っている（当然あなたの足とターンテーブルの間には摩擦がある。ターンテーブルは質量がないものとして考えよう）。外部と一切接触することなく、からだの向きを180度変えることはできるだろうか。できるとしたらどうしたらいいだろうか。

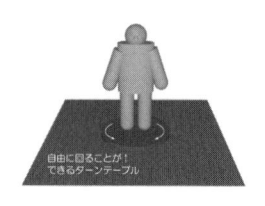

ヒント → p6w へ　解答 → p19w へ

★【演習問題 8-3】
速度に比例する抵抗力 $-k\vec{v}$ と、ある中心力 $f(r)\vec{e}_r$ が働く時、角運動量は保存しない。

(1) この問題は2次元の平面内の運動と考えてよいことを説明せよ。
(2) 角運動量の時間変化はどのように表されるか。

ヒント → p7w へ　解答 → p19w へ

★【演習問題 8-4】
機械の中で円柱状の軸を回転させるため、その軸受け部分を作る時、右の図のように先を尖らせることが多い。この利点を「接地面積を小さくすることで摩擦力を小さくする」と説明するのは正しくない。動摩擦力は（動摩擦係数）×（垂直抗力）であるから、垂直抗力と動摩擦係数が同じなら摩擦力は小さくならないのである。では先を尖らせる意味は何か？

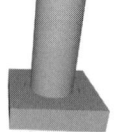

ヒント → p7w へ　解答 → p19w へ

★【演習問題 8-5】
摩擦のない床面の上で角速度 ω で回転していた円盤（質量 m で z 軸周りの慣性モーメントを I とする）の上に、もう一つの円盤（質量 m' で z 軸周りの慣性モーメント I'）を落下させた。二つの円盤の間には摩擦力があるので、やがて一体となって回転するようになった。

(1) 最終的な角速度を求めよ。
(2) 落とす方の円盤の中心が z 軸から ℓ だけ離れていたとしたら、最終的状態はどうなるだろうか。

ヒント → p7w へ　解答 → p19w へ

第 9 章

振動

物体の振動を考える。

9.1 単振動の運動方程式

単振動とは、運動方程式が（適当な変形を施した後でもよいので）

---- 単振動の運動方程式 ----
$$\frac{\mathrm{d}^2 x}{\mathrm{d}t^2}(t) = -\omega^2 x(t) \quad (\omega は定数) \tag{9.1}$$

という形になるような運動である。$x(t)$ は物体の位置などを表す「座標」であり、時間の関数となる。運動方程式がわかればその物体がどのような運動をするかがわかる。今の場合はもちろん単振動するのだが、このような力が働くと振動が起こるということを数式でなく、まずは「どんな運動が起こるのか」という考察から確認しておこう。

この力 $-kx$ のグラフを書くと右の図のようになる。図にあるように、この力は中心 $x = 0$ より右側にある物体を左に、左側にある物体を右に引っ張る。このような力が働くとき、物体を $x = 0$ ではない位置（とりあえず a を正の数として $x = a$ にしよ

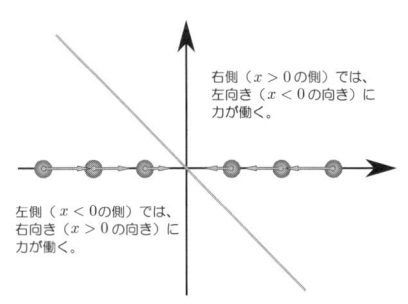

う）に置いたとすると、以下のような現象が起こる。

(1) 物体に左向きの力が働き、左に加速する。
(2) 物体は左（つまり $x = 0$ に向かって）動き出す。
(3) $x = 0$ に達すると力も 0 になる。しかし、ここまで受けた力により、左向きの速度を獲得しているので、そのまま $x = 0$ を通り抜けて左へ進む。
(4) $x = 0$ を越えて左側に出ると、今度は右向きの力が働くため、物体は減速し、ついには止まる。
(5) しかし、止まる位置は原点の左側 ($x < 0$ の場所) なので、右向きに力が働き、物体は右に動き出す。
(6) やがて物体は $x = 0$ に達し、ここで力は 0 になるが、今度はその場所で右向きの速度を獲得しているので、右に動き続ける。
(7) やがて物体は静止する。
(8) 以下同じ事の繰り返し。

このような現象が起こるには、ある点（平衡点）よりも右にいるときには左向きに、左にいる時には右向きの力が働けばよい。そのような性質を持つ力を「**復元力**」と言うのである。式で書いて $-kx(t)$ となる力はもちろん、復元力である。もちろんこれ以外にも、$-k(x(t))^3$ でもいいだろうし、もっと複雑怪奇な関数でも、「元の状態に戻そうとする力」であれば「復元力」と呼べる。ただ、ここで扱うのは $-kx(t)$ の形のみである。

単振動をする物体を総称して、「調和振動子 (harmonic oscillator)」と言う。調和振動子 (あるいは単振動) は、バネ振り子の運動はもちろん、光（電磁波）、音、固体の振動など、いろいろな状況において出現する。したがって物理現象を理解するためには、単振動の理解は不可欠である。

9.2 単振動の微分方程式を解く

ではこの節で、(9.1) を解いていこう。簡単な場合の微分方程式の解き方は 149 ページあたりにある（忘れた人は読みなおそう）。そこでは「両辺をどんどん積分していく」方法を使ったが、(9.1) はそのまま積分するのは無理で、

9.2 単振動の微分方程式を解く

運動エネルギーを定義した時同様、「両辺に $\dfrac{\mathrm{d}x}{\mathrm{d}t}$ を掛ける」というテクニック
→ p195
が必要である。そうすると、

$$\frac{\mathrm{d}x}{\mathrm{d}t}\frac{\mathrm{d}^2 x}{\mathrm{d}t^2} = -\omega^2 x \frac{\mathrm{d}x}{\mathrm{d}t} \tag{9.2}$$

から、

$$\frac{1}{2}\left(\frac{\mathrm{d}x}{\mathrm{d}t}\right)^2 = -\frac{1}{2}\omega^2 x^2 + C \tag{9.3}$$

となる(むしろエネルギー保存から一挙にこの式を出すべきかもしれない)。C は積分定数で、どういう値を取るかは初期条件で決まる。ただ、この式を見る限り、負の数はあり得ない(もし $C<0$ なら、右辺が負になり、どうみても 0 以上である左辺と=にならない)。そこで、$C = \dfrac{1}{2}\omega^2 A^2$ と置いて[†1]、

$$\frac{1}{2}\left(\frac{\mathrm{d}x}{\mathrm{d}t}\right)^2 = -\frac{1}{2}\omega^2 x^2 + \frac{1}{2}\omega^2 A^2 = \frac{1}{2}\omega^2(A^2 - x^2) \tag{9.4}$$

とする。当然、$A^2 \geq x^2$ が成立していなくてはいけない。これから、

$$\frac{\mathrm{d}x}{\mathrm{d}t} = \pm\omega\sqrt{A^2 - x^2} \tag{9.5}$$

という式が出る(右辺の複合は $\dfrac{\mathrm{d}x}{\mathrm{d}t}$ が正か負かによって変わる)ので、さらにこれを積分する。まず、

$$\frac{\mathrm{d}x}{\sqrt{A^2 - x^2}} = \pm\omega\,\mathrm{d}t \tag{9.6}$$

と変数分離して、左辺においては $x = A\cos\theta$ と変数変換[†2]すると、

$$\frac{\mathrm{d}x}{\sqrt{A^2 - x^2}} = \frac{-A\sin\theta\,\mathrm{d}\theta}{\sqrt{A^2 - A^2\cos^2\theta}} = \frac{-A\sin\theta\,\mathrm{d}\theta}{A|\sin\theta|} = \pm\mathrm{d}\theta \tag{9.7}$$

[†1] こういうことをすると「勝手にこんなことしていいんですか!?」と不安になったり、「こんなふうに決めつけてはいけない!」と怒り出したりする人がいる。しかし、C は「(今のところ)任意の正の数」であり、$\dfrac{1}{2}\omega^2 A^2$ も「(今のところ)任意の正の数」である。A がまだ決まっていないのだから、決めつけているわけではないのである。ただし、$C = -\dfrac{1}{2}\omega^2 A^2$ とする人がいたら、その時は「左辺がプラスなのに右辺がマイナスじゃないか!」と怒った方がいいだろう。

[†2] 「こんな変数変換、どうやって思いつくの?」と疑問に思うかもしれない。残念ながら「こうやれば確実に正しい変数変換が見つかる!」というような万能特効薬は存在しない。物を言うのは経験(「前にも似たような積分やったことあるぞ」)と、試行錯誤(「とりあえずやってみよう→だめか→じゃあ次はこれ」)である。スマートな方法より「汗水たらして頑張る」ことが大切。

となる[†3]。こうして、$\pm d\theta = \pm\omega\, dt$ というとても簡単な式ができた。左辺の複号は (9.7) の最後で $-\sin\theta$（符号に注意）が正なら $+$、負なら $-$ と決まった[†4]。一方右辺の複号は (9.5) で出てきた複号（$\dfrac{dx}{dt}$ の符号で決まった）で、出所が違うので両辺で相殺しない。複号を一つにして積分すると

$$\theta = \pm\omega t + \alpha \tag{9.8}$$

となる。α は新たな積分定数である。右辺に残った（二つの複号の積である）$\pm$ は、「$-\sin\theta$ と $\dfrac{dx}{dt}$ が同符号なら $+$、異符号なら $-$」と決まっている。

これで微分方程式は解けて、

$$x(t) = A\cos\theta = A\cos(\pm\omega t + \alpha) \tag{9.9}$$

となった[†5]。しかし、符号マイナスの方は、

$$\begin{aligned}x(t) = A\cos(-\omega t + \alpha) &= A\cos(-(\omega t - \alpha)) \\ &= A\cos(\omega t - \alpha)\end{aligned} \quad (\cos(-\theta) = \cos\theta) \tag{9.10}$$

と変形できるので、$\alpha \to -\alpha$ という置き換え（α は任意だから置き換えても問題ない）をすれば符号をないものにできる。よって、

$$x(t) = A\cos(\omega t + \alpha) \tag{9.11}$$

の方だけを解として採用すれば充分である。

ω は角速度に似た量であるが、回転でなく振動に関係する量なので「**角振動数**」と呼ぶ。単位は「rad/s」となる。三角関数の性質から $\omega t + \alpha$ の部分（「**位相**」と呼ぶ）が 2π 増えるとちょうど一回振動するので、振動にかかる時間（「周期」と呼ぶ）は $T = \dfrac{2\pi}{\omega}$ である。周期の逆数は「1s に何回振動するか」という意味を持つ数で「振動数」と呼ぶ。単位は「Hz」（ヘルツ）を使う。

[†3] この変数変換 $x = A\cos\theta$ は $A^2 \geq x^2$ を満たす変換になっていることに注意。例えば $x = A\tan\theta$ などという変数変換をしてしまうと、θ の値によっては $A^2 < x^2$ となってしまって不都合が生じる。今は不都合がない上に式が簡単になる変数変換があったわけである。

[†4] θ の範囲は任意として考えている。

[†5] これを一階微分すると $\dfrac{dx}{dt}(t) = \pm(-A\omega\sin(\pm\omega t + \alpha))$ のように速度が求まり、確かに $\dfrac{dx}{dt}$ と $-\sin\theta$ が同符号かどうかで複号が決まっていることがわかる。

9.2 単振動の微分方程式を解く

運動方程式は二階微分方程式であるから、二個、「方程式からは決まらないパラメータ」を含むと前にも述べた。多くの場合、その二つのパラメータは初期位置と初速度である。単振動の場合、この二つのパラメータが「振幅」と「初期位相」($A\cos(\omega t + \alpha)$ と書いた時の A と α) になることもある。また、(9.11) を

$$x(t) = \underbrace{A\cos\alpha}_{B}\cos\omega t \underbrace{- A\sin\alpha}_{+C}\sin\omega t \tag{9.12}$$

と書き換えることもできるので、「cos 部分の振幅 B」と「sin 部分の振幅 C」をパラメータとすることもある。

9.2.1 定数係数の線型同次微分方程式の一般論を使う

定数係数の線型同次微分方程式の場合、$x(t) = e^{\lambda t}$ と置いて

$$\left(\frac{d}{dt}\right)^2 \left(e^{\lambda t}\right) = -\omega^2 e^{\lambda t} \tag{9.13}$$

として解くことができる(A.7.2 節に一般論の説明がある)。特性方程式は

$$\lambda^2 = -\omega^2 \tag{9.14}$$

となる。λ が実数の範囲では、この式には解がない。しかし、複素数を許すならば、その解は $\lambda = \pm i\omega$ である[6]。

ここで性急に「虚数は存在しない数なのだから、複素数などが出てきては物理にならない」と判断してしまわないように。途中経過として虚数が含まれる式であっても、最終結果には虚数は存在しないのならば問題は何もない。「実数であること」にこだわっていると、以下の計算は実行できない。複素数を使うおかげで解が簡単に求められるということは、経験上非常に多いのである[7]。こうして解は

$$x(t) = Ce^{i\omega t} + De^{-i\omega t} \tag{9.15}$$

となった。C, D は複素数であることに注意しよう。

---

[6] i は虚数単位で、$i^2 = -1$ を満たす。
[7] 以下の計算はその一つの例で、この例だけではまだまだ複素数の有り難さはわからないかもしれない。

$x(t)$ は（単振動の x 座標が虚数を含むなんてことはありえないので）実数の筈である。よって、$Ce^{i\omega t} + De^{-i\omega t}$ という式はいっけん複素数に見えても、実は実数になっていなくてはいけない。

そこで、$(x(t))^* = x(t)$ であれ、という条件を置こう。$*$ は「**複素共役**」を表す記号である（右肩につけて表す）。その意味は、

---— 複素共役とは —---

複素数 z は、二つの実数 (x, y) を使って「$z = x + iy$」と表せる。この時、$z^* = x - iy$、つまりは虚部の符号をひっくり返した物（もっと複雑な式であったとしても、式に含まれる i を全部 −i に置き換える）を z の複素共役と呼ぶ。

である。「$(x(t))^* = x(t)$ であれ」は「$x(t)$ が実数であれ」と同じことである。

$$(x(t))^* = C^* e^{-i\omega t} + D^* e^{i\omega t} \tag{9.16}$$

と書けるから、（任意の時刻で）$(x(t))^* = x(t)$ であるためには、$e^{i\omega t}$ の前の係数と $e^{-i\omega t}$ の前の係数が各々一致しなくてはいけない。

つまり、$D = C^* (C = D^*)$ である必要がある。よって

$$x(t) = Ce^{i\omega t} + C^* e^{-i\omega t} \tag{9.17}$$

とすれば、ちゃんと実数であれという条件を満たしている。

ここで「二階微分方程式なのに解にパラメータが一つしかない！」と不思議に思う人もいるかもしれないが、その心配は無用である。なぜなら今の場合 C は複素数なので、$C = C_R + iC_I$（もちろん、C_R と C_I は実数）というふうに C の実数部 C_R と C の虚数部 C_I に分ければ、ちゃんと実数2個分のパラメータがあるのである。

複素数 $z = x + iy$ は $z = re^{i\theta}$ と書くこともできる。x, y と r, θ の関係は平面直交座標と平面極座標の関係と同じである（なので、$z = re^{i\theta}$ のような書き方のことを「極表示」と呼ぶ）。
→ p367

これを示すには、以下に示す「**オイラーの公式**」を使う。

―― オイラーの公式 ――

$$e^{i\theta} = \cos\theta + i\sin\theta$$

右の図は複素数の実数部分を横軸、虚数部分を縦軸として描いたグラフで「複素平面」と呼ばれる。複素平面上では、$e^{i\theta}$ という数は「長さが1で、実軸と角度 θ の傾きを持つベクトル」になる。

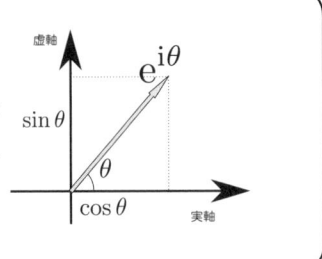

$x = r\cos\theta, y = r\sin\theta$ から $r = \sqrt{x^2+y^2}$ なので、$r = |z|$ と書き、「r は複素数 z の絶対値である」と言う[†8]。

極表示を使って $C = |C|e^{i\alpha}$ と書くことにすれば、

$$x(t) = Ce^{i\omega t} + C^*e^{-i\omega t} = |C|e^{i\alpha}e^{i\omega t} + |C|e^{-i\alpha}e^{-i\omega t} \tag{9.18}$$

と書けるのだが、$e^{i\theta} + e^{-i\theta} = 2\cos\theta$ であることを思えば、

$$x(t) = 2|C|\cos(\omega t + \alpha) \tag{9.19}$$

という答が出た[†9]。

9.2.2 複素数で表現する単振動　＋＋＋＋＋＋＋＋＋＋＋＋＋＋＋＋＋【補足】

単振動を複素数を使って表現する方法を学んでおく。読者の中には「複素数なんて嫌いだ」とか「複素数が出てくるとよくわからなくなる」とか思う人が多いかもしれない。しかし、振動を複素数で表すことで計算は飛躍的に簡単になる。たとえ最初とっつきにくく感じたとしても、複素数で計算する方法を知っておいた方が、将来においては絶対に得をする。我慢をして複素数を使う方法を習得すれば、後のメリットは非常に大きい。

そこで複素数を使って振動を表すとはどういうことか、それにはどのようなメリットがあるのかをまとめておく。

本来の単振動の解は $y = A\cos(\omega t + \alpha)$ または、$y = B\sin(\omega t + \beta)$ である。$\sin$ と $\cos$ は本質的には位相の差だけであって、α を適当にずらせば同じである。具体的には、$\cos\theta = \sin(\theta + \frac{\pi}{2})$ なので、$\beta = \alpha + \frac{\pi}{2}, A = B$ とすればこの二つの式は同じである。以下では $\cos$ の方の式で考えよう。

[†8] 複素数 $x + iy$ の絶対値は $\sqrt{x^2+y^2}$ と定義されていることに注意。「虚数部は二乗したら負」と考えて $\sqrt{x^2-y^2}$ などという無茶な計算をする人がたまにいるが、これでは「絶対値」なのに虚数になったりするし、$x = y$ だと $x \neq 0, y \neq 0$ でも0になる。

[†9] 数学で始めて複素数を習った時「なんでこんなものが必要なのか？」という疑問は誰もが持ったことだと思う。複素数を使って方程式の解を出すということで、こういう解法が編み出された。複素数の存在は、いろんなところで我々を助けてくれる。

$A\mathrm{e}^{\mathrm{i}(\omega t+\alpha)}$ という複素関数を考える。オイラーの公式を使うと、複素関数 $A\mathrm{e}^{\mathrm{i}(\omega t+\alpha)}$ の実数部分を取れば $A\cos(\omega t+\alpha)$ になる。

以下で $A\cos(\omega t+\alpha)$ のような式をたくさん考えるが、これを $\mathrm{e}^{\mathrm{i}(\omega t+\alpha)}$ の実数部分であると考えると、計算が楽になるのである。

実数だけでいいものをわざわざ虚数部分を足しているわけで「計算すべきものの数が増えてむしろややこしくならないか？」と心配する人がいるかもしれないので、この時点ですぐわかる複素数表示のメリットを上げよう。

$$A\mathrm{e}^{\mathrm{i}(\omega t+\alpha)} = \underbrace{A\mathrm{e}^{\mathrm{i}\alpha}}_{=A'}\mathrm{e}^{\mathrm{i}\omega t} = A'\mathrm{e}^{\mathrm{i}\omega t} \tag{9.20}$$

と書き直すと、未知数の部分を A' に押し込めることができる。A は実数だが A' は複素数なので、未知数は $\underbrace{(A,\alpha)}_{\text{実数2成分}} \to \underbrace{A'}_{\text{複素数1成分}}$ と変化した。ゆえに未知数の数が減ったわけではない。ただ、一カ所に固まったということが大事である。sin または cos を使っていると、

$$\underbrace{A}_{\text{未知数}}\sin(\omega t + \underbrace{\alpha}_{\text{未知数}}) \tag{9.21}$$

となる。それに比べ、

$$\underbrace{A'}_{\text{未知数}}\mathrm{e}^{\mathrm{i}\omega t} \tag{9.22}$$

と一カ所に固められていると、計算の見通しが立ちやすくなり、少し楽になる。

次に、三角関数の加法定理

$$\begin{aligned}\sin(A+B) &= \sin A\cos B + \cos A\sin B \\ \cos(A+B) &= \cos A\cos B - \sin A\sin B\end{aligned} \tag{9.23}$$

が複素数を使うと簡単に出ることを示そう。$\cos(A+B), \sin(A+B)$ は、$\mathrm{e}^{\mathrm{i}(A+B)}$ の実数部分と虚数部分である。一方、$\mathrm{e}^{\mathrm{i}(A+B)} = \mathrm{e}^{\mathrm{i}A}\mathrm{e}^{\mathrm{i}B}$ と書けるので、

$$\begin{aligned}\mathrm{e}^{\mathrm{i}(A+B)} &= \mathrm{e}^{\mathrm{i}A}\mathrm{e}^{\mathrm{i}B} \\ &= \underbrace{(\cos A + \mathrm{i}\sin A)}_{\mathrm{e}^{\mathrm{i}A}}\underbrace{(\cos B + \mathrm{i}\sin B)}_{\mathrm{e}^{\mathrm{i}B}} \\ &= \cos A\cos B - \sin A\sin B + \mathrm{i}(\sin A\cos B + \cos A\sin B)\end{aligned} \tag{9.24}$$

という計算をしてやり、左辺が $\cos(A+B) + \mathrm{i}\sin(A+B)$ であることを考えて右辺を比較するとちゃんと加法定理が出る。このことは、次のような意味を持つ。

三角関数を表すのに、「$\cos\theta$」と書くのと、「$\mathrm{e}^{\mathrm{i}\theta}$ の実数部分」と書くのは、全く同じである。しかし、「θ に α を足してください」という操作をするよう頼まれたとしよう。この「角度を α 足す」操作は、$\cos\theta$ に対しては「$\cos\theta \to \cos\theta\cos\alpha - \sin\theta\sin\alpha$」という計算になる。一方、$\mathrm{e}^{\mathrm{i}\theta}$ に対しては「$\mathrm{e}^{\mathrm{i}\theta} \to \mathrm{e}^{\mathrm{i}(\theta+\alpha)}$」という操作になる。複素数を使うと「角度を α 足す」操作が「$\mathrm{e}^{\mathrm{i}\alpha}$ を掛ける」計算で終わってしまうのである。これは計算をとても単純にしてくれる。

9.2 単振動の微分方程式を解く

---- 練習問題 ----

【問い9-1】 同様に $\left(e^{i\theta}\right)^2$ 計算を二通りの方法で計算して倍角公式

$$\cos 2\theta = \cos^2 \theta - \sin^2 \theta \\ \sin 2\theta = 2 \cos \theta \sin \theta \tag{9.25}$$

を作れ。

ヒント → p383へ　解答 → p396へ

【問い9-2】 $\cos\theta - \sin\theta = \sqrt{2}\cos(\theta + \frac{\pi}{4})$ を、以下の手順で示せ。

(1) この式が $e^{i\theta} + ie^{i\theta}$ の実部であることを示せ。

(2) $1+i$ を極表示せよ。

(3) $e^{i\theta} + ie^{i\theta}$ の実部が $\sqrt{2}\cos(\theta + \frac{\pi}{4})$ になることを示せ。

ヒント → p383へ　解答 → p396へ

$e^{i\theta}$ が「角度 θ の回転」を意味するが、$i = e^{i\frac{\pi}{2}}$ であることを考えると、i を掛けると言う計算は「$\frac{\pi}{2}$ の回転」(あるいは「位相が $\frac{\pi}{2}$ 進む」)であり、i で割るという計算($-i$ を掛けるという計算と同じ)は「$-\frac{\pi}{2}$ の回転」(あるいは「位相が $\frac{\pi}{2}$ 遅れる」)を意味する。虚数の性質である「i を2回掛けたら -1 になる」ことは、複素平面上で考えると「$\frac{\pi}{2}$ の回転(つまり 90°回転)を2回やれば、π の回転(つまり 180°回転)になる」という意味を持ってくる。

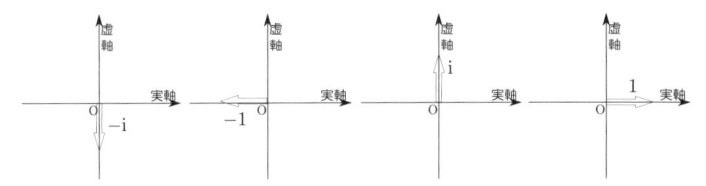

このように考えると、「$e^{i\theta} = \cos\theta + i\sin\theta$ を掛ける」操作は「元のベクトルの $\cos\theta$ 倍と、元のベクトルを 90°回してから $\sin\theta$ 倍したものの和を作れ」という操作であるから、確かに「角度 θ 回転せよ」という操作になっている。

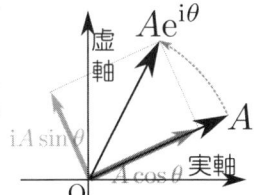

++【補足終わり】

9.3 単振動になる運動

9.3.1 バネ振り子

もっとも単純な単振動の例である。図のように質量 m の物体にバネ定数 k のバネを取り付け、バネのもう一端を固定したものである（鉛直方向の力はつりあっているものとしてここでは考えない）。運動方程式は

$$m\frac{d^2 x}{dt^2} = -kx \quad (9.26)$$

という式になり、単振動の式そのものである。$\omega^2 = \dfrac{k}{m}$ となるから、

$$x(t) = A\sin\left(\sqrt{\frac{k}{m}}t + \alpha\right) \quad (9.27)$$

が解となる。

【補足】 ✚✚✚✚✚✚✚✚✚✚✚✚✚✚✚✚✚✚✚✚✚✚✚✚✚✚✚✚✚✚✚✚✚
この単振動の周期は $\dfrac{2\pi}{\omega} = 2\pi\sqrt{\dfrac{m}{k}}$ となるが、これは次元解析からも見積もれる。この系に含まれる定数 m（次元 [M]）と k（次元 [MT^{-2}]）から「特徴的時間」を作ると、$\sqrt{\dfrac{m}{k}}$ しか作れないからである。m と k の組合せからどうやっても長さの次元は作れないので、この系に特徴的長さはない。「周期が振幅によらない」という性質も、次元解析からあたりをつけることができる。
✚✚✚✚✚✚✚✚✚✚✚✚✚✚✚✚✚✚✚✚✚✚✚✚✚✚✚✚✚✚✚✚✚ 【補足終わり】

この運動においては、

$$\begin{aligned}
&\underbrace{\frac{1}{2}m\left(\omega A\cos\left(\sqrt{\frac{k}{m}}t+\alpha\right)\right)^2}_{\text{運動エネルギー}\frac{1}{2}mv^2} + \underbrace{\frac{1}{2}k\left(A\sin\left(\sqrt{\frac{k}{m}}t+\alpha\right)\right)^2}_{\text{位置エネルギー}\frac{1}{2}kx^2} \\
&= \frac{1}{2}\underbrace{m\omega^2}_{k}A^2\cos^2\left(\sqrt{\frac{k}{m}}t+\alpha\right) + \frac{1}{2}kA^2\sin^2\left(\sqrt{\frac{k}{m}}t+\alpha\right) \quad (9.28)\\
&= \frac{1}{2}kA^2\underbrace{\left(\cos^2\left(\sqrt{\frac{k}{m}}t+\alpha\right)+\sin^2\left(\sqrt{\frac{k}{m}}t+\alpha\right)\right)}_{1} = \frac{1}{2}kA^2
\end{aligned}$$

9.3 単振動になる運動

となって（保存力のみ働いているので当然ながら）エネルギーは保存する。

次に、このバネを鉛直方向に設置するとどうなるかを考えよう。さっきはつりあっているものとして考えなくてよかった重力が計算に入ってきて、運動方程式は

$$m\frac{d^2x}{dt^2} = -kx + mg \tag{9.29}$$

となる（今下向きが正となる座標軸を取ったので、mg はプラスで効く）。この場合、運動方程式を

$$m\frac{d^2x}{dt^2} = -k\underbrace{\left(x - \frac{mg}{k}\right)}_{y} \tag{9.30}$$

と書き直して、y を新しい変数[†10]としておけば、

$$m\frac{d^2y}{dt^2} = -ky \tag{9.31}$$

となって元の方程式と同じになる。当然解は

$$y(t) = A\sin\left(\sqrt{\frac{k}{m}}t + \alpha\right) \tag{9.32}$$

つまり、

$$x(t) = \frac{mg}{k} + A\sin\left(\sqrt{\frac{k}{m}}t + \alpha\right) \tag{9.33}$$

である。

------------------------------ 練習問題 ------------------------------

【問い 9-3】 この場合の力学的エネルギー（運動エネルギー＋弾性力の位置エネルギー＋重力の位置エネルギー）が保存することを確かめよ。

ヒント → p383 へ　　解答 → p395 へ

[†10] x 軸と直交する y 軸を取ったのではなく、同じ軸を使うが原点の違う y 座標を考えたことに注意。y という文字を使っているから y 座標というわけではない。

9.3.2 振り子の振動

$-kx(t)$ の形の復元力がよく出てくるのは、もっとも簡単な式だからという理由の他に、「複雑な関数で表された復元力も、平衡点（力が0になるポイント）付近で展開すると $-kx(t)$ の形になっていることが多い」こともある。

例えば、長さ ℓ の糸でつるした振り子の運動の運動方程式は、5.3.3 節にも書いたように、

$$m\ell \frac{d^2\theta}{dt^2} = -mg \sin\theta \tag{9.34}$$

となる。この場合の平衡点は $\theta = 0$ である[†11]。

これは単振動の運動方程式ではない。実際に解こうとするとたいへん面倒な式になる[†12]。ここでは

$$\sin\theta = \theta \underbrace{- \frac{1}{3!}\theta^3 + \frac{1}{5!}\theta^5 + \cdots}_{\text{この部分は無視する}} \tag{9.35}$$

と展開して第一項のみを考えることにする。

実際に $\sin x$ という関数を1次式、3次式、5次式…と近似していった様子を右の図に示した。だんだん「ほんとうの関数」である $\sin x$ に近づいていっていることがわかる。ここでは思い切って $\sin x$ を x としてしまう、つまり右のグラフの左端の直線と $\sin x$ があまり離れていないところだけを考える。このような近似（1次までの式の部分だけを

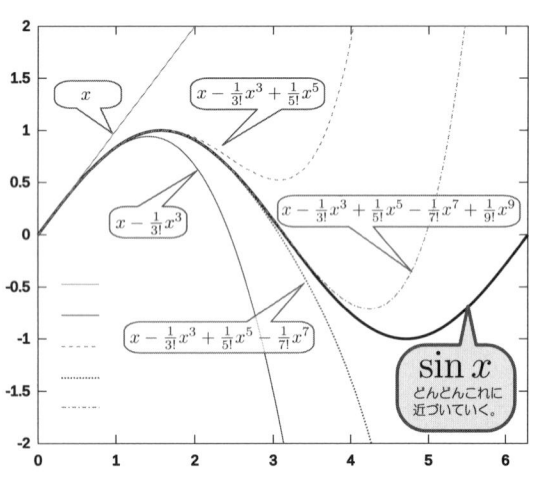

[†11] 厳密に言えば、$\theta = \pi$ も平衡点であるが、これは「不安定な平衡点」であって、単振動の中心になり得ない。

[†12] 教科書には（少なくとも最初のうちは）「解ける微分方程式」ばかりが出てくるので、「どんな微分方程式でも解ける」と誤解する人がいるのだが、実はそんなことはない。これまで行なったように積分していくことで解けるのはある意味「幸運な場合」のみである。

取る）を「**線型近似**」と呼ぶ。線型近似の結果、運動方程式は

$$m\ell \frac{d^2\theta}{dt^2} = -mg\theta \to \frac{d^2\theta}{dt^2} = -\frac{g}{\ell}\theta \tag{9.36}$$

となり、単振動の方程式と同じとなる。多くの物理現象が、線型近似すると単振動と同等になる。

> **【FAQ】こんなことしていいの？**
>
> と不安に思う人が多いが、例えば $\theta = \dfrac{\pi}{6}(30°)$ の場合、$\sin\theta = 0.5$ だが、
> $\theta = \dfrac{\pi}{6} = 0.5235987758\cdots$ に対し、
> $\dfrac{1}{3!}\theta^3 = \dfrac{1}{6}\left(\dfrac{\pi}{6}\right)^3 = 0.02392459621\cdots$、
> $\dfrac{1}{5!}\theta^5 = \dfrac{1}{120}\left(\dfrac{\pi}{6}\right)^5 = 0.0003279531945\cdots$
> となる。第一項だけをとっても、右辺の誤差は5％以下である。それに、たいていの振り子の振れ角は30°よりずっと小さい。

この式から $\omega = \sqrt{\dfrac{g}{\ell}}$ とすれば単振動の運動方程式(9.1)になるから、この振り子は角振動数 $\sqrt{\dfrac{g}{\ell}}$（周期 $2\pi\sqrt{\dfrac{\ell}{g}}$）で振動する[†13]。

9.4 減衰振動

単振動は、「**フックの法則に従う力だけが働く**（例えば空気抵抗などは考えない）」という理想化された状況で起こる振動であった。ここでは少し状況を現実に近づけてみよう。

フックの法則に従う力 $-kx$ と、速度に比例する抵抗力 $-K\dfrac{dx}{dt}$ が同時に働く場合の運動方程式は

$$m\frac{d^2x}{dt^2} = -kx - K\frac{dx}{dt} \tag{9.37}$$

[†13] この周期を計算する時、次元解析を使ってあたりをつける方法について、付録Dに書いた。

となる。$K\dfrac{\mathrm{d}x}{\mathrm{d}t}$ の前にマイナスがついているのは、その時持っている速度とは逆向きに働くこと（つまり「抵抗」であること）を示している。

これを解くには、付録のA.7.2節に説明されている定数係数の線型同次微分方程式の一般的解法を使うのがよさそうである。すなわち、$x = Ae^{\lambda t}$ と置くことにより、

$$m\lambda^2 Ae^{\lambda t} = -kAe^{\lambda t} - K\lambda Ae^{\lambda t} \tag{9.38}$$

という式が作られる。これから、

$$m\lambda^2 + K\lambda + k = 0 \tag{9.39}$$

を解いて λ を求めましょう、という問題になる。これは2次方程式であるから解の公式を使って、

$$\lambda = \frac{-K \pm \sqrt{K^2 - 4mk}}{2m} \tag{9.40}$$

となる。判別式（ルートの中身）$K^2 - 4mk$ の符号によって、解の様子はだいぶ変わってくる。

$\boxed{K^2 - 4mk > 0 \text{ の時}}$

λ には二つの解が出るが、どっちも実数である。$\lambda_1 = \dfrac{-K + \sqrt{K^2 - 4mk}}{2m}$ と $\lambda_2 = \dfrac{-K - \sqrt{K^2 - 4mk}}{2m}$ になる。この λ_1, λ_2 はどちらも負なので、t が大きくなると 0 に近づく解である。一般解は以下の通り。

$$x = C_1 e^{-\left(\frac{K - \sqrt{K^2 - 4mk}}{2m}\right)t} + C_2 e^{-\left(\frac{K + \sqrt{K^2 - 4mk}}{2m}\right)t} \tag{9.41}$$

この運動が起こる条件を考えてみる。$K^2 - 4mk > 0$ となるのは、「K が大きい（すなわち、摩擦による抵抗が大きい。ねばっとした液体の中で物体が振動しているところを思い浮かべるべし）」、「m が小さい（つまり、軽い。軽いがゆえに抵抗力の影響を受ける。紙切れが空気中では落ちるのが遅いのと同じ）」、「k が小さい（つまり、バネによる復元力が小さい）」等である。どの場合でも振動が起こらなくなりそうだ、と実感できるだろう。この現象を「**過減衰**」と言う。

9.4 減衰振動

$\boxed{K^2 - 4mk < 0 \text{ の時}}$

こうなる時というのは K が小さい時。つまり抵抗があまりかからなくて、振動に対するじゃまが少ない時である。じゃまが少ないので振動は起こるが、抵抗のせいで少しずつ振幅が減っていく。この運動を「**減衰振動** (damped oscillation)」と言う。ここで「減衰 (damp)」は振幅が $e^{-\frac{K}{2m}t}$ に比例して小さくなっていくことを示している。これを数式で確認しよう。

この時も二つ解が出るが、ともに複素数である。$\lambda_1 = \dfrac{-K + i\sqrt{4mk - K^2}}{2m}$ と $\lambda_2 = \dfrac{-K - i\sqrt{4mk - K^2}}{2m}$ と置こう。一般解は以下の通り。

$$x = Ce^{-\left(\frac{K - i\sqrt{4mk - K^2}}{2m}\right)t} + De^{-\left(\frac{K + i\sqrt{4mk - K^2}}{2m}\right)t} \tag{9.42}$$

x は実数であるから、$D = C^*$ なので、$C = \dfrac{A}{2}e^{i\alpha}, D = \dfrac{A}{2}e^{-i\alpha}$ とおいて、

$$\begin{aligned} x &= \frac{A}{2}e^{-\frac{K}{2m}t}\left(e^{i\left(\frac{\sqrt{4mk - K^2}}{2m}t + \alpha\right)} + e^{-i\left(\frac{\sqrt{4mk - K^2}}{2m}t + \alpha\right)}\right) \\ &= Ae^{-\frac{K}{2m}t}\cos\left(\frac{\sqrt{4mk - K^2}}{2m}t + \alpha\right) \end{aligned} \tag{9.43}$$

と書き直せる[†14]。この振動は、振幅が Ae^{-Kt} のように時間が経つと小さくなっていく単振動だと考えられるだろう。

その単振動の角振動数は $\dfrac{\sqrt{4mk - K^2}}{2m}$ である。$K = 0$ ならば、これはちょうど $\sqrt{\dfrac{k}{m}}$ となって、普通の単振動と同じである[†15]。Kv という抵抗力があるおかげで角振動数が小さく（＝周期が長く）なっている。抵抗があれば振動が遅くなるというのは物理的にももっともなことである。

この運動が起こる条件を考えてみると、$K^2 - 4mk < 0$ となるのは、「K が小さい（すなわち、摩擦による抵抗が小さい）」あるいは「m が大きい（つまり、重い。重いがゆえに抵抗力の影響を受けにくい。鉄球が空気抵抗をもの

[†14] ここで (9.42) と (9.43) をよく見ると、実は「(9.42) の第一項の実数部分だけを取り出すと (9.43)」という関係になっていることがわかる。実は (9.42) の段階で「どうせ実数部分しか計算しないので第二項は不要なので消します」とやってもよかった。

[†15] (9.43) で $K = 0$ とおけば、普通の単振動の式 $x = A\cos\left(\sqrt{\dfrac{k}{m}}t + \alpha\right)$ が出てくる。

ともせずどすんと落ちるのと同じ)」または「k が大きい（つまり、バネによる復元力が大きい)」である。どの場合でも振動が起こりそうだ、と実感できるだろう。

$\boxed{K^2 - 4mk = 0 \text{ の時}}$

二つの場合のちょうど境界に対応する。この時、(9.40)の解は一つ $\lambda = -\dfrac{K}{2m}$ しかないので、微分方程式の解は $x = Ce^{-\frac{K}{2m}t}$ しかないように思われる。しかし、二階微分方程式である(9.37)の解は独立なものが二つあるはずである。

実は、A.7.2節の後半の(A.69)のあたりから書かれているように、このような場合は、$te^{-\frac{K}{2m}t}$ がもう一つの解になる。よって一般解はこの二つの和で表現され、

$$(at + b)e^{-\frac{K}{2m}t} \tag{9.44}$$

である (a, b は初期条件から決まる定数)。この運動は「**臨界減衰**」とか「**臨界制動**」とか呼ばれる。過減衰の場合同様、振動は起きていない。過減衰と減衰振動の、ちょうど境目（臨界）にある運動である。

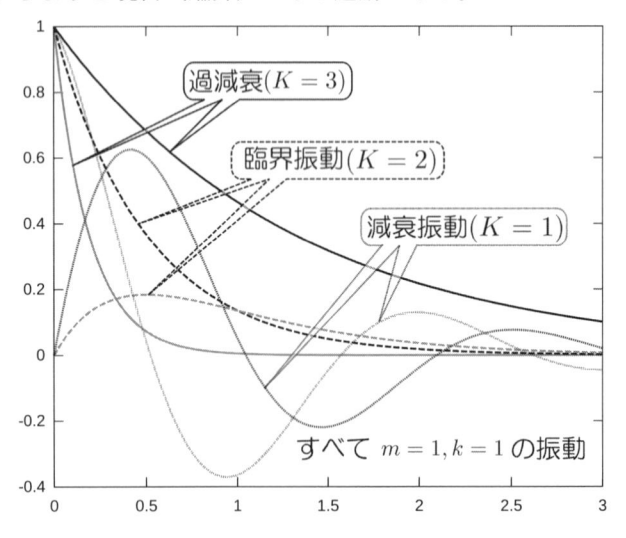

すべて $m = 1, k = 1$ の振動

上に、$m = 1, k = 1$ である場合で $K = 1, K = 2, K = 3$ の三つの場合の振動のグラフを重ねて描いた。この三つはそれぞれ「減衰振動」「臨界振動」

「過減衰」の場合を示している。

現実の運動はこれらそれぞれ二つずつの解を重ねあわせたものとして実現する。上のグラフだけを見ると「過減衰」の場合は落ちる一方のように思えるが、実は下の図のように解の差を作ると（これも立派な解なので）、過減衰の場合でもちゃんと「行ったり来たり」は（1回だけだが）起こる。

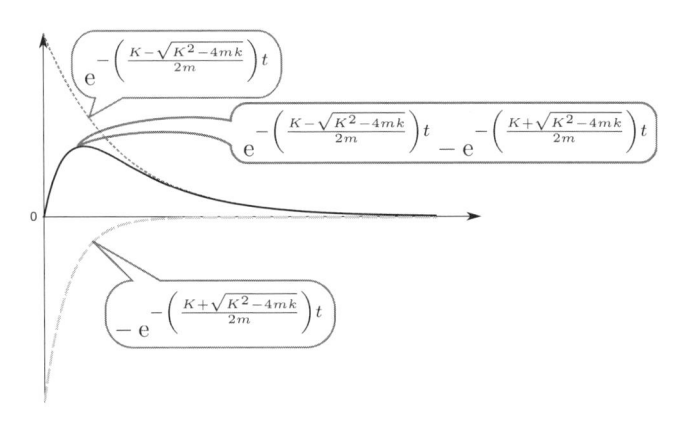

$e^{-\left(\frac{K-\sqrt{K^2-4mk}}{2m}\right)t}$

$e^{-\left(\frac{K-\sqrt{K^2-4mk}}{2m}\right)t} - e^{-\left(\frac{K+\sqrt{K^2-4mk}}{2m}\right)t}$

$-e^{-\left(\frac{K+\sqrt{K^2-4mk}}{2m}\right)t}$

9.5 強制振動

前節は抵抗が働く場合（つまりエネルギーがロスする場合）であったが、今度は逆にエネルギーが外部から注ぎ込まれる場合（つまり、外部から力を加えて振動を起こさせる場合）を考えよう。つまり、振り子を手で揺らしているような場合である。解くべき方程式は

$$m\frac{d^2x}{dt^2}(t) = -kx(t) + F\cos\omega t \quad (9.45)$$

である。$F\cos\omega t \to Fe^{i\omega t}$ と複素化して考えていこう[16]。

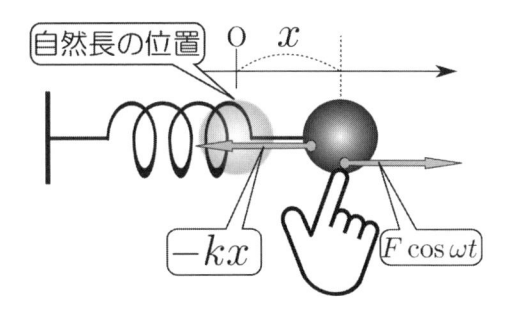

---

[16] 複素化するメリットは二つある。一つは F を複素数に変えるだけで一般の位相の場合にできること。もう一つは、ここでは入れていない速度に比例する抵抗を入れた時に計算が楽になることである。

9.5.1 線型非同次方程式の解き方

(9.45) を複素化した式は、線型ではあるが非同次である（つまり、$x(t)$ の 0 次の項 $Fe^{i\omega t}$ を含んでいる）。このような方程式の解き方の一つとして、とにかく一個解を見つけてきて、その解（特解）を使って解くべき方程式を同次方程式に直してしまうという方法があった。その手を使って解くために、まず、
→ p344

$$m\frac{d^2 X}{dt^2}(t) = -kX(t) + Fe^{i\omega t} \tag{9.46}$$

を満たす関数 $X(t)$ を見つける。実は一つ解を見つけるならば簡単である。「$Fe^{i\omega t}$ の部分は角振動数 ω で振動しているのだから、$X(t)$ もそうだろう」と推測して、$X(t) = Ae^{i\omega t}$ としてみよう。代入すると、

$$m\frac{d^2}{dt^2}\left(Ae^{i\omega t}\right) = -kAe^{i\omega t} + Fe^{i\omega t} \tag{9.47}$$

となる。左辺の微分を実行すると $-m\omega^2 A e^{i\omega t}$ となるから、両辺を $e^{i\omega t}$ で割ってから計算していくと、

$$\begin{aligned} -\omega^2 mA &= -kA + F \quad &(-kA \text{を移項}) \\ (k - m\omega^2)A &= F \quad &(k - m\omega^2 \text{で割る}) \\ A &= \frac{F}{k - m\omega^2} \end{aligned} \tag{9.48}$$

となるので、解は

$$X(t) = \frac{F}{k - m\omega^2} e^{i\omega t} \tag{9.49}$$

となった。

> 上の計算には一つ問題点があるのだが、わざと指摘していない。注意深い人ならわかるはずである。後でその問題はちゃんと取り上げる
> → p286

「ああ解が見つかった」と安心してはいけない。これは**特解**であって、一般解ではない。これでは「解が見つかった」とはまだ言えないのである（二階微分方程式の解は二つの決定できないパラメータを持つ、ということを思い
→ p137

出せ！）。次にやるべきことは、非同次項を消した

$$m\frac{\mathrm{d}^2y(t)}{\mathrm{d}t^2} = -ky(t) \tag{9.50}$$

の解を求めて、特解にこの $y(t)$ を足したものを解とすることである。

9.5.2 共振・共鳴

(9.50) の解はもはやおなじみの

$$y(t) = C\mathrm{e}^{\mathrm{i}\omega_0 t} + C'\mathrm{e}^{-\mathrm{i}\omega_0 t} \tag{9.51}$$

である（$\omega_0 = \sqrt{\dfrac{k}{m}}$ で、C, C' は複素数なので、振幅と初期位相の両方を含むパラメータ）。しかし実はこれは（279 ページの脚注 [14] にも書いたように）、

$$y(t) = C\mathrm{e}^{\mathrm{i}\omega_0 t} \tag{9.52}$$

の方だけを考えれば十分で、$\mathrm{e}^{\mathrm{i}\omega t}$ と $\mathrm{e}^{-\mathrm{i}\omega t}$ の両方を入れる必要はない。後で実数だけを取り出す（虚数部は捨てる）わけだが、$\mathrm{e}^{\mathrm{i}\omega t}$ と $\mathrm{e}^{-\mathrm{i}\omega t}$ のどちらを使っても、実数部を取り出した後は同じ形 $A\cos\omega t + B\sin\omega t$（$A, B$ を任意の実数）になるからである。

よって今必要な一般解は、

$$x(t) = C\mathrm{e}^{\mathrm{i}\omega_0 t} + \frac{F}{k - m\omega^2}\mathrm{e}^{\mathrm{i}\omega t} \tag{9.53}$$

となった。$k = m(\omega_0)^2$ であることを使うと、

$$x(t) = C\mathrm{e}^{\mathrm{i}\omega_0 t} + \frac{F}{m\left((\omega_0)^2 - \omega^2\right)}\mathrm{e}^{\mathrm{i}\omega t} \tag{9.54}$$

となる。つまり、外からかかる力の角振動数 ω と、強制力がなかった時に起こる単振動の角振動数 ω_0 の各々の自乗の差が振動の振幅に効いてくる。強制力がない場合の振動を「**固有振動**」と呼び、その振動数、角振動数を固有振動数、固有角振動数と呼ぶ。

上の式からわかるように、ω が ω_0 に近い時（強制振動の振動数が固有振動数に近い時）、振動の振幅は非常に大きくなる。このような現象、すなわち、

外部から与えられる力の振動数と固有振動数が近いと大きな振動が発生する現象を、「**共振**」または「**共鳴**」[†17]と言う（英語では resonance）。

$C=0$ の場合を考察しておこう。その場合、

$$x(t) = \frac{F}{m((\omega_0)^2 - \omega^2)} e^{i\omega t} = \underbrace{\frac{F}{m((\omega_0)^2 - \omega^2)} \cos\omega t}_{\text{実数部分}} + (\text{虚数部分}) \quad (9.55)$$

となる。この式を見ると、$\omega_0 > \omega$ の時、物体の位置 x と外力 $F\cos\omega t$ が同符号になっている。それが図の左側で、この時、復元力と外力は逆を向く。

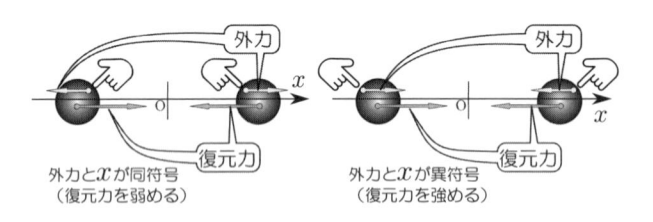

外力とxが同符号
（復元力を弱める）

外力とxが異符号
（復元力を強める）

結果として「復元力を弱くした」のと同じことである。すると当然、実際に起こる振動の周期は外力がない時より長くなる。$\omega_0 < \omega$ の時は、外力は復元力を強めるので、周期は短くなる。

以下で、最初の位置、初速度が両方とも 0 である場合について計算し、グラフを書いてみよう。時刻 0 での速度は

$$\left.\frac{dx}{dt}\right|_{t=0} = iC\omega_0 + i\frac{\omega F}{m((\omega_0)^2 - \omega^2)} \quad (9.56)$$

となるが、実際に解となるのはこのうち実数部分である。この式を見ると第二項は純虚数であり、第一項は C が実数であれば純虚数となる。そこで以下では $C = K$ と書いて K は実数であるとしよう。これで $\left.\frac{dx}{dt}\right|_{t=0} = 0$ という初期条件は満たされている（問題としているのは実数部分だけなので、純虚数になったということは「0 になった」と同じ事）。

これで最初の位置は

$$x(0) = K + \frac{F}{m((\omega_0)^2 - \omega^2)} \quad (9.57)$$

[†17] 「共振」は物体の振動の場合に、「共鳴」は音の場合によく使われるが、明確な区別はない。

9.5 強制振動

となる。

これも0にならねばならぬことから $K = -\dfrac{F}{m((\omega_0)^2 - \omega^2)}$ と決まる(もちろん、ちゃんと実数である)。これで $x(t)$ は

$$-\dfrac{F}{m((\omega_0)^2 - \omega^2)}e^{i\omega_0 t} + \dfrac{F}{m((\omega_0)^2 - \omega^2)}e^{i\omega t} = \dfrac{F}{m((\omega_0)^2 - \omega^2)}\left(e^{i\omega t} - e^{i\omega_0 t}\right) \tag{9.58}$$

という解になるので、二つの振動(各々の角振動数が ω, ω_0)の差である。

右のグラフは $\omega = 1.1\omega_0, \omega = 1.2\omega_0, \omega = 1.3\omega_0$ の三つの場合について (9.58) の形で表される強制振動の様子をグラフにしたものである。振動数の違う二つの振動の和(差)なので、いわゆる「うなり」を生じて、振幅が時間的に変化している。振幅が増加している時、強制力はうまく物体にエネルギーを与えるように(つまり、物体の速度の方向と同じ方向に力が働き、仕事がプラスになるように)働いている。ところが、強制力の振動数と固有振動が少しずれているため、この状態はいつまでも続かず、やがて強制力がエネルギーを減ずるように(つまり、物体の速度と逆向きに力が働いて仕事がマイナスになるように)働きはじめ、振幅が小さくなるのである。

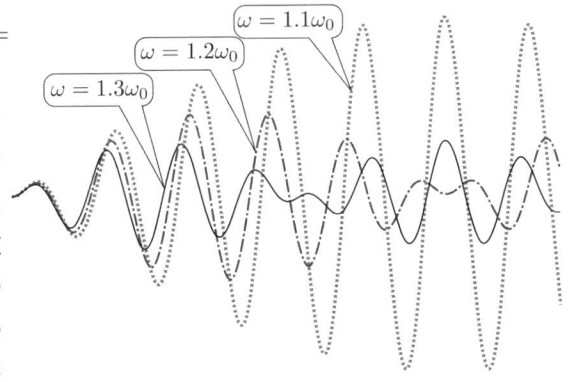

この振幅の増減の様子を計算する。$\omega = \Omega + \Delta\omega, \omega_0 = \Omega - \Delta\omega$ というふうに、ω と ω_0 の平均を $\Omega = \dfrac{\omega + \omega_0}{2}$ 、平均からのずれを $\Delta\omega$ として計算すると、

$$e^{i\omega t} - e^{i\omega_0 t} = e^{i\Omega t}\left(e^{i\Delta\omega t} - e^{-i\Delta\omega t}\right) = 2ie^{i\Omega t}\sin\Delta\omega t \tag{9.59}$$

となる。この書き方を使えば、

$$x(t) = \dfrac{2iF}{m((\omega_0)^2 - \omega^2)}\sin\Delta\omega t\, e^{i\Omega t} \tag{9.60}$$

と書けるので、この振動は「角振動数 Ω の振動が、振幅が $2\dfrac{F}{m((\omega_0)^2 - \omega^2)}\sin\Delta\omega t$ のように時間的に変動しつつ振動している」と考えてもよい。

最大振幅は $2\dfrac{F}{m((\omega_0)^2 - \omega^2)}$ で与えられるので、ω が ω_0 に近いほど大きい。

ここで「$\omega = \omega_0$ になってしまったらどうなるのだろう？」と心配する人もいるかもしれない（実はこの問題は、(9.49) の段階でもうあった。(9.49) の下の囲みで指摘した問題点とは「$k = m\omega^2$ だったらどうするのか？」ということである）ので、この式で $\Delta\omega \to 0$ の極限を取ってみよう。

$$(\omega_0)^2 - \omega^2 = (\omega_0 - \omega)(\omega_0 + \omega) = -2\Delta\omega \times 2\Omega = -4\Delta\omega\Omega \tag{9.61}$$

となるので、

$$2\frac{F}{m((\omega_0)^2 - \omega^2)} \sin\Delta\omega t = -\frac{F}{2m\Delta\omega\Omega} \sin\Delta\omega t = -\frac{Ft}{2m\Omega}\frac{\sin\Delta\omega t}{\Delta\omega t} \tag{9.62}$$

と書ける。

$\lim_{x\to 0}\dfrac{\sin x}{x} = 1$ （三角関数の近似式を参照）を使えば、上の式の $\Delta\omega \to 0$ での極限は $-\dfrac{Ft}{2m\Omega} = -\dfrac{Ft}{2m\omega}$ とわかる。この場合の解は

$$x(t) = -\frac{\mathrm{i}Ft}{2m\omega}\mathrm{e}^{\mathrm{i}\omega t} \tag{9.63}$$

となる[18]。つまり、振幅は時間に比例して増えていく。

このまま続くと $t \to \infty$ で振幅も ∞ となってしまうが、現実にはそうはいかない。振幅が ∞ になったら、ここまでの計算では無視していた抵抗力は無視できなくなる[19]し、そもそも $F = -kx$ で表される復元力がどんな範囲でも働くとは考えられない[20]。

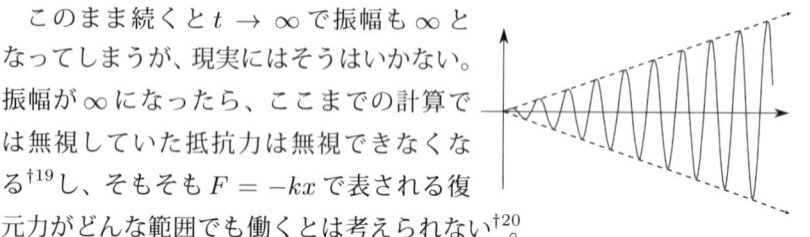

共振・共鳴は、いろんなスケールの物理現象において見られる。子どもがブランコをこぐことによって振れ幅を大きくしていくのも共振の一種であるし、原子レベルでも共振現象は現れる。例えば物質に電磁波をあてると、特定の振動数をあてた時に限ってその電磁波のエネルギーが大きく吸収され

---

[18] (9.63) が $\omega = \omega_0$ の時の (9.46) の特解であることは代入すれば確かめられる。

[19] 抵抗力を無視しない場合の計算は演習問題 **9-2**。

[20] バネは伸びすぎたら切れるし、振り子は振れすぎると $\sin\theta \simeq \theta$ の近似から外れる。

る、というようなことが起こる。これはその物質の固有振動数と電磁波の振動数が近いために共振が起こり、結果として電磁波のエネルギーが原子の振動に効率よく変化するからである。

――――【共振によって起こった事故】――――

1850年、フランスでつり橋の上を兵隊500人が行進した時、つり橋の振動の固有振動と兵隊の行進の歩調がそろってしまったために吊り橋が大きく振動して橋が落ちた、という事故があった。以来、「つり橋の上で足並みをそろえるな」という立て札が立てられたと言う。

章末演習問題

★【演習問題9-1】

天井からバネ（バネ定数k、自然長ℓで質量は無視できる）をつるし、下端に質量mのおもりをつりさげたところ、ある位置に静止していた。

時刻$t=0$に地震がきた。以後、天井が上下方向に単振動を始めた。天井の最初の位置からの変位は$A\sin\omega t$である（下向き正）。この時、おもりはどのような運動をするか。地震がきていなかった時の天井の位置を$x=0$として、下向きにx軸を取って運動方程式を立てて、$x(t)$を求めよ。ただし、$k \neq m\omega^2$とする。

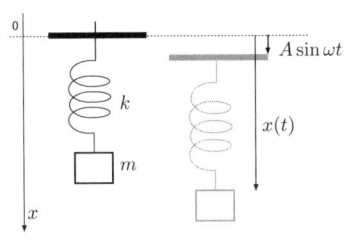

ヒント → p7w へ　　解答 → p20w へ

★【演習問題9-2】

9.4節と9.5節の考え方を一つの系に適用してみよう。すなわち、強制力と減衰力が
→ p277　→ p281
両方働くとする。解くべき運動方程式は（複素化をして）

$$m\frac{d^2}{dt^2}x(t) = -kx(t) - K\frac{d}{dt}x(t) + Fe^{i\omega t}$$

である。後で実際に解として採用するのは実数部分のみである。

この方程式の一般解を求めよ（複素数の形のままでよい）。

ヒント → p7w へ　　解答 → p21w へ

第 10 章

相対運動と座標変換

一般的な座標系での運動を考えよう。

ここまででも座標系の変換は行なった。例えば直交座標 (x,y,z) から極座標 (r,θ,ϕ) へと変換したが、純粋に数学的表現上での変化であって、物理的実体の変化ではない。物理的な変化はないとはいえ、運動方程式を表現する時に適切な座標を選んで計算することは省力化という意味でも、問題を考える為の見通しをつけるという意味でも、重要である。

この章では最終的には物理的な意味での変化を伴うような座標変換も考えていきたいのだが、まずは物理的内容を変えない方の座標変換から入ろう。

10.1 運動方程式と座標変換

10.1.1 平面直交座標から平面極座標へ

まずは簡単のために2次元(平面)から考えることにして、2次元の直交座標 (x,y) から極座標 (r,θ) への書き換えを考えよう。それぞれの座標で位置ベクトルは $\vec{x} = x\vec{e}_x + y\vec{e}_y$ または $\vec{x} = r\vec{e}_r$ と表されるが、この二つは原点すなわち $\vec{x} = \vec{0}$ となる点は一致している(10.1.2節以降では、原点が変わるような
→ p289
変換も考える)。運動方程式のベクトル記号を使って書いた形は $\vec{F} = m\dfrac{\mathrm{d}^2}{\mathrm{d}t^2}\vec{x}$ のままでも、座標成分で表現した運動方程式の形は、座標の取り方により

$$
\text{直交座標}\begin{cases} F_x = m\dfrac{\mathrm{d}^2 x}{\mathrm{d}t^2} & x\,\text{成分} \\ F_y = m\dfrac{\mathrm{d}^2 y}{\mathrm{d}t^2} & y\,\text{成分} \end{cases} \quad \text{極座標}\begin{cases} F_r = m\left(\dfrac{\mathrm{d}^2 r}{\mathrm{d}t^2} - r\left(\dfrac{\mathrm{d}\theta}{\mathrm{d}t}\right)^2\right) & r\,\text{成分} \\ F_\theta = m\left(2\dfrac{\mathrm{d}r}{\mathrm{d}t}\dfrac{\mathrm{d}\theta}{\mathrm{d}t} + r\dfrac{\mathrm{d}^2 \theta}{\mathrm{d}t^2}\right) & \theta\,\text{成分} \end{cases}
$$
(10.1)

のように違う(極座標の式は(5.9) に m を掛けたものである)。加速度は、どちらの座標系の場合でも $\vec{x} = x\vec{e}_x + y\vec{e}_y = r\vec{e}_r$ を二階微分したものである点は変わりない。
→ p163

極座標では基底ベクトルである $\vec{e}_r, \vec{e}_\theta$ が時間変化するためにややこしい答となっただけで、本質は $\vec{F} = m\dfrac{\mathrm{d}^2}{\mathrm{d}t^2}\vec{x}$ で尽きている。この座標変換は物体の位置ベクトル $\vec{x}$ の表現を変えているだけで、$\vec{x}$ は変えてないからである[†1]。同じベクトルを微分しているのに基底ベクトルの違いのせいで全く違った結果になる様子は、163ページの図を見るとわかりやすい。

10.1.2 座標原点の平行移動

では次に、位置ベクトルが変わるような変換の中でももっとも簡単な例を考えてみよう。

平行移動(原点のシフト)を考えてみよう。元の座標系 (x,y) の原点から $\vec{a}$ だけ移動したところを新しい座標系 (x', y') の原点と置く。ベクトルで表現すると、古い位置ベクトルが $\vec{x}(t)$ であるならば新しい位置ベクトルは $\vec{x}'(t) = \vec{x}(t) - \vec{a}$ である(ベクトルの引き算は「矢印の根元の移動」であったことを思い出そう)。新しい座標系における運動方程式は
→ p52

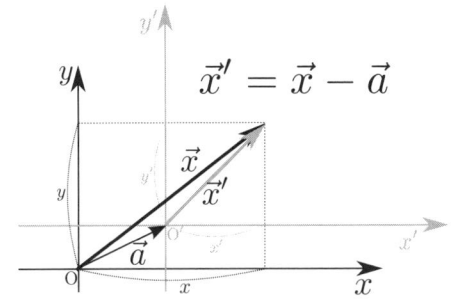

$$\vec{F} = m\dfrac{\mathrm{d}^2}{\mathrm{d}t^2}\left(\vec{x}'(t) + \vec{a}\right) = m\dfrac{\mathrm{d}^2}{\mathrm{d}t^2}\vec{x}'(t) \tag{10.2}$$

だから、新しい座標系でも前と全く同じで不変である(x, y 成分もそれぞれ不変)。この移動は極座標で考えようとするととてもややこしくなるので、そ

[†1] 3次元の直交座標→極座標の変換でも同じことが起こる。

ちらは考えないことにしよう（考えるメリットもない）。

ここでどちらの座標系でも力 $\vec{F}$ は同じと考えた。ここで扱っている座標変換は単に「空間にどのように座標を設定するか」を変えただけなので、物理的状態量である力は変化しないと考えるのは理にかなっている。

10.1.3 座標軸の一定角度回転

座標軸を一定角度だけ回転させる座標変換を考えよう。まずは2次元で考えると、変換前の座標 (x, y) と変換後の座標 (x', y') の関係は

$$\begin{cases} x' = x\cos\alpha + y\sin\alpha \\ y' = -x\sin\alpha + y\cos\alpha \end{cases} \quad (10.3)$$

基底ベクトルの関係は

$$\begin{cases} \vec{e}_{x'} = \cos\alpha\vec{e}_x + \sin\alpha\vec{e}_y \\ \vec{e}_{y'} = -\sin\alpha\vec{e}_x + \cos\alpha\vec{e}_y \end{cases} \quad (10.4)$$

である。この逆関係は以下のようになる[†2]。

$$\begin{cases} \vec{e}_x = \cos\alpha\vec{e}_{x'} - \sin\alpha\vec{e}_{y'} \\ \vec{e}_y = \sin\alpha\vec{e}_{x'} + \cos\alpha\vec{e}_{y'} \end{cases} \quad (10.5)$$

位置ベクトル以外のベクトルはどう変化するかを考えよう。一例として力のベクトル $\vec{F} = F_x\vec{e}_x + F_y\vec{e}_y$ を、変換後の座標の基底ベクトルを使って表すと、

$$\begin{aligned} \vec{F} &= F_x \underbrace{(\cos\alpha\vec{e}_{x'} - \sin\alpha\vec{e}_{y'})}_{\vec{e}_x} + F_y \underbrace{(\sin\alpha\vec{e}_{x'} + \cos\alpha\vec{e}_{y'})}_{\vec{e}_y} \\ &= \underbrace{(F_x\cos\alpha + F_y\sin\alpha)}_{F_{x'}}\vec{e}_{x'} + \underbrace{(-F_x\sin\alpha + F_y\cos\alpha)}_{F_{y'}}\vec{e}_{y'} \end{aligned} \quad (10.6)$$

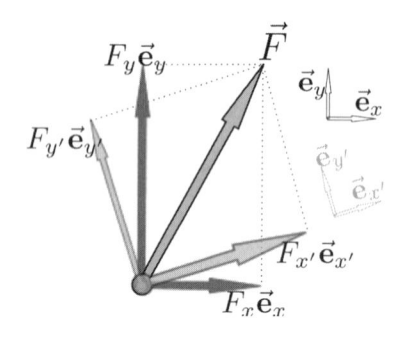

[†2] この式を出すには真面目にこつこつ計算してもいいし、「逆の関係ということは $\alpha \to -\alpha$ と置き換えればいいはずだ」と考えてもすぐに出せる（$\cos(-\alpha) = \cos\alpha$, $\sin(-\alpha) = -\sin\alpha$ に注意）。

10.1 運動方程式と座標変換

として、力のベクトルの変換の法則

$$\begin{cases} F'_x = F_x \cos\alpha + F_y \sin\alpha \\ F'_y = -F_x \sin\alpha + F_y \cos\alpha \end{cases} \quad (10.7)$$

を導ける（力のベクトルに限らず、一般のベクトルで同様の式が成り立つ）。この式自体はもちろんベクトルの図を描いて考えても出すことができる。

(10.3)と(10.7)を見比べると、$\vec{F}$ の成分は $\vec{x}$ の成分と同じ一次変換をしていることがわかるから、運動方程式は
→ p290

$$F'_x = m\frac{\mathrm{d}^2}{\mathrm{d}t^2}x'(t), \quad F'_y = m\frac{\mathrm{d}^2}{\mathrm{d}t^2}y'(t) \quad (10.8)$$

となる。いわば「左辺 $\vec{F}$ と右辺 $m\dfrac{\mathrm{d}^2}{\mathrm{d}t^2}\vec{x}$ が同じ変換をする」ことによって方程式全体の形が変わらなくなる[†3]。

極座標の方で考えると、一定角度回転することによって原点からの距離は変わらないから、r は変化せず θ の方が $\theta' = \theta - \alpha$ と変わった。確認の意味をこめて計算しておくと、$x = r\cos\theta, y = r\sin\theta$ を使うことで(10.3)が
→ p290

$$\begin{cases} x' = r\cos\theta\cos\alpha + r\sin\theta\sin\alpha & = r\cos(\theta - \alpha) \\ y' = -r\cos\theta\sin\alpha + r\sin\theta\cos\alpha & = r\sin(\theta - \alpha) \end{cases} \quad (10.9)$$

のようになり（三角関数の加法定理を使った）、確かにそうなっている。(10.1)
→ p289
の極座標で表した力の式を見ると、$\dfrac{\mathrm{d}\theta}{\mathrm{d}t}$ などの微分はあるけど θ そのものはない。$\dfrac{\mathrm{d}\theta}{\mathrm{d}t} = \dfrac{\mathrm{d}\theta'}{\mathrm{d}t}$ と変化しないので、極座標の運動方程式も同じ形になる。

さて、ここまでの変換はすべて「見る立場」は変化してなく、ある平面に座標を書き込むときにどのように書き込むかという点が変わっただけである。見る立場が変わる変換を次から考えよう。

[†3] こういう場合は「不変」といわず「共変」と言う。$F_x = m\dfrac{\mathrm{d}^2 x}{\mathrm{d}t^2}$ と $F'_x = m\dfrac{\mathrm{d}^2 x'}{\mathrm{d}t^2}$ は中身は変わっているが形は変わってない。

10.1.4 ガリレイ変換—等速運動する座標系

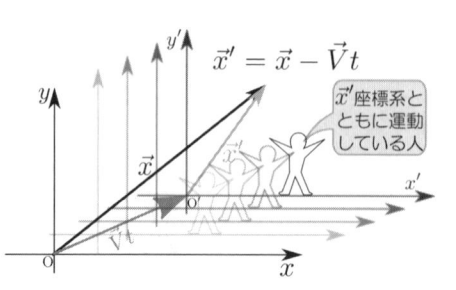

今度は原点が速度 $\vec{V}$ を持って等速直線運動している場合を考えてみよう。つまり、「等速直線運動している人から見た世界を記述する座標系を考えよう」ということである。この「等速直線運動している人」の速度を $\vec{V}$ とし時刻 t での位置ベクトルを $\vec{V}t$ と表すことにすると、この人を原点とした場合の位置ベクトルは

$$\vec{x}' = \vec{x} - \vec{V}t \tag{10.10}$$

となる。この変換を「**ガリレイ変換**」と呼ぶ。これから逆に $\vec{x} = \vec{x}' + \vec{V}t$ として代入すると

$$m\frac{d^2}{dt^2}\left(\vec{x}'(t) + \vec{V}t\right) = m\frac{d}{dt}\left(\frac{d\vec{x}'}{dt}(t) + \vec{V}\right) = m\frac{d^2}{dt^2}\vec{x}'(t) \tag{10.11}$$

となり、運動方程式は $\vec{x}(t)$ に対するものと同じ形になる。こうなるのは

- 運動方程式が二階微分の式であること
- 慣性の法則が静止と等速直線運動を区別していないこと

の2点のおかげである。

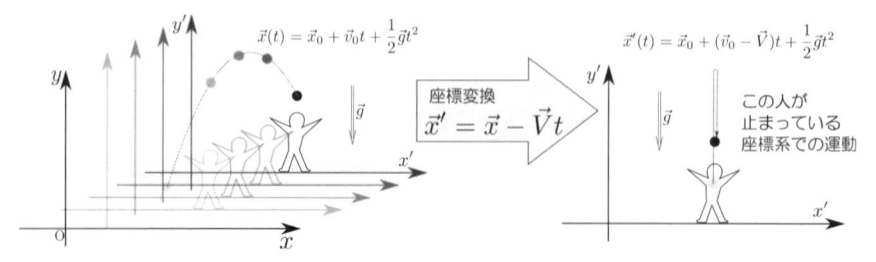

ある座標系で見た放物運動が別の座標系でどう見えるかを示したのが上の図である。ガリレイ変換という変換は初速度を変化させるが加速度は変化させない[†4]。よって初速度が $\vec{v}_0 \to \vec{v}_0 - \vec{V}$ と変化した以外、軌道の式は同じで

[†4] 初期位置 $\vec{x}_0$ も変化していないが、それは $t=0$ において $\vec{x}$ 座標と $\vec{x}'$ 座標が一致するから。

ある。図では $\vec{v}_0 - \vec{V}$ がちょうど上を向く場合（つまり、この人が真上にこの球を投げた場合）を描いている。

この章ではこの後さらにいろいろな座標変換を行なっていくのだが、座標変換は「運動方程式を変えない変換」と「変える変換」に分けられる。別の言い方をすれば、

> 運動方程式 $\vec{F} = m\dfrac{\mathrm{d}^2}{\mathrm{d}t^2}\vec{x}(t)$ が成り立つのは、特別な座標系でだけである。

と言える。そのような特別な座標系を「**慣性系**」と呼ぶ。ここまでで説明した座標原点の平行移動、座標軸の一定角度回転、そしてこの節で考えたガリレイ変換、これらはすべて「慣性系から（別の）慣性系への座標変換」である。

10.1.5 ガリレイ変換と質量の保存則 ✢✢✢✢✢✢✢✢✢✢✢✢✢ 【補足】

ここで、変換に対する不変性が物理法則を決める例を示しておこう。複数物体（それぞれ質量 $m_1, m_2 \cdots$) が衝突など、互いに力を及ぼしあった後、質量 $M_1, M_2, \cdots$ の複数物体に変わったとする（ただし外力は働かなかったとしよう）。物体が変形したり合体したり逆に分裂したり、ということが起こっているので、$m_1, m_2, \cdots$ と $M_1, M_2, \cdots$ は同じではないのである。この時でも、運動量保存則

$$\sum_{i=1}^{N} m_i \vec{v}_i = \sum_{i=1}^{N'} M_i \vec{V}_i \quad (10.12)$$

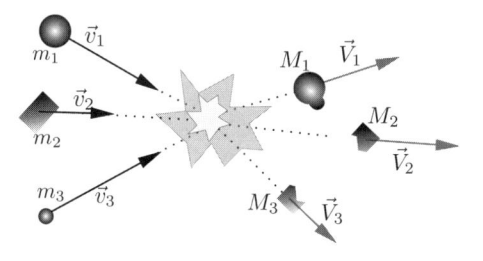

は成立する。座標系をガリレイ変換する。その式が $\vec{x}' = \vec{x} - \vec{W}t$ だったとすると、速度の変換式は $\vec{v}' = \vec{v} - \vec{W}$ であるから、この座標系での運動量保存則は、以下のように書ける。

$$\sum_{i=1}^{N} m_i \underbrace{(\vec{v}_i - \vec{W})}_{\vec{v}'_i} = \sum_{i=1}^{N'} M_i \underbrace{(\vec{V}_i - \vec{W})}_{\vec{V}'_i} \quad (10.13)$$

図に点線矢印で描いたのが $\vec{x}'$ 座標系での速度である。こちらに対しても運動量保存則は成立しているはずというのが上の式の意味である。この式から (10.12) を辺々引くと、

$$\sum_{i=1}^{N} m_i \vec{W} = \sum_{i=1}^{N'} M_i \vec{W} \quad (10.14)$$

という式が出る。

両辺の $\vec{W}$ の係数を比較すれば[5]、

$$\sum_{i=1}^{N} m_i = \sum_{i=1}^{N'} M_i$$

になる。つまり、運動量保存則がガリレイ変換した後でも成立するためには、質量は保存しなくてはいけない[6]。

エネルギーに関して

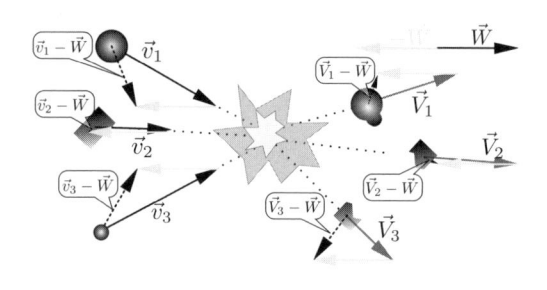

$$\frac{1}{2}\sum_{i=1}^{N} m_i(\vec{v}_i)^2 = \frac{1}{2}\sum_{i=1}^{N'} M_i(\vec{V}_i)^2 + \Delta E \tag{10.15}$$

という関係式が成立していたとしよう。これは $\Delta E = 0$ であればエネルギー保存則であり、そうでなければなんらかの理由（熱なり音なり）でエネルギーが ΔE だけ減ってしまったということを意味する。ガリレイ変換された座標系ではこの式が

$$\frac{1}{2}\sum_{i=1}^{N} m_i(\vec{v}_i - \vec{W})^2 = \frac{1}{2}\sum_{i=1}^{N'} M_i(\vec{V}_i - \vec{W})^2 + \Delta E \tag{10.16}$$

となるが、この式から (10.15) を引けば、

$$\frac{1}{2}\sum_{i=1}^{N} m_i \left(-2\vec{v}_i \cdot \vec{W} + (\vec{W})^2\right) = \frac{1}{2}\sum_{i=1}^{N'} M_i \left(-2\vec{V}_i \cdot \vec{W} + (\vec{W})^2\right) \tag{10.17}$$

となる。この式の $(\vec{W})^2$ の前の係数を取り出せばやはり質量の保存則が出るが、$\vec{W}$ に比例する項を取り出すと、運動量保存則が出ていることがわかる[7]。つまり、エネルギーの変化の式がガリレイ変換後も成立するためには、質量保存則と運動量保存則が成立していなくてはいけない。座標変換に対する不変性が保存則と関係してくるというのは、いろんなところで現れる現象で、さらにはニュートン力学を離れて相対論的力学に進む時も重要な役割を果たすが、それは本書の範囲外である。

✚✚✚✚✚✚✚✚✚✚✚✚✚✚✚✚✚✚✚✚✚✚✚✚✚✚✚✚✚✚✚✚✚✚✚【補足終わり】

---

[5] このような計算を「両辺を $\vec{W}$ で割れば」と表現することがあるが、実は「ベクトルで割る」という計算は存在しないので厳密には正しい表現ではない。正確な表現は「任意の $\vec{W}$ に対してこの式が成立するためには係数が一致しなくてはいけない」である。

[6] 以上の計算を持って質量保存則が導かれたと考えてはいけない。質量の定義について述べた時に指摘したように、質量が相加性を持った物質固有の量であることは運動方程式を作る為の前提として使っていたのだから、むしろ「一周回って元に戻ってきた」と考えるべき。

[7] $\vec{W}$ の二次の項と一次の項を別々に考えていいのは、今 $\vec{W}$ は任意のベクトルだからである。

10.2 非慣性系

10.2.1 並進運動する座標系における見かけの力

ここまでは、慣性系と慣性系の間の、つまり運動方程式が問題なく成り立つような変換だけを扱ってきた。いよいよ、運動方程式を変える変換—慣性系から非慣性系（慣性系でない座標系）への座標変換—の例を考えよう。

原点が（慣性系で見て）$\vec{X}(t)$ で表される運動（この運動はもはや等速直線運動とは限らない）をしているとする。慣性系で $\vec{F} = m\dfrac{\mathrm{d}^2}{\mathrm{d}t^2}\vec{x}(t)$ が成り立つのだから[†8]、

$$\vec{F} = m\frac{\mathrm{d}^2}{\mathrm{d}t^2}\underbrace{\left(\vec{x}'(t) + \vec{X}(t)\right)}_{\vec{x}(t)} = m\frac{\mathrm{d}^2\vec{x}'}{\mathrm{d}t^2}(t) + m\frac{\mathrm{d}^2\vec{X}}{\mathrm{d}t^2}(t) \tag{10.18}$$

という運動方程式になる。この式を

$$\vec{F} - m\frac{\mathrm{d}^2\vec{X}}{\mathrm{d}t^2}(t) = m\frac{\mathrm{d}^2\vec{x}'}{\mathrm{d}t^2}(t) \tag{10.19}$$

のように書きなおすと、あたかも「新しい力 $-m\dfrac{\mathrm{d}^2\vec{X}}{\mathrm{d}t^2}(t)$ が加わった」ように見える。これを「**慣性力**」と呼ぶ。あくまでこれは人間が物理現象を考えるときの都合上、本来は右辺（加速度側）にあった項を左辺（力側）に移動させたものであって、本質的な意味の「力」ではないことに注意して使うべきである[†9]。よって、理解しておくべきことは

> 慣性力は「見かけの力」である。

である。これを理解した上で使うなら便利な概念である。

また、「慣性」「慣性モーメント」「慣性力」と「慣性」のつく単語が三つあるが、それぞれ意味が違うので混同しないこと。

日常で慣性力を感じるのは、乗り物（電車でも自動車でもよいが）が発進もしくは停止した時である。例えば加速する電車の中では後ろに押されるような力を（図のように座席に座っているなら、背中に）感じる。それを電車内の人（図のAさん）は「後ろ向きの力（慣性力）を打ち消すために背中を座席が押してくれている」と解釈する。

[†8] ここでは、力が二つの座標系で同じであると仮定している。が、この仮定は正しい。
[†9] 実在の「力」ではない慣性力は、力ならあるはずの反作用がない。

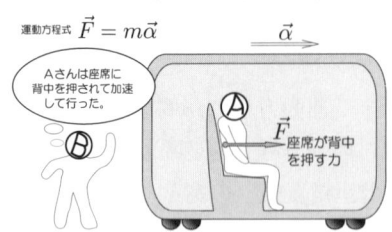

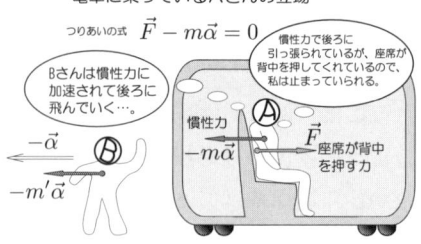

しかし、これを電車の外（図のBさん）から見れば「Aさんが加速度運動するために前向きの力が必要で、座席がAさんの背中を押す力がそれになっている」と感じるのである。

慣性力は観測者（運動方程式を立てる人）が加速しているならば、自分自身を含めた**宇宙のすべての物体**に働く（そんなバカな、と思うかもしれないが、これも慣性力が「架空の力」なればこそなのである）。上の図の場合、Aさんから見ればBさんは加速度 $-\vec{\alpha}$ の加速運動を行なっていて、その加速度運動はBさんに働く慣性力 $-m'\vec{\alpha}$（Bさんの質量を m' とした）によってもたらされている（と、Aさんの立場では感じる）。

10.2.2　回転する座標系における見かけの力

前節とは別の「運動方程式を変える変換」として、原点は動かないが座標軸が回転するという座標変換を考えることにしよう。10.1.3節で考えた角度が定数 α だけ変わる座標変換は $\theta' = \theta - \alpha$ であったが、今度は回転角度が時間の関数である場合を考える。一番単純な回転角度が時間に比例する場合は $\theta' = \theta - \omega t$ という関係式を持っている。物体の位置ベクトル $\vec{x}$ を

$$\underbrace{r\cos\theta}_{x}\vec{e}_x + \underbrace{r\sin\theta}_{y}\vec{e}_y$$
$$\underbrace{r\cos\theta'}_{x'}\vec{e}_{x'} + \underbrace{r\sin\theta'}_{y'}\vec{e}_{y'} \quad (10.20)$$

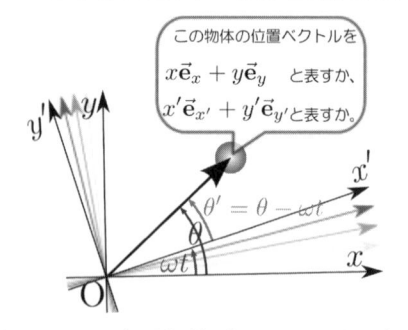

のどちらでも表現できる（上、すなわち (x, y) の方が慣性系であるとする）。
この座標変換では、運動方程式の $\vec{F} = m\dfrac{d^2\vec{x}}{dt^2}$ という形は変わらない。(x, y) もしくは (r, θ) で表した運動方程式と、(x', y') もしくは (r, θ') で表した運動方程式は大きく違う。なぜなら、

10.2 非慣性系

$$\vec{x} = x\vec{e}_x + y\vec{e}_y = x'\vec{e}_{x'} + y'\vec{e}_{y'} \tag{10.21}$$

と書いた時、慣性系の $\vec{e}_x, \vec{e}_y$ は時間微分しても 0 だが、回転座標系の $\vec{e}_{x'}, \vec{e}_{y'}$ の時間微分は 0 ではないからである。その変化は以下のように書ける[†10]。

$$\vec{e}_{x'} = \cos\omega t \vec{e}_x + \sin\omega t \vec{e}_y, \vec{e}_{y'} = -\sin\omega t \vec{e}_x + \cos\omega t \vec{e}_y \tag{10.22}$$

$\vec{e}_x, \vec{e}_y$ が時間変化しないことに注意して微分を行なうと、

$$\frac{\mathrm{d}}{\mathrm{d}t}\vec{e}_{x'} = -\omega\sin\omega t \vec{e}_x + \omega\cos\omega t \vec{e}_y = \omega\vec{e}_{y'},$$
$$\frac{\mathrm{d}}{\mathrm{d}t}\vec{e}_{y'} = -\omega\cos\omega t \vec{e}_x - \omega\sin\omega t \vec{e}_y = -\omega\vec{e}_{x'}$$
$$\tag{10.23}$$

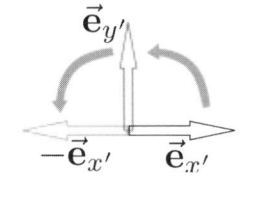

となるが、この結果は「$\vec{e}_{x'}, \vec{e}_{y'}$ の時間微分は ω 倍してから反時計回りに $\frac{\pi}{2}$ 回す操作」[†11]とまとめることができる（上の図参照）。二階微分はこれを 2 回分で、「ω^2 倍してから π 回す」という操作となる。

---- 練習問題 ----

【問い10-1】 (10.23) を、図解せよ。　　　　ヒント → p384 へ　解答 → p396 へ

【問い10-2】(10.23) を微分することで、$\frac{\mathrm{d}^2}{\mathrm{d}t^2}\vec{e}_{x'} = -\omega^2\vec{e}_{x'}, \frac{\mathrm{d}^2}{\mathrm{d}t^2}\vec{e}_{y'} = -\omega^2\vec{e}_{y'}$ を確認せよ。　　　　ヒント → p384 へ　解答 → p396 へ

以上を使うと運動方程式を以下のように書くことができる。

$$\vec{F} = m\frac{\mathrm{d}^2}{\mathrm{d}t^2}\left(x'\vec{e}_{x'} + y'\vec{e}_{y'}\right)$$
$$= m\left(\underbrace{\frac{\mathrm{d}^2 x'}{\mathrm{d}t^2}\vec{e}_{x'} + \frac{\mathrm{d}y'}{\mathrm{d}t^2}\vec{e}_{y'}}_{\text{成分を二階微分}} + \underbrace{2\omega\frac{\mathrm{d}x'}{\mathrm{d}t}\vec{e}_{y'} - 2\omega\frac{\mathrm{d}y'}{\mathrm{d}t}\vec{e}_{x'}}_{2\times\text{成分と基底ベクトルを各々一階微分}} \underbrace{-\omega^2 x'\vec{e}_{x'} - \omega^2 y'\vec{e}_{y'}}_{\text{基底ベクトルを二階微分}}\right)$$
$$\tag{10.24}$$

答は三つの部分に分かれる。第一の「成分を二階微分」の部分は (x, y) 系の加速度と（式の上で）同じ形をしている。これを

$$\vec{a}'(t) = \frac{\mathrm{d}^2 x'}{\mathrm{d}t^2}\vec{e}_{x'} + \frac{\mathrm{d}y'}{\mathrm{d}t^2}\vec{e}_{y'} \tag{10.25}$$

[†10] この式は前ページの図から読み取ってもよいし、(10.20) と三角関数の加法定理から出してもよい。→ p296

[†11] 反時計回りに $\frac{\pi}{2}$ 回すという操作は、「x 成分と y 成分を取り替えて、新しい x 成分の符号をひっくり返す（$(x, y) \to (-y, x)$）」という操作である。

のように $\vec{a}'(t)$ と書こう。この座標系と一緒に運動している人がいたとすると、この人にとっては $\vec{e}_{x'}$ や $\vec{e}_{y'}$ が動いているとは感じないのだから、x' と y' という座標の変化により物体の運動を測るので、$\vec{a}'$ を「x'-y' 座標系で観測した加速度ベクトル」と考えてよい。

　二階微分に対応する $\vec{a}'$ を先に定義したが、同様に記号 $\vec{v}'(t)$ で「x'-y' 座標系で観測した速度ベクトル」を

$$\vec{v}'(t) = \frac{dx'}{dt}\vec{e}_{x'} + \frac{dy'}{dt}\vec{e}_{y'} \quad (10.26)$$

のように表そう。$\vec{v}'(t) = \frac{d\vec{x}'}{dt}(t)$ ではないし、$\vec{a}' = \frac{d\vec{v}'}{dt}$ でもない！—ということを注意しておこう。x'-y' 座標系の基底ベクトル $\vec{e}_{x'}, \vec{e}_{y'}$ の時間微分は 0 ではないので、ベクトルの成分のみを時間微分している (10.26) は、「$\vec{x}'(t)$ を時間微分したもの」である $\frac{d\vec{x}'}{dt}(t)$ とは違う。同様に、(10.25) は「$\vec{v}'(t)$ を時間微分したもの」ではない。

　運動方程式 (10.24) の ω に関係する項を左辺に移すと、

$$\vec{F} + m\omega^2 \underbrace{(x'\vec{e}_{x'} + y'\vec{e}_{y'})}_{\vec{x}'(t)} + 2m\omega \underbrace{\left(\frac{dy'}{dt}\vec{e}_{x'} - \frac{dx'}{dt}\vec{e}_{y'}\right)}_{\vec{v}'(t)\text{を時計回りに}\frac{\pi}{2}\text{回したもの}} = m\vec{a}'(t) \quad (10.27)$$

となる。移項したことによって符号が反転し、ω^2 の項はプラスになったし、右辺にあったときは「$\vec{v}'(t)$ を反時計回りに $\frac{\pi}{2}$ 回転したベクトル」であったものが左辺にきたことで「$\vec{v}'(t)$ を時計回りに $\frac{\pi}{2}$ 回転したベクトル」に変わっている。

　ベクトル $\vec{v}'(t)$ を、時計回りに $\frac{\pi}{2}$ （直角 $= 90°$）回すと、$\frac{dy'}{dt}\vec{e}_{x'} - \frac{dx'}{dt}\vec{e}_{y'}$ になる（下の図参照）。

　この回転は（ここまで平面で考えてきたので反則ではあるが）$\times \vec{e}_z$ のように z 方向の単位ベクトルを後ろから外積で掛けるという操作になるので、回転座標系に現れる見かけの力は

$$m\omega^2 \vec{x}' + 2m\omega \vec{v}' \times \vec{e}_z \quad (10.28)$$

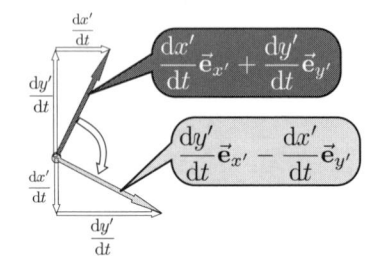

とまとめることができる。

こうして2種類の「見かけの力」が出てきた。位置ベクトルが $x'\vec{e}_{x'} + y'\vec{e}_{y'}$ のように、「成分×基底ベクトル」という形で表現されているが、この基底ベクトルが時間に依存していると、位置ベクトルの二階微分をして加速度を求める際に、成分の二階微分の項だけではなく、「成分×$\dfrac{\mathrm{d}^2 \text{基底ベクトル}}{\mathrm{d}t^2}$」の項と「$2\times\dfrac{\mathrm{d}\text{成分}}{\mathrm{d}t}\dfrac{\mathrm{d}\text{基底ベクトル}}{\mathrm{d}t}$」の項が出てきてしまう。これがそれぞれ、$m\omega^2 \vec{x}'$ と $2m\omega\vec{v}' \times \vec{e}_z$ に対応している。

------------------------------ 練習問題 ------------------------------
【問い10-3】以上の結果は、2次元極座標での加速度の式(5.9) に $\theta = \theta' + \omega t$ を代入することで出すこともできる。やってみよ。　ヒント→ p384 へ　解答→ p396 へ
【問い10-4】ここでは回転の角速度が一定であったが、もっと一般的に $\theta' = \theta + \alpha(t)$ のように回転角度が t の任意関数であった場合にはどのように運動方程式が変化するかを計算せよ。　ヒント→ p384 へ　解答→ p397 へ

(10.28)のうち、$m\omega^2 \vec{x}'$ の方は $\vec{x}'$ と同じ方向、つまり原点から離れる力なので「**遠心力**」と呼ぶ。この力は前に出てきた慣性力と同種の力であるということもできる。というのは $-\omega^2 \vec{x}'$ というのは等速回転運動の加速度そのものであり、原点が加速度 $\vec{a}$ の運動をしている座標系では慣性力 $-m\vec{a}$ が見かけ上現れるというのと同じ形になっているからである（ただし、遠心力の方の「加速度」は座標原点の加速度ではないし、$m\omega^2 \vec{x}'$ は場所によって違う向きを向くということは注意しておこう）。

(10.28)のうち、$2m\omega\vec{v}' \times \vec{e}_z$ の方を「**コリオリ力**」と呼ぶ[†12]。コリオリ力の向きは、$\omega > 0$ であれば進行方向に対して右、$\omega < 0$ であれば進行方向に対して左である。

【補足】＋＋＋＋＋＋＋＋＋＋＋＋＋＋＋＋＋＋＋＋＋＋＋＋＋＋＋＋＋＋＋＋＋
計算で示せば上の通りであるが、遠心力およびコリオリ力が働く（ように見える）理由について少し解説し、「なるほどこういう理由でこんな力が働くのか」とイメージを持てるようにしよう。あくまで「イメージを持つ」ためのものなので、以下の説明だけでわかった気になってはいけない（厳密な証明はすでにやった）。

[†12] コリオリは、19世紀のフランス人物理学者。

まず、回転座標系で見ても物体が円運動している場合について考えよう。慣性系では質量 m の物体が半径 R で速さ v の円運動をするということは中心方向に向けて $\dfrac{mv^2}{R}$ の大きさの力が働いていなければいけなかった。図のようにこの力が糸の張力であったとするなら、$T = \dfrac{mv^2}{R}$ という運動方程式が成立する。

一方、ここで考えた回転座標系は、角速度 ω で回転しているので、この「慣性系で等速円運動している物体」の速さ v は、この座標系では $v' + R\omega$ になる。ということは、この運動方程式を回転座標系の言葉で記述すれば

$$T = \frac{m(v' + R\omega)^2}{R}$$
$$T = \frac{m(v')^2}{R} + 2mv'\omega + mR\omega^2 \quad (10.29)$$
$$T - 2mv'\omega - mR\omega^2 = \frac{m(v')^2}{R}$$

となる。つまり、あたかも $-2mv'\omega - mR\omega^2$ が運動方程式に加わったように見える。つまり、回転座標系にいる物体は自分の速度を v' だと思っているが、実は自分が乗っている座標系も回転しているので、その回転速度を足した $v' + R\omega$ が「ほんとうの円運動の速度」なのであり、速度が見かけに比べ $v' \to v' + R\omega$ と増えていることが「遠心力」と「コリオリ力」を産むのである。

次に、図のように回転座標系において中心から外に向かっている物体を考えてみよう（簡単のため物体は x' 軸上の原点から r 離れた場所に置いたとする）。

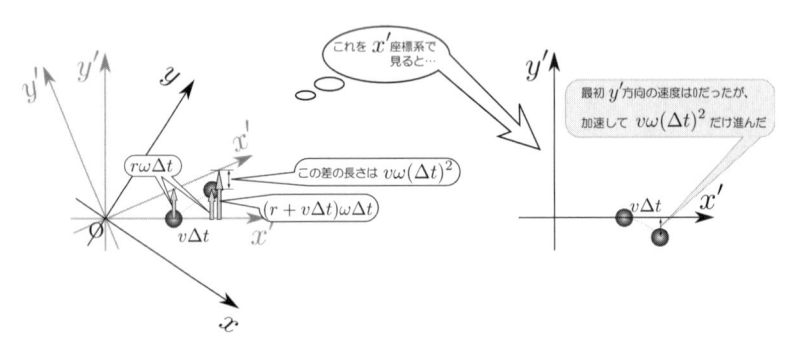

回転座標系において物体の運動量は $mv\vec{e}_r$（$mv\vec{e}_{x'}$ と書いても同じ）であるが、静止座標系においては $mv\vec{e}_r + mr\omega\vec{e}_\theta$（$x$ 軸と x' 軸が一致している瞬間においては、$mv\vec{e}_x + mr\omega\vec{e}_y$ と書いても同じ）という運動量を持っている。

静止座標系では、物体は等速直線運動するので、Δt という微小な時間が経過した後、その時刻における x' 軸方向に $v\Delta t$ だけ、y' 軸方向に $r\omega\Delta t$ だけ移動する（前ページの左図を参照）。

では回転座標系では、y' 座標はどれだけ増えるかというと、物体が移動した先（原点からの距離が $r+v\Delta t$ の場所）では回転座標系の回転速度は $r\omega$ ではなく $(r+v\Delta t)\omega$ なので、座標系の速度の方が速い。結果として物体は $v\Delta t\omega\Delta t = v\omega(\Delta t)^2$ という距離だけ「取り残される」。この取り残される距離 $v\omega(\Delta t)^2$ が、初速度0で加速度 a の加速運動によって行なわれたとみなせば[†13]、

$$\frac{1}{2}a(\Delta t)^2 = v\omega(\Delta t)^2 \tag{10.30}$$

となるから、回転座標系においては $-\vec{e}_{y'}$ の向き（物体運動方向である $\vec{e}_{x'}$ 方向に対し右に直角曲がった向き）に加速度 $2v\omega$ が働いたように見える。

このように、「座標系の速度と自分の速度がマッチしてないために予想とは違う場所に到着する」というのがコリオリ力の生まれる理由であると考えることもできる。

✝✝✝✝✝✝✝✝✝✝✝✝✝✝✝✝✝✝✝✝✝✝✝✝✝✝✝✝✝✝✝✝✝✝✝✝✝【補足終わり】

10.3 地球上で働く遠心力とコリオリ力

3次元でも考えよう。地球のような自転する球体[†14]を考える（公転は無視する）。回転軸を z 軸として、角速度 ω で回っているとする。

地球は球だから極座標を使いたくなるところだが、z 軸回りの回転を表現したいのだから、円筒座標の方が便利である。(5.36)の加速度に、$\phi = \phi' + \omega t$ ($\dot{\phi} = \dot{\phi}' + \omega$) を代入すると、加速度ベクトルが

$$\vec{a} = \left(\ddot{\rho} - \rho(\dot{\phi}' + \omega)^2\right)\vec{e}_\rho + \left(\rho\ddot{\phi}' + 2\dot{\rho}(\dot{\phi}' + \omega)\right)\vec{e}_\phi + \ddot{z}\vec{e}_z \tag{10.31}$$

のように書ける。遠心力およびコリオリ力として現れる力は、このうち ω を含む項に $-m$ を掛けたものなので、

$$m\rho(2\omega\dot{\phi}' + \omega^2)\vec{e}_\rho - 2m\dot{\rho}\omega\vec{e}_\phi = \underbrace{m\rho\omega^2\vec{e}_\rho}_{遠心力} + \underbrace{2m\omega\left(\rho\dot{\phi}'\vec{e}_\rho - \dot{\rho}\vec{e}_\phi\right)}_{コリオリ力} \tag{10.32}$$

となる。

[†13] この「みなせば」というのは「本当はそうじゃないのだが」という意味を含んでいる。「実際には座標系の方が加速運動したことによってあたかも物体が加速運動しているかのように見えただけなのだが、それをあえて加速度と解釈してあげると」というのが「みなせば」の意味である。

[†14] 厳密には地球は球ではないが、それも無視する。

地球上に静止した観測者が働くように感じる遠心力を描いたものが右の図である。方向は $\vec{e}_\rho$ であるから、z 軸（地球でいえば両極を結ぶ線）から離れる方向に働く。半径が大きいほど大きいので、赤道部分がもっとも強く、両極では0になる。

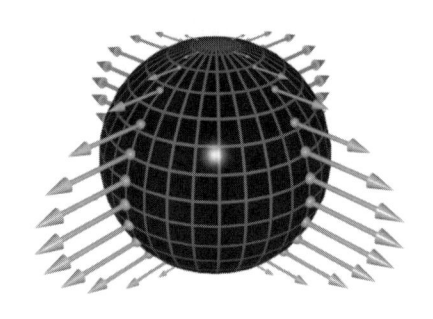

【FAQ】普段、こんな力感じませんけど？

我々が普段感じている「重力」は地球からの万有引力と、この遠心力の和なのである。万有引力と遠心力はどちらも物体の質量に比例するという点で重力と同じ性質を持っている。よって、この二つを足したものを我々は $m\vec{g}$ と認識している。つまり我々は遠心力を（重力の一部として）感じているのである。

赤道上での遠心力による加速度を概算しておくと、地球の半径を 6.4×10^6 m、角速度を $\dfrac{2\pi}{24 \times 60 \times 60}$ [†15] として、

$$R\omega^2 = 6.4 \times 10^6 \times \left(\frac{2\pi}{24 \times 60 \times 60}\right)^2 \fallingdotseq 0.033\,\mathrm{m/s^2} \tag{10.33}$$

となる。重力加速度 $9.8\,\mathrm{m/s^2}$ の300分の1ぐらいの値である。

コリオリ力は ρ 方向と ϕ' 方向の速度 $\dot{\rho}\vec{e}_\rho + \rho\dot{\phi}'\vec{e}_\phi$ を直角回したもの $\times 2m\omega$ になっている。z 方向の速度 $\dot{z}\vec{e}_z$ が現れていないことに注意しよう。直角回して $2m\omega$ をかけた結果であるコリオリ力にも、z 成分は現れない。地球上で働くコリオリ力を計算するには、

(1) まず、地球静止座標系で測った速度から z 成分を抜く。
(2) その速度を z 軸周りに時計回りの方向に $\dfrac{\pi}{2}$ 回す。
(3) $2m\omega$ 倍する。

という操作を行なえばよい。この操作 (2) の段階で、コリオリ力のベクトル

[†15] 実際の地球の自転周期は、（公転の影響があるので）、1日の長さである24時間より少し短いが、ここでは概算なので気にしないことにする。

は一般に地平面と平行にならない。

10.4 相対運動

10.4.1 二体問題と換算質量

二つの物体が互いに力を及ぼしあいながら運動していて、しかもその相互に働く力が二つの物体の相対的な位置にのみ依存する場合の運動方程式を考えてみよう。二つの物体の質量をそれぞれ m_1, m_2、位置ベクトルをそれぞれ $\vec{x}_1, \vec{x}_2$ とすると、$\vec{x}_1$ にいる物体に及ぼされる力を $\vec{F}$ とすれば、

$$m_1 \frac{d^2 \vec{x}_1}{dt^2} = \vec{F} \quad と \quad m_2 \frac{d^2 \vec{x}_2}{dt^2} = -\vec{F} \tag{10.34}$$

という二つの運動方程式が成り立つから、これらを足して

$$m_1 \frac{d^2 \vec{x}_1}{dt^2} + m_2 \frac{d^2 \vec{x}_2}{dt^2} = 0 \tag{10.35}$$

という式を作ると、重心 $\vec{x}_G = \dfrac{m_1 \vec{x}_1 + m_2 \vec{x}_2}{m_1 + m_2}$ が等速直線運動するということを示せる。等速直線運動するということは慣性系の取り方を変えれば静止するということになる。だから外力が働かない系では重心を不動点と置いてよいのである。

一方、$\dfrac{(10.34 \text{の第一式})}{m_1} - \dfrac{(10.34 \text{の第二式})}{m_2}$ という引き算を行なうと、

$$\frac{d^2}{dt^2}(\vec{x}_1 - \vec{x}_2) = \left(\frac{1}{m_1} + \frac{1}{m_2}\right) \vec{F}$$

$$\underbrace{\frac{1}{\frac{1}{m_1} + \frac{1}{m_2}}}_{\mu} \frac{d^2}{dt^2}(\vec{x}_1 - \vec{x}_2) = \vec{F} \quad (\text{両辺を } \frac{1}{m_1} + \frac{1}{m_2} \text{ で割った}) \tag{10.36}$$

となる。この時の内力 $\vec{F}$ は、二つの物体の離れ具合にあたる、$\vec{x}_1 - \vec{x}_2$ の関数だとすると、この式は両辺ともに $\vec{x}_1 - \vec{x}_2$ の関数となる。最後の式の形を見ると、

$$\mu = \frac{1}{\frac{1}{m_1} + \frac{1}{m_2}} = \frac{m_1 m_2}{m_1 + m_2} \tag{10.37}$$

という量が、あたかも「質量」のような顔をして運動方程式に現れている。

この μ を換算質量と呼ぶ。以上の計算からわかるように、換算質量は $\mu = \dfrac{m_1 m_2}{m_1 + m_2}$ と書くより、$\dfrac{1}{\mu} = \dfrac{1}{m_1} + \dfrac{1}{m_2}$ と書いた方がその由来が明瞭になる。

---------- 練習問題 ----------

【問い10-5】 この節で考えた二物体の運動の

(1) 運動エネルギー
(2) 角運動量

についても「重心運動」(質量 $m_1 + m_2$、位置ベクトル $\vec{x}_G$) と「相対運動」(質量 μ、位置ベクトル $\vec{x}_1 - \vec{x}_2$) の和として計算すればよいことを示せ。

ヒント → p384 へ   解答 → p397 へ

10.4.2　車にぶつかるか、車がぶつかってくるか　++++++【補足】

「力学では相対運動が大事」という話をすると、以下のような質問をされることがある。

> 相対運動が大事ということは、20km/時で走って止まっている車にぶつかるのと、20km/時で走ってくる車が自分にぶつかるのと、ダメージは同じということでしょうか。どう考えても車がぶつかってくる方が大変なことになりそうな気がするのですが。

たいへんよい視点である[16]。この質問に答えるには「ダメージ」という言葉をどう定義すればよいか、をちゃんと考える必要がある。「ダメージ」を測るには「どれだけの物を壊せるか」という視点で考えるべきであろう。この時に被害(車がひしゃげるとか、人間が腕を骨折するとか)が起こるわけだが、その被害を起こすためのエネルギーは「衝突前と衝突後の、エネルギーの差」から来ると考えられる。そこで、「衝突前後でのエネルギーの差」を「ダメージ」を測る目安として採用することにしよう。

そう考えてみると話は単純である。「人が車にぶつかってきた場合」でも「車が人にぶつかってきた場合」でも、最終状態ではどっちも止まってしまうだろうから、「衝突前後でのエネルギーの差」はすなわち、最初に持っていたエネルギーである。

人間と車の質量をそれぞれ、m, M としよう (m はせいぜい 100kg ぐらい、M は軽めで 1000kg ぐらいだろう)。速度 $v = \dfrac{20 \times 1000}{3600} = \dfrac{50}{9} \simeq 5.6\text{m/s}$ であるから、

---
[16] ところでここで速さを20km/時にしたのは、これなら50mを9秒で走る速さなので、人間に出せないこともないからである。

人がぶつかってくる場合のエネルギー差は$\frac{1}{2}\times 100\times\left(\frac{50}{9}\right)^2\simeq 1.5\times 10^3\mathrm{J}$であり、車がぶつかってくる場合は$m$が$M$に変わるのでこの10倍、すなわち約$1.5\times 10^4\mathrm{J}$である。

✚✚✚✚✚✚✚✚✚✚✚✚✚✚✚✚✚✚✚✚✚✚✚✚✚✚✚✚✚✚【補足終わり】

章末演習問題

★【演習問題10-1】

水平と角度θをなす斜面に、物体を転がす。静止状態から高さh落ちた時、速度$\vec{v}$になっているとすると、

$$\frac{1}{2}m|\vec{v}|^2 = mgh \quad (10.38)$$

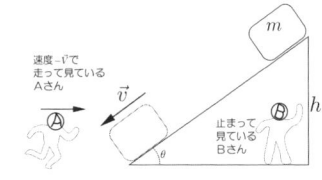

という式になる。では、この運動を水平に速度$-\vec{V}$で移動しながら観測するとどう見えるだろう？？—以下のように考えると、間違える。

> **この計算は間違えてます！**
>
> 台の上にあった物体の最初の速度は$\vec{V}$で、最後の速度は$\vec{V}+\vec{v}$になると考えればよいから、
>
> $$\frac{1}{2}m|\vec{V}+\vec{v}|^2 = mgh + \frac{1}{2}m|\vec{V}|^2 \quad (10.39)$$

(10.38)と(10.39)は一致しない。(10.39)の左辺は$\frac{1}{2}m|\vec{V}|^2 + m\vec{v}\cdot\vec{V} + \frac{1}{2}m|\vec{v}|^2$となる。この第一項は右辺にもあるのでキャンセルするが、$m\vec{v}\cdot\vec{V}$は(10.38)にない項である。

さて、どこで間違えたのだろう？？？

ヒント → p7wへ　解答 → p21wへ

★【演習問題10-2】

お風呂など、水が溜まった容器の下につけられた栓を抜いた時、水が渦を巻いて流れていく。「この渦ができるのは地球の自転によるコリオリ力のせいである」と説明している人がいた。さてこれは正しいか？—水が風呂の端から落ちるまでに1秒間に50cm移動して落下するとして、この水がコリオリ力によってどれだけ曲げられるかを計算し、水の渦をコリオリ力が原因で起こると判断することが妥当かどうかを示せ。コリオリ力がもっとも大きくなる北極を例として計算してみよ。

ヒント → p7wへ　解答 → p21wへ

第11章

万有引力

最後の章では、万有引力を題材に力学のいろいろな側面を考えてみよう。

11.1 万有引力の発見

11.1.1 ケプラーの法則

ニュートンが「ニュートン力学」を作る前に、ティコ・ブラーエによる惑星の運動を詳細に観測したデータを解析したヨハネス・ケプラーが惑星の運動に関する三つの法則を発見している[†1]。

――――― ケプラーの法則 ―――――
第一法則 惑星の軌道は、太陽を一つの焦点とする楕円である。
第二法則 惑星と太陽を結ぶ直線が一定時間に通過する面積は一定である。
第三法則 惑星の公転周期の2乗は、軌道の長半径の3乗に比例する。
→ p318

楕円の「焦点」というのは二つあり、その二つの焦点から、楕円の周上の一点に向けて線を引くと、その線分の長さの和が一定になる点である[†2]。ニュートンは、ケプラーの法則の通りに運動が起こるためにはどのような

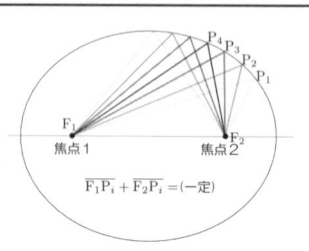

[†1] 肉眼による観測だけで膨大なデータを積み上げ、このような法則を導き出すというのはたいへんなことである。実は太陽と惑星に限らず、惑星と衛星など、万有引力が働く系では同様の法則が成り立つ。自然は楕円という簡単な図形を運動の法則を通じて選んでいる。
[†2] 太陽がいない側の焦点には、特に何もない。

力が働いてなければいけないか？―という考察から万有引力の法則を導いた。我々はすでにその法則を知っているので、ニュートンとは逆に、まず万有引力の法則を学び、次に「その力のもとではどのような運動が起こるか？」を考えていくことにする。

11.1.2 万有引力の法則

万有引力の法則によれば、この力は二つの物体の質量の積に比例し、距離に反比例する。そして常に引力である。その大きさは

$$F = \frac{GMm}{r^2} \quad (11.1)$$

と書ける。定数 G は「**万有引力定数**」と呼ばれ、$G = 6.673 \times 10^{-11}$ m^3/kg·s^2 である[†3]。二つの1kgの物体を1m離しておいた時の力が 6.673×10^{-11} N だということなので、万有引力は日常生活においては非常に小さい。それでも我々が地球の重力を感じることができるのは地球の質量の大きさ（5.97×10^{24} kg）のおかげである。

この力をベクトルの記号で書くと、力を及ぼしている物体を座標原点において、力を受けている物体の位置ベクトルが $\vec{x} = r\vec{e}_r$ だとして、

$$\vec{F} = -\frac{GMm}{r^2}\vec{e}_r = -\frac{GMm}{|\vec{x}|^3}\vec{x} \quad (11.2)$$

となる。ここで $\vec{e}_r = \dfrac{\vec{x}}{|\vec{x}|}$ を使っていることに注意しておこう。分母が距離の3乗に比例しているように見えるが、それは単位ベクトルを作るときに $\dfrac{\vec{x}}{|\vec{x}|}$ のように距離で割る必要があるからである。成分で表すと $r = \sqrt{x^2 + y^2 + z^2}$ を使って、

$$F_x = \frac{-GMmx}{(x^2+y^2+z^2)^{\frac{3}{2}}}, F_y = \frac{-GMmy}{(x^2+y^2+z^2)^{\frac{3}{2}}}, F_z = \frac{-GMmz}{(x^2+y^2+z^2)^{\frac{3}{2}}} \quad (11.3)$$

となる。

[†3] 単位は N·m^2/kg^2 の方がわかりやすいかもしれない。距離の自乗で割って質量の自乗をかければ力になる。

---- 練習問題 ----

【問い 11-1】 万有引力による円運動を考えると、そこに登場する次元を持ったパラメータは、G, M, m そして R（半径）である。これらから時間の次元を持つ量を作れ。どう作っても、その量は $R^{\frac{3}{2}}$ に比例する（これはケプラーの第三法則を示唆している）。

→ p306

ヒント → p384 へ　解答 → p398 へ

11.1.3 万有引力の位置エネルギー

万有引力は、保存力である条件(7.39)を満たしている。その事は以下の問題のように具体的に計算することでも確認できる。

→ p213

---- 練習問題 ----

【問い 11-2】 (11.3)より、$\dfrac{\partial F_y}{\partial x} - \dfrac{\partial F_x}{\partial y} = 0$ であることを確認せよ。

→ p307

ヒント → p384 へ　解答 → p398 へ

万有引力のする仕事を計算して保存力であることを確認しよう。万有引力は常に $-\vec{e}_r$ 方向を向いているため、仕事は $\int \vec{F} \cdot \mathrm{d}\vec{x} = -\int \dfrac{GMm}{r^2} \mathrm{d}r$ と（$\mathrm{d}\theta$ や $\mathrm{d}\phi$ は出てこない）なってしまい、経路に関係なく出発点と到着点の r の変化だけで決まる積分になっている。この積分は容易に実行できる。

$$\underbrace{\int_{r=r_0}^{r=r_1} \vec{F} \cdot \mathrm{d}\vec{x}}_{\text{積分端点の}\theta, \phi \text{は任意}} = -\int_{r_0}^{r_1} \dfrac{GMm}{r^2} \mathrm{d}r = \dfrac{GMm}{r_1} - \dfrac{GMm}{r_0} \tag{11.4}$$

となる。この量は「万有引力という保存力のした仕事」であるから、符号を変える[†4]ことで「万有引力の位置エネルギーの変化」になる。

$$\underbrace{-\dfrac{GMm}{r_1}}_{r_1\text{での位置エネルギー}} - \underbrace{\left(-\dfrac{GMm}{r_0}\right)}_{r_0\text{での位置エネルギー}}$$

すなわち、万有引力の位置エネルギーは $-\dfrac{GMm}{r}$ である。逆の関係は

$$F_x = -\dfrac{\partial U}{\partial x}, F_y = -\dfrac{\partial U}{\partial y}, F_z = -\dfrac{\partial U}{\partial z} \quad \text{まとめて、} \vec{F} = -\vec{\nabla} U \tag{11.5}$$

[†4] なぜ符号を変えるんだっけ？——と思った人は7.2.1節を読み直そう。
→ p201

である。U は万有引力の位置エネルギーである。実際計算してみると

$$-\frac{\partial}{\partial x}\left(-\frac{GMm}{\sqrt{x^2+y^2+z^2}}\right) = -\frac{1}{2}\frac{GMm}{(x^2+y^2+z^2)^{\frac{3}{2}}} \times \frac{\partial}{\partial x}(x^2+y^2+z^2)$$

$$= -\frac{GMmx}{(x^2+y^2+z^2)^{\frac{3}{2}}}$$

(11.6)

となって[†5]、(11.3)が戻ってくる。
→ p307

11.1.4 逆自乗則の性質 ✛✛✛✛✛✛✛✛✛✛✛✛✛✛✛✛✛✛✛✛✛ 【補足】

万有引力やクーロン力など、距離の自乗に反比例する力を「逆自乗則に従う力」と言う。逆自乗則に従う力には、非常に顕著な性質がある。それは、「球対称な物質による力は、その物質が中心に集中した場合の力と同じになる」という性質である。

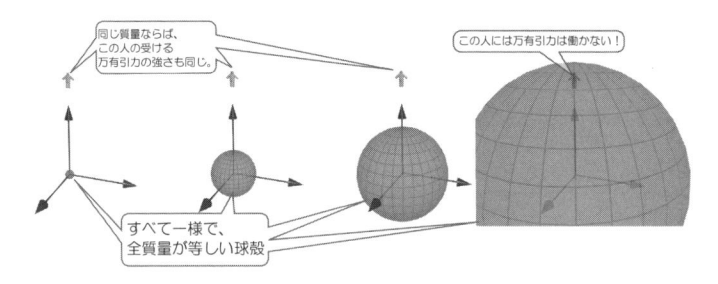

厚さ D の薄い球殻について、働く力が「すべての質量が中心に集まった場合」に置き換えることができることを示そう。

微小な部分の体積は $D \times R\,d\theta \times R\sin\theta\,d\phi$ である（C.2.1節を参照）。この部分
→ p369
と試験物体を置いた場所との間の距離は余弦定理により、$(R^2+r^2-2Rr\cos\theta)^{\frac{1}{2}}$ である。よって働く力の大きさは試験物体の質量を m として、

$$F = \frac{Gm\rho DR^2 \sin\theta\,d\theta\,d\phi}{R^2+r^2-2Rr\cos\theta}$$

(11.7)

となる。これを積分して全球殻から働く力を計算してもよい。しかし、実は力を計算するより、試験物体の持つ位置エネルギー

$$U = -\frac{Gm\rho DR^2 \sin\theta\,d\theta\,d\phi}{\sqrt{R^2+r^2-2Rr\cos\theta}}$$

(11.8)

[†5] この計算では $\vec{F} = -\vec{\nabla}U$ の $-$、$-\frac{GMm}{r}$ の $-$、最後に微分の時に出る $-$、と、マイナス符号が都合3回出てくることに注意。

を計算して積分したのち、この位置エネルギーの微分から重力を計算する方が楽である。まず ϕ 積分は (被積分関数に ϕ が含まれていないので) 簡単に終了して答は 2π となる。これも含めて定数を外に出して、

$$-\underbrace{2\pi Gm\rho DR^2}_{\frac{GMm}{2}}\int_0^\pi \frac{\sin\theta\,d\theta}{\sqrt{R^2+r^2-2Rr\cos\theta}} \tag{11.9}$$

となる。$4\pi R^2 D$ が今考えている球殻の体積なので、これに ρ を掛けたものが球殻の質量 M であるということを使った。

次に、$\cos\theta = t$ と置くと、$-\sin\theta\,d\theta = dt$ なので[†6]、

$$-\frac{GMm}{2}\int_{-1}^1 \frac{dt}{\sqrt{R^2+r^2-2Rrt}} \tag{11.10}$$

と、t の積分に直せる。

$$\frac{d}{dt}\sqrt{R^2+r^2-2Rrt} = -2Rr\left(\frac{1}{2}\times\frac{1}{\sqrt{R^2+r^2-2Rrt}}\right) \tag{11.11}$$

を使うと、この積分が実行できて、

$$\begin{aligned}&-\frac{GMm}{2}\left[-\frac{1}{Rr}\sqrt{R^2+r^2-2Rrt}\right]_{-1}^1\\&=\frac{GMm}{2Rr}\left(\underbrace{(R^2+r^2-2Rr)^{\frac{1}{2}}}_{(r-R)^2}-\underbrace{(R^2+r^2+2Rr)^{\frac{1}{2}}}_{(r+R)^2}\right)\\&=\frac{GMm}{2Rr}\left(|r-R|-(r+R)\right)\end{aligned} \tag{11.12}$$

となる。最後の式で $|r-R|$ が出ているが、これは $(r-R)^2$ のルートを取った結果である。自乗してルートを取るという計算なので、元の数の正負に関係なく、答えは正になるので絶対値が必要になる。$r+R > 0$ なので $r+R$ の方は絶対値は不要である。

括弧の中の $|r-R|-(r+R)$ は、$r > R$ ならば $-2R$ に、$r < R$ ならば $-2r$ になる。つまり重力の位置エネルギーは、

$$\begin{cases}-\dfrac{GMm}{R} & r \leqq R\\[4pt] -\dfrac{GMm}{r} & r > R\end{cases} \tag{11.13}$$

となる。$r < R$ では位置エネルギーが定数である (これは、位置エネルギーの微分である万有引力が 0 になることを示している)。$r > R$ での位置エネルギーは、一点 ($r=0$) に質量 M が集中した場合の万有引力の位置エネルギーに等しい。

✚✚✚✚✚✚✚✚✚✚✚✚✚✚✚✚✚✚✚✚✚✚✚✚✚✚✚✚✚✚✚✚✚✚✚✚【補足終わり】

[†6] 同時に積分範囲も $[0,\pi]$ から $[1,-1]$ になる。この範囲を $[-1,1]$ という普通の順番に直す時にもう一回マイナス符号が出るので、(11.10) の符号は (11.9) と変わっていない。

11.2 惑星の運動

　万有引力の元で運動する物体の運動方程式を解き、惑星の軌道が楕円であることを証明してみよう。太陽を原点とした地球の相対運動[†7]の方程式は、(10.36)の力を万有引力にすればよいから、

$$\mu \frac{d^2}{dt^2}\vec{x}(t) = -\frac{GMm}{r^3}\vec{x}(t) = -\frac{GMm}{r^2}\vec{e}_r \tag{11.14}$$

が解くべき運動方程式である。今、換算質量は $\mu = \dfrac{Mm}{M+m}$ である[†8]。

　右辺の万有引力の式は極座標に適しているので極座標を使って解きたいところだが、3次元極座標での加速度は(5.33)であり、とてもややこしい。だが、幸いなことに、我々はすでに中心力のみが働く場合には角運動量が保存し、角運動量ベクトルを定数としてよいことを知っている。そこで角運動量ベクトルが z 軸方向を向くように座標系を張ることにすれば[†9]、質点系では角運動量は位置ベクトルと垂直なので、運動は x-y 平面上でのみ起こり、3次元的な運動を考えなくてもよくなる。その時は $\theta = \dfrac{\pi}{2}, \dot{\theta} = 0, \ddot{\theta} = 0$ である。(8.13)にこれ（および $m = \mu$）を代入すると $\vec{L} = -\mu r^2 \dot{\phi}\vec{e}_\theta$ となる[†10]。まず我々は角運動量保存則を得た。

$$\mu r^2 \dot{\phi} = L(一定) \tag{11.15}$$

　実はケプラーの第二法則「惑星と太陽を結ぶ直線が一定時間に通過する面積は一定である」は、この角運動量保存則に他ならない。つまり、万有引力の性質と言うより、中心力の性質である。「惑星と太陽を結ぶ直線が一定時

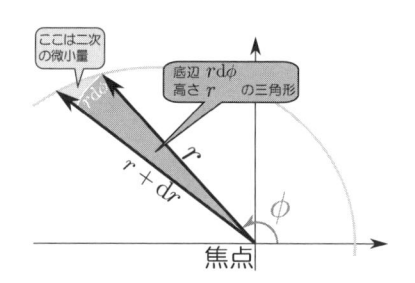

[†7] 10.4.1節で考えたように、太陽を原点として考えるならば、地球の質量を換算質量になおすだけで、後は全部通常と同じように（例えばエネルギー保存則や角運動量保存則も）計算を行う。
[†8] 地球と太陽の質量（5.97×10^{24}kg と 1.99×10^{30}）の違いを考えると、$M + m \simeq M$ としても問題ないから、$\mu \simeq m$ と近似してもよい。本書ではこの近似を使わない式で示しておく。
[†9] 角運動量が0の場合、これはできない。そのときは物体の運動方向を x 軸なり z 軸なりに取れば1次元問題になる。積分は難しいが一直線に落ちるだけの運動である。
[†10] 赤道面（$\theta = \dfrac{\pi}{2}$）で考えているので、$\vec{e}_z = -\vec{e}_\theta$ である。

間に通過する面積」は右の図の灰色に塗った部分であり、微小量の 1 次までを取ると $\frac{1}{2}r^2\,d\phi$ である。一方角運動量保存則 (11.15) から、

$$\frac{1}{2}r^2\,d\phi = \frac{L}{2\mu}dt \tag{11.16}$$

が言えて、単位時間あたりの通過面積（面積速度）は角運動量の $\frac{1}{2\mu}$ 倍である。

もう一つ保存則がある。外力はない上に、内力である万有引力[†11]は保存力なので、エネルギー保存則

$$\frac{1}{2}\mu\left(\frac{dr}{dt}\right)^2 + \frac{1}{2}\mu\left(r\dot\phi\right)^2 - \frac{GMm}{r} = E (一定) \tag{11.17}$$

を得る。すでに $\dot\phi = \dfrac{L}{\mu r^2}$ と知っているので、以下のように書き直せる。

$$\underbrace{\frac{1}{2}\mu\left(\frac{dr}{dt}\right)^2}_{\text{運動エネルギー}} + \underbrace{\frac{L^2}{2\mu r^2}}_{?} \underbrace{- \frac{GMm}{r}}_{\text{万有引力の位置エネルギー}} = E \tag{11.18}$$

------- 練習問題 -------

【問い 11-3】 (11.14) に (5.33) を代入し、さらに $\theta = \dfrac{\pi}{2}, \dot\theta = 0, \ddot\theta = 0$ とおいた後その方程式を積分することで、保存則 (11.15) と (11.18) を導け（もちろんこれはやるまでもなくできるに決まっているが、確認および訓練のためである）。

ヒント → p384 へ　解答 → p398 へ

この式の第二項 $\dfrac{L^2}{2\mu r^2}$ は「ϕ 方向の運動による運動エネルギー」と解釈することもできるが、角運動量保存則を使った結果速度が消えてしまっているので、あえてこれを「遠心力の位置エネルギー」と解釈することもできる[†12]。第二の解釈では、ϕ 方向の運動が式の上では「遠心力の位置エネルギーを与えた」という効果（のみ）に置き換えられてしまって、r 方向 1 次元の運動と考えられるようになっている[†13]。

[†11] 太陽と惑星、二体の問題を考えているので、万有引力は「内力」である。
[†12] ここで「遠心力」という言葉を使った。本来遠心力は「回転する座標系に座標変換した時に働いているように見える力」であるが、今は座標変換をしていない。そういう意味ではこの「遠心力の位置エネルギー」という言葉は誤用である（というわけで「」付きにした）。
[†13] 念の為注意であるが、$\dfrac{L^2}{2\mu r^2}$ という項を「位置エネルギー」と考えられるのは「L は定数」という

11.2 惑星の運動

第二の解釈に従った時、「位置エネルギー」のグラフは右の図のようになる。このグラフには、見ての通り、エネルギーが最低となる平衡点がある。平衡点を求めるには、位置エネルギーを微分して0と置いた式

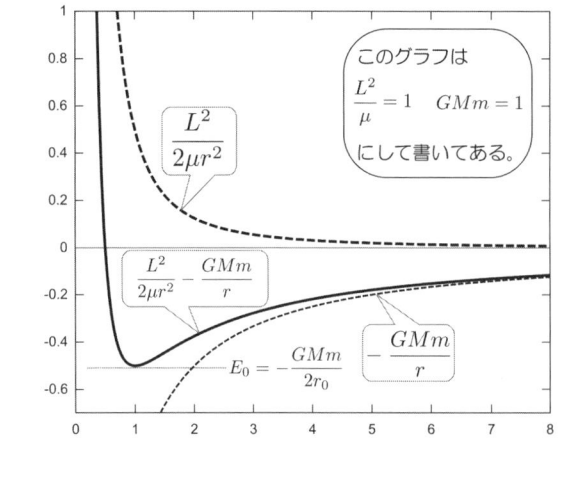

$$-\frac{L^2}{\mu r^3} + \frac{GMm}{r^2} = 0 \quad (11.19)$$

を解く。その答を r_0 と書くことにすると、

$$-\frac{L^2}{\mu (r_0)^3} + \frac{GMm}{(r_0)^2} = 0 \text{ より} \quad r_0 = \frac{L^2}{\mu GMm} \quad (11.20)$$

である。$L \neq 0$ である限り[14]、$r = r_0$ が位置エネルギーの最小点となる。

$r = r_0$ の場所での「遠心力の位置エネルギー」の値は

$$\frac{L^2}{2\mu(r_0)^2} = \frac{r_0}{2} \times \underbrace{\frac{L^2}{\mu(r_0)^3}}_{\frac{GMm}{(r_0)^2}} = \frac{GMm}{2r_0} \quad (11.21)$$

となる。万有引力の位置エネルギー $-\frac{GMm}{r_0}$ は「遠心力の位置エネルギー」の丁度 -2 倍である。

「位置エネルギー」のグラフをもう一度見よう。$r \to 0$ では $+\infty$ になり、$r \to \infty$ では 0 になる[15]。よって惑星は絶対に $r = 0$ に到着しない。一方、$r = \infty$ に到着するかどうかは、持っているエネルギーの大きさによって変わる。

(運動方程式から出てきた) 結果を代入しているからである。L が一定でない状況でこの式を位置エネルギーと解釈してはいけない (微分しても力にならない!)。偏微分を行なうときに「どの変数を一定にするか」を変えると答えが変わるということが重要である。

[14] $L = 0$ なら、原点を通る一直線上の運動になるのは p311 でも指摘した通り。

[15] もう一度注意しておくが、$r \to 0$ でエネルギーが ∞ になるのは、角運動量を一定とした (L を一定とした) からである。同じ角運動量で半径 r を小さくすればどんどん速く回らなくてはいけない。

これから、運動は大きく分けると二つ(細かくわければ三つ)に分けられる。運動エネルギー $\frac{1}{2}m(\dot{r})^2$ は正でなくてはならないので、$E < 0$ であれば、r は有限の範囲に閉じこめられる。図で「楕円軌道」と書いてある場所である。特に $E_0 = -\frac{GMm}{2r_0}$ (最低点)の時は(r が変化できないので)円運動になる。$E \geq 0$ である場合はこの天体は $r = \infty$ に到達できる。$E = 0$ の場合は「放物線軌道」、$E > 0$ の場合は「双曲線軌道」となる。それぞれがなぜこのような軌道になるかは、この後具体的に計算する。

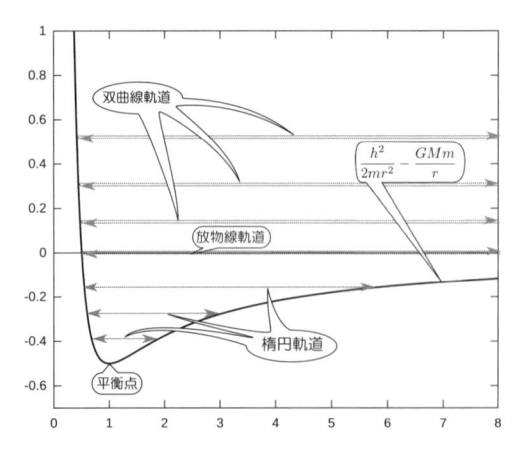

練習問題

【問い11-4】 放物線軌道となるとき、太陽からの距離と惑星の持つ速さにはどんな関係があるか。この関係によって計算される速さを「**脱出速度**」と言う。惑星が太陽から「脱出」するためにこれ以上の速さが必要となるからである。

ヒント → p384 へ　解答 → p399 へ

別の言い方をすると、(11.18)を少し変形して
→ p312

$$\underbrace{\frac{1}{2}\mu\left(\frac{dr}{dt}\right)^2}_{\text{運動エネルギー}} = E + \frac{GMm}{r} - \frac{L^2}{2\mu r^2} \tag{11.22}$$

とした時(右辺の順番は r のべきの順)、右辺が0になる r が $r = \infty$ 以外で2個あるのが「楕円軌道」、$r = \infty$ ともう1点あるのが「放物線軌道」、1点しかないのが「双曲線軌道」である。

(11.22)は $\frac{1}{r}, \frac{1}{r^2}$ などを含んでいていかにも解きにくそうである。そこで試行錯誤の一つとして、$x = \frac{1}{r}$ と置いてみる。こうすると右辺が簡単になりそうだが一方、左辺は微分を含んでいるので簡単ではない。試してみよう。$r = \frac{1}{x}$ を微分して、

11.2 惑星の運動

$$\mathrm{d}r = -\frac{1}{x^2}\mathrm{d}x \tag{11.23}$$

となるからこれを代入して、(11.22)が
→ p314

$$\frac{1}{2}\mu\left(\frac{1}{x^2}\frac{\mathrm{d}x}{\mathrm{d}t}\right)^2 = E + GMmx - \frac{L^2}{2\mu}x^2 \tag{11.24}$$

となる（左辺括弧内のマイナスはどうせ自乗するとなくなるので外した）。逆に左辺がややこしくなってしまったが、$\frac{\mathrm{d}\phi}{\mathrm{d}t} = \frac{L}{\mu r^2} = \frac{L}{\mu}x^2$ に気づくと、これを $x^2\,\mathrm{d}t = \frac{\mu}{L}\mathrm{d}\phi$ と変形することで「$x^2\,\mathrm{d}t$ という組み合わせは $\frac{\mu}{L}\mathrm{d}\phi$ と簡単になる」と気がつく。これを使うと上の式の左辺が

$$\frac{1}{2}\mu\left(\frac{1}{x^2}\frac{\mathrm{d}x}{\mathrm{d}t}\right)^2 = \frac{1}{2}\mu\left(\frac{L}{\mu}\frac{\mathrm{d}x}{\mathrm{d}\phi}\right)^2 = \frac{1}{2}\times\frac{L^2}{\mu}\left(\frac{\mathrm{d}x}{\mathrm{d}\phi}\right)^2 \tag{11.25}$$

となり、さらに両辺を $\frac{L^2}{\mu}$ で割って、

$$\frac{1}{2}\left(\frac{\mathrm{d}x}{\mathrm{d}\phi}\right)^2 = \frac{E\mu}{L^2} + \underbrace{\frac{\mu GMm}{L^2}}_{\frac{1}{r_0}}x - \frac{1}{2}x^2 \tag{11.26}$$

を得る。(11.20)で定義しておいた r_0 が出てきたので、以下はそれを使って式
→ p313
を簡略化する。右辺の $\frac{E\mu}{L^2} + \frac{x}{r_0} - \frac{1}{2}x^2$ を、

$$\frac{E\mu}{L^2} + \frac{x}{r_0} - \frac{1}{2}x^2 = \frac{E\mu}{L^2} + \frac{1}{2}\left(\frac{1}{r_0}\right)^2 - \frac{1}{2}\left(x - \frac{1}{r_0}\right)^2 \tag{11.27}$$

のように完全平方化した上で右辺に定数を集めると、

$$\frac{1}{2}\left(\frac{\mathrm{d}x}{\mathrm{d}\phi}\right)^2 + \frac{1}{2}\left(x - \frac{1}{r_0}\right)^2 = \frac{E\mu}{L^2} + \frac{1}{2(r_0)^2} \tag{11.28}$$

という式が出来上がる。これと単振動のエネルギー保存の式を比較すると、
→ p274
以下の図のようにまとめられる。

$$\frac{m}{2}\left(\frac{\mathrm{d}x}{\mathrm{d}t}\right)^2 + \frac{k}{2}x^2 = \frac{kA^2}{2}$$

（$m=1$）（$k=1$）（右辺の係数の違い）

$$\frac{1}{2}\left(\frac{\mathrm{d}x}{\mathrm{d}\phi}\right)^2 + \frac{1}{2}\left(x - \frac{1}{r_0}\right)^2 = \frac{E\mu}{L^2} + \frac{1}{2(r_0)^2}$$

（微分は $\mathrm{d}t$ か $\mathrm{d}\phi$ か）（$\frac{1}{r_0}$ だけ平行移動）

(9.28)で記述される単振動は $x = A\cos\left(\sqrt{\frac{k}{m}}t + \alpha\right)$ という解を持っていたから、対応を考えると今の x は

$$x = \frac{1}{r_0} + \underbrace{\sqrt{\frac{2E\mu}{L^2} + \frac{1}{(r_0)^2}}}_{\frac{\epsilon}{r_0}} \cos(\phi + \alpha) \tag{11.29}$$

という解を持つ。

$$\frac{\epsilon}{r_0} = \sqrt{\frac{2E\mu}{L^2} + \frac{1}{(r_0)^2}} \quad \rightarrow \quad \epsilon = \sqrt{\frac{2E\mu(r_0)^2}{L^2} + 1} \tag{11.30}$$

と置いて無次元の定数 ϵ を「離心率」と呼ぼう。なぜ「離心率」という名前なのかは、後でわかるが、この時点でも $\epsilon = 0$ の時すなわち $E = -\frac{L^2}{2\mu(r_0)^2}$ の時円運動になるのは確認できる[16]。

(11.29)を r の式に直すと、

$$\frac{1}{r} = \frac{1}{r_0} + \frac{\epsilon}{r_0}\cos(\phi + \alpha) \quad \rightarrow \quad r = \frac{r_0}{1 + \epsilon\cos(\phi + \alpha)} \tag{11.31}$$

である。こうして見ると積分定数 α の意味は「r がもっとも小さいとき、$\phi = -\alpha + 2n\pi$（n は整数）」[17]であったことがわかる（そのとき分母が最大になる）。惑星の運動において最も太陽に近づく場所を「近日点」と呼ぶ[18]。以下では「近日点は $\phi = 0$（すなわち、$\alpha = 0$）」として考えよう。

---

[16] 313ページの、円運動の位置エネルギーの式 $E_0 = -\frac{GMm}{r_0}$ と、$r_0 = \frac{L^2}{\mu GMm}$ を使う。

[17] ϕ は任意の角度なので、$+2n\pi$ が必要。

[18] 逆に最も遠ざかるのが「遠日点」。中心が太陽でなく地球（周りを回るのが月や人工衛星）であったときは「近地点」「遠地点」となる。

11.2 惑星の運動

これでrとϕの関係は$r(\phi) = \dfrac{r_0}{1+\epsilon\cos\phi}$とわかった。まず、$\cos\phi = -\dfrac{1}{\epsilon}$になると分母が0になることに着目しよう。$\epsilon<1$なら（$\cos\phi$の最小値は$-1$だから）分母はけっして0にならない。つまり、$\epsilon<1$の時は、$\phi$が変化していっても惑星は無限遠には飛んで行かない。一方$\epsilon\geq1$の時はある角度で無限遠まで飛んでいくことになる。

r_0を一定にしてϵを変化させた時の変化を右の図に示した[19]。$\epsilon=0$が円なのは$r=r_0$(一定)となるのですぐにわかる。$0<\epsilon<1$で楕円、$\epsilon=1$で放物線、$\epsilon>1$で双曲線となることを以下で示そう。

$r = \dfrac{r_0}{1+\epsilon\cos\phi}$ を直交座標に移すと、焦点を原点として、$x = \dfrac{r_0\cos\phi}{1+\epsilon\cos\phi}$, $y = \dfrac{r_0\sin\phi}{1+\epsilon\cos\phi}$ となる[20]。

これからϕを消去してみよう。まず、$x = \dfrac{r_0\cos\phi}{1+\epsilon\cos\phi}$から

$$x + \epsilon x \cos\phi = r_0 \cos\phi \quad \text{より、} \cos\phi = \frac{x}{r_0-\epsilon x} \tag{11.32}$$

のように$\cos\phi$が求め、これを使って

$$y(1+\epsilon\cos\phi) = r_0\sin\phi \quad \text{より、} \sin\phi = \frac{y(1+\epsilon\frac{x}{r_0-\epsilon x})}{r_0} = \frac{y}{r_0-\epsilon x} \tag{11.33}$$

として$\sin\phi$も求める。これを$\cos^2\phi + \sin^2\phi = 1$に代入する。

$$\left(\frac{x}{r_0-\epsilon x}\right)^2 + \left(\frac{y}{r_0-\epsilon x}\right)^2 = 1$$

（分母を払って、左辺にx, yを集める）

$$(1-\epsilon^2)x^2 + 2r_0\epsilon x + y^2 = (r_0)^2 \tag{11.34}$$

x^2の係数$(1-\epsilon^2)$に着目する。$\epsilon=1$ならこの項はなくなり、$2r_0 x + y^2 = (r_0)^2$となる。これは放物線の式である[21]。

---

[19] この図はr_0を一定にしてϵを変化させているが、こうするためには$M+m$も変えなくてはいけないので、この図は「同じ太陽に属する惑星の図」ではないことに注意。

[20] ここ以降のxはさっきまでの$\dfrac{1}{r}$ではなく、直交座標のxであるから混同しないように。

[21] 放物線というと$y=ax^2$という式を思い浮かべるが、ここではxとyの立場が変わっている。

$\epsilon \neq 1$ の場合について、両辺に $\dfrac{(r_0)^2 \epsilon^2}{1-\epsilon^2}$ を足して計算を続けると、

$$(1-\epsilon^2)x^2 + 2r_0 \epsilon x + \frac{(r_0)^2 \epsilon^2}{1-\epsilon^2} + y^2 = (r_0)^2 + \frac{(r_0)^2 \epsilon^2}{1-\epsilon^2}$$

（左辺を完全平方化）

$$(1-\epsilon^2)\left(x + \frac{r_0 \epsilon}{1-\epsilon^2}\right)^2 + y^2 = \frac{(r_0)^2}{1-\epsilon^2}$$

（両辺を右辺で割る）

$$\frac{\left(x + \frac{r_0 \epsilon}{1-\epsilon^2}\right)^2}{\left(\frac{r_0}{1-\epsilon^2}\right)^2} + \frac{y^2}{\frac{(r_0)^2}{1-\epsilon^2}} = 1 \tag{11.35}$$

$\epsilon < 1$ なら、$1-\epsilon^2 > 0$ なので、$a = \dfrac{r_0}{1-\epsilon^2}, b = \dfrac{r_0}{\sqrt{1-\epsilon^2}}$ と置く（この時 $a > b$ に注意）、逆に $\epsilon > 1$ なら $a = \dfrac{r_0}{\epsilon^2-1}, b = \dfrac{r_0}{\sqrt{\epsilon^2-1}}$ と置こう。すると、

$$\frac{(x+a\epsilon)^2}{a^2} \pm \frac{y^2}{b^2} = 1 \tag{11.36}$$

になる。$\epsilon < 1$ で複号 $+$、$\epsilon > 1$ で複号 $-$ であり、それぞれ楕円と双曲線の式である（これでケプラーの第一法則を示せたし、楕円・放物線・双曲線の三つの軌道が出てきた）。以下は楕円の時（$\epsilon < 1$）を考察しよう。

楕円の式は $\dfrac{x^2}{a^2} + \dfrac{y^2}{b^2} = 1$ という形の方が馴染み深いかもしれない。この式では楕円の中心が原点になっており、a, b は楕円の幅を決める数値であるが、長い方（今の場合 a）を「**長半径**」、短い方（今の場合 b）を「**短半径**」と呼ぶ。各々を2倍したもの（直径にあたる長さ）が「**長径**」と「**短径**」である。

$\dfrac{x^2}{a^2} + \dfrac{y^2}{b^2} = 1$ に比べて x 方向に $-a\epsilon$ だけ平行移動しているから、楕円の中心と焦点の距離は $a\epsilon$ である（これが「離心率」という言葉の意味）。

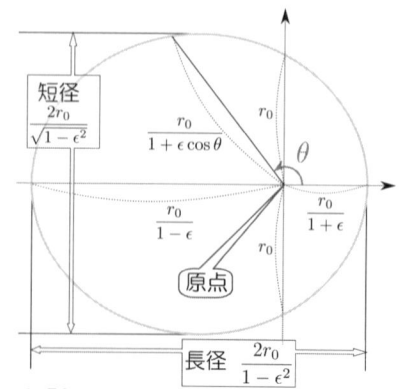

前ページの図は $\epsilon = 0.5$ の場合の図であるが、焦点（$r=0$）からの距離 $\dfrac{r_0}{1+\epsilon}$ から $\dfrac{r_0}{1-\epsilon}$ の範囲で変化する。長径（右の図で言えば横幅）は

$\dfrac{r_0}{1+\epsilon} + \dfrac{r_0}{1-\epsilon} = \dfrac{2r_0}{1-\epsilon^2} = 2a$ となって、確かに上で定義した a になっている。

これで軌道、すなわち r と ϕ の関係がわかったので、次に ϕ と t の関係を出しておこう。面積速度が角運動量の $\dfrac{1}{2\mu}$ 倍であったことを思い出そう。(11.16)すなわち $\dfrac{1}{2}r^2\,d\phi = \dfrac{1}{2\mu}L\,dt$ を一周分（つまり $\phi = 0$ から $\phi = 2\pi$ まで）積分すると、左辺については楕円の面積 πab になるから

$$\underbrace{\dfrac{1}{2}\int_{-\text{周}} r^2\,d\phi}_{\pi ab} = \dfrac{L}{2\mu}\int_{-\text{周}} dt = \dfrac{LT}{2\mu} \tag{11.37}$$

となる（T は公転周期である）。$r_0 = \dfrac{L^2}{\mu GMm}$ を使って L を消し、

$$\pi ab = \dfrac{\sqrt{\mu GMm r_0}\,T}{2\mu} \text{より、} T = 2\mu\pi\dfrac{ab}{\sqrt{\mu GMm r_0}} \tag{11.38}$$

$a = \dfrac{r_0}{1-\epsilon^2}, b = \dfrac{r_0}{\sqrt{1-\epsilon^2}}$ という式を思い出せば、

$$\dfrac{ab}{\sqrt{r_0}} = \dfrac{(r_0)^2}{(1-\epsilon^2)^{\frac{3}{2}}\sqrt{r_0}} = \left(\dfrac{r_0}{1-\epsilon^2}\right)^{\frac{3}{2}} = a^{\frac{3}{2}} \tag{11.39}$$

となって、

$$T = 2\pi\sqrt{\dfrac{\mu}{GMm}}a^{\frac{3}{2}} = \dfrac{2\pi}{\sqrt{G(M+m)}}a^{\frac{3}{2}} \tag{11.40}$$

となる。M が m に比べて非常に大きいことを思えば左辺は $\simeq \dfrac{2\pi}{\sqrt{GM}}$ と近似できる。この近似の結果、周期 T が長径の $\dfrac{3}{2}$ 乗に比例するというケプラーの第三法則が出てきた。

時間 t と角度 ϕ の関係を知るには、(11.16)をまじめに積分すればよい。答はたいへんややこしいので、章末の【演習問題11-5】に回す。

章末演習問題

★【演習問題 11-1】

もし万有引力が距離の 3 乗に反比例していて、万有引力の位置エネルギーが $-\dfrac{GMm}{r^2}$ という式で表されていたら、(11.20)で計算したような平衡点は存在しえないことを示せ。
→ p313

ヒント → p7w へ　解答 → p22w へ

★【演習問題 11-2】

マイナスの質量の物体があるとする。この物体に対しては、運動方程式 $F = ma$ の m も、万有引力の法則 $F = \dfrac{GMm}{r^2}$ の m も同時にマイナスになるようなものとする。地球上でこの物体はどんな運動をするだろうか？

ヒント → p8w へ　解答 → p22w へ

★【演習問題 11-3】

普通の物体 (質量 m) とマイナス質量の物体 (質量 $-m$) を長さ r の棒 (棒の質量は無視する) で連結し、宇宙空間に放置した。この二つの物体の間には万有斥力が働く。結果としてどのような運動をするだろうか。このような運動は運動量保存やエネルギー保存を満たすか、否か。

ヒント → p8w へ　解答 → p22w へ

★【演習問題 11-4】

地球と月が共通重心の回りを円運動しているとしよう（実際は楕円運動であるが、ここでは簡単のために円運動とする）。人工衛星が地球と月と同じ角速度 ω で地球と月の重心の回りを公転している。

人工衛星→重心へのベクトルを $\vec{r}$、人工衛星→地球へのベクトルを $\vec{r}_1$、人工衛星→月へのベクトルを $\vec{r}_2$ とする。回転座標系で考えると、人工衛星には三つの力

(1) 地球からの万有引力：$\dfrac{GM_1 m}{(r_1)^3}\vec{r}_1$

(2) 月からの万有引力：$\dfrac{GM_2 m}{(r_2)^3}\vec{r}_2$

(3) 遠心力：$-m\omega^2 \vec{r}$

が働く（回転座標系で見て人工衛星は静止しているからコリオリ力の出番はない）。ただし

$$\omega = \sqrt{\dfrac{G(M_1+M_2)}{R^3}}$$ である。

この三つの力（うちひとつは見かけの力）がつりあっていれば、人工衛星はこの位置で静止する。そうなる条件を満たす位置は、地球と月の重心を結ぶ直線上（$\theta = 0$ または π）に三つ、角度 θ が 0 でも π でもない場所に二つある。後者の二つの位置を求めよ。

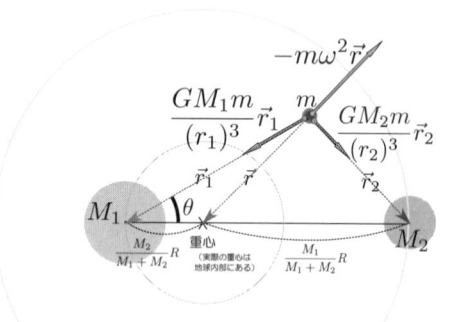

地球静止系での月の運動方程式：$\dfrac{M_1 M_2}{M_1+M_2}R\omega^2 = \dfrac{GM_1 M_2}{R^2}$

11.2 惑星の運動

ヒント：重心は地球と月の間を $M_2 : M_1$ に内分した点なので、以下の式が成り立つ。

$$\vec{r} = \frac{M_1 \vec{r}_1 + M_2 \vec{r}_2}{M_1 + M_2} \quad (11.41)$$

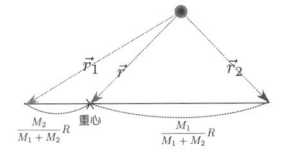

これを使うと、かなり計算が楽になる。

ヒント → p8w へ　解答 → p22w へ

★【演習問題 11-5】

(11.16)に $r = \dfrac{r_0}{1+\epsilon\cos\phi}$ を代入し積分したい。この時は ϕ ではなく、以下で定義される変数 α を使うとよい[22]。

$$x = \frac{r_0 \cos\phi}{1+\epsilon\cos\phi} = a\cos\alpha - a\epsilon,$$
$$y = \frac{r_0 \sin\phi}{1+\epsilon\cos\phi} = b\sin\alpha \quad (11.42)$$

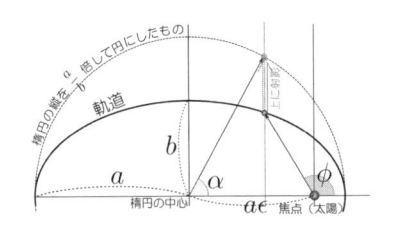

微分方程式を α と t の式に直して解いて、以下を示せ。

$$\alpha - \epsilon\sin\alpha = \frac{L}{\mu ab}t + C \quad (C\text{ は積分定数}) \quad (11.43)$$

ヒント → p8w へ　解答 → p23w へ

★【演習問題 11-6】

地球上では（空気抵抗などを無視すれば）物体はすべて同じ加速度で落下する、と 4.5.1 節で考えた（ガリレイの落体の法則）。では、図のような二つの場合で、物体 A と物体 B が地上に落下する（地球表面に達する時間）は同じであろうか？—物体 A と物体 B は質量が違うだけで、半径などの形状には全く違いがない。どちらも中心距離 r ですべての物体が静止した状態から運動を開始するものとする。

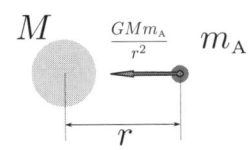

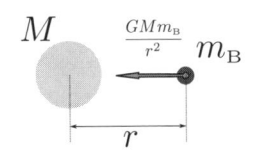

上の図を見て単純に

$$\frac{GMm_A}{r^2} = m_A \frac{d^2 r}{dt^2}$$

のように考えてしまうと、同じ加速度で同じ時間、と考えてしまうが、実は（ほんの少しだけだが）落下までの時間に違いが生じる。その理由は何だろうか？

ヒント → p9w へ　解答 → p23w へ

---

[22] α は図に描いたように、実際の惑星の位置を「楕円を縦に引き伸ばして円にしたもの」へと射影した点の位置を示す角で、「離心近点角」と呼ばれる。E という文字が使われていることが多いが、ここではエネルギーとかぶるので α にした。

おわりに

　「よくわかる初等力学」というタイトルで、力学の初歩を勉強する人の助けとなる本を書こう、という目標でこの本を書いてきた。読者のお役に立てたであろうか。
　「はじめに」で「力学をなめてはいけない」と書いたのだが、著者がそのことを実感したのは、力学を教える立場になってからである。高校生相手の塾講師をしていて、ある時仕事の計算方法を間違えて教えてしまった。その間違え方はまさにこの本で何度もやってはいけないと指摘した「言葉に引きずられる」であった。後で「自分はなんと皮相的な理解をしていたのか」と反省することになった。力学をなめては、絶対いけない——と書いた理由はなんのことはない、自分自身が、痛い経験を何度もしたからである。
　結局のところ何かを本当に理解するには、それだけの経験（痛いのやらうれしいのやらいろいろ）が必要である。こういう本が書けたのは、素直な心で物理を勉強し「素朴な疑問」（いくつかは本書のFAQやクイズに活かされている）をぶつけることで著者の経験値を増やしてくれた琉球大学の学生さん、そして塾や予備校で教えていた時の生徒さんたちのおかげだと思っている——楽しかったその日々に、感謝を贈るとともに、読者の皆さんにも、力学を楽しむ機会が訪れてくれることを期待する。

付録 A

物理で使う、微分と積分

微分は高等学校で学習するのだが、「微積分を使って物理をする」ところまでは高校ではやらないこともあってか、大学初年度の学生さんには「え、微積分って物理で使うんですか？」と不思議がるという反応を示す人もいる。しかし微積分は物理でも、いや物理においてこそ、非常に有効である。そこでこの章では、微分と積分を「物理で使うという立場で」[†1]説明しておくことにする。

A.1 微分とは何か？

A.1.1 その前に、関数とは何か？

ここで微分というものが何なのかを説明したいが、そのまえに「関数」とは何なのかをもう一度復習しておく。

関数 $y=f(x)$ と書く時、その意味は「x という数を1個決めると、それに応じて y という数が1個決まる。決めるルールを表すのが $f(\ )$ という記号である[†2]」である。

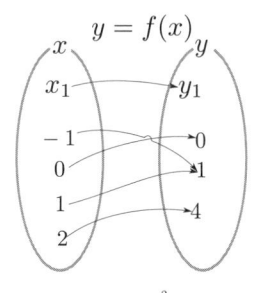

この図は、$y=x^2$ の場合

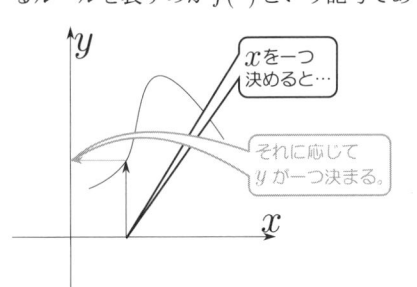

関数 $f(\ )$ の括弧の中には、x 以外の文字や数字が入ってもよい。ただし、入れることができない数の範囲などがある場合もある[†3]。$f(\ )$ の中に入れることができる数の範囲を「関数 f の**定義域**」と呼び、結果として出てくる $f(x)$ の範囲を「関数 f の**値域**」と呼ぶ。

物理で使う関数の多くは、定義域も値域も実数であることが多いであろう。

[†1] それゆえ数学に堪能な人には食い足りないかもしれない。
[†2] 英語で function なので $f(x)$ という記号がよく使われる。ちなみに英語の「function」はもともとは「機能、働き、作用…」という意味であり、働く相手が「数」とは限らない。「関数」と訳されているからといって、「数」専用のように思い違いをしないように。
[†3] 例えば、$f(x)=\sqrt{x}$ の x に負の数を入れてはいけない（実数の範囲で考えているならば）。

連続†4な関数 $y = f(x)$ は、(x, y) 平面の上で（太さのない）1本の線で表現される。右の図のように、線（グラフ）を書くことで「x を一つ決めれば y が一つ決まるというルール（関数）」を表現できる。

ただし、関数の定義から、同じ x に対して二つ以上の y が決まってはいけないので、この線は右のような、「同じ x 座標に対して二つ y 座標があるような線」になってはならない†5。一方、「同じ y 座標に対して二つ x 座標があるような線」であることには問題はない（$y = x^2$ は、$x = \pm a$ に対して $y = a^2$ となるから、2対1対応であるが、りっぱな関数である）。

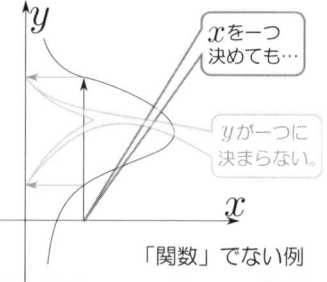

この本で（というか力学全般で）一番よく出てくる関数は $x(t)$、すなわち「時刻 t と、物体の位置座標 x」の関係である。時刻を決めれば位置は一つ決まるから、$x(t)$ はもちろん関数である。3次元の運動なら時刻 t を決めると $x(t), y(t), z(t)$ の三つが決まる（まとめて $\vec{x}(t)$ と書いてもよい）。これも「時刻→3次元の位置」†6 という「関数」である。

A.1.2 微分とは「変化と変化の割合」である

グラフの線を使って「関数」を考えて、その中で「微分とは何か」を考えていこう。「x を決めれば y が一つ決まる」というのが「$y = f(x)$」という式が表現することであった。よって x を変化させると、それに応じて一般に y も変化する†7。

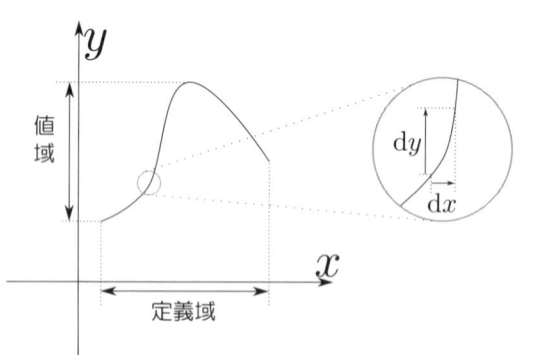

変化量を、図に描いたように $\mathrm{d}x, \mathrm{d}y$ などと、元の変数の記号 x, y に d をつけて表す。これは「$\mathrm{d} \times x$」のような掛け算をしているのではないことに注意しよう。「x の微小変化量」と書くのはたいへんなので、短縮形として「$\mathrm{d}x$」と書いている。x の微小変化と y の微小変化を $\dfrac{\mathrm{d}y}{\mathrm{d}x}$ と割り算して計算したものが微分

---

†4 物理では連続でない関数はほとんど出てこない。この章の説明でも関数は連続だとして考える。このあたりの厳密な話は数学の教科書を見てほしい。
†5 実際に問題を解いていくと、そうでない線も現れることがある。
†6 「数→数」だけではなく「数→ベクトル」のような場合でも「関数」と呼ぶ。
†7 運悪く（運良く？）変化しない場合もあるかもしれないが、変化する場合が多い。ここでつけている「一般に」という言葉は「変化しない場合は『変化量が0だった場合』として変化した場合に含む」という意味。

である、というのが「おおまかな説明」である[†8]。

しかし、これでは「定義」にはなっていない。「『微小』とはいったいいくつなのか？」という点をちっとも明確にしていないからである。ちゃんとした定義にするためには「極限操作」を使う。つまり「dxをどんどん0に近づけていく（連動して、dyも0に近づいていくことはもちろんである[†9]）時、$\dfrac{dy}{dx}$がどういう値に収束するか」と考える。

【補足】✦✦✦✦✦✦✦✦✦✦✦✦✦✦✦✦✦✦✦✦✦✦✦✦✦✦✦✦✦✦✦✦✦✦✦✦✦

結局のところ微分というのは$\dfrac{dy}{dx}$という分数の分子dyも分母dxも0に近づけるものである。「0で割り算するなかれ」と数学（算数？）で教わる為、微分を非常に気持ち悪く感じる人は多い。ニュートンやライプニッツが微分を発明した時、バークレー僧正など当時の他の学者からも「無限小量なんてものは意味がない！」という批判を受けている。この点は後の数学の発展（特に「極限」の概念の発展）のおかげで問題ではなくなる。

この本では（数学的に厳密ではないが）「無限小の変化dx」という考え方で説明をしていこうと思う。よって、この本でdxとかdtのようにdのついた量は、すべて「微小な変化」を表現する量である。

✦✦✦✦✦✦✦✦✦✦✦✦✦✦✦✦✦✦✦✦✦✦✦✦✦✦✦✦✦✦✦✦✦✦✦✦✦ 【補足終わり】

A.2　具体的な微分の計算

A.2.1　微分の計算の例

$y = x^2$という、単純な関数の場合で微分という計算をみてみよう。xが$x \to x + dx$と変化した時、yも$y \to y + dy$と変化するのだが、x, yは$y = x^2$という関係式を満たしながら変化するのだから、変化後も

$$\underbrace{y + dy}_{\text{変化後の}y} = \underbrace{(x + dx)}_{\text{変化後の}x}{}^2 = x^2 + 2x\,dx + (dx)^2 \tag{A.1}$$

という式が成立する。この式と、元の式$y = x^2$で辺々の引き算を行なう。

$$\begin{array}{rl} y + dy =& x^2 + 2x\,dx + (dx)^2 \\ -)\quad y =& x^2 \\ \hline dy =& 2x\,dx + (dx)^2 \end{array} \tag{A.2}$$

[†8] この$\dfrac{dy}{dx}$は「でぃーわいでぃーえっくす」と読む。分数のようなものではあるが、「でぃーえっくすぶんのでぃーわい」とは読まない。

[†9] 「もちろん」なのは、今連続な関数に限って考えているからであるが、不連続な点を含む関数については「不連続な点では微分不可能です」とあきらめる。

この段階で $dx \to 0$ にすると、

$$\underbrace{dy}_{\to 0} = \underbrace{2x\,dx}_{\to 0} + \underbrace{(dx)^2}_{\to 0} \tag{A.3}$$

となって $0 = 0$ という「当たり前すぎてつまんない式」[†10]ができる。しかし、両辺を dx で割ると、

$$\frac{dy}{dx} = 2x + dx \tag{A.4}$$

となり、この式には $dx \to 0$ にしても残る有益な情報が含まれている。

$dx \to 0$ という極限を取ることで、

$$\frac{dy}{dx} = 2x \tag{A.5}$$

という情報が引き出せる[†11]。(A.2) の段階で、「dx というのは $dx \to 0$ という極限を
$\to\text{p325}$
取られることを運命づけられている量であることを考えると、右辺第二項の $(dx)^2$ をこれ以上計算する必要はない」と考えて

$$dy = 2x\,dx + \cancel{(dx)^2} \tag{A.6}$$

として $\dfrac{dy}{dx} = 2x$ を出してもよい。というより慣れてきたらそうするべきである。$y = x^2$ という式を見て、「両辺を微小変化させると $dy = 2x\,dx$ になる」と判断すればよい。

【FAQ】 $2x\,dx$ も $(dx)^2$ も、$dx \to 0$ とすれば0になるのは同じである。この時 $(dx)^2$ の方だけを消す理由はなにか？

....

$2x\,dx$ と $(dx)^2$ を比較して、「$(dx)^2$ の方が速く0になる」という判断で消す。具体的には dx の次数を考える。$2x\,dx$ は dx の1次、$(dx)^2$ は dx の2次である。(A.4) のような形が最後に出てくることを考えると、dx の次数が1次の量と2次の量があれば、1次の量 ((A.4) の段階では0次の量になっている) だけが最後に残り、2次の量 ((A.4) の段階では1次の量) は消していい。あくまで「小さい物＋もっと小さい物」という形になっている時に「もっと小さい物」の方を消す。このようにして消される量は「高次の微小量」と呼ばれる。

[†10] 「当たり前すぎてつまんない」時、物理屋は「トリヴィアル (trivial) だ」と言う。間違っているのではないが、何の情報もない。

[†11] ここで (A.5) の左辺がいわば「$0 \div 0$ を計算している」部分である。しかし、$\dfrac{dy}{dx}$ は「dy と dx の割合」を意味しているのであり、その量は $dx \to 0, dy \to 0$ となっても0にならない。

A.2 具体的な微分の計算

このような時、「dx と $(dx)^2$ はオーダーが違う」という言い方をする。オーダーは「桁」を意味する英語である。イメージとして、$x=1$ として、dx の値を $0.1, 0.01, 0.001, \cdots$ とどんどん小さくしていった場合を考えると、

dx	$(x+dx)^2$	$2x\,dx$	$(dx)^2$
0.1	1.21	0.2	0.01
0.01	1.0201	0.02	0.0001
0.001	1.002001	0.002	0.000001
0.0001	1.00020001	0.0002	0.00000001
$\vdots$			

のような表が書ける。$2x\,dx$ も $(dx)^2$ も桁が小さくなっていくが、$(dx)^2$ の方が（桁違いに！）小さいということがわかる。これが「オーダーが違う」という意味である。

$2x\,dx$ は「dx の 1 次のオーダー」、$(dx)^2$ は「dx の 2 次のオーダー」という言い方をする。明確な定義としては「$(dx)^n$ で割ってから $dx \to 0$ という極限を取った時、有限の値が残る項」を「オーダー n 次の項」と呼ぶ。

オーダーが高いほど小さいので、次数が一番低いオーダー（今は 1 次）の量だけを考えておけばよい。2 次が一番低いオーダーの時は 2 次を残して 3 次以上を無視する。何がなんでも 2 次を無視するのではははく、「考えている中でもっとも低いオーダーのみを残す」というルールで考えるべきである。

よく使われる $\mathcal{O}$ という記号について説明しておこう。

今ある数が $dx \to 0$ において 0 にならないとすると、これは $\mathcal{O}(1)$（読み方は「おーだーいち」）と言う。

またある数が $dx \to 0$ で 0 になるが、dx で割ってから $dx \to 0$ にすると 0 でない有限になるとき、この量は $\mathcal{O}(dx)$（読み方は「おーだーでぃーえっくす」）だ、と言う。同様に、dx^{n-1} で割ってから $dx \to 0$ の極限を取ると 0 だが、dx^n で割ってから $dx \to 0$ の極限を取ると 0 でないとき、$\mathcal{O}(dx^n)$（読み方は「おーだーでぃーえっくすのえぬじょう」）だ、という。

なお、物理で使う微分の形としては、

$$f(x+dx) = f(x) + \frac{df}{dx}(x)\,dx \underbrace{+\mathcal{O}(dx^2)}_{\text{省略されることも多い}} \tag{A.7}$$

という形もよく使われる。このような形で書くと、$\frac{df}{dx}(x)$ の部分は「$f(x)$ の中の x が dx 変化した時に、$f(x)$ の方がどれだけ増加するかを表す量 $\left(\frac{df}{dx}(x)\,dx\right)$ の、dx の前の係数」であると言える。よって $\frac{df}{dx}(x)$ を「**微係数**」と呼ぶこともある。

ところで「**微分する**」という言葉は以下の二つの意味で使われるので、注意が必要である。

- 式 $y=x^2$ から、その微小変化の式 $dy=2x\,dx$ を作る（「$y=x^2$ の両辺を微分すると、$dy=2x\,dx$」）。
- 関数 $y=x^2$ から、y の微係数 $\dfrac{dy}{dx}=2x$ という式を作る（「x^2 を x で微分すると $2x$」）。

下の意味の「微分する」は「導関数を求める」という言い方をすることもある。その時は「どの変数で微分するか」を指定する。

A.2.2 図で表現する「極限」

以上をグラフで表現すると右の図のようになる。この図では、$x=1, dx=0.5$ として描いた。この図を見ると、$(dx)^2$ という「無視した部分」の意味が見えてくる。$x=1$ の場所では接線が傾き2である。その傾きのまま直線を描いて $dx=0.5$ 進んだとすると[†12]、その直線が到着する場所は $y=x^2$ が到着する場所に比べ、$(dx)^2$ だけ下に行っていることになる。$dx\to 0$ の極限を取るときこの部分 $(dx)^2$ は無視される。

つまり、最終的に計算したいのはある場所（図で言えば $x=1$ の場所）での変化の様子がそのまま変わらなかったとしたら x の変化量と y の変化量の間にどういう関係があるか、ということである（後で線が「曲がった」ことによる効果は気にしない）。

図を拡大して、$dx=0.2$ にしたのが右の図である。拡大したことで、$y=x^2$ のグラフが、より「傾き2の直線」に近づいている。

こうして拡大をどんどん続けていけば、$y=x^2$ のグラフと「傾き2の直線」

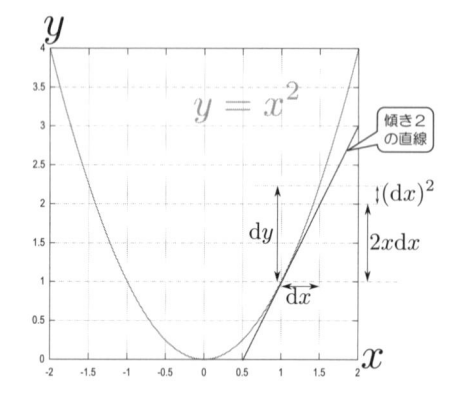

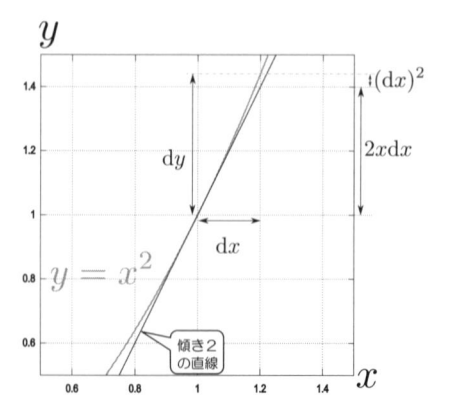

[†12] あくまで「とすると」という仮定の話。「本当の dx」は0にする極限を取るのだから、0.5にはできない。

はほぼ一致する。この「拡大する」という操作は「dx を 0 に近づける」という操作なのだと思ってもらえばよい。

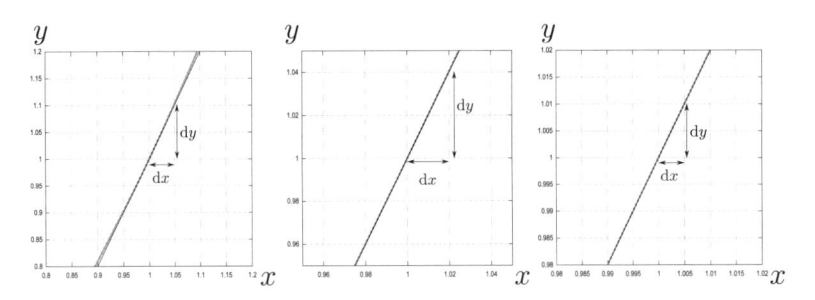

そうすることで、$(dx)^2$ の項がどんどん「関係ない」項になっていく（グラフの曲がりが無視できるようにになっていく）。そして、$dy = 2x\,dx$ が成り立つようになっていく[†13]。

$y = x^3$ について同様の計算をすると、

$$\begin{array}{r} y + dy = (x + dx)^3 \\ -)\quad y = x^3 \\ \hline dy = 3x^2\,dx + 3x(dx)^2 + (dx)^3 \end{array} \quad (A.8)$$

という計算から、

$$\frac{dy}{dx} = 3x^2 \quad (A.9)$$

となる。ここでは $(dx)^2$ に比例する項も、$(dx)^3$ に比例する項も消している。

------練習問題------

【問い A-1】 $y = x^4$ の微分を計算してみよ。　　ヒント → p385 へ　解答 → p399 へ
【問い A-2】 $y = x^n$ （n は自然数）ならどうか。　ヒント → p385 へ　解答 → p399 へ

A.2.3　関数の近似とテーラー展開

前節で考えたように、微分というのはいろんな関数 $y = f(x)$ を「拡大してみれば直線 $y = ax + b$ のようなものだ」と大まかな近似として表した時の傾き a である、と言える。もう少し一般的に書けば、

$$f(x) \simeq f(x_0) + \frac{d}{dx}f(x_0)(x - x_0) \quad (A.10)$$

[†13] このグラフを見ているとわかるように「接線を引いて傾きを求める」という操作で微分を定義することもできる。その考え方では dx や dy は「無限に小さくする」という意味ではなく、「接線の上での座標」という意味になる。しかし物理では「微小な変化 dx を考えて」というふうにして問題を解くことが多いので、この本では dx や dy は「無限に小さい変化量」として考えるという立場で説明する。

ということになる[†14]（$x-x_0$ のところが dx に対応すると思えばよい）。この式は $x=x_0$ を代入すると $f(x_0) = f(x_0)$ となって成り立つし、x で微分してから $x=x_0$ を代入しても成り立つ。しかしこれだと、x で二階微分すると等式は成り立たない（右辺は0になってしまうが左辺はそうとは限らない）。二階微分が等しくなるためには、

$$f(x) \simeq f(x_0) + \frac{df}{dx}(x_0)(x-x_0) + \frac{1}{2}\frac{d^2}{dx^2}f(x_0)(x-x_0)^2 \tag{A.11}$$

とすればよい（$\sin x$ を例にして、直線から始めて関数をどんどん正しい関数に近づけていく様子が、276ページの図にある）。関数の値（零階微分）と一階微分、二階微分が一致するのだから、より本当の関数に近づいている。この要領でどんどん右辺を左辺に近づけていく（次に右辺に足すのは $\frac{1}{3 \times 2}\frac{d^3}{dx^3}f(x_0)(x-x_0)^3$ である）と考えると、

$$f(x) = \sum_{n=0}^{\infty} \frac{1}{n!}\frac{d^n}{dx^n}f(x_0)(x-x_0)^n \quad n! \equiv n(n-1)(n-2)\cdots \times 3 \times 2 \times 1 \tag{A.12}$$

とすればよい。この展開を「**テーラー展開**」と呼ぶ[†15]。

A.2.4　いろいろな関数の微分

次に $y = \dfrac{1}{x}$ を微分してみよう。

$$dy = \frac{1}{x+dx} - \frac{1}{x} \tag{A.13}$$

という式が出てくる。右辺第一項の分母 $x+dx$ を見て「x という dx の0次式に dx の1次式が足されているから、1次の項は消していい」と判断してしまうと、

$$dy = \frac{1}{x+\cancel{dx}} - \frac{1}{x} = 0 \tag{A.14}$$

となってしまう。これは何がまずかったかというと、消す時に「x という dx の0次があるから」と判断したのが間違いである。この0次の部分は第二項の $-\dfrac{1}{x}$ によって消される運命にあるのだから、「0次がある」と考えてはいけなかったのである[†16]。

[†14] この $\dfrac{d}{dx}f(x_0)$ は「関数 $f(x)$ を x で微分した後に x に x_0 を代入したもの」という意味である（先に代入してしまったら微分すると0である）。すでに代入が終わっているので、この後 x で微分すると0になる。釈然としない人がいるかもしれないが、これはそういう書き方をするのが（式を簡単に書くための）決め事なのだと思ってほしい。

[†15] 右辺の級数和がほんとうに左辺と一致するのか、というのはこの本では証明なしに認めることにする（実際には滅多に出てこないが反例がある）。

[†16] こういう失敗をした時は「ああしまった消しちゃいけなかったんだ」と反省した後、何食わぬ顔で (A.13) まで戻り、さも最初からわかっていたように「この dx は消してはいけない」と言えばよい。

ではどうすればよいかというと、(A.13) に戻って通分する。

$$\mathrm{d}y = \frac{x - (x + \mathrm{d}x)}{x(x + \mathrm{d}x)} = -\frac{\mathrm{d}x}{x(x + \mathrm{d}x)} \tag{A.15}$$

こうしておいて両辺を $\mathrm{d}x$ で割って、

$$\frac{\mathrm{d}y}{\mathrm{d}x} = -\frac{1}{x(x + \mathrm{d}x)} \tag{A.16}$$

とすれば、今度は安心して $\mathrm{d}x \to 0$ とできて、

$$\frac{\mathrm{d}y}{\mathrm{d}x} = -\frac{1}{x^2} \tag{A.17}$$

となる。約分だ通分だとめんどくさい、と思う人には、まず $xy = 1$ に変形してから、

$$\begin{aligned}
(x + \mathrm{d}x)(y + \mathrm{d}y) &= 1 \\
\underbrace{xy}_{1} + x\,\mathrm{d}y + y\,\mathrm{d}x + \cancel{\mathrm{d}x\,\mathrm{d}y} &= 1 \\
x\frac{\mathrm{d}y}{\mathrm{d}x} + y &= 0 \\
\frac{\mathrm{d}y}{\mathrm{d}x} &= -\frac{y}{x} = -\frac{1}{x^2}
\end{aligned} \tag{A.18}$$

という計算法もある(2行めでは $\mathrm{d}x\,\mathrm{d}y$ が微小量の2次だから高次の微小量であるとして消した)。

ここで重要な注意を一つ。この場合、グラフを見るとわかるように x が増加すると y は減少する。しかしここで気を利かせたつもりで「y は $y \to y - \mathrm{d}y$ と変化する」などとやってはいけない。

というのは、$\mathrm{d}x$ や $\mathrm{d}y$ の定義は「変化」であるから、「増えたか減ったか」も含まれている。もし y が減少しているのなら、その時は $\mathrm{d}y < 0$ である。よって、負である $\mathrm{d}y$ を引いてしまうのは余計なお世話であり、$y \to y + \mathrm{d}y$ としなくてはいけない(余計なお世話をしなくてもちゃんと $\dfrac{\mathrm{d}y}{\mathrm{d}x} = -\dfrac{1}{x^2}$ という答えが出て、$\mathrm{d}x > 0$ の時 $\mathrm{d}y < 0$ になっているので心配はいらない)。

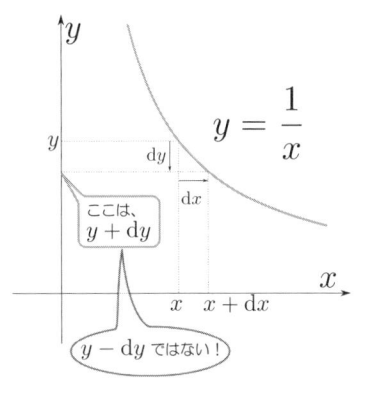

グラフ中:
$y = \dfrac{1}{x}$
ここは、$y + \mathrm{d}y$
$y - \mathrm{d}y$ ではない!
$x \quad x + \mathrm{d}x$

- 練習問題 -

【問い A-3】 $y = \dfrac{1}{x^2}$ を微分せよ。　　　ヒント → p385 へ　解答 → p399 へ

【問い A-4】 $y = \sqrt{x}$ を微分せよ。　　　　ヒント → p385 へ　解答 → p399 へ

三角関数の微分については、下のように図で考える方がよい。

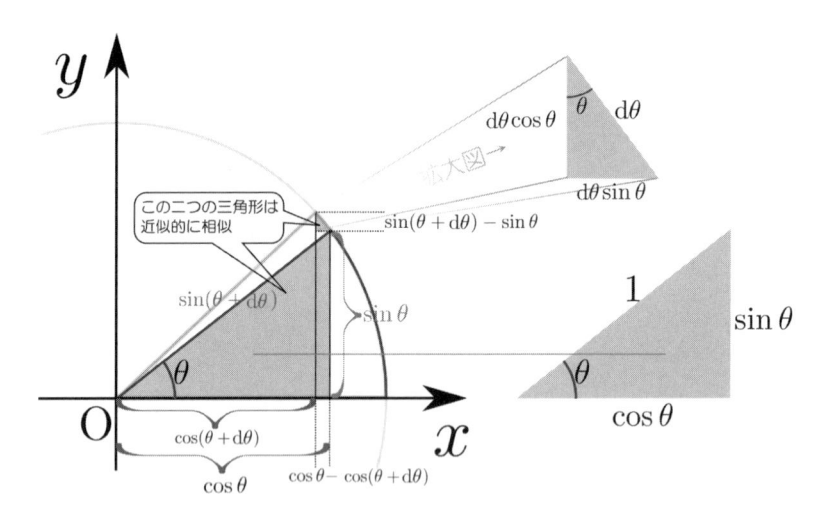

これは斜辺の長さが1の直角三角形の斜辺と底辺のなす角を $\theta \to \theta + \mathrm{d}\theta$ と変化させた時にどのように高さ（$\sin\theta$）と底辺（$\cos\theta$）が変化するかを表した図である。図で微小角度$\mathrm{d}\theta$のところにできている小さな（近似的）直角三角形三角形は斜辺が$\mathrm{d}\theta$になっていて、もともとの直角三角形と相似である。ここで「（近似的）直角三角形」は実際には直角三角形ではないではないか、という点が気になるかもしれないが、その差は $\mathcal{O}(\mathrm{d}\theta^2)$ になるので今（$\mathrm{d}\theta$の1次を考えている状況）では気にしなくてよい。

図より、

$$\sin(\theta + \mathrm{d}\theta) - \sin\theta = \mathrm{d}\theta\cos\theta, \quad \cos\theta - \cos(\theta + \mathrm{d}\theta) = \mathrm{d}\theta\sin\theta \tag{A.19}$$

がわかる。これは

$$\frac{\mathrm{d}}{\mathrm{d}\theta}\sin\theta = \cos\theta, \quad \frac{\mathrm{d}}{\mathrm{d}\theta}\cos\theta = -\sin\theta \tag{A.20}$$

ということである。

---------------------------- 練習問題 ----------------------------

【問い A-5】 同様に図を描いて、$\dfrac{\mathrm{d}}{\mathrm{d}\theta}\tan\theta = \dfrac{1}{\cos^2\theta}$ を確認せよ。

ヒント → p385 へ　　解答 → p400 へ

他に物理で登場する関数としては指数関数e^xと対数関数$\log x$がある。指数関数は

$$\frac{\mathrm{d}}{\mathrm{d}x}f(x) = f(x) \tag{A.21}$$

(つまり「微分しても元と変わらない関数」)という式と$f(0)=1$を満たすもの[17]であり、

$$e^x = \sum_{n=0}^{\infty} \frac{x^n}{n!} \tag{A.22}$$

のように級数展開で書ける。$\log x$はその逆関数で、$y = \log x$ならば$x = e^y$である。

------練習問題------

【問い A-6】 (A.22) が (A.21) の解になっていることを確認せよ。

ヒント → p385 へ　　解答 → p400 へ

【問い A-7】 $\dfrac{d}{dx} \log x = \dfrac{1}{x}$ を導け。

ヒント → p385 へ　　解答 → p400 へ

A.3　いくつかの有用な微分の式

ライプニッツ則

$$\frac{d}{dx}(f(x)g(x)) = \frac{df}{dx}(x)g(x) + f(x)\frac{dg}{dx}(x) \tag{A.23}$$

という法則がよく使われる。これは左辺が

$$\left(f(x) + \frac{df}{dx}(x)\,dx\right)\left(g(x) + \frac{dg}{dx}(x)\,dx\right) - f(x)g(x) \tag{A.24}$$

と書けるということを使ってじっくり計算していけば示すことができる。

合成関数の微分

gがfの関数であり、fがxの関数である(つまりxを一つ決めるとfが決まり、fが決まればgが決まる、という連鎖がある)時、g(ちゃんと書くと$g(f(x))$)をxで微分すると、

$$\frac{d}{dx}g(f(x)) = \frac{dg}{df}\frac{df}{dx} \tag{A.25}$$

となる。$\dfrac{dg}{df}\dfrac{df}{dx} = \dfrac{dg}{dx}$ という約分をやっているような計算となっている。

$$g(f + df) = g(f) + \frac{dg}{df}(f)\,df \tag{A.26}$$

と

$$f(x + dx) = f(x) + \frac{df}{dx}(x)\,dx \tag{A.27}$$

---

[17] 指数関数の定義の仕方は他にもいろいろある。$e^x = \lim_{n \to \infty}\left(1 + \dfrac{x}{n}\right)^n$ というのも大事な定義である。

を組み合わせて考えると証明できる。

他によく使われる式を書いておく。

$$\frac{d}{dx}\left(\frac{1}{f(x)}\right) = -\frac{1}{(f(x))^2}\frac{df}{dx}(x) \tag{A.28}$$

$$\frac{d}{dx}e^{f(x)} = \frac{df}{dx}(x)e^{f(x)} \tag{A.29}$$

$$\frac{d}{dx}\log f(x) = \frac{\frac{df}{dx}(x)}{f(x)} \tag{A.30}$$

A.4 計算せずに解く、微分方程式

微分方程式は、名前の通り「微分を含む方程式」で、関数 $f(x)$ とその微分 ($\frac{df}{dx}$ など) の間の関係を定める方程式であり、「微分方程式を解く」とはそのような関係を満足する関数を求めることである。

微分方程式を計算によってどのように解くか、という点については後で説明する。ここでは、簡単な微分方程式を、計算抜きで「解いて」みよう。まずは「何をやっているのか」のイメージをつかんでほしい。
→ p342

まず、

$$\frac{dy}{dx} = \frac{y}{x} \tag{A.31}$$

という式を考えよう (念の為だが、この式は「約分しました」という式ではない)。

この式の示すところは「y の変化量 dy と x の変化量 dx の比が $\frac{y}{x}$ である」ということであるから、図を描いてみる。グラフの適当なところに点を打ち、x が dx 変化した時に y が dy 変化した、と仮想的に考えてみる (この段階では dy と dx は「小さい」以外には何もわからない)。$\frac{dy}{dx} = \frac{y}{x}$ であるが、$\frac{y}{x}$ とは原点から今考えている点まで伸ばした線分の傾きである (あるいは図に描いた直角三角形 $\triangle\text{OPA}$ の $\frac{\text{高さ}}{\text{底辺}}$ である)。$\frac{dy}{dx} = \frac{y}{x}$ は、$\triangle\text{OPA}$ と $\triangle\text{PQR}$ が相似だということに他ならない。

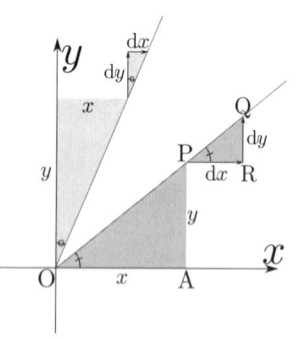

あなたが点 P だとすると、$\frac{dy}{dx} = ?$ という式はあなたという点がどちらに進むべきかを決める式であるが、$\frac{dy}{dx} = \frac{y}{x}$ は「原点から離れろ！(または近づけ！)」という命令なのだと思ってもよい。

ということは、$y = f(x)$ を示す線は、直線 OP を伸ばす方向に伸びていく。これは $y = f(x)$ が原点を通る直線である、ということを意味している。

よってこの微分方程式の解は、

$$y = ax \quad (a \text{は任意の定数}) \tag{A.32}$$

であることが計算しなくてもわかる（実は、計算で求める方がずっと難しい）。逆にこの式の両辺を微分すれば、元の式に戻ることは確認できる。

もう一つ、

$$\frac{dy}{dx} = -\frac{x}{y} \tag{A.33}$$

を考えてみよう。今度は右のように図が描ける。これは微小変化によって進む向きが、常にOPと垂直だ、ということを意味している。よって答えは下に描いたような円である。

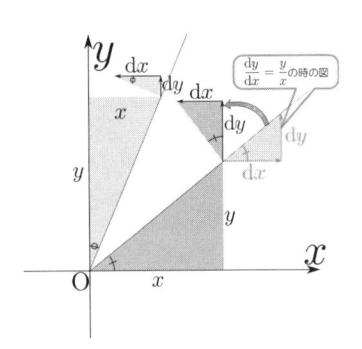

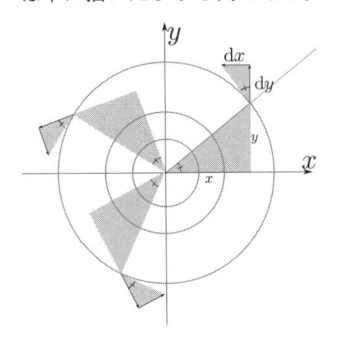

逆に、円の方程式 $x^2 + y^2 = R^2$ を微分すれば、

$$2x\,dx + 2y\,dy = 0 \tag{A.34}$$

という式になるが、これは確かに $\dfrac{dy}{dx} = -\dfrac{x}{y}$ と同じ式である。

このグラフ（$x^2 + y^2 = R^2$ という円）は、答えが x を一つ決めた時に y が一つ決まる、という形でなくなってしまっていることに注意。この場合は「y は x の関数」とは言えない。微分方程式の解は「x と y の関係」にはなるが「関数」になるとは限らない。一つの x に対して複数の y が存在するような場合でも、微分方程式の解になるからである。

さて、ここでは計算ではない方法で微分方程式を解いた。微分方程式は「微小な変化の相互関係」の式である。微小な変化がわかれば、それを積み重ねることで微小でない（有限の）変化もわかる——というのが「微分方程式を解く」ということである。そこでその「微小な変化を積み重ねる」ということを（今行なったような図による方法ではなく）計算で行なうのが「積分」である。

A.5 積分とは何か

積分は「微分の逆の計算である」という紹介のされかたをすることが多い。確かにそうなのだが、ここでは物理での積分の利用方法に沿った形で積分を導入しよう。

A.5.1 積分の意味

物理における積分という操作の本質は、

> ある物理量の変化量から、その物理量が「今」どれだけあるかを考える。

ということにある。微分が「二つの関連した物理量の変化の割合」であったことの"逆"となる。

ある量 x の微小変化を dx と書いた。x を dx ずつ変化させながら、$f(x)\,dx$ を足していく、という計算が積分である。いわば積分は「足し算の化け物[18]」である。

例えば変化の割合が一定であるような物理量ならば、最初の値（初期値）と単位時間あたりの増加量を知っていれば、現在の値も簡単に計算できる。例えば、

「水がたまっていなかった水槽に、1秒あたり v リットルの水を流し込んだら、t 秒後には何リットルの水がたまっているか？」

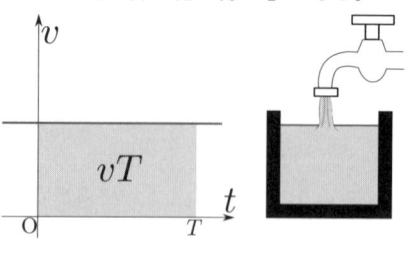

という問題の答は、たまっている水の量を $V(t)$ とすると $V(t) = vt$ と表せる。

これをグラフで表したのが右の図である（実際問題のところ、この程度のことはグラフで表す必要なんてないのだが、後でやる計算との対比のためである）。

次に、単位時間に流れ込む水の量が一定でない場合、水槽に溜まる水をどのように計算すればよいかを考える。例えば蛇口を徐々に開いていき、1秒あたりに流れ込む水の量が下のグラフのように時間的に変化したとする。考えてみると、我々が実際に風呂に水を溜める時でも、いっきに蛇口を開いてしまうことなどできないのだから、「徐々に蛇口が開いていって、流れ込む量が増えてくる」という状況の方が"現実的"である。ここでは、1秒あたりに流れ込む量（これはもちろん、蛇口の開き具合で決まる）を式で表すと $v(t) = at$ だったとしよう。

もちろん、このような場合は「1秒あたりに流れ込む水の量」×「時間」では水槽に溜まる水の量を計算することはできない。そもそも「1秒あたりに流れ込む水の量」が一定ではないからである。

ではこの水の量はどうやって計算するか。積分を知っている人間ならば簡単だが、知らなければ以下のように考える。

「蛇口を徐々に開いていった場合」に近い状況をまず考える。蛇口を「徐々に」開くのではなく、段階的に開く。グラフで表現すれば、図の破線で表されるような過程を踏んで、流れ込む水の量を階段状に変化させる。この場合の水槽に溜まる水の量は、各段階ごとに計算すればよいから、今 $t=0$ から $t=T$ までの間水を入れるのだとすると、T を N 分割して、$\Delta t = \dfrac{T}{N}$ として、

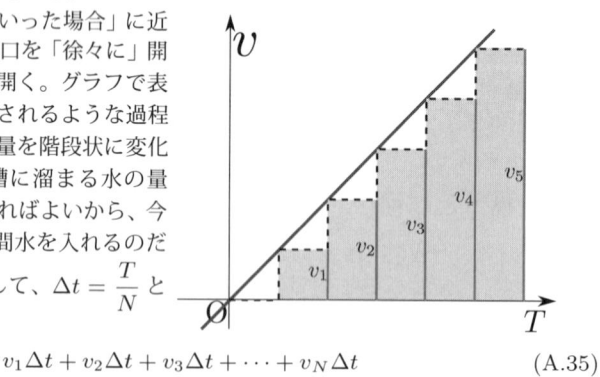

$$v_1 \Delta t + v_2 \Delta t + v_3 \Delta t + \cdots + v_N \Delta t \tag{A.35}$$

---

[18]「化け物」という言葉が妙だというのなら「足し算の進化形」でもいいかもしれない。やっていることは足し算なのだが、足し算よりもずっと高度な計算になっている。

が（破線のように水を入れた場合の）水槽に溜まる水の量である。

------練習問題------

【問い A-8】 (A.35)を級数の和と考えて、和を計算せよ。
→ p336

ヒント → p385 へ　解答 → p400 へ

実線のような水の入れ方と破線のような水の入れ方はもちろん同じではない。実際に計算したいのは実線の方なので、「階段状に流量が増えていく」（破線の状況）を「少しずつ流量が増えていく」（実線の状況）に近づけていくことを考える。そのためには図の Δt、すなわち階段の1段の幅を狭めていけばよい。そうすることで、実線の状況における流量を計算できる。$\Delta t \to 0$ という極限を取るとともに、$N \to \infty$ という極限を一緒に取る（$N\Delta t = T$ は一定に保たれる）。その結果はグラフの面積となる。

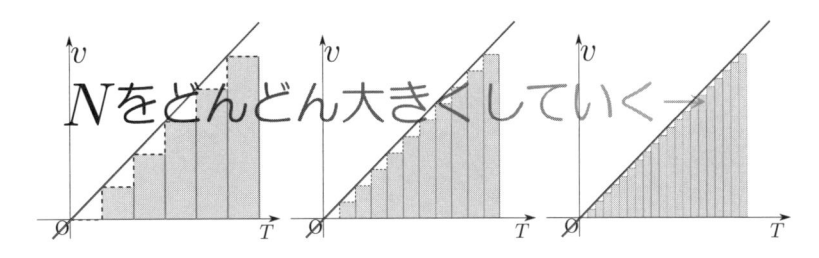

Nをどんどん大きくしていく →

以上のような積分は $\int_0^T V(t)\,\mathrm{d}t$ と書く。つまり、$\int_0^T$ の0とTはtの値を$t = 0$から$t = T$まで変化させながら足し算を行なったよ、ということを意味する。$\int$ は積分記号で、「インテグラル」と読む。

$$\lim_{\substack{\Delta t \to 0 \\ N \to \infty}} \sum_{i=1}^{N} v_i \Delta t = \int_0^T v(t)\,\mathrm{d}t \tag{A.36}$$

となる。$v(t) = at$ のように直線的に増加する場合であれば、この値は

$$\int_0^T v(t)\,\mathrm{d}t = \frac{1}{2} \underbrace{T}_{\text{底辺}} \times \underbrace{aT}_{\text{高さ}} = \frac{1}{2} aT^2 \tag{A.37}$$

となる。

(A.36)の右辺の積分記号を除いた部分である $v(t)\,\mathrm{d}t$ は微小領域の面積 $v_i \Delta t$（の、$\Delta t \to 0$ の極限）を表現したものである。$v(t) \leftrightarrow v_i$ および $\mathrm{d}t \leftrightarrow \Delta t$ という対応があることに注意しよう。単に「tで積分しますよ」ということを示すために $\mathrm{d}t$ をつけているのではない。

記号 $\int$ は「微小な長方形を集めて有限の面積を作りますよ」という足し算を行うこと

の宣言である[19]。そういう意味では $\int \leftrightarrow \sum$ という対応がある。$\int_0^T \mathrm{d}t$ とは「$t=0$ から $t=T$ までの範囲の微小長方形を集めて有限な面積を作りなさい」ということを意味する。

このようにどこからどこまでという範囲を決めた積分を「**定積分**」と言う。

A.5.2　高次の微小量が効かないこと

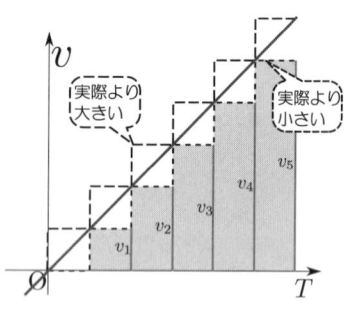

極限がグラフの面積であることをきっちり証明するには、ちゃんとした極限を取って考える（右図のように、「実際よりは水量が多くなる状況」と「実際よりは水量が少なくなる状況」を考えて、極限でこの二つが一致することを示す）[20]。この両極限がちゃんと一致してくれるということは、ここまでの計算で「高次の微小量」（今計算している次数より高い次数の微小量をこう呼ぶ）を無視できた理由でもある。つまり、高次の微小量の部分の計算はこの極限で消滅するので、計算する必要がなかったのである。

A.5.3　積分が微分の「逆」であること

実際に「面積を計算する」という方法で積分を行うのは面倒も多い。しかしここで「微分と積分が互いの逆演算である」ということを知っていると、「$\int f(x)\,\mathrm{d}x$ を求めよ」という問題は「x で微分したら $f(x)$ になるような関数を求めよ」という計算に化ける（面積を計算するより「微分の逆」と考えた方が楽なことが多い）。

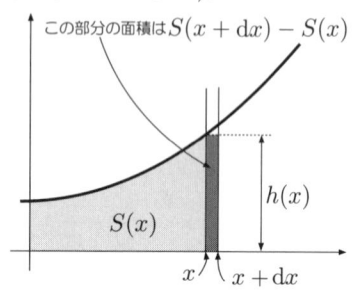

右の図は、$h(x)$ を積分すると $S(x)$ になるということを表現した図である。

式で書けば、$S(x) = \int_0^x h(x')\,\mathrm{d}x'$ である。あるいは、

$$S(x) = \int_0^x h(t)\,\mathrm{d}t$$

などと積分する文字を変えてもかまわない。x' や t は「積分変数」と呼ばれるが、これはどんな文字を使って書いても積分の結果は変わらない。実際には x' や t には 0 から x ま

---

[19] 積分を $\int f(x)\,\mathrm{d}x$ と書く場合と $\int \mathrm{d}x\,f(x)$ と書く場合があるが、これはどっちでもかまわない。後者の書き方では $\int \mathrm{d}x\,ABCD$ などと書いてある時、「どこまでの関数を積分するのか？」が不明瞭になるが、そこは文脈で判断する (特に文脈がなければ $ABCD$ 全部を積分する)。

[20] 極限が一致しないような場合は積分が定義できないが、そんな無茶苦茶な関数は物理ではまず出てこない。

A.5 積分とは何か

での値が順々に代入されて長方形の足し算が行なわれるので、その「0からTまでの値が代入されていく変数」にどんな文字が使ってあっても関係ないのである。

$S(x)$ は積分範囲の上端の関数であり、積分の変数である t の関数ではないことに注意せよ。x を変化させると $S(x)$ が変化する。

ここで上の図をもう一度よく見ると、$h(x)$ は

$$h(x) = \frac{S(x + dx) - S(x)}{dx} \tag{A.38}$$

という形で書けている。これは「$S(x)$ を x で微分すると $h(x)$ になる」という式そのものであるから、「**微分は積分の逆の演算である**」である。

微分を「グラフの傾き」、積分を「グラフの面積」と認識していると「なぜこの二つが逆の計算なのか？」という気分になるが、「微小な変化の割合を求める」という計算（微分）と、「変化していく量を足し算する」という計算（積分）なのだと考えれば、互いに逆の計算だということも納得しやすい。

ここでは0に固定したから考慮に入れなかったが、下端を変化させても定積分の値は変化する。

$F(a) = \int_c^a f(x) dx$ と定義すると、

$$\int_a^b f(x) dx = F(b) - F(a) \tag{A.39}$$

と書ける。微分した結果を「導関数」と呼んだのとは逆に、$F(a) = \int_c^a f(x) dx$ を「**原始関数**」と呼ぶ。その意味は、「$F(a)$ は微分すると $f(a)$ になる（積分する前の関数に戻る）」[21]である。

原始関数は「a で微分すると $f(a)$ になる」ということが定義であるので、下端 c は何でもよい。つまり原始関数は一つには決まらないが、(A.39)式にはその不定性は関係ないので問題ない。

こうして「微分したらこうなる関数を探す」という方法で積分を行なうことができる。例えば、$\frac{d}{dx}(x^2) = 2x$ だから、x の原始関数は $\frac{1}{2}x^2 + C$ である。$\frac{d}{d\theta}\sin\theta = \cos\theta$ だから、$\cos\theta$ の原始関数は $\sin\theta + C$ である。

ここで積分結果には $+C$（C は任意の定数）がついているのは上で書いたように下端が決まっていないからだが、「微分して○○になる関数」という形で積分を定義すると、必然的にこの定数（**積分定数**）がつく。

原始関数を求める操作のことを「不定積分」と言う。「不定」と呼ぶ理由は、「積分定数の分決まらない」あるいは「下端が決まってない」ということである。これに対して、上で考えたような「グラフの面積」という意味あいを持つ積分は「定積分」と言う

---

[21] これを、$\frac{d}{da}\int_b^a f(x) dx = f(a)$ と書いてもよい。下端で微分する時は $\frac{d}{db}\int_b^a f(x) dx = -f(b)$ になることに注意。

（定積分の値はもちろん一つに決まる）。不定積分は積分範囲を書かずに、$\int f(x)\,dx$ のように書く。$\int x\,dx = \frac{1}{2}x^2 + C, \int \cos\theta\,d\theta = \sin\theta + C$ である。

定積分と不定積分の関係をまとめると、

- 不定積分の結果は一つに決まらないが、定積分の値は一つに決まる。
- 定積分は不定積分（原始関数）の差として計算できる（$\int_a^b f(x)\,dx = F(b) - F(a)$）。
- 定積分の下端を決めないのが不定積分だと考えることもできる（$F(a) = \int_c^a f(x)\,dx$）。

となる。

実際に定積分を行う際は「微分の逆」を考えて不定積分をして原始関数を求め、上端と下端での原始関数の差で定積分を求めることが多い。

例えば、x^n（ただし、n は -1 ではない実数）の積分は $\frac{x^{n+1}}{n+1}$ になる。式で書くと、

$$\int x^n\,dx = \frac{x^{n+1}}{n+1} + C \quad (C は積分定数) \qquad のように。$$

$n = -1$ すなわち $\frac{1}{x}$ の時だけは単純ではないが、さいわい $\frac{d}{dx}\log(x) = \frac{1}{x}$ であることを知っている（問い A-7 の解答を参照）ので、$\int \frac{1}{x}\,dx = \log x + C$ である。
$\rightarrow$ p333 $\quad \rightarrow$ p400

同様に、$\sin x$ の積分は $-\cos x$ である。それは $\cos x$ の微分が $-\sin x$ だから。つまり、

$$(積分) \overset{\cos x}{\underset{-\sin x}{\curvearrowright}} (微分) \tag{A.40}$$

という関係になっている。

「積分する」という計算が何をしているかを理解するためにも、$\int_0^\alpha \sin\theta\,d\theta = 1 - \cos\alpha$ であることを、図解して示そう。右の図を見てほしい。微小な長さである $\sin\theta\,d\theta$ という量を θ を変化させつつ足していく、という計算をすると、$\theta = 0$ の点からの高さ（紙面上の上への距離）を計算していく。$\theta = \alpha$ まで足せば、その距離は $1 - \cos\alpha$ になる。

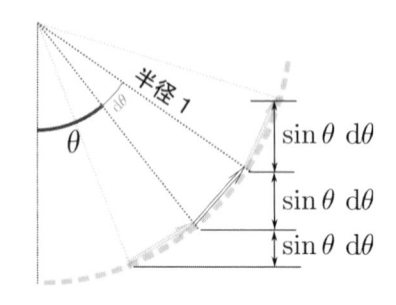

---------- 練習問題 ----------

【問い A-9】 $\int_0^\alpha \cos\theta\,d\theta$ はどうなるか。（計算でなく）図解で示せ。

ヒント $\rightarrow$ p385 へ　解答 $\rightarrow$ p400 へ

A.6 積分のいくつかのテクニック

A.6.1 置換積分

積分の変数（$\int \mathrm{d}x$ の x など）を変えるという手法である。積分とは「(x に依存して変化する量)× $\mathrm{d}x$ をどんどん足していく」という計算であるが、例えば y が x の関数であれば（つまり、x を一つ決めれば y が一つ決まるという関係が保たれていれば）、同じ量を「(y に依存して変化する量)× $\mathrm{d}y$ をどんどん足していく」という計算に直すこともできるのである。この変換を「**置換積分**」という。当然この計算の際には $\mathrm{d}x$ と $\mathrm{d}y$ の違いを考えて

$$f(x)\,\mathrm{d}x = f(x(y))\frac{\mathrm{d}x}{\mathrm{d}y}\,\mathrm{d}y \tag{A.41}$$

という置き換えをしなくてはいけない。$\mathrm{d}x$ という微小変化と $\mathrm{d}y$ という微小変化の違いをちゃんと計算にいれておこう。

例えば $x \sin x^2$ を x で積分する $\left(\int x \sin x^2 \,\mathrm{d}x\right)$ とき、$x^2 = t$ と置くと $2x\,\mathrm{d}x = \mathrm{d}t$ である。よって元の式に含まれる $x\,\mathrm{d}x$ を $\frac{1}{2}\mathrm{d}t$ と置き換えれば、

$$\int x \sin x^2 \,\mathrm{d}x = \frac{1}{2}\int \sin \underbrace{x^2}_{t} \underbrace{2x\,\mathrm{d}x}_{\mathrm{d}t} = \frac{1}{2}\int \sin t\,\mathrm{d}t = -\frac{1}{2}\cos t + C \tag{A.42}$$

と積分できる（逆に $-\frac{1}{2}\cos x^2 + C$ を微分して確認しよう）。

A.6.2 部分積分

微分におけるライプニッツ則 $\frac{\mathrm{d}}{\mathrm{d}x}(f(x)g(x)) = \frac{\mathrm{d}f}{\mathrm{d}x}(x)g(x) + f(x)\frac{\mathrm{d}g}{\mathrm{d}x}(x)$ の両辺を積分（ここでは定積分で考えよう）すると、

$$\underbrace{\int_a^b \frac{\mathrm{d}}{\mathrm{d}x}(f(x)g(x))\,\mathrm{d}x}_{[f(x)g(x)]_a^b} = \int_a^b \frac{\mathrm{d}f}{\mathrm{d}x}(x)g(x)\,\mathrm{d}x + \int_a^b f(x)\frac{\mathrm{d}g}{\mathrm{d}x}(x)\,\mathrm{d}x \tag{A.43}$$

という式ができる。左辺は「微分してから積分」なので元に戻ると考えて、さらに移項して、

--- 部分積分の公式 ---

$$\int_a^b \frac{\mathrm{d}f}{\mathrm{d}x}(x)g(x)\,\mathrm{d}x = \underbrace{[f(x)g(x)]_a^b}_{表面項} - \int_a^b f(x)\frac{\mathrm{d}g}{\mathrm{d}x}(x)\,\mathrm{d}x \tag{A.44}$$

という式を作る。これが「**部分積分**」である。「表面項」と書いた部分を無視して考え

ると「左辺では f が微分されていたが、右辺では f の微分がなくなって（f が積分されて）替りに g の方が微分されている」という計算になっている。f という「部分」を積分した替りに g という「部分」が微分された、というわけである（この時マイナス符号が一個つくことを忘れてはいけない）。

「表面項」は、積分の端っこの部分なので「表面」と呼ばれる。

A.6.3 偶関数・奇関数と積分

ここで説明するテクニックは、積分が $\int_{-a}^{a} \mathrm{d}x$ のように、$x = 0$ に対して対称な領域になっている時に使える。

もし積分すべき関数 $f(x)$ が「**偶関数**」($f(-x) = f(x)$ を満たす関数のこと）であれば、

$$\int_{-a}^{a} f(x)\,\mathrm{d}x = 2\int_{0}^{a} f(x)\,\mathrm{d}x \qquad (\text{A.45})$$

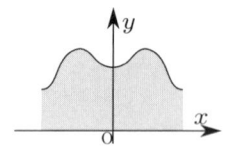

とすることができる（$(-a, 0)$ の積分と $(0, a)$ の積分が同じ結果を出す、と考えればよい）。

また、積分すべき関数 $f(x)$ が「**奇関数**」($f(-x) = -f(x)$ を満たす関数のこと）であれば、

$$\int_{-a}^{a} f(x)\,\mathrm{d}x = 0 \qquad (\text{A.46})$$

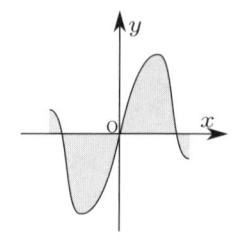

となって、すぐに積分が終わる。

A.7 微分方程式を解く

この節では計算を使って微分方程式を解く。A.4 節でも説明したが、「微分方程式を解く」とは、普通の方程式のように「数」を求めるのではない。微分方程式の解は関数である。つまり、「微分を含んだ式を満たす関数を求める」ことである。

微分方程式を解くにはいろいろな方法がある。まず右辺が x のみの関数の時は

$$\begin{aligned}\frac{\mathrm{d}y}{\mathrm{d}x} &= f(x) \quad &\text{(両辺に $\mathrm{d}x$ をかけて)} \\ \mathrm{d}y &= f(x)\,\mathrm{d}x \quad &\text{(積分して)} \\ y &= \int f(x)\,\mathrm{d}x \end{aligned} \qquad (\text{A.47})$$

という計算を行えばよい（後は $\int f(x)\,\mathrm{d}x$ が計算できるかどうか、である）。

適当に変形することで $\dfrac{\mathrm{d}y}{\mathrm{d}x} = \dfrac{f(x)}{g(y)}$ の形すすることができれば、

A.7 微分方程式を解く

$$\frac{dy}{dx} = \frac{f(x)}{g(y)} \quad \text{(両辺に } g(y)\,dx \text{ をかけて)}$$
$$g(y)\,dy = f(x)\,dx \quad \text{(積分して)} \quad (A.48)$$
$$\int g(y)\,dy = \int f(x)\,dx$$

という方法で y と x の関係をみつけることができる（これを「変数分離する」という）。

また、微分方程式を $f(x,y)\,dx + g(x,y)\,dy = 0$ という形にした時に、

$$\frac{\partial U(x,y)}{\partial x} = f(x,y), \frac{\partial U(x,y)}{\partial y} = g(x,y) \quad (A.49)$$

を[22]同時に満たす $U(x,y)$ を見つけることができれば、

$$f(x,y)\,dx + g(x,y)\,dy = 0 \quad \to \quad U(x,y) = \text{一定} \quad (A.50)$$

という形で解を求めることができる。(A.50) の式は $\frac{\partial U(x,y)}{\partial x}dx + \frac{\partial U(x,y)}{\partial y}dy = 0$ とも書けるが、この形の式を「**全微分**」と呼ぶ。

A.7.1 線型微分方程式の性質

微分方程式、特に今考えているような「**線型微分方程式**」の（方程式を解く上で）重要な性質について述べておこう。

「線型」とは、考えている変数（今の場合、$x(t)$ である）について 0 次と一次の式（二次以上はもちろん、逆数なども含まない）の式だということである。グラフの上で直線になる、という意味で「線型」と呼ぶ。さらに 0 次も含まない時（一次のみの時）は「**線型同次**」または「**線型斉次**」と呼ぶ。斉次は「次数がそろっている」という意味である[23]。0 次と一次が両方含まれていることを強調したい時は「**非同次**」または「**非斉次**」と呼ぶ。

線型同次方程式には利点がある。

―― 線型同次微分方程式の解の重ね合わせ ――

線型で同次な微分方程式の解が複数個見つかったとすると、これら（例えば $f_1(x), f_2(x), \cdots, f_i(x), \cdots$）に適当な係数を掛けて足し算したもの

$$a_1 f_1(x) + a_2 f_2(x) + \cdots + a_i f_i(x) + \cdots = \sum_i a_i f_i(x)$$

もまた、この方程式の解である。

---

[22] ∂ という記号は後で説明する。この記号の意味がわからない人は、A.8.1 節まで行った後で戻ってきてほしい。 → p348

[23] そういう意味では「0次のみ」でも「斉次」ではないか、と屁理屈をこねたくなるところであるが、0次のみということは変数 $x(t)$ がどこにも含まれていないので、方程式とさえ言えない。

という性質を持つことである。例えばある微分演算子を $\mathcal{D}$ として $\mathcal{D}x(t) = 0$ の解 $X(t)$ と $Y(t)$ を見つけたとすると、$X(t)+Y(t)$ も、$X(t)-Y(t)$ も、あるいは $\sqrt{3}X(t)+45Y(t)$ も、すべて解である。

$\mathcal{D}x(t) = k\,(x(t))^2$ のように方程式が線型でない場合、たとえ $X(t)$ と $Y(t)$ が解であったとしても、

$$\begin{aligned}\mathcal{D}\left(\sqrt{3}X(t)+45Y(t)\right) &= \sqrt{3}\underbrace{\mathcal{D}X(t)}_{k(X(t))^2} + 45\underbrace{\mathcal{D}Y(t)}_{k(Y(t))^2}\\ &= k\left(\sqrt{3}\,(X(t))^2+45\,(Y(t))^2\right)\\ &\neq k\left(\sqrt{3}X(t)+45Y(t)\right)^2\end{aligned} \quad (\text{A.51})$$

となるので $\sqrt{3}X(t)+45Y(t)$ は元の方程式の解ではなくなってしまう。

線型同次方程式の「重ね合わせが可能」という性質は物理をずいぶん簡単にしてくれる。線型でない場合を「**非線型**」というが、この場合は方程式を解くことも、解いた解を整理することもたいへんややこしくなる[24]。

線型だが非同次な場合については重ね合わせの原理は使えないが、例えば

$$\mathcal{D}X = J \quad (\text{A.52})$$

という、X に関する線型非同次方程式を解く時、この式における J (「非同次項」と呼ぶ) を 0 とした方程式

$$\mathcal{D}Y = 0 \quad (\text{A.53})$$

を作ってこれが解けた (Y が求められた) とすると、

$$\mathcal{D}(X+Y) = J \quad (\text{A.54})$$

と元の方程式は等価となる。つまり

――― 非同次方程式の解に同次方程式の解を重ね合わせる ―――

線型非同次方程式 (例：$\mathcal{D}X = J$) の解に、その方程式の非同次項を 0 にして作った線型同次方程式 ($\mathcal{D}Y = 0$) の解を足しても、やはり解 ($\mathcal{D}(X+Y) = J$) である。

ということが言える。これを使って解をたくさん作ることができる。

また、同様に、

$$\mathcal{D}X = J_1, \quad \mathcal{D}Y = J_2 \quad (\text{A.55})$$

という二つの非同次方程式が解ければ、この二つを足す事で、

$$\mathcal{D}(X+Y) = J_1 + J_2 \quad (\text{A.56})$$

---

[24] しかしそれゆえに面白い現象が隠れていることもあり「非線型物理」というのは物理の一分野になっている。

という新しい非同次方程式を作ることができる。

　線型微分方程式では、このようにして解の足し算（重ね合わせ）ができる。複数個の「非同次項」がある時は各々の非同次項に対する方程式を解いた後、それぞれの解を足し算すればよい（これは線型な方程式のありがたい性質である）。

　ところで「解をたくさん作ることができる」と言ったが、既知の解の和で書かれている解は元の解と独立ではない[25]。

　二階線型微分方程式ならば独立な解は二つしかない（n 階線型微分方程式なら n 個しかない）。ゆえに、二個の独立な解を見つけたら、「すべての解を見つけた」と宣言してかまわない[26]。それ以外の解は、これまで見つけた二つの解を組み合わせて表現できるのである。

　このことを一般の場合で説明しよう。n 階線型微分方程式の n 個の互いに独立な解 $f_1, f_2, \cdots f_n$ を見つけたとしよう。すると、$a_1, a_2, \cdots, a_n$ を任意の数として、$a_1 f_1 + a_2 f_2 + \cdots + a_n f_n$ も解になった。この a_i もまた、微分方程式だけからは決まらないパラメータで、すでに n 個ある。n 階微分方程式の解に、微分方程式で決まらないパラメータは n 個しかないはずである[27]。ゆえに、それ以上に解が見つかることはない。この条件自体は方程式をどう解いたかには関係ないことなので、どんな解き方であれ、

---線型微分方程式の解の個数---

n 階の線型微分方程式の解は、n 個の互いに独立な解を見つければ十分である。

ということが言えるのである。

A.7.2　定数係数の線型同次微分方程式

　ここでは線型同次[28]であり、かつ係数がすべて定数であるような微分方程式を解く時に一般的に使える方法を説明する。線型同次で定数係数でないと使えないのだが、その替わり、線型同次で定数係数な方程式なら確実に解く事ができる方法で、知っているととても便利である。

$$A_n \frac{\mathrm{d}^n}{\mathrm{d}x^n} f + A_{n-1} \frac{\mathrm{d}^{n-1}}{\mathrm{d}x^{n-1}} f + \cdots + A_2 \frac{\mathrm{d}^2}{\mathrm{d}x^2} f + A_1 \frac{\mathrm{d}f}{\mathrm{d}x} + A_0 f = 0 \tag{A.57}$$

のような方程式を解くとしよう（A_n はすべて、x によらない定数である）。このような方程式は解の形を $e^{\lambda x}$ と仮定することで解くことができることを以下で示そう。

---

[25] ある一つの関数 f が他の関数 $g, h, \cdots$ などの線型結合で書けない時、「f は $g, h, \cdots$ と独立だ」と言う。逆に $f = 3g - 2h$ などと書けた時は、「f, g, h は独立でない」と言う。ベクトルの独立と共通の意味を持つので、同じ言葉を使っている。
[26] 残念ながら、非線型な方程式の場合、こうはいかない場合がある。
[27] 二階微分方程式の時の例を参照。
[28] 「線型同次」とは、未知数（今の場合は f）の1次の項のみを含む式であるということ。

$\frac{d}{dx}e^{\lambda x} = \lambda e^{\lambda x}$、$\frac{d^2}{dx^2}e^{\lambda x} = \lambda^2 e^{\lambda x}\cdots$であることを考えると、上の式に $f = e^{\lambda x}$ を代入すると、

$$\left(A_n \lambda^n + A_{n-1}\lambda^{n-1} + \cdots + A_2\lambda^2 + A_1\lambda + A_0\right)e^{\lambda x} = 0 \tag{A.58}$$

という式に変わる。$e^{\lambda x}$ は 0 ではないから、これで問題は

$$A_n \lambda^n + A_{n-1}\lambda^{n-1} + \cdots + A_2\lambda^2 + A_1\lambda + A_0 = 0 \tag{A.59}$$

という n-次方程式を解けという問題に変わった。この n-次方程式を「**特性方程式**」と呼ぶ。特性方程式が無事解けて、$\lambda_1, \lambda_2, \cdots, \lambda_{n-1}, \lambda_n$ という n 個の解が見つかれば (実は n 個解が見つからない場合があるのだが、それについては後で補足する)、

$$f = a_n e^{\lambda_n x} + a_{n-1}e^{\lambda_{n-1}x} + \cdots + a_2 e^{\lambda_2 x} + a_1 e^{\lambda_1 x} \tag{A.60}$$

が解となる。一般論として、n 階の微分方程式の解は n 個の未定数（パラメータ）を持つ。上の解には n 個のパラメータを含んでいるから、これ以上解はみつからない。

少し話を具体的にして、

$$\frac{d^2}{dx^2}f + \frac{d}{dx}f - 2f = 0 \tag{A.61}$$

という方程式を解いてみよう。解を $e^{\lambda x}$ と仮定すると、

$$\left(\lambda^2 + \lambda - 2\right)f = 0 \tag{A.62}$$

となるので、特性方程式は $\lambda^2 + \lambda - 2 = 0$ となり、これを

$$\begin{aligned}\lambda^2 + \lambda - 2 &= 0 \\ (\lambda + 2)(\lambda - 1) &= 0\end{aligned} \tag{A.63}$$

と因数分解して解くと、$\lambda = 1, -2$ という二つの解が出る。ゆえに求めるべき解は

$$f = Ae^x + Be^{-2x} \tag{A.64}$$

となる（A, B は未定のパラメータ）。

このようにして解が求められる理由は、以下のように考えることもできる。$\lambda^2 + \lambda - 2 = (\lambda + 2)(\lambda - 1)$ と因数分解できるということは、

$$\frac{d^2}{dx^2}f + \frac{d}{dx}f - 2f = 0 \quad \to \quad \left(\frac{d}{dx} + 2\right)\left(\frac{d}{dx} - 1\right)f = 0 \tag{A.65}$$

という、"微分方程式の因数分解" もできるということである。この式は

$$\left(\frac{d}{dx} + 2\right)f = 0 \quad \text{または} \quad \left(\frac{d}{dx} - 1\right)f = 0 \quad \text{が成立する。} \tag{A.66}$$

ということだと考え直せる。つまり $f = \mathrm{e}^{-2x}$ と $f = \mathrm{e}^x$ が解となる、というわけである。

ここで「ほんとに因数分解できるのか。$\left(\dfrac{\mathrm{d}}{\mathrm{d}x} + 2\right)f \neq 0, \left(\dfrac{\mathrm{d}}{\mathrm{d}x} - 1\right)f \neq 0$ だけど、$\left(\dfrac{\mathrm{d}}{\mathrm{d}x} + 2\right)\left(\dfrac{\mathrm{d}}{\mathrm{d}x} - 1\right)f = 0$ になる可能性はないのか？」という心配があるかもしれないが、線型な二階微分方程式だから、二つの解が見つかった時点でもうこれ以上解はないはずだから、その点を心配する必要はないのである。

この解法は、n-次の特性方程式 (A.59) が重解を持つ場合はうまくいかない。重解があると解の数が減ってしまうからである[†29]。一例として

$$\frac{\mathrm{d}^2}{\mathrm{d}x^2}f - 2k\frac{\mathrm{d}f}{\mathrm{d}x} + k^2 f = 0 \tag{A.67}$$

の場合で、対処方法を考えよう。上で述べた手順通りにやると、

$$\lambda^2 - 2k\lambda + k^2 = 0 \quad \text{すなわち} \quad (\lambda - k)^2 = 0 \tag{A.68}$$

となって、解は $\lambda = k$ しか出ない。ということはつまり、e^{kx} だけが解となる。しかし、二階線型微分方程式なのだから、解は二つ出る筈である。

ここで以下のことに注意しよう。特性方程式に重解があるということは、元の方程式は

$$\left(\frac{\mathrm{d}}{\mathrm{d}x} - k\right)^2 f = 0 \tag{A.69}$$

と書けるのである。e^{kx} は $\left(\dfrac{\mathrm{d}}{\mathrm{d}x} - k\right)f = 0$ の解である。今求めたいのは「$\left(\dfrac{\mathrm{d}}{\mathrm{d}x} - k\right)$ を 2 回掛けて 0 になる関数」であるのに、「$\left(\dfrac{\mathrm{d}}{\mathrm{d}x} - k\right)$ を 1 回掛けて 0 になる関数」$(= \mathrm{e}^{kx})$ だけを求めた。

実は「$\left(\dfrac{\mathrm{d}}{\mathrm{d}x} - k\right)$ を 1 回掛けると (定数) $\times \mathrm{e}^{kx}$ になる関数」も解になるのである。そういう関数はすぐに作ることができる。$f(x) = g(x)\mathrm{e}^{kx}$ として代入してみると、

$$\left(\frac{\mathrm{d}}{\mathrm{d}x} - k\right)\left(g(x)\mathrm{e}^{kx}\right) = \frac{\mathrm{d}g(x)}{\mathrm{d}x}\mathrm{e}^{kx} \tag{A.70}$$

であるから、$g(x) = x$ とすればよく、答は

$$f(x) = x\mathrm{e}^{kx} \tag{A.71}$$

である。実際これに $\left(\dfrac{\mathrm{d}}{\mathrm{d}x} - k\right)$ を掛けてやると、

$$\left(\frac{\mathrm{d}}{\mathrm{d}x} - k\right)\left(x\mathrm{e}^{kx}\right) = \frac{\mathrm{d}}{\mathrm{d}x}\left(x\mathrm{e}^{kx}\right) - kx\mathrm{e}^{kx} = \frac{\mathrm{d}x}{\mathrm{d}x}\mathrm{e}^{kx} + x\frac{\mathrm{d}}{\mathrm{d}x}\mathrm{e}^{kx} - kx\mathrm{e}^{kx} = \mathrm{e}^{kx} \tag{A.72}$$

[†29] 「複素数解でも大丈夫なのか？」と心配する人がいるかもしれないが、複素数解であっても立派な解である。複素数を使って微分方程式を解く例は、9.2.1 節を見よ。
→ p269

となる。これにもう一度 $\left(\dfrac{\mathrm{d}}{\mathrm{d}x} - k\right)$ がかかれば、答は 0 である。

よって、λ を決める方程式に重解があった時は、$e^{\lambda x}$ だけでなく、$xe^{\lambda x}$ も解になる。こうして、ちゃんと 2 個の解が得られた。

以上のように考えると、特性方程式に重解が現れた場合、二重解なら $e^{\lambda x}, xe^{\lambda x}$ を、三重解なら $e^{\lambda x}, xe^{\lambda x}, x^2 e^{\lambda x}$ を解とすればよい（以下同様）。

A.8　多変数関数の微分・積分

ここまでは $f(x)$ のように一変数関数（x を決めれば f が決まる）であったが、「一」ではなく多変数の関数もよく出てくる。例えば「x, y, z の三つを決めると f が決まる」という関係にある場合、その関数を $f(x, y, z)$ と[30]書き、「三変数関数」と呼ぶ。

A.8.1　多変数関数の微分——偏微分

$$\frac{\partial f(x, y, z)}{\partial x} = \lim_{\Delta x \to 0} \frac{f(x + \Delta x, y, z) - f(x, y, z)}{\Delta x} \tag{A.73}$$

のように定義された微分を「偏微分」と呼ぶ。つまり「複数個の変数のうち、ある一つだけを変化させた時の変化の割合」である。同様に $\dfrac{\partial f}{\partial y}, \dfrac{\partial f}{\partial z}$ も定義される。

∂ は偏微分を表す記号[31]であり、d 同様、「∂x」と書いてあっても ∂ と x の掛け算ではない。

微小量の一次までの近似で、

$$\underbrace{f(x + \Delta x, y + \Delta y, z + \Delta z)}_{f(\vec{x} + \Delta \vec{x})} = f(x, y, z) + \underbrace{\Delta x \frac{\partial f(\vec{x})}{\partial x} + \Delta y \frac{\partial f(\vec{x})}{\partial y} + \Delta z \frac{\partial f(\vec{x})}{\partial z}}_{\Delta \vec{x} \cdot \vec{\nabla} f(\vec{x})} \tag{A.74}$$

と書ける。下に省略形での書き方も加えた（$\vec{\nabla}$ の定義は (7.32) を見よ）。
$\to$ p211

ここで一つ注意しておいてほしいことは、偏微分では「何を変化させるか」と同時に「何を変化させないか」も大事だということである。物理では「あるときは直交座標を使って $f(x, y)$ と表した関数を次には極座標を使って $f(r, \theta)$ と表す」というようなこともよくあるわけだが、$\dfrac{\partial f}{\partial x}$ と書いたときは暗黙[32]のうちに「y が一定」とされている

---

[30] $f(x, y, z)$ を $f(\vec{x})$ と書く省略形があるので注意。

[31] ∂ の読み方は「でる」「らうんど（でぃー）」などがある。$\dfrac{\partial f}{\partial x}$ は「でるえふでるえっくす」とか「らうんどえふらうんどえっくす」と読む。

[32] この「暗黙」が嫌だったり、混同の恐れがあったりする場合は $\left.\dfrac{\partial f}{\partial x}\right|_y$ のようにして「y が一定」を明記する。

し、$\dfrac{\partial f}{\partial r}$ と書いたときは「θ が一定」が前提とされている。

このこともあって

偏微分のよくある間違い

$f(r,\theta)$ を x で微分したい。r が x の関数だからこうなるだろう。
$$\frac{\partial f}{\partial x} = \frac{\partial f}{\partial r}\frac{\partial r}{\partial x} \tag{A.75}$$

のような計算は間違いなので気をつけよう。

というのは、$\dfrac{\partial}{\partial x}$ という微分は「y を一定にして」行なうものだが、$\dfrac{\partial}{\partial r}$ という微分は「θ を一定にして」行なうものである。右に描いた図を見るとわかるように「y を一定にして x を変化させる」ということを行うと（これが $\dfrac{\partial}{\partial x}$ の意味なのだが）、r と θ はどっちも変化する。だから右辺にあるように「θ を一定にして r を変化」の部分だけを見たのではダメで、

$$\frac{\partial f}{\partial x} = \frac{\partial f}{\partial r}\frac{\partial r}{\partial x} + \frac{\partial f}{\partial \theta}\frac{\partial \theta}{\partial x} \tag{A.76}$$

としなくては正しい答えに到達しない。

この式を出すには以下のように考えてもよい。まず r と θ の関数としての f を $f(r,\theta)$ と書き、さらに「r,θ は x,y の関数である」ということから $f(r(x,y),\theta(x,y))$ と書く。そうしておいてこの $f(r(x,y),\theta(x,y))$ に対して「y を一定にして x を変化させる」という計算を実行すれば、

$$f(r(x+\Delta x, y), \theta(x+\Delta x, y)) \tag{A.77}$$

となり、偏微分という計算は

$$\lim_{\Delta x \to 0} \frac{f(r(x+\Delta x,y),\theta(x+\Delta x,y)) - f(x,y)}{\Delta x} \tag{A.78}$$

である。$r(x+\Delta x, y) = r(x,y) + \Delta x \dfrac{\partial r}{\partial x}(x,y), \theta(x+\Delta x, y) = \theta(x,y) + \Delta x \dfrac{\partial \theta}{\partial x}(x,y)$ と代入していけば (A.76) が出てくる。

このように偏微分をするときには「何を一定にした微分なのか」に着目していないとおかしな計算をしてしまうことがあるので注意しよう。

付録 B

ベクトルの内積・外積

B.1 内積の性質と計算則

B.1.1 内積の定義

内積は 3 次元の二つのベクトルの計算として定義されるものだが[1]、二つのベクトルを含むような平面で考えれば計算できる（両方のベクトルに垂直な方向については計算に入ってこない）。

まずは内積を平面図形で表現しよう。二つのベクトルのなす角 θ が $0 \leqq \theta \leqq \dfrac{\pi}{2}$ の場合、以下の図のように内積が定義できる。

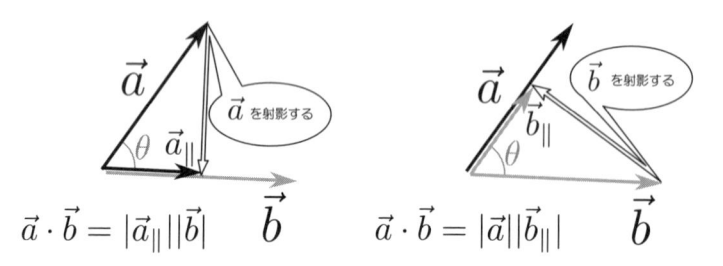

図には二つの計算法を書いたが、二つのベクトルのなす角度 θ を使うと $|\vec{a}||\vec{b}|\cos\theta$ とも表現できる。紙面上にある二つのベクトルの内積は

$$\vec{a} \cdot \vec{b} = |\vec{a}_{\parallel}||\vec{b}| = |\vec{a}||\vec{b}_{\parallel}| = |\vec{a}||\vec{b}|\cos\theta \tag{B.1}$$

と書ける。

「$\vec{a} \cdot \vec{b}$ には、$\vec{b}$ のうち $\vec{a}$ に平行な成分しか寄与しない」という性質がある。よって、$\vec{a}$ と $\vec{b}$ が垂直なら、$\vec{a} \cdot \vec{b} = 0$ となる。これは (B.1) で $\theta = \dfrac{\pi}{2}$ になった場合と考えてもよい。

---

[1] 正確に言うと、何次元であっても内積の定義は可能。ただ、普通力学で使うのは 3 次元のはず。

【FAQ】この計算、何の意味があるんですか？

とよく聞かれる。具体的な利用法は成分計算するところ(→ p54)や、仕事を定義するところ(→ p199)などを見てほしいが、まずはイメージとしては、

- 二つのベクトルの「協力の度合い」を見る

ような計算だと思ってもいいかもしれない。協力の度合いなので、「同じ方向を向いている」ときがもっとも大きく、直角になってしまうと「全く協力してない」ので内積が0、逆を向いていると「むしろ逆らっている」ということでマイナスとなる。

B.1.2 内積の交換法則・結合法則・分配法則

普通の数どうしの積（掛け算）では、以下の法則が成立する。

---- 実数の積の満たす法則 ----

交換法則：$ab = ba$
結合法則：$(ab)c = a(bc)$
分配法則：$a(b+c) = ab + ac$, $(a+b)c = ac + bc$

内積に関してはどうであろうか。まず、

---- 内積の交換法則 ----

$$\vec{a} \cdot \vec{b} = \vec{b} \cdot \vec{a} \tag{B.2}$$

が成立する。定義の(B.1)(→ p350)を見ればわかるであろう。

一方、結合法則は成立しない——というより、そもそも意味がない。$\vec{a} \cdot \vec{b} \cdot \vec{c}$のような「三つのベクトルの内積」がそもそも計算不可能だからである。二つのベクトルの内積はスカラーだから、スカラーとベクトルの内積を取ることはできない。2個目の「掛け算」を単なるスカラー倍だとしても、結合法則は成立しない。

$$\underbrace{(\vec{a} \cdot \vec{b})\vec{c}}_{\vec{c}を(\vec{a}\cdot\vec{b})倍したもの} \neq \underbrace{\vec{a}(\vec{b} \cdot \vec{c})}_{\vec{a}を(\vec{b}\cdot\vec{c})倍したもの} \tag{B.3}$$

である（$\vec{c}$と$\vec{a}$の向きが違う場合を考えれば、すぐわかる）。

---- 内積の分配法則 ----

$$\vec{a} \cdot (\vec{b} + \vec{c}) = \vec{a} \cdot \vec{b} + \vec{a} \cdot \vec{c} \tag{B.4}$$

は成立する。上のような計算をする時、（内積を取っているので）結果に関係するのは

$\vec{a}$ に平行な成分のみである。分配法則の証明のためには、

$$\vec{a} \cdot (\vec{b}_\parallel + \vec{c}_\parallel) = \vec{a} \cdot \vec{b}_\parallel + \vec{a} \cdot \vec{c}_\parallel \tag{B.5}$$

を示せば十分である。下のように図を描いて考えればわかるであろう。

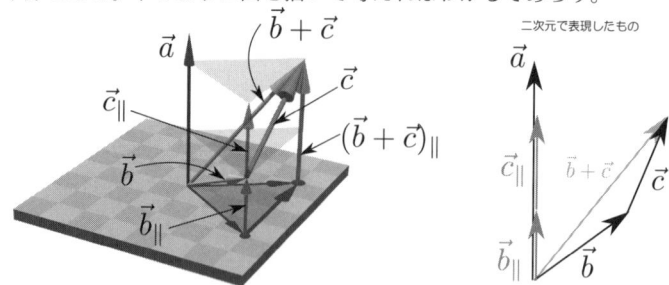

B.1.3　内積の成分表示での計算法

分配法則が証明できたので、成分表示が計算できる。任意の二つのベクトル、$\vec{A} = A_x\vec{e}_x + A_y\vec{e}_y + A_z\vec{e}_z$ と $\vec{B} = B_x\vec{e}_x + B_y\vec{e}_y + B_z\vec{e}_z$ の内積を、成分で表示してみよう。

基底ベクトルに関して

$$\vec{e}_x \cdot \vec{e}_x = \vec{e}_y \cdot \vec{e}_y = \vec{e}_z \cdot \vec{e}_z = 1 \quad (\text{それ以外}) = 0 \tag{B.6}$$

が成り立つので、

$$\begin{aligned}
\vec{A} \cdot \vec{B} &= (A_x\vec{e}_x + A_y\vec{e}_y + A_z\vec{e}_z) \cdot (B_x\vec{e}_x + B_y\vec{e}_y + B_z\vec{e}_z) \\
&= A_x\vec{e}_x \cdot B_x\vec{e}_x + \cancel{A_x\vec{e}_x \cdot B_y\vec{e}_y} + \cancel{A_x\vec{e}_x \cdot B_z\vec{e}_z} \\
&+ \cancel{A_y\vec{e}_y \cdot B_x\vec{e}_x} + A_y\vec{e}_y \cdot B_y\vec{e}_y + \cancel{A_y\vec{e}_y \cdot B_z\vec{e}_z} \\
&+ \cancel{A_z\vec{e}_z \cdot B_x\vec{e}_x} + \cancel{A_z\vec{e}_z \cdot B_y\vec{e}_y} + A_z\vec{e}_z \cdot B_z\vec{e}_z \\
&= A_xB_x + A_yB_y + A_zB_z
\end{aligned} \tag{B.7}$$

となる。つまり内積は「x 成分どうし、y 成分どうし、z 成分どうしの積を足す」という計算になっている。

内積の定義（成分表示を使って）

二つのベクトル $\vec{a} = (a_x, a_y, a_z)$ と $\vec{b} = (b_x, b_y, b_z)$ の内積

$$\vec{a} \cdot \vec{b} = a_xb_x + a_yb_y + a_zb_z \tag{B.8}$$

と書ける。

B.2 外積の性質と計算則

B.2.1 外積の定義

　外積もまた、二つのベクトルによる計算だが、内積と違って、結果はスカラーではなくベクトルである。外積は二つのベクトルから一つのベクトルを作る計算である。

　まずは図形で表現しよう。二つのベクトルはこの本の紙面上にあるものとする。任意の二つのベクトルに対しその二つのベクトルを含んでいる平面を持ってくることは常にできるから、こうすることで問題は一般性を失わない[†2]。

　紙面上にある二つのベクトルの外積の大きさは、

$$|\vec{a} \times \vec{b}| = |\vec{a}||\vec{b}| \sin \theta \tag{B.9}$$

で表現される。θ は二つのベクトルの成す角である。$|\vec{a} \times \vec{b}|$ の図形的（幾何学的）意味は図の平行四辺形の面積である。

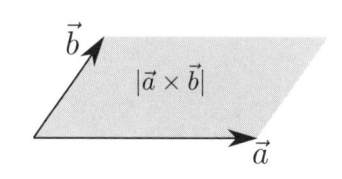

　ベクトルの積として、「内積」と「外積」と二つの積が出てくるが、$\vec{b}$ のうち、$\vec{a}$ から見て「外側」である $\vec{b}_\perp$ が効いてくるのが「外積」、「内側」である $\vec{b}_\parallel$ が効いてくるのが「内積」と考えておくと二つの区別がつきやすい。

　ここまで説明したのは「外積の大きさ（絶対値）」である。実は外積には向きもある。

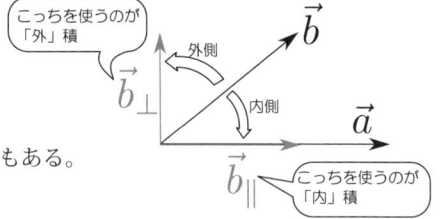

B.2.2　2次元の外積の性質

　外積は「積」という名前がついていて、掛け算に似た性質を持っているが、数の掛け算とは違う点がいろいろある。まず注意しなくてはいけない大きな違いが、交換法則が成り立たない（$\vec{a} \times \vec{b} \neq \vec{b} \times \vec{a}$）という点である。

　$\vec{a} \times \vec{b}$ はいわば「$\vec{a}$ というベクトルを $\vec{b}$ の方向に力を加えて回す向き」（こういう考え方をするときは右の図のように、二つのベクトルの根本をそろえて描いた方がわかりやすい）なのに対し、$\vec{b} \times \vec{a}$ はその逆で「$\vec{b}$ というベクトルを $\vec{a}$ の方向に力を加えて回す向き」であり、この二つは逆の作用である。しかし、平行四辺形の面積には違いがないので、絶対値は等しい。よって、

$$\vec{a} \times \vec{b} = -\vec{b} \times \vec{a} \tag{B.10}$$

[†2] この「一般性を失わない」というのは数学などの証明の決まり文句で「特別な場合を考えますが、どんな状況であっても、この特別な状況にあてはめることができますよ」という意味。

が成立するのである（外積の定義には $\sin\theta$ が含まれているが、$\sin(-\theta) = -\sin\theta$ である、ということからもわかる）。平面上のベクトルの場合、反時計回りに回る向き（今の場合 $\vec{b} \times \vec{a}$）の時外積は正とし、時計回りでは負とする。

　もう一つ大事な性質は、「同じ方向を向いているベクトルどうしの外積は0である」ということである。これは平行四辺形の面積という意味あいを考えれば、「同じ方向を向いている2本のベクトルの作る面積は0」ということから納得できる（数式で考えるならば $\theta = 0$ である）。特に $\vec{a} \times \vec{b} = 0$ であっても $\vec{a}$ も $\vec{b}$ も零ベクトルでない場合があることには注意しよう。

　この2次元ベクトルの外積を考えると、

$$\vec{e}_x \times \vec{e}_y = 1, \quad \vec{e}_y \times \vec{e}_x = -1 \tag{B.11}$$

であることはすぐにわかる（大きさは一辺が1の正方形の面積である）。

　B.2.5節で証明するが、外積には普通の掛算同様、分配法則が成立する。よって、$\vec{a} = a_x\vec{e}_x + a_y\vec{e}_y, \vec{b} = b_x\vec{e}_x + b_y\vec{e}_y$ とすると、

$$\begin{aligned}\vec{a} \times \vec{b} &= (a_x\vec{e}_x + a_y\vec{e}_y) \times (b_x\vec{e}_x + b_y\vec{e}_y) \\ &= \underbrace{a_x\vec{e}_x \times b_x\vec{e}_x}_{=0} + a_x\vec{e}_x \times b_y\vec{e}_y + a_y\vec{e}_y \times b_x\vec{e}_x + \underbrace{a_y\vec{e}_y \times b_y\vec{e}_y}_{=0} \\ &= a_xb_y\vec{e}_x \times \vec{e}_y + a_yb_x\vec{e}_y \times \vec{e}_x \\ &= a_xb_y - a_yb_x \end{aligned} \tag{B.12}$$

となる。2次元の外積という計算は、ベクトルの成分で言うと「x 成分と y 成分の積を、符号を変えて足す」という量になる。

ベクトルの積について、注意すべきこと

ベクトルの掛算については注意すべきことがたくさんあるが、特に普通の掛算との違いとして **「戻せない演算である」** ということに注意したい。普通の数の掛算は「a を掛ける」後に「a で割る」ことで元に戻せる（$a = 0$ は除く）。しかし外積は（内積も）そうはいかない。そもそも外積に対応する「割る」という演算は存在しない。その理由は明白で「違うベクトルなのに $\vec{a}$ と外積を取ると結果が同じになってしまう」、すなわち、

$$\vec{b} \times \vec{a} = \vec{c} \times \vec{a} \quad \text{であるが、} \quad \vec{b} \neq \vec{c}$$

ということが（いくらでも）あり得るのである。この点を忘れると、

$$\vec{a} \times (\vec{x} + \vec{b}) = \vec{a} \times \vec{c} \quad \text{から} \quad \vec{x} + \vec{b} = \vec{c}$$

のような間違った計算を「うっかり」やってしまうことになる。

B.2.3　3次元のベクトルの外積

次に、3次元空間内でのベクトルの外積について考えよう。外積という計算は「ベクトルの回転」を表現する量であるとも言える。ここでは「$\vec{a}\times\vec{b}$は$\vec{a}$**の方向から$\vec{b}$の方向へとベクトルを回すという操作を意味している**」という考え方で3次元のベクトルの外積を考えていくことにする。

空間の中で何か物体を回す時、「何度（あるいは何ラジアン）回すのか」ということも大事であるが、「どう回すのか」ということも大事である。

このため、3次元空間内の外積というのはスカラー（向きのない量）ではない。2次元平面の上でなら、回転は角度という一つの数で表現できたから、スカラーと考えてもよかった。しかし、3次元では角度だけでなく、「**どの方向からどの方向へ回すか**」という情報（これは今の段階ではまだ「向き」ではない）も持った量になる。

「**どの方向からどの方向へ回すか**」の例として、三つの座標軸x,y,zから二つを選んで、図を描いてみよう。

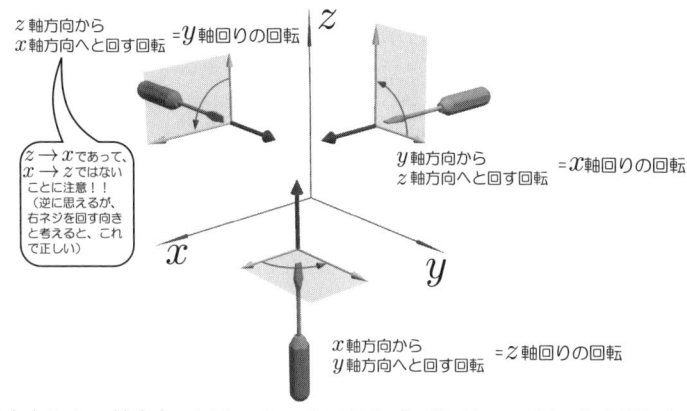

「x軸方向からy軸方向へ回す」という回転を「z軸回りの回転」と表現した（その意味は図に描き込んだようにz軸の方向にドライバーを向けてネジを締めるように回すというイメージで理解してほしい）。

図中にも書いたが、y軸回りの回転は「x軸方向からz軸方向」ではなく「z軸方向からx軸方向」であることにも注意しよう。

よって、外積$\vec{a}\times\vec{b}$は大きさが$|\vec{a}||\vec{b}|\sin\theta$、向きは「ベクトル$\vec{a}$を$\vec{b}$の方向に回す時の回転軸の方向」として、回転の方向を表現できるものとする。

> 【FAQ】外積は面積を表すのに、向きがあるのですか？
>
> 面積だから、向きがある。同じ$1\mathrm{m}^2$という面積でも、向きが違えば違う表現で表したい。例えば「床の面積」と「天井の面積」は逆向きの面積であるし、「床の面積」と「壁の面積」は直交している面積なのである。

この外積の向きの決め方は、他のベクトル（力であったり、後で出てくる速度であったり）の向きの決め方に比べ直感的にわかりにくいかもしれないが、回っている物体を見ながら、「回転を表現するのだから軸を表現しなくてはいけないだろう」と考えて、その向きを理解してほしい。

実際、3次元空間では物体を回すには、

- 回転軸を決める。
- 回す角度を決める。

の両方を行なって、回し方を指定してやらなくてはいけない。回転軸がすなわち、$\vec{a} \times \vec{b}$ の向きだと考えよう。

$\vec{a} \times \vec{b}$ という外積のベクトルの向く方向を「$\vec{a}$ から $\vec{b}$ へという方向に右ネジ[†3]を回した、ネジが進む方向」と考える。[†4]

この決め方は、ちょうど「x 軸方向から y 軸方向へと回すベクトルの向きを z 軸方向とする」という 355 ページの図での決め方と一致している。

別の言い方をすると、$\vec{a} \times \vec{b}$ の方向を "上" と見て、「上から見て反時計回りの方向」[†5]が「右ネジの方向」である。

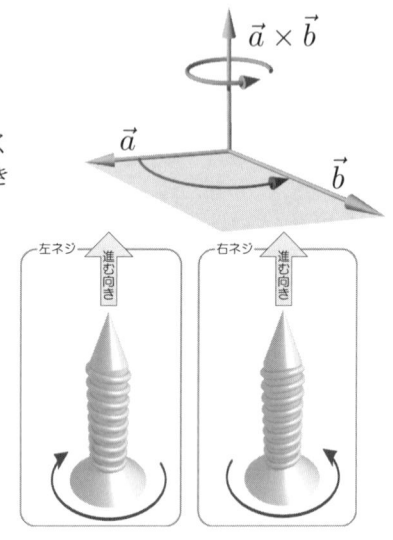

よって、$\vec{a}$ と $\vec{b}$ の立場が反対になると、外積の結果のベクトルも、逆を向くのは当然である。

3次元のベクトルの場合、

$$\vec{e}_x \times \vec{e}_y = \vec{e}_z, \quad \vec{e}_y \times \vec{e}_z = \vec{e}_x, \quad \vec{e}_z \times \vec{e}_x = \vec{e}_y \tag{B.13}$$

という関係になる。本書では使っていないが、$\vec{e}_x$ から $\vec{e}_y$ へと左ネジを回すと $\vec{e}_z$ 方向にネジが進むように座標軸を設定することもある（物理ではあまりないが、CG などでは使われる）。本書で使っているのを（右ネジの方向で決めたので）「右手系」、逆のものを「左手系」と呼ぶ。左手系では外積の定義も左ネジを基準とするので、(B.13) は同じ形である。

[†3] 「右ネジ」というのは、普通に売られているネジのことだと思っておけば大丈夫。逆向きになっている「左ネジ」が使われる場所は（ないことはないが）少ない。
[†4] この「右ネジの方向」という方向の決め方は、今後も物理においてよく現れる。
[†5] 物理では回転の正方向は「反時計回りの方向」である。これは北極からみた時の地球の自転の方向でもある。なぜ時計はこれと逆回りなのかというと、北半球での日時計の影の向きから来ているからである。

(B.13)は「第一の式のxをyに、yをzに、zをxにという変更をいっきに行なうと第二の式になる。同じことを第二の式に対して行なうと第三の式ができ、第三の式に対して行うと第一の式に戻る」という性質を持っている。この「xをyに、yをzに、zをxに」という変更 $x \to y \to z$ を「**サイクリック置換**」と呼ぶ[†6]。

【補足】✚✚✚✚✚✚✚✚✚✚✚✚✚✚✚✚✚✚✚✚✚✚✚✚✚✚✚✚✚✚✚✚✚✚✚

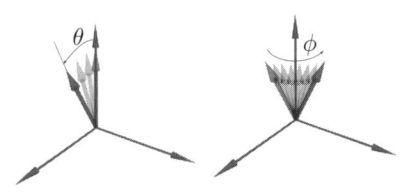

「どの軸か」を選ぶには二つのパラメータがいる。「回転の軸」がz軸から見てどのくらい倒れているか、を表すθと、「回転の軸」が倒れた方向がx軸に比べてどのくらい回っているかを示すϕである(この二つの回転角度が、3次元極座標を考える時に出てくる)。軸を指定するのに二つ、角度に一つのパラメータがいるので、3次元の回転を指定するには三つのパラメータが必要。外積がベクトル(3成分)だということは、このパラメータの数と一致している。

✚✚✚✚✚✚✚✚✚✚✚✚✚✚✚✚✚✚✚✚✚✚✚✚✚✚✚✚✚✚✚✚【補足終わり】

B.2.4　外積には平行成分は効かない

下の図のように、$\vec{b}$を$\vec{a}$と平行なベクトル$\vec{b}_\parallel$と$\vec{a}$と垂直なベクトル$\vec{b}_\perp$に分解できる。この二つを合成すると元に戻る($\vec{b} = \vec{b}_\parallel + \vec{b}_\perp$)。

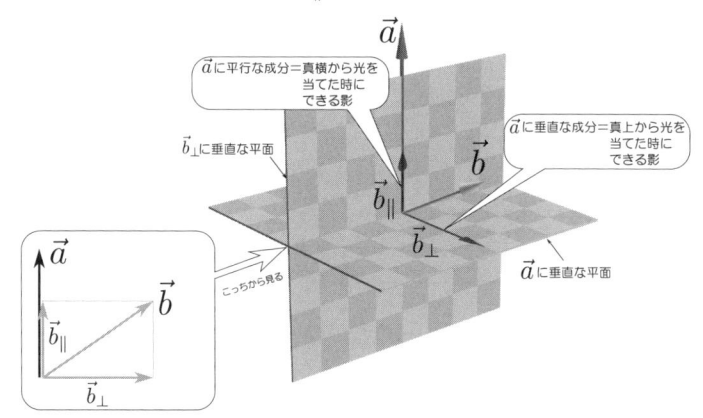

ベクトルの外積の定義からわかるように、

$$\vec{a} \times \vec{b} = \vec{a} \times (\vec{b}_\parallel + \vec{b}_\perp) = \vec{a} \times \vec{b}_\perp \tag{B.14}$$

[†6] サイクリック(cyclic)は、円環(cycle)からくる言葉。

となる[7]。すなわち、$\vec{b}$のうち、$\vec{a}$と同じ方向を向いた成分$\vec{b}_\parallel$は外積の計算結果には無関係になる[8]。

立場を変えて$\vec{a}$の方を$\vec{b}$と平行な成分$\vec{a}_\parallel$と$\vec{b}$に垂直な成分$\vec{a}_\perp$に分けたとすると、

$$\vec{a} \times \vec{b} = (\vec{a}_\parallel + \vec{a}_\perp) \times \vec{b} = \vec{a}_\perp \times \vec{b} \tag{B.15}$$

となる。特に

$$\vec{a}と\vec{b}が平行ならば、\vec{a} \times \vec{b} = 0 \tag{B.16}$$

にも注意しておこう。

B.2.5 外積の結合法則・分配法則

積の法則（交換法則・結合法則・分配法則）は外積ではどうなるであろうか。交換法則が成り立たないことはすでに(B.10)で述べた（(B.10)は2次元の式であったが、3次元でも同じである）。
→ p353

外積に関して結合法則が成立しないことについて、反例を一つあげておこう[9]。

$$\vec{e}_x \times (\vec{e}_y \times \vec{e}_y) = 0 \tag{B.17}$$

である（括弧の中の$\vec{e}_y \times \vec{e}_y$が0だから）[10]。一方、

$$\underbrace{(\vec{e}_x \times \vec{e}_y)}_{=\vec{e}_z} \times \vec{e}_y = \vec{e}_z \times \vec{e}_y = -\vec{e}_x \tag{B.18}$$

となって0ではない。

掛け算における分配法則は、外積についても成立する。それを示そう。今から示したいのは

---- 外積の分配法則 ----

$$\vec{a} \times (\vec{b} + \vec{c}) = \vec{a} \times \vec{b} + \vec{a} \times \vec{c} \tag{B.19}$$

であるが、この式に登場する三つのベクトル（$\vec{a} \times (\vec{b} + \vec{c}), \vec{a} \times \vec{b}, \vec{a} \times \vec{c}$）はすべて、$\vec{a}$に垂直である。ベクトルは3次元の量であるが、この式に現れるベクトルはすべて$\vec{a}$に

---

[7] この式は分配法則と(B.16)を使って出したように見えるかもしれないが、ここでは分配法則を使ったのではないことに注意（まだ分配法則を証明してない）。逆に後でこの性質を使って分配法則を証明する。
→ p358

[8] この本では外積をまず「力のモーメントを表すために使うもの」として導入したが、力のモーメントとしてこの性質を考えると「位置ベクトルと同じ方向に力を加えても、原点回りに物体を回転させることはできないよ」ということになる。

[9] 法則が成り立つことを示す時は一つの成り立つ例を出してもダメ（他に成り立たない場合があるかもしれない）であるが、成り立たないことを示すのなら、成り立たない例が一つあればそれで十分。

[10] ここでも、ベクトルが零ベクトル$\vec{0}$であることを単に$= 0$と表記している。

B.2 外積の性質と計算則

垂直な平面の上にいるので、平面的に考えていけばよい。さらに、$\vec{a}$と平行な成分はどうせ$\vec{a}$と外積を取る時点で消えてしまうのだから、分配法則を示すには、$(\vec{b}+\vec{c})_\perp$をベクトル$\vec{b}+\vec{c}$のうち、$\vec{a}$に垂直な成分として、
$\underset{\to\ \text{p357}}{}$

$$\vec{a} \times (\vec{b}+\vec{c})_\perp = \vec{a} \times \vec{b}_\perp + \vec{a} \times \vec{c}_\perp \tag{B.20}$$

を示せば十分である。

$(\vec{b}+\vec{c})_\perp$ は $\vec{b}_\perp + \vec{c}_\perp$ とも書けることに注意しよう。すなわち「足し算する」と「射影する」の順番はどちらが先でも結果は同じである。

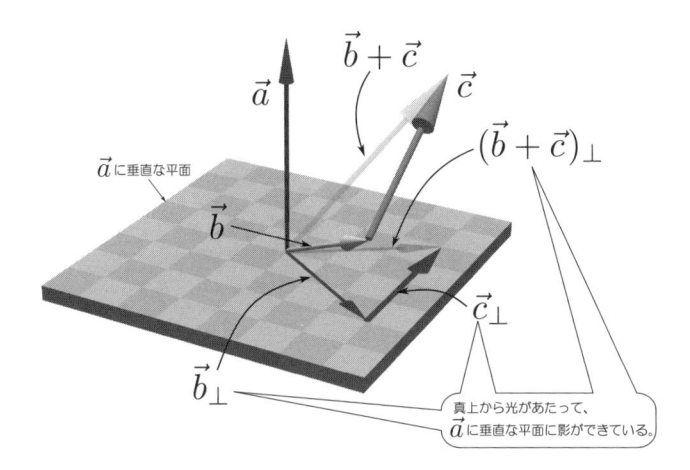

上の図のように、ベクトル$\vec{b}, \vec{c}$の射影を考えると、$\vec{b}$と$\vec{c}$の射影後を足しても、足してから射影しても結果が同じであることはすぐにわかるであろう。

外積の大きさは二つのベクトルの作る平行四辺形の面積であるから、今の場合は次の図の三角柱の側面の面積が外積の大きさとなる。

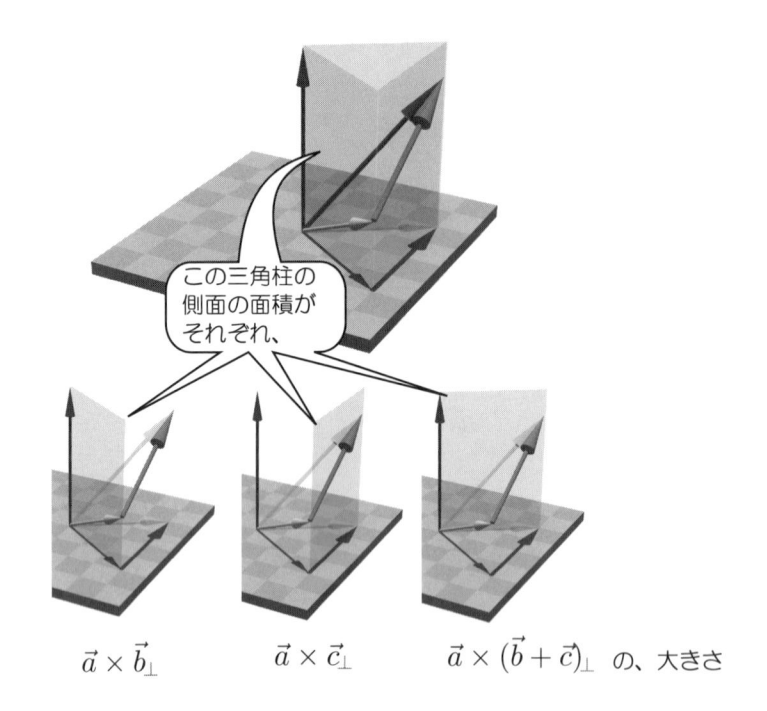

この三角柱の側面の面積がそれぞれ、

$\vec{a} \times \vec{b}_\perp$ $\vec{a} \times \vec{c}_\perp$ $\vec{a} \times (\vec{b}+\vec{c})_\perp$ の、大きさ

一番右の図に示した長方形の面積は $|\vec{a} \times (\vec{b}+\vec{c})_\perp|$ である。外積の（同じ方向の成分は効かないという）性質から、これは $|\vec{a} \times (\vec{b}+\vec{c})|$ と書いても同じである。そしてそれぞれのベクトルの向きは面の法線の方向を向く。我々が示したいのは、上で表現されるベクトル（向きがあることに注意）の間に

$$\vec{a} \times \vec{b}_\perp + \vec{a} \times \vec{c}_\perp = \vec{a} \times (\vec{b}+\vec{c})_\perp \tag{B.21}$$

が成立することである。つまり、外積の分配法則は三角柱の三つの側面の面積に関する法則にもなっているのである。そう考えると、この式に物理的意味が出てくる。外積は面積に比例し、その面積の法線方向を向くベクトルであるが、物理において面積に比例し面に垂直な量というと、水中の水圧、あるいは空気中の大気圧などが考えられる[†11]。静止した三角柱が、大気圧のせいで動き出すなどということはありえないから、各面に働く（力）＝（圧力）×（面積）はつりあうはずである。それを表した式が (B.21) である。

具体的な計算でも確認しておく。三角柱を真上から見た図で考えよう。

[†11] 厳密には、水圧も大気圧も高さによって変化する量なので面積に比例というのは正しくないが、ここではその部分は無視して考えよう（例えば無重力の宇宙船内の気圧だと思おう）。

B.2 外積の性質と計算則

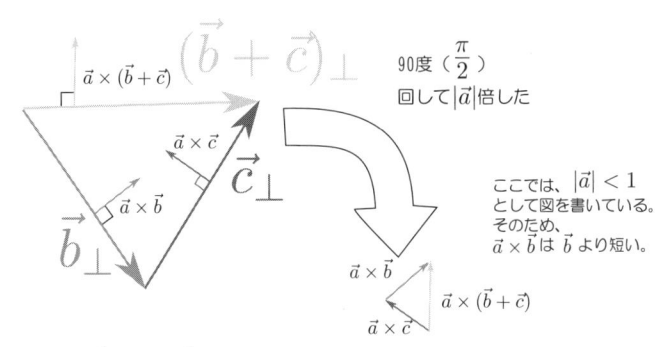

図中のラベル：
- $\vec{a} \times (\vec{b}+\vec{c})$
- $(\vec{b}+\vec{c})_\perp$
- $\vec{a} \times \vec{c}$
- $\vec{c}_\perp$
- $\vec{a} \times \vec{b}$
- $\vec{b}_\perp$
- 90度 ($\frac{\pi}{2}$) 回して $|\vec{a}|$ 倍した
- ここでは、$|\vec{a}| < 1$ として図を書いている。そのため、$\vec{a} \times \vec{b}$ は $\vec{b}$ より短い。
- $\vec{a} \times \vec{b}$
- $\vec{a} \times \vec{c}$
- $\vec{a} \times (\vec{b}+\vec{c})$

　三つのベクトル $\vec{b}_\perp, \vec{c}_\perp, (\vec{b}+\vec{c})_\perp$ が三角形を作っている。右に書いた小さいベクトル $\vec{a} \times \vec{b}_\perp, \vec{a} \times \vec{c}_\perp, \vec{a} \times (\vec{b}+\vec{c})_\perp$ ($\vec{a} \times \vec{b}, \vec{a} \times \vec{c}, \vec{a} \times (\vec{b}+\vec{c})$ と書いても同じ) も三角形を作る。$\vec{b}_\perp$ から $\vec{a} \times \vec{b}$ をつくるという計算は実は「上から見て反時計回りに 90 度回して、$|\vec{a}|$ を掛ける」[12] という計算になる。

　$\vec{c}_\perp, (\vec{b}+\vec{c})_\perp$ に関しても同様のことが言えるので、$\vec{a} \times \vec{b}, \vec{a} \times \vec{c}, \vec{a} \times (\vec{b}+\vec{c})$ の大きさは $\vec{b}_\perp, \vec{c}_\perp, (\vec{b}+\vec{c})_\perp$ の大きさと比例する。すなわち、

$$|\vec{a} \times \vec{b}| : |\vec{a} \times \vec{c}| : |\vec{a} \times (\vec{b}+\vec{c})| = |\vec{b}_\perp| : |\vec{c}_\perp| : |(\vec{b}+\vec{c})_\perp| \tag{B.22}$$

が成立する(右辺の $\perp$ は必要。これがないと成立しない)。これは上の図に描いた二つの三角形が相似であることを示している。つまり、$\vec{a} \times \vec{b}, \vec{a} \times \vec{c}, \vec{a} \times (\vec{b}+\vec{c})$ というベクトルはちゃんと図のとおりに三角形を作る。これで、

───── 外積の分配法則 ─────
$$\vec{a} \times \vec{b} + \vec{a} \times \vec{c} = \vec{a} \times (\vec{b}+\vec{c}) \tag{B.23}$$

が証明できた[13]。x を数として $\vec{a} \times (x\vec{b}) = x(\vec{a} \times \vec{b})$ も成立する[14]ので、

───── 外積の線型性 ─────
$\vec{a}, \vec{b}, \vec{c}$ を任意のベクトル、α, β, γ を任意の数として、
$$\begin{aligned}\vec{a} \times (\beta\vec{b} + \gamma\vec{c}) &= \beta\vec{a} \times \vec{b} + \gamma\vec{a} \times \vec{c} \\ (\alpha\vec{a} + \beta\vec{b}) \times \vec{c} &= \alpha\vec{a} \times \vec{c} + \beta\vec{b} \times \vec{c}\end{aligned} \tag{B.24}$$

が言える。二つの量(ベクトルでもスカラーでもなんでもいい) A, B がある時に数 α, β を持ってきて $\alpha A + \beta B$ を作ることを「**線型結合**(せんけいけつごう)」と言うが、(B.24) は、「線型結合を

---

[12] ただし、この場合の「上」は $\vec{a}$ の向きの方向。
[13] 後で出てくる成分表示を使えばすぐに出るのでは?——と思う人がいるかもしれないが、成分表示を → p362 求めるのに分配法則を使っているので、そうはいかない。
[14] これは絵を描いてみれば自明であり、証明は不要だろう。

作る」という操作と「外積を計算する」という操作は、どちらを先にやってもよい、ということを意味している。このような時「外積という演算は線型性を持つ」という言い方をする[†15]。

B.3 外積の成分表示での計算法

一般のベクトル $\vec{A}$ は x, y, z の基底ベクトル $\vec{e}_x, \vec{e}_y, \vec{e}_z$ を使って $\vec{A} = A_x\vec{e}_x + A_y\vec{e}_y + A_z\vec{e}_z$ と表現できる。ではこの $\vec{A}$ と $\vec{B} = B_x\vec{e}_x + B_y\vec{e}_y + B_z\vec{e}_z$ の外積はどのように表現できるであろうか?——まずB.2.5節で証明した分配法則を使って、
→ p358

$$\begin{aligned}\vec{A} \times \vec{B} &= (A_x\vec{e}_x + A_y\vec{e}_y + A_z\vec{e}_z) \times (B_x\vec{e}_x + B_y\vec{e}_y + B_z\vec{e}_z)\\ &= \cancel{A_x\vec{e}_x \times B_x\vec{e}_x} + A_x\vec{e}_x \times B_y\vec{e}_y + A_x\vec{e}_x \times B_z\vec{e}_z\\ &\quad + A_y\vec{e}_y \times B_x\vec{e}_x + \cancel{A_y\vec{e}_y \times B_y\vec{e}_y} + A_y\vec{e}_y \times B_z\vec{e}_z\\ &\quad + A_z\vec{e}_z \times B_x\vec{e}_x + A_z\vec{e}_z \times B_y\vec{e}_y + \cancel{A_z\vec{e}_z \times B_z\vec{e}_z}\end{aligned} \quad (B.25)$$

と分ける。まず、同じ方向を向いたベクトルどうしの外積は0となることを使って消せるところを消した。三つの座標軸を回転軸とした外積の図を見て考えれば、
→ p355

$$\vec{e}_x \times \vec{e}_y = \vec{e}_z, \vec{e}_y \times \vec{e}_z = \vec{e}_x, \vec{e}_z \times \vec{e}_x = \vec{e}_y \quad (B.26)$$

およびこれの前後を逆にした、

$$\vec{e}_y \times \vec{e}_x = -\vec{e}_z, \vec{e}_z \times \vec{e}_y = -\vec{e}_x, \vec{e}_x \times \vec{e}_z = -\vec{e}_y \quad (B.27)$$

という式を作ることができるから、これを代入して、

$$\begin{aligned}\vec{A} \times \vec{B} &= A_xB_y\underbrace{\vec{e}_x \times \vec{e}_y}_{\vec{e}_z} + A_xB_z\underbrace{\vec{e}_x \times \vec{e}_z}_{-\vec{e}_y} + A_yB_x\underbrace{\vec{e}_y \times \vec{e}_x}_{-\vec{e}_z}\\ &\quad + A_yB_z\underbrace{\vec{e}_y \times \vec{e}_z}_{\vec{e}_x} + A_zB_x\underbrace{\vec{e}_z \times \vec{e}_x}_{\vec{e}_y} + A_zB_y\underbrace{\vec{e}_z \times \vec{e}_y}_{-\vec{e}_x}\\ &= (A_yB_z - A_zB_y)\vec{e}_x + (A_zB_x - A_xB_z)\vec{e}_y + (A_xB_y - A_yB_x)\vec{e}_z\end{aligned}$$
(B.28)

というのが答えである。

たくさんの項があってごちゃごちゃして見えるかもしれないが、この項は一定のルールで作られている。すべての項は $A_\text{い}B_\text{ろ}\vec{e}_\text{は}$ という式になっているが、その下付き添字 ($_\text{い}, _\text{ろ}, _\text{は}$) には x, y, z が1個ずつ入っていて、「い→ろ→は」が、$x \to y \to z$ という順番の時はそのまま、$z \to y \to x$ という順番の時はマイナス符号をつけて、足すという計算をしている。

「$x \to y \to z$ という順番」とは、x, y, z のどれから始めてもいいが、矢印の順番に三つを踏破する、という意味である(全部書いてしまうと、$x \to y \to z$ と $y \to z \to x$ と $z \to x \to y$ である)。

[†15] ある演算が線型性を持つかどうかというのは重要な性質である。ありがたいことに、物理で現れる演算には線型性を持つものが多い。内積も線型性を持つ。

B.4　外積と微小回転

　B.2.5 節の分配法則の証明の中で触れたように、「ベクトル $\vec{a}$ との外積を計算する ($\vec{x} \to \vec{a} \times \vec{x}$)」という計算の結果は「$\vec{x}$ の、$\vec{a}$ と垂直な成分を 90 度回したベクトルを作る」という計算になる。もし $\vec{a}$ の長さが 1 であれば、$\vec{x}_\perp$（$\vec{x}$ のうち、$\vec{a}$ と垂直な成分ベクトル）の長さと $\vec{a} \times \vec{x}$ の長さは等しい。

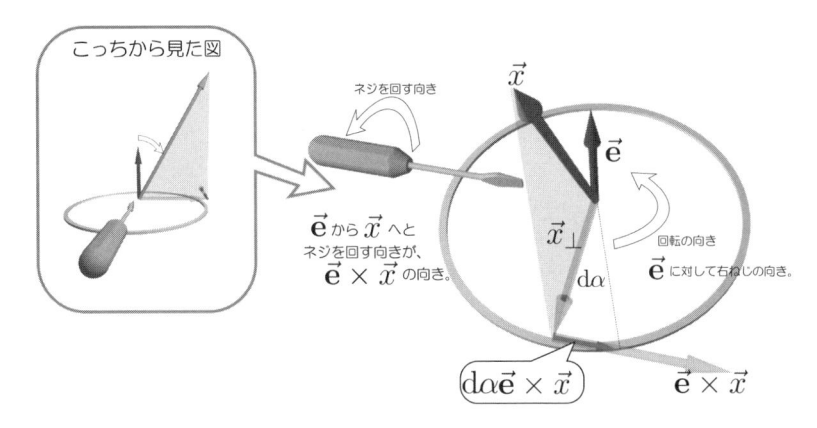

$\vec{a}$ として、長さが $d\alpha$ であるベクトル $d\alpha \vec{e}$ を選ぼう。こうすると、

$$\vec{x} \to \vec{x} + d\alpha\, \vec{e} \times \vec{x} \tag{B.29}$$

という変換は、$\vec{x}$ を任意の方向を向いた単位ベクトル $\vec{e}$ を軸として微小角度 $d\alpha$ だけ回す、という変換になる。

　つまり、「$d\alpha\, \vec{e} \times$ を左から掛ける」という計算が微小角度 $d\alpha$ の回転による変化を生み出す演算となっているのである。回転は $\vec{e}$ に対して右ネジの向きになっている。このベクトルを微小時間で割って単位時間あたりにしたものが「角速度ベクトル」である。

B.5　内積・外積の公式

　この節では以下の式を示す。

$$\vec{a} \cdot (\vec{b} \times \vec{c}) = \vec{b} \cdot (\vec{c} \times \vec{a}) = \vec{c} \cdot (\vec{a} \times \vec{b}) \tag{B.30}$$
$$\vec{a} \times (\vec{b} \times \vec{c}) = (\vec{a} \cdot \vec{c})\vec{b} - (\vec{a} \cdot \vec{b})\vec{c} \tag{B.31}$$
$$(\vec{a} \times \vec{b}) \cdot (\vec{c} \times \vec{d}) = (\vec{a} \cdot \vec{c})(\vec{b} \cdot \vec{d}) - (\vec{a} \cdot \vec{d})(\vec{b} \cdot \vec{c}) \tag{B.32}$$
$$0 = \vec{a} \times (\vec{b} \times \vec{c}) + \vec{b} \times (\vec{c} \times \vec{a}) + \vec{c} \times (\vec{a} \times \vec{b}) \tag{B.33}$$

　(B.30) には幾何学的意味がある。$\vec{b} \times \vec{c}$ は $\vec{b}$ と $\vec{c}$ が作る平行四辺形の面積の大きさを持ち、その法線の方向を向いたベクトルである。それと $\vec{a}$ の内積を取った結果 $\vec{a} \cdot (\vec{b} \times \vec{c})$ は、$|\vec{b} \times \vec{c}|$ という底面積に、$|\vec{a}| \cos\theta$（θ は $\vec{a}$ と $\vec{b} \times \vec{c}$ の角度）という高さを掛けたもの

であるから、この三つのベクトルで作った平行六面体の体積である。どれを底面に選んでも面積は同様に計算できるから、残り二つと等しいこともわかる。

次に、(B.31)を示そう。まず立体的に図を描いて考えてみよう。
→ p363

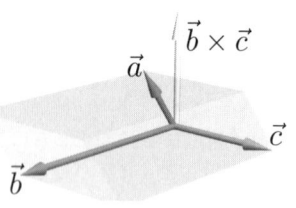

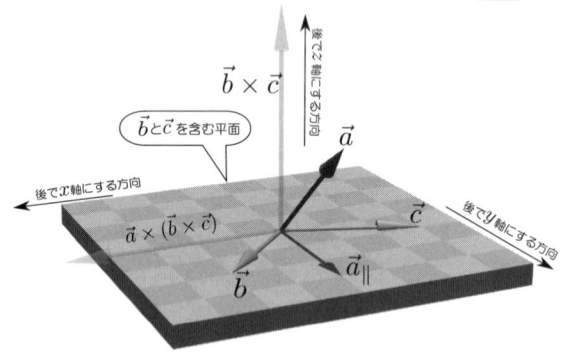

計算過程で現れる $\vec{b}\times\vec{c}$ は $\vec{b}$ と $\vec{c}$ を含む平面の法線ベクトルである。計算結果である $\vec{a}\times(\vec{b}\times\vec{c})$ は $\vec{b}\times\vec{c}$ と垂直になるはずだから、答えのベクトルはこの平面の上にある[16]。よってこの答は、後で求める定数 β,γ を使って

$$\vec{a}\times(\vec{b}\times\vec{c}) = \beta\vec{b} + \gamma\vec{c} \tag{B.34}$$

という形で書ける。$\vec{a}\times(\vec{b}\times\vec{c})$ は $\vec{a}$ とも垂直であることを使うと、

$$\beta\vec{a}\cdot\vec{b} + \gamma\vec{a}\cdot\vec{c} = 0 \tag{B.35}$$

であるから、$\beta:\gamma = (\vec{a}\cdot\vec{c}):-(\vec{a}\cdot\vec{b})$ である。そこで $\beta = \alpha(\vec{a}\cdot\vec{c}), \gamma = -\alpha(\vec{a}\cdot\vec{b})$ と置くことにして、

$$\vec{a}\times(\vec{b}\times\vec{c}) = \alpha\left((\vec{a}\cdot\vec{c})\vec{b} - (\vec{a}\cdot\vec{b})\vec{c}\right) \tag{B.36}$$

までわかった。

ここまでは図形で考えたから、どういう座標系で考えるかによらず、正しい式であるが、最後に残った未知数 α を求めるために、ここで座標系を設定することにしよう。前ページの図の面を x-y 平面だとして、$\vec{a}\times(\vec{b}\times\vec{c})$ の方向を x 軸、$\vec{b}\times\vec{c}$ の方向を z 軸にしよう。すると $\vec{a}$ には x 成分がなく、$\vec{b}$ と $\vec{c}$ には z 成分がなく、結果は x 成分しかない。よって、

$$\vec{a} = (0, a_y, a_z), \quad \vec{b} = (b_x, b_y, 0), \quad \vec{c} = (c_x, c_y, 0) \tag{B.37}$$

---

[16] ここで「$\vec{b}$ と $\vec{c}$ が平行だったらどうしよう？」という点に気づいた人もいるかもしれない。その場合、$\vec{b}\times\vec{c} = 0$ だから、この後の計算は全く意味がない。しかしその時、右辺の $(\vec{a}\cdot\vec{c})\vec{b} - (\vec{a}\cdot\vec{b})\vec{c}$ も 0 である（そのことは $\vec{c} = k\vec{b}$ と代入すればすぐに確認できる）。だからその場合でも公式は成り立つので心配はない。

と置く。
$$\vec{a}\cdot\vec{b} = a_y b_y,\ \ \vec{a}\cdot\vec{c} = a_y c_y,\ \ \vec{b}\times\vec{c} = (0,0,b_x c_y - b_y c_x) \tag{B.38}$$

となる。よって$\vec{a}\times(\vec{b}\times\vec{c})$の$x$成分は$a_y(b_x c_y - b_y c_x)$、$(\vec{a}\cdot\vec{c})\vec{b} - (\vec{a}\cdot\vec{b})\vec{c}$の$x$成分は$a_y c_y b_x - a_y b_y c_x$であるから、係数は1である。

(B.32)を示すには、まず、(B.30)を使って、
$$(\vec{a}\times\vec{b})\cdot(\vec{c}\times\vec{d}) = \vec{c}\cdot(\vec{d}\times(\vec{a}\times\vec{b})) \tag{B.39}$$

とする。$\vec{d}\times(\vec{a}\times\vec{b})$に(B.31)を使えば、以下を得る。
$$= \vec{c}\cdot((\vec{d}\cdot\vec{b})\vec{a} - (\vec{d}\cdot\vec{a})\vec{b}) = (\vec{a}\cdot\vec{c})(\vec{b}\cdot\vec{d}) - (\vec{a}\cdot\vec{d})(\vec{b}\cdot\vec{c}) \tag{B.40}$$

最後の(B.33)は「ヤコビ恒等式」とも呼ばれる。(B.31)を三つの項に使えば証明できる。

この式にも物理的意味がちゃんとある。$\vec{a},\vec{b},\vec{c}$で3辺を表現する平行六面体が空気中にある時、空気圧が平行六面体に与える全トルク（力のモーメント）を与える式になっているのである。図に$\vec{b}\times\vec{c}$で表される面を描いたが、この面に働く空気圧は向きと大きさのどちらもが$\vec{b}\times\vec{c}$に比例する。同様に$-\vec{b}\times\vec{c}$に比例する空気圧が働いている面がもう一つあり、この二つの力が偶力$\vec{a}\times(\vec{b}\times\vec{c})$になっている。

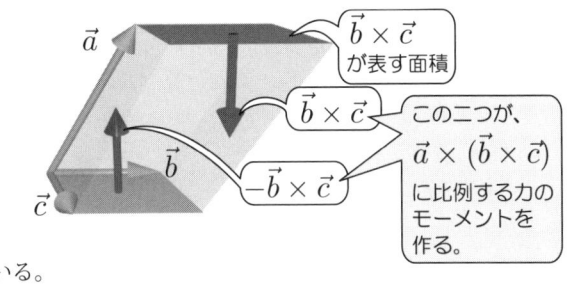

同様にこの平行六面体には後四つの力（二つの偶力）が働いている。空気中に置かれた平行六面体が勝手に回転することはありえないから、三つの偶力の和$\vec{a}\times(\vec{b}\times\vec{c}) + \vec{b}\times(\vec{c}\times\vec{a}) + \vec{c}\times(\vec{a}\times\vec{b})$が0になるのは当然と言える。

B.6　ベクトルの分解

あるベクトル$\vec{c}$を、ある方向（その方向の単位ベクトルを$\vec{e}$とする）を向いているベクトル$\vec{c}_\parallel$と、それに垂直なベクトル$\vec{c}_\perp$に分解して、$\vec{c} = \vec{c}_\parallel + \vec{c}_\perp$になるようにしよう。内積と外積の意味から、$|\vec{c}_\parallel| = \vec{e}\cdot\vec{c}$, $|\vec{c}_\perp| = |\vec{e}\times\vec{c}|$なのはすぐにわかる。$\vec{e}\times\vec{c}$というベクトルはもともとの$\vec{c}_\perp$を$\vec{e}$を軸として90度回したベクトルになってしまっているから、$-\vec{e}\times$を左から掛けて-90度回せばよい。よって、

$$\vec{c} = \underbrace{(\vec{e}\cdot\vec{c})\vec{e}}_{\vec{c}_\parallel} \underbrace{-\vec{e}\times(\vec{e}\times\vec{c})}_{\vec{c}_\perp} \tag{B.41}$$

が解である。これは(B.31)で$\vec{a} = \vec{b} = \vec{e}$として導くこともできる。

付録 C

2次元・3次元の座標系

C.1 2次元の座標系

C.1.1 平面直交座標系（デカルト座標系）

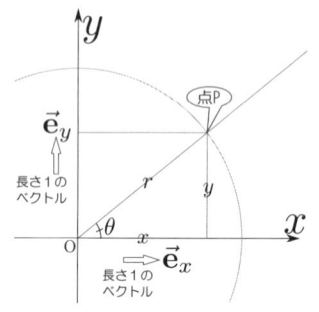

　座標を考える時、まず原点を決めてそこからどれだけ移動するかで点の位置を表すのは、2次元でも1次元の時と同じである。「どれだけ移動」の表現の方法のうち2種類を紹介しよう。
　右の図の点Pを表現する時に (x,y) の二つの数字で表現する方法（デカルト座標系）と (r,θ) で表現する方法（平面極座標系）である。
　平面のベクトルを分解する、ということは力の分解のところでも解説した（2.4.1節など）。平面に x 軸と、それに直交する y 軸を置いて、それぞれの方向の成分に分解する、という方法である。
　x 軸と同じ方向を向いている単位ベクトルを $\vec{e}_x$ と、そして y 軸と同じ方向を向いている単位ベクトルを $\vec{e}_y$ と書く。 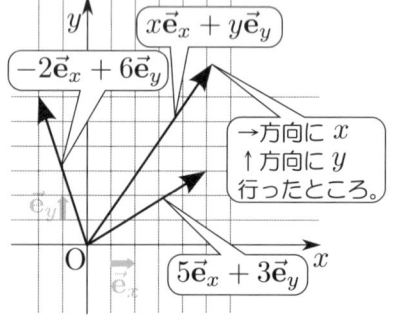
　2次元平面上のどんな点であっても「原点Oから、x 軸方向にこれだけ進んで、その後 y 軸方向にこれだけ進む」と二個の量を与えれば表現できる。その二つの量をそれぞれ「x 座標」と「y 座標」と呼び、二つまとめて (x,y) と表現する[†1]。
　位置ベクトル $\vec{r}$ は

$$\vec{r} = x\vec{e}_x + y\vec{e}_y \quad (C.1)$$

[†1] 「x 軸」と「x 座標」はどっちも x という文字で表しているが「x 軸」は平面に設定された1本の矢印（$y=0$ の点にだけある）。「x 座標」は平面のすべての点に割り振られている「数」である。混同してはいけない。もちろん、「x 成分」と混同してもいけない。「位置ベクトルの x 成分」が x 座標である。

のように表現できる。

このような「成分の分解」は位置ベクトルだけでなく一般の方向を向いているベクトルについても行なうことができて、任意の2次元ベクトルは

$$\vec{V} = V_x \vec{e}_x + V_y \vec{e}_y \tag{C.2}$$

と書ける。V_x を「$\vec{V}$ の x 成分」と呼ぶ（V_y も同様）。

C.1.2　平面極座標

極座標では r と θ という二つの座標で位置を表す。r は「原点からの距離」である。原点からの距離が r であると指定しただけでは「どの方向に r 進めばいいのか」がわからないから、その方角を指定するのが θ である（だから、原点 $r=0$ においては θ には意味がない）。図からわかるように、

$$x = r\cos\theta, \quad y = r\sin\theta \tag{C.3}$$

というのが平面極座標から平面直交座標への変換である。

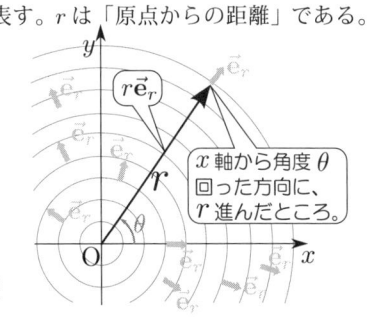

極座標での位置ベクトルは $r\vec{e}_r$ と表される。この $\vec{e}_r$ は「r 方向（すなわち、原点を離れる方向）を向いた単位ベクトル」であり、場所によって向いている方向が違う（長さは当然、どこにいようと1である）。位置ベクトルを $r\vec{e}_r$ と表すときの $\vec{e}_r$ は、もちろん、「今表したい位置の $\vec{e}_r$」である[†2]。同様に θ 方向（θ が増加する方向）の単位ベクトル $\vec{e}_\theta$ を考えることができるが、これも場所によって違う方向を向いている[†3]。

ある点に立って原点の方を向いているとすると、$\vec{e}_r$ は「一歩後ずさる方向」、$\vec{e}_\theta$ は「一歩右へ移動する方向」である。

平面直交座標[†4] (x,y) は「位置ベクトルの x 成分と y 成分」と考えることができたが、平面極座標 (r,θ) を「位置ベクトルの r 成分と θ 成分」と考えてはいけない[†5]。

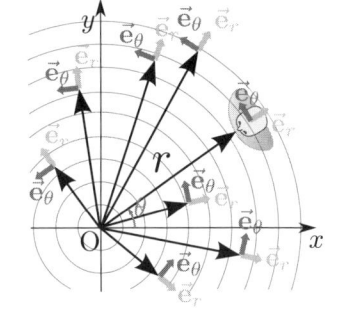

[†2] 「位置がわからないと $\vec{e}_r$ の向きがわからない」のだから、$r\vec{e}_r$ と書いたのでは「位置を表す」役割は果たせてない。ただ、このように表現して計算することには意味がある。

[†3] $\vec{e}_x, \vec{e}_y$ は場所によって向きが変わったりしないので、この点の心配は不要であった。

[†4] 単に「直交座標系」と言った時に「二つ（あるいは後で三つにもなるが）の座標の軸方向が直交している座標系」を意味することもある。そのような用語の使い方をした場合、極座標も「直交座標」である。直交座標ではあるが $r=$ (一定) の線は円という曲線なので、「直交曲線座標」と呼んでデカルト座標とは区別する。本書では「直交座標系」といえば「デカルト座標系」を指す。

[†5] なにより、ベクトル (r,θ) とベクトル (r',θ') を足しても、ベクトル $(r+r',\theta+\theta')$ には**ならない**のである。

C.1.3 二つの座標系の関係

(C.3) の逆は

$$r = \sqrt{x^2 + y^2}, \quad \theta = \begin{cases} \arctan\left(\dfrac{y}{x}\right) & x > 0 \\ \dfrac{\pi}{2} & x = 0, y > 0 \\ -\dfrac{\pi}{2} & x = 0, y < 0 \\ \arctan\left(\dfrac{y}{x}\right) + \pi & x < 0 \end{cases} \quad (C.4)$$

である。θの式がarctan（tanの逆関数）などが入ってややこしい。

──── arctanの定義 ────

$x = \tan\theta$である時、その逆関数すなわち、$\theta = \arctan x$となる関数を「アークタンジェント」と呼ぶ。arctanの値域（$\theta = \arctan x$で、θの取る値の範囲）は$-\dfrac{\pi}{2} < \theta < \dfrac{\pi}{2}$とするのが普通である。

$\theta = \mathrm{Tan}^{-1} x$という書き方もあるが、この式を$\dfrac{1}{\tan x}$と混同しないように。

(C.4) の定義では、θの値域は$-\dfrac{\pi}{2} \leqq \theta < \dfrac{3\pi}{2}$となる。$\theta$の値域を$0 \leqq \theta < 2\pi$にしたければ、$-\dfrac{\pi}{2} \leqq \theta < 0$の範囲にある時に$2\pi$を足すように定義しなおせばよい（が、そうすると場合分けが増える）[6]。

ところで上の式を見て「$x = 0, y = 0$ではθが定義されていない」ことに気づいただろうか。θの意味を考えてみれば、原点でθを指定することには意味がないことはわかると思う。座標系によって、このような「座標が意味を失ってしまう点」（「座標の特異点」[7]と呼ぶ）があるということは注意しておくべきである。平面直交座標にはそのような点はない。後で出てくる3次元の座標でも特異点がある座標は存在する。

極座標でもベクトルを

$$\vec{V} = V_r \vec{e}_r + V_\theta \vec{e}_\theta \quad (C.5)$$

と表現することはできる。ここで$\vec{e}_r$と$\vec{e}_\theta$が場所によって違う向きを向いていることには注意しなくてはいけない[8]。

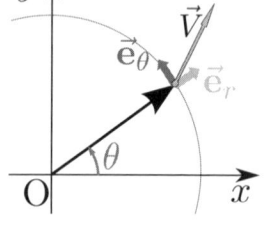

---

[6] CやJavaなどのコンピュータ言語では、(C.4)の値域が$-\pi \leqq \theta \leqq \pi$になるようにしたものをatan2(x,y)のような関数で表す。
[7] おかしな現象が起こる点を一般に「特異点」と称するが、ここで述べた「座標の特異点」はあくまで「座標」すなわち「人間が場所を指定するために使っている数字」の「特異点」であって、物理的に何かおかしなことが起きているわけではないことに注意。
[8] したがって、V_rとV_θは同じベクトルであっても場所が変われば値が変わる。

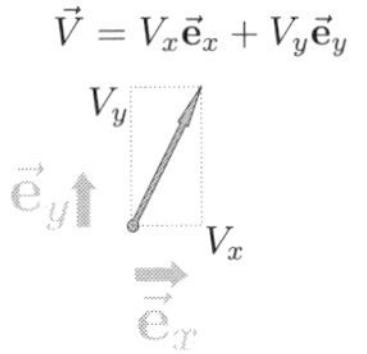

図を見て考えると、

$$V_x = V_r \cos\theta - V_\theta \sin\theta$$
$$V_y = V_r \sin\theta + V_\theta \cos\theta \quad \text{(C.6)}$$

という関係があることがわかる[†9]。これの逆関係は

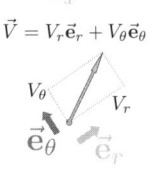

$$V_r = V_x \cos\theta + V_y \sin\theta$$
$$V_\theta = -V_x \sin\theta + V_y \cos\theta \quad \text{(C.7)}$$

である。この式はこつこつ計算してもできるが、ベクトルの内積を使う等の方法で簡単に計算できる。
→ p350

内積を使う方法とは、例えば次のように行う。$\vec{V} = V_x \vec{e}_x + V_y \vec{e}_y = V_r \vec{e}_r + V_\theta \vec{e}_\theta$ のように二通りの方法でベクトル $\vec{V}$ を表現しておく。両辺に（内積の意味で）$\vec{e}_x$ を掛けると、

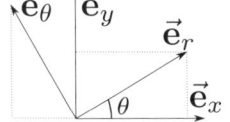

$$\vec{e}_x \cdot (V_x \vec{e}_x + V_y \vec{e}_y) = \vec{e}_x \cdot (V_r \vec{e}_r + V_\theta \vec{e}_\theta)$$
$$V_x = V_r \vec{e}_x \cdot \vec{e}_r + V_\theta \vec{e}_x \cdot \vec{e}_\theta \quad \text{(C.8)}$$

となるが、図からすぐわかるように $\vec{e}_x \cdot \vec{e}_r = \cos\theta, \vec{e}_x \cdot \vec{e}_\theta = -\sin\theta$ なので、$V_x = V_r \cos\theta - V_\theta \sin\theta$ がわかる（(C.6) の残りと (C.7) も同様）。

C.2　3次元の座標系

C.2.1　3次元極座標

3次元の極座標は、三つの数字 r, θ, ϕ で位置を表現する。

r は原点からの距離であり、θ, ϕ は原点からどの方向に離れるのか、その角度を表す。以下のように位置を表すことができる。

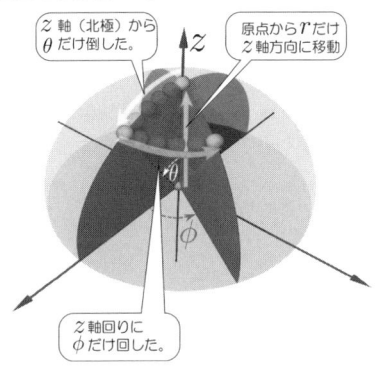

まず、原点から z 軸の方向に r 進む。これで仮想的な「半径 r の球」の「北極」に達する。次に x 軸の方向に、θ だけ倒す（南極まで行ってしまうと終わりなので、$0 \leqq \theta \leqq \pi$）。その後、z 軸回りに ϕ だけ回す[†10]（一周で元に戻るから、$0 \leqq \phi < 2\pi$）[†11]。

[†9] ぱっとみてもわからない、という人は $V_r = 1, V_\theta = 0$ の場合（このとき、$V_x = \cos\theta, V_y = \sin\theta$）と $V_r = 0, V_\theta = 1$ の場合を（このとき、$V_x = -\sin\theta, V_y = \cos\theta$）まず考えてみるとよい。
[†10] θ は緯度、ϕ は経度に対応するが、向きと範囲が違う。緯度は $-90°$ から $90°$、経度は $-180°$ から $180°$ である。
[†11] 範囲を 2π までと決めず、その替わり「ϕ と $\phi + 2\pi$ は（座標は違うけど）同じ場所」と考える場合もある。

極座標でも三つの座標に対応して三つの基底ベクトル $\vec{e}_r, \vec{e}_\theta, \vec{e}_\phi$ を作るが、それぞれ「r が増加する方向」「θ が増加する方向」「ϕ が増加する方向」であるので、場所によって違う方向を向いていることに注意しなくてはいけない（2次元の極座標と同じ）。座標
→ p367
どうしの関係は

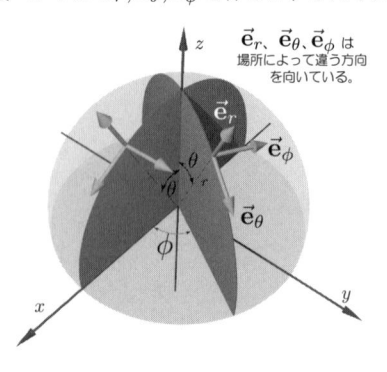

$$x = r\sin\theta\cos\phi \quad (C.9)$$
$$y = r\sin\theta\sin\phi \quad (C.10)$$
$$z = r\cos\theta \quad (C.11)$$

であり、三つの基底ベクトルと直交座標での基底ベクトルの関係は

$$\vec{e}_r = \sin\theta\cos\phi\,\vec{e}_x + \sin\theta\sin\phi\,\vec{e}_y + \cos\theta\,\vec{e}_z \quad (C.12)$$
$$\vec{e}_\theta = \cos\theta\cos\phi\,\vec{e}_x + \cos\theta\sin\phi\,\vec{e}_y - \sin\theta\,\vec{e}_z \quad (C.13)$$
$$\vec{e}_\phi = -\sin\phi\,\vec{e}_x + \cos\phi\,\vec{e}_y \quad (C.14)$$

となる。$\vec{e}_x, \vec{e}_y, \vec{e}_z$ の相互関係と $\vec{e}_r, \vec{e}_\theta, \vec{e}_\phi$ の相互関係が同じであること（例えば、$\vec{e}_x \times \vec{e}_y = \vec{e}_z$ であるのと同様に、$\vec{e}_r \times \vec{e}_\theta = \vec{e}_\phi$）に注意しておこう。こうなるように (r, θ, ϕ) の順番を選んでいる。

C.2.2　3次元円筒座標

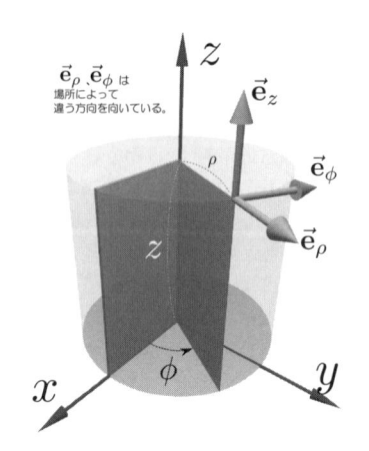

もう一つ、円筒座標系を紹介しておこう。円筒座標系は ρ, ϕ, z で位置を表現するが、z は直交座標の z と同じであり、ϕ は極座標の ϕ と同じである。2次元極座標で $r \to \rho, \theta \to \phi$ と名前のつけかえを行なって、z 座標を足したと思ってもよい[†12]。

$$x = \rho\cos\phi, \quad y = \rho\sin\phi \quad (C.15)$$

という関係式があり、基底ベクトルは

$$\vec{e}_\rho = \cos\phi\,\vec{e}_x + \sin\phi\,\vec{e}_y \quad (C.16)$$

であり、$\vec{e}_\phi$ は (C.14) と同じになる（$\vec{e}_z$ は直交座標と全く同じ）。ここでも、(ρ, ϕ, z) という順番は $\vec{e}_\rho \times \vec{e}_\phi = \vec{e}_z$（およびこれのサイクリック置換）となるように決められている。
→ p356

[†12] 3次元円筒座標を r や θ を使って表現することもよくある。文字に何を使うのかは重要ではないし、r と書いたから距離でなくてはいけない、というほど堅苦しいルールにのっとっているわけではない。

---練習問題---

【問い C-1】 3次元極座標の基底ベクトルの関係式 (C.12)〜(C.14) を確認せよ。

ヒント → p386 へ　解答 → p400 へ

【問い C-2】 3次元円筒座標の基底ベクトルの式 (C.16) を確認せよ。

ヒント → p386 へ　解答 → p401 へ

C.3　2次元、3次元の積分要素

C.3.1　面積積分

$$\int dx \int dy \text{ (単位面積あたりの量)} \tag{C.17}$$

のように積分を行なってある範囲の全体量を計算するという計算が「面積積分（面積分）」である[†13]。座標系が直交座標であれば、(単位面積あたりの量)$dx\,dy$ をどんどん足していくという計算になる。一例は99ページにある、$\rho\,dy\,dz$ の積分である。

極座標では積分は r と θ で行なうことになるが、$\int dr \int d\theta$ という積分では面積積分にならない。$dr\,d\theta$ という量が「微小な面積」になっていないのである。具体的には $r\,dr\,d\theta$ というふうに、r を掛ける必要がある。右の図のように縦 dr、横 $r\,d\theta$ の長方形を考えていると思えばよい。

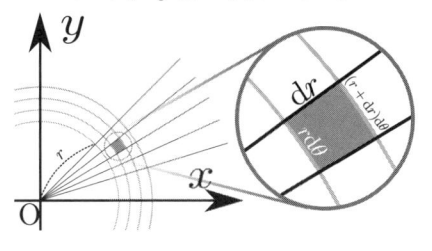

この式を出すもう一つの考え方は、微小な長さを表現するベクトル $dr\,\vec{e}_r$ と $r\,d\theta\,\vec{e}_\theta$ の外積だと考えることである（$d\theta$ ではなく $r\,d\theta$ にしないと長さにならない）。直交座標では $dx\,\vec{e}_x$ と $dy\,\vec{e}_y$ の外積が面積要素 $dx\,dy$ になる。

【FAQ】この $r\,d\theta$ は曲線の長さなのに、長方形の面積の式を使っていいのですか？

これも、直線と考えるか曲線と考えるかの違いは高次の微小量となるので気にしなくてよい。実際のところ、外側は半径 $r + dr$ になっているので、正しいこの部分の面積は扇形の面積の引き算を使って

$$\frac{1}{2}(r+dr)^2 d\theta - \frac{1}{2}r^2 d\theta = r\,dr\,d\theta + \frac{1}{2}(dr)^2 d\theta \tag{C.18}$$

だが、dr^2 の項は、A.5.2節で説明したように、極限で消える運命にある。
→ p338

[†13] 積分記号は本来積分の数だけあるべきだが、省略して $\int dx\,dy$ のように書くことも多い。

3次元の場合、面積には向きがある。デカルト座標では、$dx\,\vec{e}_x, dy\,\vec{e}_y, dz\,\vec{e}_z$ という三つのベクトルから二つ選んで外積を取ることで「面積ベクトル」ができる。極座標なら $dr\,\vec{e}_r, r\,d\theta\,\vec{e}_\theta, r\sin\theta\,d\phi\,\vec{e}_\phi$（ここに $\sin\theta$ がつく理由は、369 ページの図で z 軸周りに回す時の半径が $r\sin\theta$ だから）を、円筒座標なら $d\rho\,\vec{e}_\rho, \rho\,d\phi\,\vec{e}_\phi, dz\,\vec{e}_z$ を使って同じことを行なえばよい。

面積をベクトルで表現することの御利益の一つは「面積ベクトルはベクトルの和のように足せること」である。例えば下の図で、三つの三角形の面積ベクトルと足すと、斜めの部分の面積ベクトルにちゃんとなる。

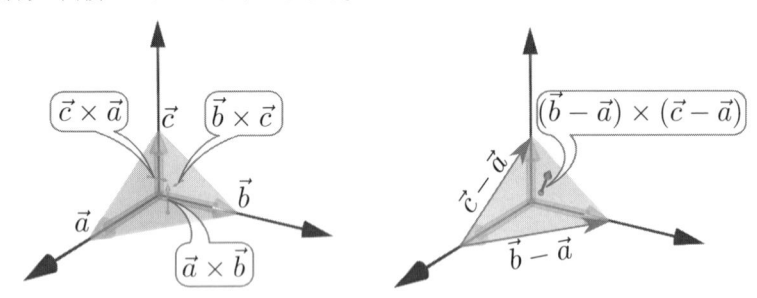

それは、
$$\frac{1}{2}(\vec{b}-\vec{a})\times(\vec{c}-\vec{a}) = \frac{1}{2}\vec{a}\times\vec{b} + \frac{1}{2}\vec{b}\times\vec{c} + \frac{1}{2}\vec{c}\times\vec{a} \tag{C.19}$$

という単純な計算で示すことができる。この式の左辺を右辺に移項して
$$0 = \frac{1}{2}\vec{a}\times\vec{b} + \frac{1}{2}\vec{b}\times\vec{c} + \frac{1}{2}\vec{c}\times\vec{a} - \frac{1}{2}(\vec{b}-\vec{a})\times(\vec{c}-\vec{a}) \tag{C.20}$$

とすると、これはこの三角錐の四つの面に働く水圧による力のつりあいの式になっている（3.6.2 節を参照）。
→ p113

例えば球の表面の面積要素は $r\,d\theta\,\vec{e}_\theta \times r\sin\theta\,d\phi\,\vec{e}_\phi = r^2\sin\theta\,d\theta\,d\phi\,\vec{e}_r$ というベクトルで表される。微小な面積の大きさは $r^2\sin\theta\,d\theta\,d\phi$ だから、これを積分して、

$$\underbrace{\int_0^{2\pi} d\phi}_{=2\pi}\underbrace{\int_0^{\pi} d\theta\,\sin\theta}_{\int_{-1}^{1} dt}\,r^2 = 4\pi r^2 \tag{C.21}$$

である。ここで行なった積分の置換 $\int_0^\pi d\theta\,\sin\theta = \int_{-1}^{1} dt$（$t = \cos\theta$ と置いた）はよく使うのでまとめて覚えておくとよい。

C.3.2 体積積分要素

三つのベクトルによって作られる体積は $\vec{a}\cdot(\vec{b}\times\vec{c})$ だから、例えば $dx\,\vec{e}_x\cdot(dy\,\vec{e}_y\times dz\,\vec{e}_z)$ のような計算で微小体積が計算できる。結果は以下の通りである。

直交座標：$dx\,dy\,dz$　　極座標：$r^2\sin\theta\,dr\,d\theta\,d\phi$　　円筒座標：$\rho\,d\rho\,d\phi\,dz$ （C.22）

付録 D

次元解析

D.1 次元とは

不思議なことに物理では「次元」という言葉が全く違う2種類の意味で使われている[†1]。英語でも dimension で、同じ単語が二つの意味で使われているが（英単語自体のそもそもの意味は「寸法」）、ここでは「1次元、2次元」の「次元」ではなく、「次元解析」などの「次元」について解説する。

「次元」の話をするまえに、「物理の式では、各項および左辺と右辺の単位がそろっていなくてはいけない」ということを確認しよう。例えば、

$$5\mathrm{m}（メートル）= 20\mathrm{kg}（キログラム）$$

などという式には何の意味もない（長さと質量が等しいとは？）。たとえどちらも長さだったとしても、

$$30\mathrm{m}（メートル）+ 5\mathrm{yd}（ヤード）= 35?$$

という計算にもやはり、意味はない。だから、物理で使う式はすべて、両辺と各項の単位が合うようになっている。例えば等加速度運動の時の $x(t) = x_0 + v_0 t + \frac{1}{2}at^2$ は

$$\underbrace{x(t)}_{\mathrm{m}} = \underbrace{x_0}_{\mathrm{m}} + \underbrace{v_0 t}_{\mathrm{m/s} \times \mathrm{s}} + \underbrace{\frac{1}{2}at^2}_{\mathrm{m/s^2} \times \mathrm{s^2}} \tag{D.1}$$

となり、左辺も、右辺のすべての項もm（メートル）という単位になっている。この「単位がそろっているべし」という制約をもう少し緩めたものが「次元がそろっているべし」である[†2]。すなわち、次元の勘定をする時は、単位ではなく「その量は長さの何乗か」「時間の何乗か」「質量の何乗か」のみを考える。

[†1] さらに日常用語で「次元の低い話をするな！」などと使われる次元を入れると3種類になる。
[†2] とはいえ、「次元の話をする時は単位はそろってなくていいよ」と言っているわけではない。どっちもそろってなければ困る。

「式の両辺（あるいは足されている各項）の次元が一致しなくてはいけない」と言われると数式上のルールのように感じられるかもしれないが、その物理的意味を知るには、以下のように考えるとよい。

物理というのはどんな単位を採用しているかにかかわらず成立すべきものである。だから、単位系を変更した時、物理量の間の関係式の左辺と右辺が同じ変更を受けなくてはいけないのである。例えば、時間の基礎単位を秒から分に変えれば、（「120秒」が「2分」に変わるように）時間を表す数値はすべて $\frac{1}{60}$ になるだろう。この時、速度は（m/sからm/分に変わるから）60倍になる。加速度は（m/s^2 からm/分^2 に変わるから）$60^2 = 3600$ 倍になる。先に挙げた等加速度運動の式 $x = x_0 + v_0 t + \frac{1}{2}at^2$ は、ちゃんと両辺の次元があっており、t が1/60倍になると同時に v が60倍、a が3600倍になれば、両辺が変化しない。物理に出てくるどんな式もこのような関係を満たしている。このようにスケールの変換をした時に左辺と右辺が同じ変換をするためには「次元」がそろっていなくてはいけない。例えば、

$$x = vt^2 \tag{D.2}$$

のような式があったとすると（もちろんこんな式はないのだが！）、時間の単位を秒から分に変えた時、左辺は変わらず右辺が $\frac{1}{60}$ になってしまう。物理の式として、こんな不合理な話はない。

つまり、「式の両辺の次元が一致しなくてはいけない」というのは「物理量のスケール（測り方）を変えた時に、物理法則がその影響を受けてはならない」という物理的事情を反映したルールである。

位置座標 x は（国際単位系での単位はmだが）「長さの1乗」の次元を持つ。面積 S は「長さの2乗」の次元を持つ（国際単位系での単位はm^2）である。「長さ」「時間」「質量」にそれぞれL,T,Mの文字を与えて、次元を表す時には[ ]でくくることにする。この三つを考えるのは、この三つのスケールは（長さだけフィートを使おうとか、時間だけ「分」を使おうとか）別々に変えることができるからである[†3]。つまりL,M,Tの3つの独立な次元がある。

主な物理量の次元を表にすると以下のようになる。

物理量	長さ	面積	体積	質量	時間	速度	加速度
次元	[L]	[L^2]	[L^3]	[M]	[T]	[LT^{-1}]	[LT^{-2}]

物理量	力	圧力	運動量	エネルギー	角運動量
次元	[MLT^{-2}]	[ML^{-1}T^{-2}]	[MLT^{-1}]	[ML^{2}T^{-2}]	[ML^{2}T^{-1}]

「長さのスケールを変えたとき、その量はどのように変わるか？」を示すのが [L$^\alpha$] という次元の役割だと言う事もできる。$\alpha = 0$ ならその量は長さのスケール変換に対し

[†3] 一般には質量と長さと時間を「独立な次元」と取ることが多いが、これは質点すなわち「大きさはないが質量がある」点を取り扱っている場合に有効である。大きさがある物体の時はむしろ、体積密度と長さと時間を独立な次元にとった方がよいこともあるだろう。

て不変である（[M] や [T] についても同様）。

D.2　次元解析

「式の両辺の次元が一致しなくてはいけない」というルールを逆手にとって、未知の式の形のある程度の目安を求めていくのが「次元解析」で、「答をチェックする手段」であると同時に「計算する前に答を見積もる手段」として利用できる。

例1：円運動の加速度

半径 R（次元 [L]）と角速度 ω（次元 [T^{-1}]）によることは予想がつく。これから加速度（次元 [LT^{-2}]）を作るには、$R\omega^2$ とすればよい。

例2：振り子の周期

おもりの質量 m（次元 [M]）、糸の長さ ℓ（次元 [L]）、「重力加速度 g」（次元 [LT^{-2}]）に関係していることは予想できる（例えば「おもりの半径 r」は質点を考えているのだから出てこない）。これらから時間 [T] の次元の量を作るとすると、[T] を持つ g の長さの次元 [L] を ℓ で割ることで消し（この時点で $\frac{g}{\ell}$[T^{-2}]）、さらにルートをとって逆数を考えれば、$\sqrt{\dfrac{\ell}{g}}$[T] となる。ちゃんと微分方程式を解く方法は 9.3.2 節で行なったが、その答はこれに 2π という無次元の定数をかけたものであった（「おもりの質量にはよらない」ということもこれでわかってしまった！）。振動の振幅 A が無視できない場合、A がもう一つ長さの次元を持つのでこう簡単ではなくなる。
　→ p276

次元解析はこのようにこれから計算する量について「だいたいの見当」をつけたり、「この変数は答えに影響するか」を判定したりするのにも使われる。また、計算間違いを見つける時にも有用である。

- -練習問題- -

【問い D-1】動物がどれくらいジャンプできるか、という問題を次元解析だけで考えてみる。動物のサイズによって質量や筋力は違うが、質量の体積密度 ρ と単位面積の筋肉の出す筋力 t はほとんどの動物でそう大きくは変化しない。これと重力加速度 g が定数であり、後は動物のサイズ（例えば身長を L としよう）でジャンプできる距離は「だいたい」決まるだろう。

(1) L を使わなくても距離の次元を持つ量を作ることができることを示せ。これから、ジャンプできる距離がサイズによらないと予想される。
(2) 筋力を $a \times tL^2$、体重を $b \times \rho L^3$ とし、ジャンプする時に力を出せる距離を $c \times L$ としてみる。ただし、a, b, c は体型で決まる比例定数である。ジャンプの際のエネルギー変化と仕事の関係を考えてジャンプできる距離を計算する式を作り、その式には L は現れないことを示せ。

現実にはもちろん、体型（足が太いとか長いとか）によって左右されるものであるが、そこはあくまで近似的なお話と割りきって考えること。

ヒント → p386 へ　　解答 → p401 へ

他に物理で出てきてもよさそうな「次元を持つ量」の候補としては「温度」「電荷」などがあるが、この二つに新しい次元を与えることはあまりやらない。というのは、絶対温度T（単位はケルビン）はボルツマン定数（本書では扱ってない）$k_B = 1.38 \times 10^{-23}$ J/K を掛けて$k_B T$にするとエネルギーの単位となる。もし温度に次元$\tilde{T}$を与えたとすると、ボルツマン定数k_Bが$[ML^2T^{-2}\tilde{T}^{-1}]$という次元を持つ。そして、物理の公式では（たとえ一見そう見えなくても）絶対温度Tはボルツマン定数k_Bとセットになって現れている[†4]ので、温度に関する次元を勘定すると、いつも消えてしまう。だから、温度に新しい次元を設定しても、それで新しい情報は得られないのである。電荷の方も、例えばクーロン力の式$F = \dfrac{Qq}{4\pi\varepsilon_0 r^2}$に現れる比例定数$\dfrac{1}{4\pi\varepsilon_0}$の次元の設定の仕方で$Q$（あるいは$q$）の次元は変わるので、電荷の次元を数えることにあまり意味がない。

$\exp x = e^x$という式の「expの肩」すなわちxには次元のある量を入れても、意味ある式にはならない。これは

$$\exp x = 1 + x + \frac{1}{2}x^2 + \frac{1}{3!}x^3 + \cdots \tag{D.3}$$

というテーラー展開を見ればわかるだろう（次元の違う量は足せない！）。
→ p329

【FAQ】では、$\log x$のxは次元を持ってもいいのですか？

$\log x$のxが次元を持つ式は時々でてくる。exp同様、例えば

$$\log(1+x) = x - \frac{1}{2}x^2 + \frac{1}{3}x^3 - \frac{1}{4}x^4 + \cdots \tag{D.4}$$

のようにテーラー展開できるということを考えると、「どうしてlogだとやってもいいのだろう？」と不思議になるかもしれない。

次元というのは上で述べたように「スケールを変えた時の応答の様子」から決まる。スケールを変えたことによって$x \to ax$のようにxが変化したとしよう。この時logは

$$\log x \to \log(ax) = \log x + \underbrace{\log a}_{\text{定数項}} \tag{D.5}$$

となる。つまり、$\log x$はxのスケール変換に対して「定数項のずれ」だけの変化をもたらす。物理においては「定数ずれても気にしない」量が時々ある（例えばエネルギーは原点を任意に決められるから、定数のずれには意味がない）。そういう量であれば＝$\log x$という式のxが次元を持っていても支障はない。

[†4] 例えば状態方程式$PV = nRT$はTが単独で入っているように見えるが、気体定数Rが$k_B \times$（アボガドロ数）であることを思えば、$k_B T$の組み合わせになっている。また、熱力学第一法則は$dU = TdS - PdV$であるが、実はエントロピーSがk_Bに比例しているから、$k_B T$の組み合わせである。

D.3　単位について

次元の話に続き、本書で（そして現在の多くの物理の教科書で）採用されている単位系についてまとめておく。現在主流として使われている国際単位系（SI）では、長さを表現するのにメートル(m)、質量を表現するのにキログラム(kg)、時間を表現するのに秒(s)を使う（よって古くはこれを「MKS単位系」と呼んだ）。古い本ではメートルの替りにセンチメートル(cm)、キログラムの代わりにグラム（g）を使う単位系（cgs単位系）を使っている場合もある（他にもヤードポンド法などを使っている本も海外には存在するだろう）。

国際単位系（SI）はこれ以外に電流の単位であるアンペア(A)や温度の単位であるケルビン(K)などを基本単位として使うが、本書では使わないのでこれらは省略する。

本書で使う単位はすべてm,kg,sの組み合わせで作られることになるが、よく出てくる組合せには特別な名前を与える。本書に登場したものを列記しておく。

種類	単位	記号	基本単位での表現
力	ニュートン	N	$kg \cdot m/s^2$
エネルギー・仕事	ジュール	J	$kg \cdot m^2/s^2$
仕事率	ワット	W	$kg \cdot m^2/s^3$
圧力	パスカル	Pa	$kg/m \cdot s^2$
振動数	ヘルツ	Hz	$1/s$

基本単位の1000倍は頭に接頭辞「k」（キロ）をつけて表現することになっている（困ったことにキログラム(kg)は接頭辞がついたものが基本単位になっている）。よく使われる接頭辞を以下に示す。

ギガ	メガ	キロ	ヘクト	デカ	デシ	センチ	ミリ	マイクロ	ナノ	ピコ
G	M	k	h	da	d	c	m	μ	n	p
10^9	10^6	10^3	10^2	10	10^{-1}	10^{-2}	10^{-3}	10^{-6}	10^{-9}	10^{-12}

単位を換算しなくてはいけないときは、単位としてつけた部分に変換された単位を代入していくという方法が簡単である。例えば10m/s（秒速10メートル）を「時速○キロメートル」に直すには、$1m = \frac{1}{1000}km, 1s = \frac{1}{3600}h$（hは時間）を使って

$$10\text{m/s} = 10\frac{\text{m}}{\text{s}} = 10\frac{\frac{1}{1000}\text{km}}{\frac{1}{3600}\text{h}} = 36\frac{\text{km}}{\text{h}} = 36\text{km/h} \tag{D.6}$$

のようにする。cgs単位系での力の単位はダイン（dyn）という名前で$g \cdot cm/s^2$であるが、

$$1\text{dyn} = 1\frac{\text{g}\cdot\text{cm}}{\text{s}^2} = 1\frac{\frac{1}{1000}\text{kg}\cdot\frac{1}{100}\text{m}}{\text{s}^2} = \frac{1}{100000}\text{kg}\cdot\text{m/s}^2 = \frac{1}{100000}\text{N} \tag{D.7}$$

のようにニュートン（N）との関係がわかる。

付録 E

問いのヒントと解答

【問い1-1】のヒント ....（問題は p19、解答は p386）
手順は

- まず重力（A,B,Cについて一つずつ、計三つ）
- 接触面ごとに垂直抗力（3面ある）。それぞれ反作用を忘れずに。

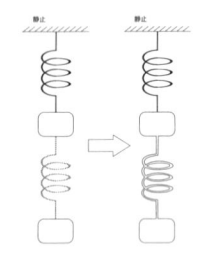

【問い1-2】のヒント .... （問題は p22、解答は p387）
上の問い1-1と同様に。ただし2個目の手順は「糸ごとに張力（3本）」と変わる。

【問い1-3】のヒント .... （問題は p31、解答は p387）
左図のように、下の二つの物体（さらにその間のバネ）を一個の物体とみなしてしまう。この物体の質量は $2m$ である。

【問い1-4】のヒント .... （問題は p31、解答は p387）
バネ定数 k のバネを力 F で引っ張ると $\frac{F}{k}$ だけ伸びる。半分に切ったバネはどれだけ伸びる？—2倍か、$\frac{1}{2}$ 倍か？
逆に、「半分の長さのバネを2個つなげたものが最初考えていたバネ」と考えた方がわかりやすいかもしれない。

【問い1-5】のヒント .... （問題は p31、解答は p387）
図は右のとおりである。バネの伸びは上から順に x, x', x'' とした。後は一個一個の物体について式を立てていく。

【問い1-6】のヒント .... （問題は p31、解答は p387）
同じバネを並列に、なので伸びも同じになるとして絵を描く。

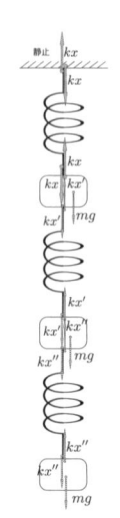

【問い 2-1】のヒント .... (問題は p44、解答は p388)
(1) 上の物体と下の物体の間にも静止摩擦力が働くことに注意。
(2) 上下の物体間の垂直抗力 $\times \mu_2$ と静止摩擦力を比較。
(3) 床と下の物体の間の垂直抗力 $\times \mu_1$ と静止摩擦力を比較。
(4) (2) が満足され、(3) が満足されない状況を考えればよい。

【問い 2-2】のヒント .... (問題は p45、解答は p388)
力が多くて煩雑となるが、力の図は下の通り。

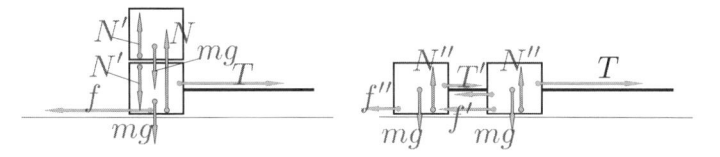

【問い 2-3】のヒント .... (問題は p45、解答は p388)
力の絵を描いてみると右の図のようになる。

床から足に働く摩擦力 f と f' にはそれぞれ最大値があり、$f \leq \mu N, f' \leq \mu' N'$ である（= ではないことに注意！）。ただし、μ は C 君の足と床の間の静止摩擦係数、μ' は A さんの足と床の間の静止摩擦係数である。

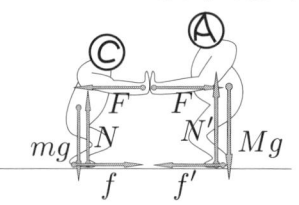

【問い 2-4】のヒント .... (問題は p62、解答は p388)
$m\vec{g}$ と $\vec{F}$ は分解する必要はない。$\vec{N}$ を二つの方向に分解するが、$m\vec{g}$ 方向と $\vec{F}$ 方向を辺に持つ平行四辺形を書いて分解する。
それは右の図のような形になる。

【問い 2-5】のヒント .... (問題は p65、解答は p388)
(2.37)$T(\sin\theta + \mu\cos\theta) \leq \mu mg$ から考え直す。$\sin\theta$ と $\cos\theta$ の前の
→ p64
係数が $1 : \mu$ なので、$1 = \sqrt{1+\mu^2}\cos\alpha, \mu = \sqrt{1+\mu^2}\sin\alpha$ とおいて三角関数の加法定理を使う。

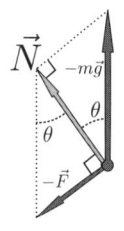

【問い 2-6】のヒント .... (問題は p65、解答は p388)
まずつりあいの式を立てると、
$$N = mg + f\cos\theta, F = f\sin\theta \qquad (E.1)$$
である。すべらない条件は $F < \mu N$ である。

【問い 2-7】のヒント .... (問題は p65、解答は p388)
力の絵を描くと、右の図のようになる。

【問い 2-8】のヒント .... (問題は p69、解答は p389)
(1) 計算方法はいろいろあるが、例えば両辺を辺々足せば、N が消去される。

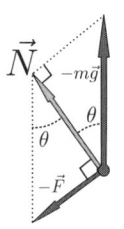

(2) 出てきた式から $T>0, N>0$ の式を作ってみる。

【問い 2-9】のヒント................... (問題は p69、解答は p389)
Aさんと台を一体化すると、右の図のようになって、内力の N が消える。

【問い 2-10】のヒント................... (問題は p69、解答は p389)
Aさんが T の力で糸を引く時、糸からAさんに T の反作用が上向きに及ぼされる。これがAさんが台から離れてしまう原因である。よって滑車を追加して糸からAさんに働く力が下向きになるようにすればよい。

【問い 2-11】のヒント................... (問題は p69、解答は p389)
丁寧に図を描いていけばよい。気をつけることは、今は糸や滑車などの質量やまさつを無視しているので、どのような状況においても糸の張力は（1本の糸ならば）同じであるということである。

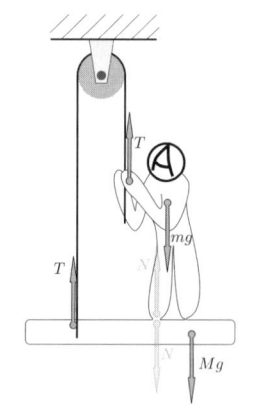

【問い 2-12】のヒント................... (問題は p71、解答は p390)
力を描くと右の図のようになる。物体は4本の糸で支えられていると考えればよい。

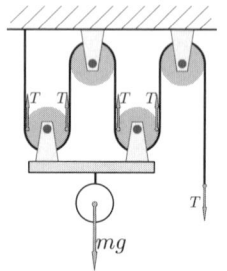

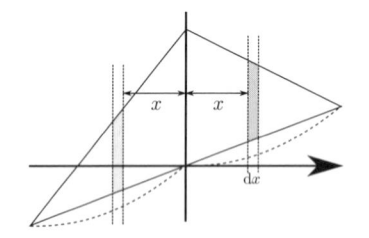

【問い 3-1】のヒント....... (問題は p106、解答は p390)
左の図は、三角形のある辺の中点ともう一つの頂点を結ぶ線に平行な線を使って三角形を小さく分割した図である。真ん中の線から等距離ずつ離れている線にそって幅 dx 切り出した部分がどのようなモーメントを作るか（真ん中の線上の点を基準点として）を考えてみるとよい。

【問い 3-2】のヒント.. (問題は p110、解答は p390)
壁との接触点を原点にすると、床との接触点は $-\vec{L}$ の位置に、重心は $-\frac{1}{2}\vec{L}$ の位置にくるから、モーメントの式をベクトルで書くと、

$$-\vec{L} \times \vec{N}_\text{床} - \vec{L} \times \vec{f}_\text{床} - \frac{1}{2}\vec{L} \times m\vec{g} \tag{E.2}$$

これを成分に直してみよう。

【問い 4-1】のヒント.. (問題は p145、解答は p391)
ブザーはエレベータの床に設置された体重計の測定値が大きくなった時に鳴る。実際にはこの体重計が測っているのは、人と床の間の垂直抗力である。上下それぞれの向きに加速しているときに垂直抗力はどのようになるかを考えてみよう。

【問い4-2】のヒント .... (問題は p145、解答は p391)
　実はこの男の考えすべてが間違いではない。もし男がジャンプする（つまり足の力を使って上向きに加速する）ことによってエレベータとともに落下してきた速度をちょうど 0 にすることができれば、そこでいったん男は静止することになり、落下による衝撃はこないから、その後怪我することもない。だが、「だから助かる」と言ってしまえば間違いである。

【問い5-1】のヒント .... (問題は p166、解答は p391)
　運動方程式は
$$m\frac{d\vec{v}}{dt} = -mg\vec{e}_y - k\vec{v} \tag{E.3}$$
を解けばよい。

【問い5-2】のヒント ..... (問題は p169、解答は p391)
　少し大袈裟に図を描くと右のようになる。近づくとき、遠ざかるときの力と速度が加速する方向か、減速する方向か（接線加速度が正か負か）を考えればよい。
→ p163

【問い5-3】のヒント ..... (問題は p170、解答は p391)
　ループの頂上部分で、コースターとレールの間の垂直抗力が大きいほど、落ちる可能性が低くなる。垂直抗力を大きくするには、法線加速度を大きくすればよい。

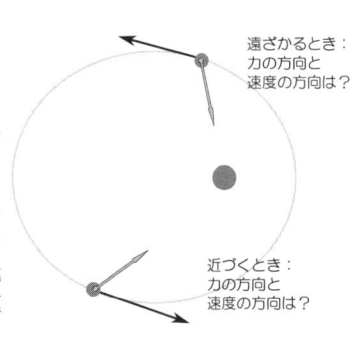

【問い5-4】のヒント .... (問題は p172、解答は p391)
　$\left(\frac{d\theta}{dt}\right)^2$ が計算できているので、それを (5.20) に代入する。最下点は $\theta = 0$ だから、
→ p171
その時の T が mg の何倍かを調べればよい。

【問い5-5】のヒント .... (問題は p172、解答は p391)
　前問とは初期条件が違う。$\theta = 0$ で速さ $\ell\frac{d\theta}{dt}$ が v_0 であるから、
$$\frac{1}{2}m(v_0)^2 = mg\ell + C\ell \tag{E.4}$$
で C が決まる。$\theta = \pi$ まで $T \geq 0$ である条件を示せばよい。

【問い5-6】のヒント .... (問題は p173、解答は p392)
　(C.12)〜(C.14) を微分して、$\frac{d}{dt}\vec{e}_r = \dot{\theta}\vec{e}_\theta + \sin\theta\dot{\phi}\vec{e}_\phi$, $\frac{d}{dt}\vec{e}_\theta = -\dot{\theta}\vec{e}_r + \cos\theta\dot{\phi}\vec{e}_\phi$,
→ p370
$\frac{d}{dt}\vec{e}_\phi = \dot{\phi}(-\sin\theta\vec{e}_r - \cos\theta\vec{e}_\theta)$ という式を作る。これらを使って地道に計算する。

【問い5-7】のヒント .... (問題は p174、解答は p392)
　(C.16) と (C.14) の微分から、$\frac{d}{dt}\vec{e}_\rho = \dot{\phi}\vec{e}_\phi$,
→ p370　→ p370
$\frac{d}{dt}\vec{e}_\phi = -\dot{\phi}\vec{e}_\rho$ という式が出るので、これを使って地道に計算する。

382　付録E　問いのヒントと解答

【問い6-1】のヒント .... (問題は p180、解答は p392)

「痛い」は何で判断しようか？—ぶつかってきた時に、働く圧力（力÷面積）が人が感じる痛みに比例すると考えればよい。力は同じか？—そして面積は？

【問い6-2】のヒント .... (問題は p184、解答は p392)

この物体が、地球の「外」からやってくるのなら、正しい。しかしそうでないのなら、地球の上で静止した状態から運動が始まる。では運動を始めるためには？

【問い6-3】のヒント .... (問題は p186、解答は p393)

運動方程式は $M\dfrac{dV}{dt} = f - KV$、$m\dfrac{dv}{dt} = -f$ となる。f はボートと人間の間に働く、水平方向の力。まずこの二つから f を消去し、「保存量」を見つける。

【問い6-4】のヒント .... (問題は p190、解答は p393)

「真空中の宇宙船には反作用を受ける相手がいない」→これは本当か？？

【問い7-1】のヒント .... (問題は p205、解答は p393)

(1) (7.25)を考える。まず右辺の (重力以外の力のした仕事) であるが、重力以外の
    → p205
    力は垂直抗力である。垂直抗力は文字通り面に垂直で、物体が面に沿って動くことを考えると、仕事はすぐにわかる。
(2) 速さと時間が同じ変化をするとは限らない。加速度はどうなるかを比較しよう。

【問い7-2】のヒント .... (問題は p217、解答は p393)

(1) 最初は質量 $M+m$ の物体が速度 V、最後は質量 M が速度 V'、質量 m が速度 v。この状況にそのまま運動量保存則を適用すればよい。
(2) エネルギーをまじめに計算する。符号に注意。
(3) 投げ始め、投げ終わりの図を描いてみる。ボールの移動距離と、台＋人間の移動距離は違う。

【問い7-3】のヒント .... (問題は p228、解答は p394)

(1) はね返り係数は

$$= \dfrac{\dfrac{2m_1 m_2}{(m_1+m_2)(m_2+m_3)} - \dfrac{m_1 - m_2}{m_1 + m_2}}{} = \dfrac{2m_1 m_2 - (m_1 - m_2)(m_2 + m_3)}{(m_1+m_2)(m_2+m_3)} = \dfrac{m_1(m_2 - m_3) + m_2(m_2 + m_3)}{(m_1+m_2)(m_2+m_3)}$$
(E.5)

になる。−(分母) < (分子) < (分母) を示せば、絶対値は 1 より小さいと言える。

(2) 衝突後、絶対に $v'_2 > v'_1$ である。ところが重心速度 v_G は v'_2 より遅いので、$v_g < v'_1$ ということも起こりえるのである。

【問い8-1】のヒント .... (問題は p235、解答は p394)

$\vec{x} = (\rho \vec{e}_\rho + z \vec{e}_z)$ と $\vec{p} = (p_\rho \vec{e}_\rho + p_\phi \vec{e}_\phi + p_z \vec{e}_z)$ の外積を取る。

【問い8-2】のヒント .... (問題はp247、解答はp394)
$$I_{xy} = -\int d^3\vec{x}\, \rho(\vec{x}) xy = -\int d^3\vec{x}\, \rho(\vec{x})(x' + x_G)(y' + y_G) \text{ を計算する。}$$

【問い8-3】のヒント .... (問題はp253、解答はp394)
$\dfrac{d}{dt}\left(\dfrac{1}{2}mv^2 + \dfrac{1}{2}I\omega^2\right)$ を計算する。運動方程式$\underset{\to\text{p252}}{(8.51)}$と$\underset{\to\text{p252}}{(8.52)}$を使おう。

【問い8-4】のヒント .... (問題はp257、解答はp395)

$$\underset{\to\text{p257}}{(8.64)} + \underset{\to\text{p257}}{(8.65)}\text{ より、} \qquad (M+m)\dfrac{dv}{dt} = F \tag{E.6}$$

がわかる。これを$\underset{\to\text{p257}}{(8.66)}$に代入して整理すると、$f, f'$もわかる。

【問い8-5】のヒント .... (問題はp260、解答はp395)
　丸い先端部分が傾いた状態で回っていると、面との接触点がこすれて動摩擦が発生するわけだが、その動摩擦力の方向は、接触面の運動の逆向きである。この力がどんなモーメントを作るか、重心を中心にして考えてみよう。

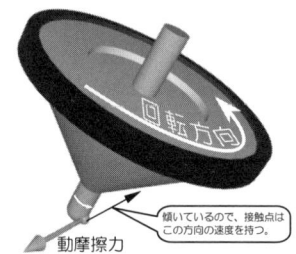

【問い9-1】のヒント .... (問題はp273、解答はp395)
$\left(e^{i\theta}\right)^2 = e^{2i\theta}$で左辺を展開する。

【問い9-2】のヒント .... (問題はp273、解答はp395)
　1+iがどうなるかは、右の図を見て考えるとよい。複素平面上で、右向きの長さ1のベクトルは「実数1」を表し、上向き長さ1のベクトルは「虚数単位i」を表す。二つを足した物は、数としては1+i、複素平面上では右上斜め45°向きの長さ$\sqrt{2}$のベクトルである。 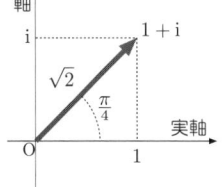
　念の為であるが、この問題は複素表示を使わないとしたら、以下のように解く。

$$\cos(A+B) = \cos A\cos B - \sin A\sin B$$
$$\cos\left(\theta + \dfrac{\pi}{4}\right) = \cos\theta\cos\dfrac{\pi}{4} - \sin\theta\sin\dfrac{\pi}{4}$$
$$= \dfrac{1}{\sqrt{2}}\cos\theta - \dfrac{1}{\sqrt{2}}\sin\theta$$

$\left(A = \theta, B = \dfrac{\pi}{4}\text{を代入すると、}\right)$
$\left(\cos\dfrac{\pi}{4} = \sin\dfrac{\pi}{4} = \dfrac{1}{\sqrt{2}}\text{なので}\right)$ (E.7)

【問い9-3】のヒント .... (問題はp275、解答はp396)
　運動エネルギーは横のバネの場合と同じ。弾性力と重力の位置エネルギーは

$$\dfrac{1}{2}k\left(\dfrac{mg}{k} + A\sin\left(\sqrt{\dfrac{k}{m}}t + \alpha\right)\right)^2 - mg\left(\dfrac{mg}{k} + A\sin\left(\sqrt{\dfrac{k}{m}}t + \alpha\right)\right) \tag{E.8}$$

なので、まず位置エネルギーの和を考える。

【問い10-1】のヒント............................(問題はp297、解答はp396)
　右のような図を描く。単位ベクトルである$\vec{e}_{x'}, \vec{e}_{y'}$は長さが1であるから、微小時間の間に$\omega dt$回ると、その先端も$\omega dt$だけ移動する。

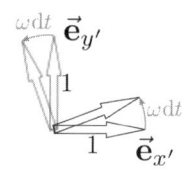

【問い10-2】のヒント............................(問題はp297、解答はp396)
　(10.23)をもう一度微分して整理すればよい。
→ p297

【問い10-3】のヒント............................(問題はp299、解答はp396)
　運動方程式: $\vec{F} = m\left(\dfrac{d^2 r}{dt^2} - r\left(\dfrac{d\theta}{dt}\right)^2\right)\vec{e}_r + \left(2\dfrac{dr}{dt}\dfrac{d\theta}{dt} + r\dfrac{d^2\theta}{dt^2}\right)\vec{e}_\theta$ に $\dfrac{d\theta}{dt} = \dfrac{d\theta'}{dt} + \omega, \dfrac{d^2\theta}{dt^2} = \dfrac{d^2\theta'}{dt^2}$ を代入。

【問い10-4】のヒント............................(問題はp299、解答はp397)
　$\dfrac{d\theta}{dt}$ が $\dfrac{d\theta'}{dt} + \omega$ と置き換えられるだけでなく、$\dfrac{d^2\theta}{dt^2}$ も $\dfrac{d^2\theta'}{dt^2} + \dot{\omega}$ と置き換えられる。

【問い10-5】のヒント............................(問題はp304、解答はp397)
　重心と相対運動の方から逆算する方が簡単である。

	運動エネルギー	角運動量
重心運動	$\dfrac{1}{2}(m_1 + m_2)\left(\dfrac{d}{dt}\vec{x}_G\right)^2$	$\vec{x}_G \times (m_1 + m_2)\dfrac{d}{dt}\vec{x}_G$
相対運動	$\dfrac{1}{2}\dfrac{m_1 m_2}{m_1 + m_2}\left(\dfrac{d}{dt}(\vec{x}_1 - \vec{x}_2)\right)^2$	$(\vec{x}_1 - \vec{x}_2) \times \dfrac{m_1 m_2}{m_1 + m_2}\dfrac{d}{dt}(\vec{x}_1 - \vec{x}_2)$

(E.9)

【問い11-1】のヒント............................(問題はp308、解答はp398)
　Gの次元は、307ページの脚注†3に書いた単位 N·m^2/kg^2 からもわかるように、$[\mathrm{M}^{-1}\mathrm{L}^3\mathrm{T}^{-2}]$である。これから時間の次元を作るには、$R$を使って長さの次元を消し、$M$か$m$またはこの組み合わせで質量の次元を消す。

【問い11-2】のヒント............................(問題はp308、解答はp398)
　$\dfrac{\partial F_y}{\partial x} = -\dfrac{3}{2}\dfrac{GMmy}{(x^2+y^2+z^2)^{\frac{5}{2}}}\dfrac{\partial(x^2+y^2+z^2)}{\partial x}$ と計算する。

【問い11-3】のヒント............................(問題はp312、解答はp398)
　(11.14)に(5.33)を代入し、$\theta = \dfrac{\pi}{2}, \dot{\theta} = 0, \ddot{\theta} = 0$とおいた式は
→ p311　→ p173

$$\mu\left(\left(\ddot{r} - r(\dot{\phi})^2\right)\vec{e}_r + \left(r\ddot{\phi} + 2\dot{r}\dot{\phi}\right)\vec{e}_\phi\right) = -\dfrac{GMm}{r^2}\vec{e}_r \qquad (\mathrm{E}.10)$$

なので、これをr成分とϕ成分に分ける。

【問い11-4】のヒント............................(問題はp314、解答はp399)
　(11.17)で、$E = 0$とする。$\dfrac{1}{2}\mu\left(\dfrac{dr}{dt}\right)^2 + \dfrac{1}{2}\mu\left(r\dot{\phi}\right)^2$をまとめて運動エネルギー$\dfrac{1}{2}\mu v^2$
→ p312
とすればよい。

【問い A-1】のヒント..（問題は p329、解答は p399）
　$dy = (x + dx)^4 - x^4$ を真面目に計算。

【問い A-2】のヒント..（問題は p329、解答は p399）
　$y + dy = (x + dx)^n$ としたとき、dx^2 より次数が高いものはどうせ消えるのだから、n 個ある $x + dx$ のうち、一個だけ dx になっているものの数を数えればよい。

【問い A-3】のヒント..（問題は p331、解答は p399）
　$y + dy = \dfrac{1}{(x+dx)^2}$ と $y = \dfrac{1}{x^2}$ の差を取る計算は少々面倒なので、まず $yx^2 = 1$ の形にして、$(y + dy)(x + dx)^2 = 1$ との差を考える。

【問い A-4】のヒント..（問題は p331、解答は p399）
　これは、$y = \sqrt{x}$ を $y^2 = x$ に直してから考える。

【問い A-5】のヒント..（問題は p332、解答は p400）

ここで円は単位円でなく、円の半径は $\dfrac{1}{\cos\theta}$ であることに注意。
図の直角三角形の底辺を1としているので、高さが $\tan\theta$、斜辺は $\dfrac{1}{\cos\theta}$ である。

【問い A-6】のヒント..（問題は p333、解答は p400）
　(A.22) を微分してやればよい。$\dfrac{d}{dx}x^n = nx^{n-1}$ を使う。

【問い A-7】のヒント..（問題は p333、解答は p400）
　$y = \log x$ は $x = e^y$ なので、この式の両辺を微分する。

【問い A-8】のヒント..（問題は p337、解答は p400）
　$v_1 = 0, v_2 = a\Delta t, \cdot v_k = a(k-1)\Delta t, \cdots$ なので、(A.35) は

$$0 + a(\Delta t)^2 + 2a(\Delta t)^2 + 3a(\Delta t)^2 + \cdots (k-1)a(\Delta t)^2 + \cdots + (N-1)a(\Delta t)^2$$
$$= a(\Delta t)^2(1 + 2 + \cdots + (N-1)) \tag{E.11}$$

である。公式 $\displaystyle\sum_{i=1}^{N-1} i = \dfrac{N(N-1)}{2}$ を使う。

【問い A-9】のヒント............（問題は p340、解答は p400）
　340 ページと同様の図を $\cos\theta$ に関して描いてみると右のようになる。

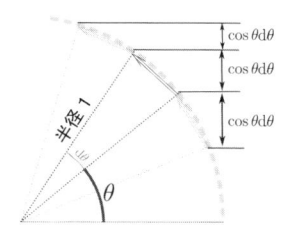

【問い C-1】のヒント ...... （問題は p371、解答は p400）

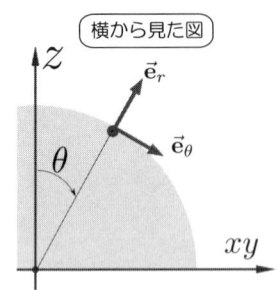

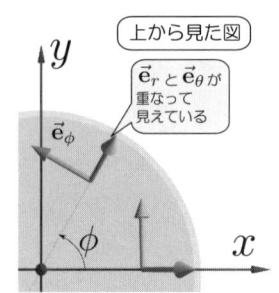

370ページの図を横から見たのが左にある図、上から見たのが右にある図。これを見て考えよう。右の図のように投影された状態で、$\vec{e}_\phi$ の長さは 1 だが、$\vec{e}_r$ は長さ $\sin\theta$ に、$\vec{e}_\theta$ は長さ $\cos\theta$ になっている。

【問い C-2】のヒント ...... （問題は p371、解答は p401）

370ページの図を上から見た図は右の通り。計算したいのは $\vec{e}_\rho$ のみである。

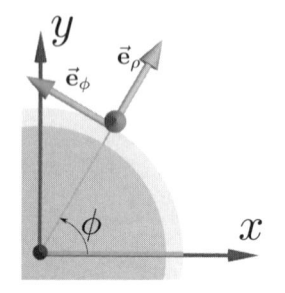

【問い D-1】のヒント ...... （問題は p375、解答は p401）

(1) 各々の定数の次元は $\rho[\mathrm{ML}^{-3}]$、$t[\mathrm{ML}^{-1}\mathrm{T}^{-2}]$、$g[\mathrm{LT}^{-2}]$ となる。

(2) 筋力 atL^2 にジャンプする時力を出せる距離 cL をかけたものである仕事が、高さ h に達した時の位置エネルギー $b\rho L^3 gh$ に等しい。

以下は解答編

【問い 1-1】の解答 ...... （問題は p19、ヒントは p378）

(1) については、

$N_1 = m_\mathrm{A} g,$
$N_2 = N_1 + m_\mathrm{B} g,$
$N_3 = N_2 + m_\mathrm{C} g$

(2) については、

$N_1 = m_\mathrm{A} g,$
$N_2 = m_\mathrm{B} g,$
$N_3 = N_1 + N_2 + m_\mathrm{C} g$

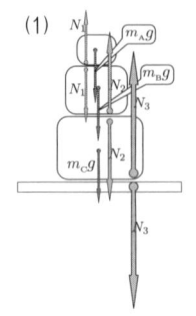

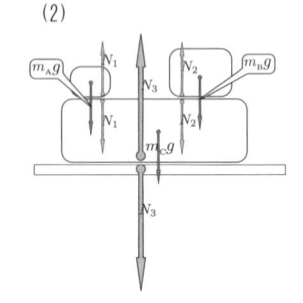

【問い1-2】の解答 .... (問題は p22、ヒントは p378)

(1)については、

$$T_1 = T_2 + m_A g,$$
$$T_2 = T_3 + m_B g,$$
$$T_3 = m_C g$$

(2)については、

$$T_1 = m_A g,$$
$$T_2 = m_B g,$$
$$T_3 = T_1 + T_2 + m_C g$$

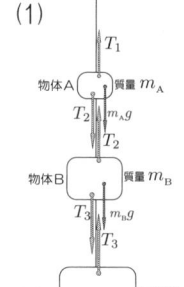

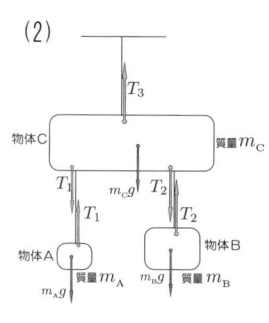

【問い1-3】の解答 .... (問題は p31、ヒントは p378)

一体となった物体に働くのは下向きの重力 $2mg$ と、バネの張力 kx なので、$kx = 2mg$ から $x = \dfrac{2mg}{k}$ となる。

【問い1-4】の解答 .... (問題は p31、ヒントは p378)

半分に切ったバネは半分しか伸びない。よって伸びが $\dfrac{F}{2k}$ となり、バネ定数は $2k$ に変化している。

【問い1-5】の解答 .... (問題は p31、ヒントは p378)

ヒントに描いた図を見ながら式を立てると、

$$\begin{aligned} kx &= kx' + mg \\ kx' &= kx'' + mg \\ kx'' &= mg \end{aligned} \tag{E.12}$$

の三つの式が出る。下から順に解いていけば、$x'' = \dfrac{mg}{k}, x' = \dfrac{2mg}{k}, x = \dfrac{3mg}{k}$ となる。

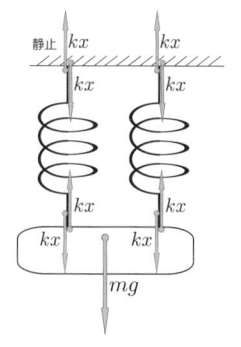

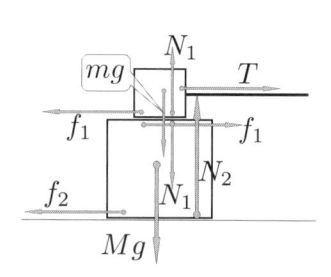

【問い1-6】の解答 .... (問題は p31、ヒントは p378)

下左の図より式を作ると、$2kx = mg$ より、$x = \dfrac{mg}{2k}$。

【問い2-1】の解答 .... (問題はp44、ヒントはp379)

働く力は前ページの右図の通り（床に働く力は省略）。つりあいの式を立てると

$$\begin{array}{ll} 上の物体 \quad 上下: N_1 = mg & 左右: T = f_1 \\ 下の物体 \quad 上下: N_2 = N_1 + Mg & 左右: f_1 = f_2 \end{array} \quad \text{(E.13)}$$

となる。上の物体がすべらない条件は $T \leq \mu_1 mg$、下の物体がすべらない条件は $T \leq \mu_2(M+m)g$ であり、一体となって動き始めるためには $T \leq \mu_1 mg$ を満たしつつ、$T > \mu_2(M+m)g$ になればよい。つまり、$\mu_1 m > \mu_2(M+m)$ でなくてはいけない。

【問い2-2】の解答 .... (問題はp45、ヒントはp379)

図をみて式を立てていくと、左図では、$f = T$ で $N = 2mg$ だから、$T > 2\mu mg$ ですべりだす。

右の図では水平方向については $T = f' + T', T' = f''$ という式が鉛直方向については $N'' = mg$ という式が成り立つから、$T - T' > \mu mg$ という条件と $T' > \mu mg$ という条件が両方満たされるとすべりだす。これは結局 $T > 2\mu mg$ ということになるので、T がどれだけになるとすべりだすか、という点では二つの状況には差がない。

【問い2-3】の解答 .... (問題はp45、ヒントはp379)

つりあいの式は以下の通り

$$\begin{array}{ll} Aさんの上下: N' = Mg & 左右: F = f' \\ Cくんの上下: N = mg & 左右: F = f \end{array}$$

Aさんがすべる条件は $f' > \mu'N'$ すなわち $F > \mu'Mg$ であり、Cくんがすべる条件は $f > \mu N$ すなわち $F > \mu mg$ である。よって $\mu'M$ と μm のどちらが大きいかで「どっちが先にすべるか」が決まる。

【問い2-4】の解答 .... (問題はp62、ヒントはp379)

図を見て考えると、$\vec{N}$ の鉛直成分（$m\vec{g}$ 方向の成分）は $\dfrac{N}{\cos\theta}$、$\vec{F}$ 方向の成分は $N\tan\theta$ である。よって $\dfrac{N}{\cos\theta} = mg, N\tan\theta = F$ という式が立つ。

【問い2-5】の解答 .... (問題はp65、ヒントはp379)

ヒントの続き。$T(\sin\theta + \mu\cos\theta) = T\sqrt{1+\mu^2}(\sin\theta\cos\alpha + \cos\theta\sin\alpha)$ と書き換えられたので、$T\sqrt{1+\mu^2}\sin(\theta+\alpha) \leq \mu mg$ がつりあいが破れない条件。よって $\theta = \dfrac{\pi}{2} - \alpha$ という角度の時、一番小さい T で物体を動かし始めることができる。

【問い2-6】の解答 .... (問題はp65、ヒントはp379)

ヒントのつりあいの式から $N = mg + f\cos\theta, F = f\sin\theta$ だから $f\sin\theta < \mu(mg + f\cos\theta)$ が満たされていればすべらない。

【問い2-7】の解答 .... (問題はp65、ヒントはp379)

C君の上下方向のつりあいの式は $N = mg + F\sin\theta$ に、Aさんの上下方向のつりあいの式は $N' = Mg - F\sin\theta$ となる。つまり、床からC君への垂直抗力は増え、床からAさんの垂直抗力は減る。当然、C君が先にすべる可能性が小さくなり、C君の勝つ可能性が高くなる。「相手の下から押す」のが勝つ秘訣の一つか。

【問い 2-8】の解答 .... (問題は p69、ヒントは p379)

(1) (2.41)を辺々足せば、$mg + Mg = 2T$ となるので $T = \dfrac{(M+m)g}{2}$ となる。これから $N = \dfrac{(m-M)g}{2}$ である。
→ p68

(2) T は常に正である。$N = \dfrac{(m-M)g}{2} > 0$ は $m > M$ を意味する。これが満たされていないとき、N が負でないとつりあいが保てない（つまり人間が台から引っ張ってもらわないと止まらないが、もちろん台は人間を引っ張らない）ので、人間だけが持ち上がっていく。単にロープを登っているという状況である。

【問い 2-9】の解答 .... (問題は p69、ヒントは p380)
Aさんと台をあわせてのつりあいの式は

$$2T = (M+m)g \qquad (\text{E.14})$$

であるから $T = \dfrac{(M+m)g}{2}$ となって同じ（この場合、N を求める方法はない）。

【問い 2-10】の解答 .... (問題は p69、ヒントは p380)
右の図のように滑車を台につけて、Aさんは糸を上に引っ張る。これによりAさんにかかる糸の張力は下向きとなり、つりあいの式は

$$\begin{aligned} A\text{さん：} & mg + T = N \\ \text{台：} & Mg + N = 3T \end{aligned} \qquad (\text{E.15})$$

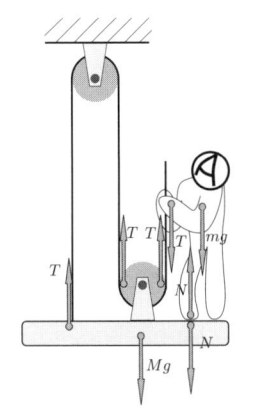

であるが、これを解いた結果の $T = \dfrac{(M+m)g}{2}$ は前と同じだが、$N = \dfrac{(M+3m)g}{2}$ となり、負にならないのでAさんだけが浮いてしまうことはない。

【問い 2-11】の解答 .... (問題は p69、ヒントは p380)
図を描くと以下の通り（式も書き込んだ）。

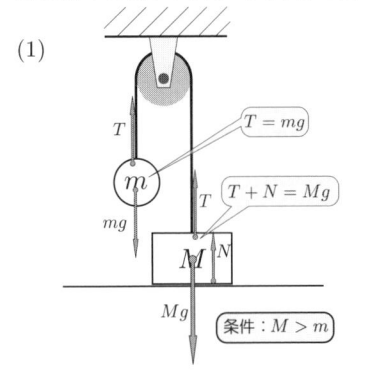

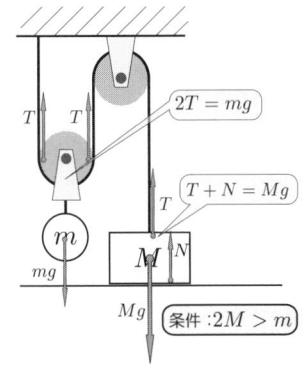

(1) $T = mg$, $T + N = Mg$, 条件：$M > m$

(2) $2T = mg$, $T + N = Mg$, 条件：$2M > m$

(3)

条件: $2M\sin\theta = m$
$2M > m$ でないと成立しない。

$2T\sin\theta = mg$

$T = Mg$

(4)

$N = Mg$
$T = f$

(5)

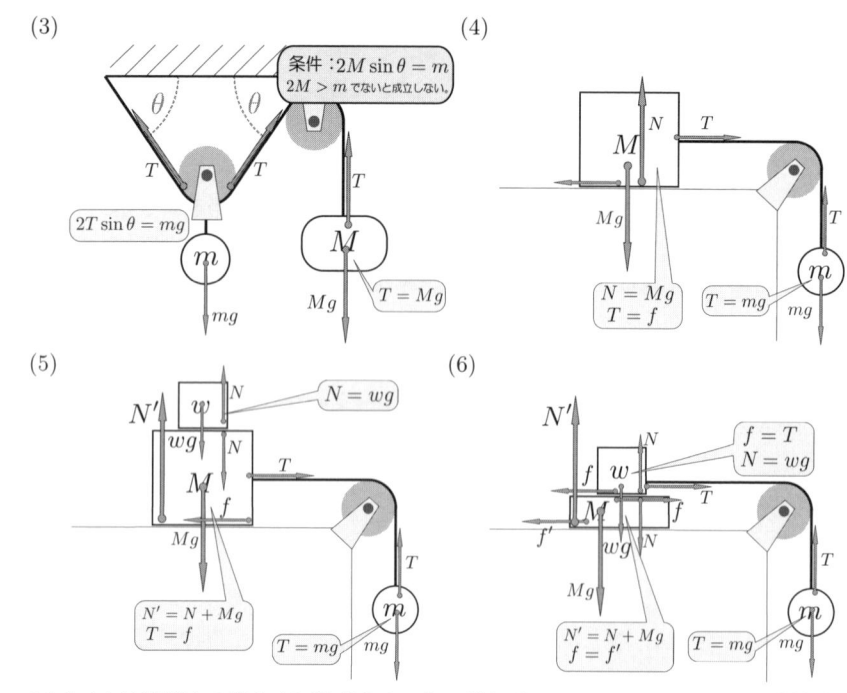

$N = wg$

$N' = N + Mg$
$T = f$

$T = mg$

(6)

$f = T$
$N = wg$

$N' = N + Mg$
$f = f'$

$T = mg$

(5) と (6) は摩擦力の働き方に注意すること。例えば (5) では M と w の間には摩擦力は働かない（摩擦に限らず、水平方向の力は働かない）。

【問い 2-12】の解答 .... (問題は p71、ヒントは p380)

ヒントに描いた図より、$4T = mg$ であるから、$T = \dfrac{mg}{4}$。

【問い 3-1】の解答 .... (問題は p106、ヒントは p380)

ヒントからわかるように、中点を通る線から x 離れて幅 dx の微小辺を取り出してみる（左右に1本ずつできる）。図形の対称性からこの微小辺の長さは同じであり、質量も等しい。よってこの微小辺にかかる重力の作るモーメントは大きさが同じで向きが逆である。よって重心はこの線上にある。

【問い 3-2】の解答 .... (問題は p110、ヒントは p380)

ヒントのモーメントの式は

$$L\cos\theta \times N_\text{床} - L\sin\theta \times f_\text{床} - \frac{L}{2}\cos\theta \times mg = 0 \quad \text{(E.16)}$$

になる。ここで $N_\text{壁} = f_\text{床}$ と $N_\text{床} = mg - f_\text{壁}$ を代入して整理すると、

$$L\cos\theta \times (mg - f_\text{壁}) - L\sin\theta \times N_\text{壁} - \frac{L}{2}\cos\theta \times mg = 0$$
$$\frac{L}{2}\cos\theta \times mg - L\cos\theta \times f_\text{壁} - L\sin\theta \times N_\text{壁} = 0 \quad \text{(E.17)}$$

となるが、これは(3.31)と同じ式である。次に床と壁の境界を基準点に置いた場合、モーメントのつりあいから $L\cos\theta \times N_\text{床} - L\sin\theta \times N_\text{壁} - \dfrac{L\cos\theta}{2} \times mg = 0$ という式が出るが、これは $N_\text{床} = mg - f_\text{壁}$ を使えば (E.17) と同じ式。

【問い4-1】の解答 .... （問題は p145、ヒントは p380）

　エレベータが上向きに加速度 a で加速しているとすると、中の人も同じ加速をするから、人の運動方程式は $ma = N - mg$ となる。つまり $N = m(g+a)$ であるから、a が正で大きくなったとき、ブザーが鳴る。a が正なのは「上向きに加速する時」か「下向きに減速する時」である。減速時に鳴ったということは、降りのエレベータであった。

【問い4-2】の解答 .... （問題は p145、ヒントは p381）

　衝突でもジャンプでも落下速度を0まで変化させなければいけないのは変わらないので、同じ時間で行うなら加速度も同じ。つまり男の足が出さなくてはいけない力の強さは同じである。男がジャンプすることによって落下速度を消してしまえるほどの加速度が出せる（それだけの足の力がある）のならジャンプせずそのまま落下した時の衝撃にも耐えられる。「ジャンプしたら助かる」ほどに丈夫な足を持っているのならば、ジャンプしなくても助かる。逆に言えば、助からないならどっちにしろ助からない。

【問い5-1】の解答 .... （問題は p166、ヒントは p381）

　ヒントで出した運動方程式を成分に分けて書くと

$$m\frac{dv_x}{dt} = -kv_x, \quad m\frac{dv_y}{dt} = -mg - kv_y \tag{E.18}$$

である。各々の式はすでに解いてある。x 成分については4.7.1節を参考に、y 成分の式は4.7.3節を参考に解いた結果が以下の通り。

$$\begin{aligned} x(t) &= x_0 + \frac{m}{k}v_{0x}\left(1 - e^{-\frac{k}{m}t}\right) \\ y(t) &= y_0 - \frac{mg}{k}t + \frac{m}{k}\left(v_{0y} + \frac{mg}{k}\right)\left(1 - e^{-\frac{k}{m}t}\right) \end{aligned} \tag{E.19}$$

【問い5-2】の解答 .... （問題は p169、ヒントは p381）

　ヒントに書いた図を見ると、遠ざかるときに減速する。すなわち、加速度の速度接線方向の成分が負である。逆に近づくときに加速する。

【問い5-3】の解答 .... （問題は p170、ヒントは p381）

　ヒントにある通り、もっとも法線加速度が大きいものを選ぶ。つまり曲がり具合の大きいものであるから、(A) が一番安全である。

【問い5-4】の解答 .... （問題は p172、ヒントは p381）

　$\left(\dfrac{d\theta}{dt}\right)^2$ を(5.20)に代入すると、$-2m\ell\dfrac{g}{\ell}(\cos\theta - \cos\theta_0) = -T + mg\cos\theta$ となって張力が $T = mg(3\cos\theta - 2\cos\theta_0)$ と求められる。これは運動せずにぶらさがっている場合（$T = mg$）に比べ、張力が $3\cos\theta - 2\cos\theta_0$ 倍になることを意味している。下では $\cos\theta = 1, \cos\theta_0 = \cos\dfrac{\pi}{3} = \dfrac{1}{2}$ だから、自分の体重が支える力の2倍が必要になる。

【問い5-5】の解答 .... （問題は p172、ヒントは p381）

$$\ell\left(\frac{d\theta}{dt}\right)^2 = 2g(\cos\theta - 1) + \frac{1}{\ell}(v_0)^2 \tag{E.20}$$

という式になる。(5.20)に代入すると、

$$T = mg(3\cos\theta - 2) + \frac{m}{\ell}(v_0)^2 \tag{E.21}$$

これが $\theta = \pi$ でも正であるためには、

$$-5mg + \frac{m}{\ell}(v_0)^2 \geqq 0 \quad \text{すなわち、} v_0 \geqq \sqrt{5g\ell} \tag{E.22}$$

【問い 5-6】の解答 .... (問題は p173、ヒントは p381)

$$\frac{d}{dt}(r\vec{e}_r) = \dot{r}\vec{e}_r + r\frac{d}{dt}\vec{e}_r = \dot{r}\vec{e}_r + r\dot{\theta}\vec{e}_\theta + r\sin\theta\dot{\phi}\vec{e}_\phi \tag{E.23}$$

$$\begin{aligned}
&\frac{d}{dt}\left(\dot{r}\vec{e}_r + r\dot{\theta}\vec{e}_\theta + r\sin\theta\dot{\phi}\vec{e}_\phi\right) \\
&= \ddot{r}\vec{e}_r + \dot{r}\frac{d}{dt}\vec{e}_r + \dot{r}\dot{\theta}\vec{e}_\theta + r\ddot{\theta}\vec{e}_\theta + r\dot{\theta}\frac{d}{dt}\vec{e}_\theta \\
&\quad + \dot{r}\sin\theta\dot{\phi}\vec{e}_\phi + r\cos\theta\dot{\theta}\dot{\phi}\vec{e}_\phi + r\sin\theta\ddot{\phi}\vec{e}_\phi + r\sin\theta\dot{\phi}\frac{d}{dt}\vec{e}_\phi \\
&= \ddot{r}\vec{e}_r + \dot{r}\left(\dot{\theta}\vec{e}_\theta + \sin\theta\dot{\phi}\vec{e}_\phi\right) + \dot{r}\dot{\theta}\vec{e}_\theta + r\ddot{\theta}\vec{e}_\theta + r\dot{\theta}\left(-\dot{\theta}\vec{e}_r + \cos\theta\dot{\phi}\vec{e}_\phi\right) \\
&\quad + \dot{r}\sin\theta\dot{\phi}\vec{e}_\phi + r\cos\theta\dot{\theta}\dot{\phi}\vec{e}_\phi + r\sin\theta\ddot{\phi}\vec{e}_\phi + r\sin\theta\dot{\phi}\left(\dot{\phi}(-\sin\theta\vec{e}_r - \cos\theta\vec{e}_\theta)\right) \\
&= \left(\ddot{r} - r\left(\dot{\theta}\right)^2 - r\sin^2\theta\left(\dot{\phi}\right)^2\right)\vec{e}_r + \left(r\ddot{\theta} + 2\dot{r}\dot{\theta} - r\sin\theta\cos\theta\left(\dot{\phi}\right)^2\right)\vec{e}_\theta \\
&\quad + \left(r\sin\theta\ddot{\phi} + 2\sin\theta\dot{r}\dot{\phi} + 2r\cos\theta\dot{\theta}\dot{\phi}\right)\vec{e}_\phi
\end{aligned} \tag{E.24}$$

【問い 5-7】の解答 .... (問題は p174、ヒントは p381)

$$\dot{\vec{x}} = \frac{d}{dt}(\rho\vec{e}_\rho + z\vec{e}_z) = \dot{\rho}\vec{e}_\rho + \rho\frac{d}{dt}\vec{e}_\rho + \dot{z}\vec{e}_z = \dot{\rho}\vec{e}_\rho + \rho\dot{\phi}\vec{e}_\phi + \dot{z}\vec{e}_z \tag{E.25}$$

$$\begin{aligned}
\dot{\vec{v}} = \frac{d}{dt}\left(\dot{\rho}\vec{e}_\rho + \rho\dot{\phi}\vec{e}_\phi + \dot{z}\vec{e}_z\right) &= \ddot{\rho}\vec{e}_\rho + \dot{\rho}\dot{\phi}\vec{e}_\phi + \dot{\rho}\dot{\phi}\vec{e}_\phi + \rho\ddot{\phi}\vec{e}_\phi - \rho(\dot{\phi})^2\vec{e}_\rho + \ddot{z}\vec{e}_z \\
&= \left(\ddot{\rho} - \rho(\dot{\phi})^2\right)\vec{e}_\rho + \left(\rho\ddot{\phi} + 2\dot{\rho}\dot{\phi}\right)\vec{e}_\phi + \ddot{z}\vec{e}_z
\end{aligned} \tag{E.26}$$

【問い 6-1】の解答 .... (問題は p180、ヒントは p382)

　二つの理由で、鉄の方が痛い。第一の理由は鉄の方が綿よりも比重が大きい事。つまり 1kg の鉄と綿なら、鉄の方が体積が小さい。ということは、ぶつかった時の接触面の面積も小さくなると予想される。同じ力で接触面積が小さければ圧力は大きい。

　第二の理由は、接触した後に鉄なり綿なりが止まるまでにかかる時間の差である。綿は柔らかく変形しやすいので、変形が続く間は止まらない。質量と速度が同じなら運動量は同じであるが、力を及ぼし合っている時間が長ければ同じ力積でも力は弱くなる。

　どちらの理由も、鉄の方がより圧力が大きいという結果となり、「痛い」。日常感覚では当たり前であるが、これを物理的法則の結果として納得することが大事である。

【問い 6-2】の解答 .... (問題は p184、ヒントは p382)

　人間が「物体を東に向けて動かす」とき、物体を東向きに加速した力の反作用は人間（ひいては地球）に西向きの加速度を与える。この加速はちょうど東向きに動く物体が止まるときの加速を打ち消す（そうなってこそ、運動量は保存する）。

【問い6-3】の解答 .... (問題はp186、ヒントはp382)

運動方程式から、$\frac{d}{dt}(MV + mv + KX) = 0$ となる。X はボートの位置で、$V = \frac{dX}{dt}$ である。$MV + mv + KX$ が保存量で、最初と最後でボートも人も静止 ($V = v = 0$) しているので、X、つまりボートの位置は（外力が働いたにもかかわらず）最初の場所に戻っている（人間がどんな動きをしたかは、全く関係ない）。

【問い6-4】の解答 .... (問題はp190、ヒントはp382)

ほんとに宇宙船だけしか「物体」がないのなら、「反作用を受ける相手がいない」というのは正しいが、そうではない。宇宙船は「燃料」を積んでいき、その燃料を後方に噴射することによって推力を得る。つまり「宇宙船」と「噴射される燃料」の間に作用・反作用に対応する力が働いているのである。

【問い7-1】の解答 .... (問題はp205、ヒントはp382)

(1) 垂直抗力は移動方向と垂直なので、仕事をしない。よって、(7.25) より (運動エネルギーの変化) + (重力の位置エネルギーの変化) = 0 であるが、高さの変化が同じなのだから、位置エネルギーの変化は等しく、結果として運動エネルギーの変化も等しい。よって速さの変化も等しい ($v_1 = v_2$)。

(2) 2通りの説明が可能である。(その1) 重力の面に平行な成分が加速度に寄与することを考えると、加速の最初の段階では、同じ距離だけ移動した時の加速度の大きさは左の図が大きく、右の図が小さい。最終的に同じ速さまで加速するということと、面の形が上下ひっくり返っているので移動距離（道のり）は等しいということから、より早い段階で加速が行われたものほど、早く到着する ($t_1 < t_2$)。(その2) 同じ道のりだけ進んだ後の速さを考えると、左図の方が下にいるから、エネルギー保存より速さは速い（運動エネルギーが大きい）。つまり同じだけの道程を、必ず短い時間で到着できることになる。

【問い7-2】の解答 .... (問題はp217、ヒントはp382)

(1) $(M+m)V = mv + MV'$ より、$V' = \frac{(M+m)V - mv}{M}$。

(2) $\Delta E = \frac{1}{2}mv^2 + \frac{1}{2}M\left(\frac{(M+m)V - mv}{M}\right)^2 - \frac{1}{2}(M+m)V^2$ という計算をして、まとめると $\Delta E = \frac{m}{2M}(M+m)(V-v)^2$ となる。これは常に正。

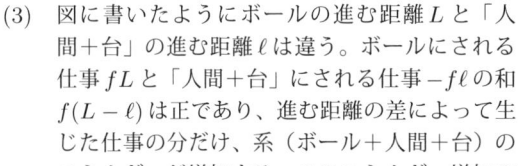

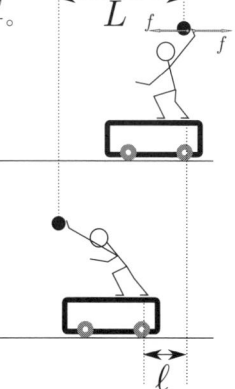

(3) 図に書いたようにボールの進む距離 L と「人間+台」の進む距離 ℓ は違う。ボールにされる仕事 fL と「人間+台」にされる仕事 $-f\ell$ の和 $f(L - \ell)$ は正であり、進む距離の差によって生じた仕事の分だけ、系（ボール+人間+台）のエネルギーが増加する。このエネルギー増加の元は、人間の筋肉で消費された化学的エネルギーである。

【問い 7-3】の解答 .... (問題は p228、ヒントは p382)

(1) まず (分母) − (分子) を計算すると、

$$\underbrace{(m_1+m_2)(m_2+m_3)}_{\text{分母}} - \underbrace{(m_1(m_2-m_3)+m_2(m_2+m_3))}_{\text{分子}}$$
$$= m_1(m_2+m_3) + \underline{m_2(m_2+m_3)} - m_1(m_2-m_3) - \underline{m_2(m_2+m_3)} = 2m_1 m_3 > 0 \tag{E.27}$$

となって、(分子) < (分母) を示せた。次に (分母) + (分子) を計算すると、

$$\underbrace{(m_1+m_2)(m_2+m_3)}_{\text{分母}} + \underbrace{(m_1(m_2-m_3)+m_2(m_2+m_3))}_{\text{分子}}$$
$$= m_1(m_2+m_3) + m_2(m_2+m_3) + m_1(m_2-m_3) + m_2(m_2+m_3)$$
$$= 2m_1 m_2 + 2m_2(m_2+m_3) > 0 \tag{E.28}$$

となるので、−(分母) < (分子) も示せた。

(2) はね返り係数が負になるということは、$v_1' > v_G$ だから、いずれ m_1 が「m_2 と m_3 を一体とした物体」に追いつき、二回目の衝突が起こる。

【問い 8-1】の解答 .... (問題は p235、ヒントは p382)

$$\underbrace{(\rho\,\vec{e}_\rho + z\,\vec{e}_z)}_{\vec{x}} \times \underbrace{(p_\rho\,\vec{e}_\rho + p_\phi\,\vec{e}_\phi + p_z\,\vec{e}_z)}_{\vec{p}}$$
$$= \rho p_\phi \underbrace{\vec{e}_\rho \times \vec{e}_\phi}_{\vec{e}_z} + \rho p_z \underbrace{\vec{e}_\rho \times \vec{e}_z}_{-\vec{e}_\phi} + z p_\rho \underbrace{\vec{e}_z \times \vec{e}_\rho}_{\vec{e}_\phi} + z p_\phi \underbrace{\vec{e}_z \times \vec{e}_\phi}_{-\vec{e}_\rho}$$
$$= -z p_\phi\,\vec{e}_\rho + (z p_\rho - \rho p_z)\,\vec{e}_\phi + \rho p_\phi\,\vec{e}_z = -m z \rho \dot\phi\,\vec{e}_\rho + m(z\dot\rho - \rho\dot z)\,\vec{e}_\phi + m\rho^2\dot\phi\,\vec{e}_z \tag{E.29}$$

【問い 8-2】の解答 .... (問題は p247、ヒントは p383)

$$I_{xy} = -\int \mathrm{d}^3\vec{x}\,' \rho(\vec{x})(x'+x_G)(y'+y_G)$$
$$= -\int \mathrm{d}^3\vec{x}\,' \rho(\vec{x}) x' y' - \underbrace{\int \mathrm{d}^3\vec{x}\,' \rho(\vec{x}) x' y_G}_{=0} - \underbrace{\int \mathrm{d}^3\vec{x}\,' \rho(\vec{x}) x_G y'}_{=0}$$
$$- \underbrace{\int \mathrm{d}^3\vec{x}\,' \rho(\vec{x})}_{=M} x_G y_G \tag{E.30}$$

【問い 8-3】の解答 .... (問題は p253、ヒントは p383)

$$\frac{\mathrm{d}}{\mathrm{d}t}\left(\frac{1}{2}mv^2 + \frac{1}{2}I\omega^2\right) = m\frac{\mathrm{d}v}{\mathrm{d}t}v + I\frac{\mathrm{d}\omega}{\mathrm{d}t}\omega \quad \left((8.51)\text{と}(8.52)\text{を使って}\atop \to \text{p252}\quad \to \text{p252}\right)$$
$$= (mg\sin\theta - f)v + fR\omega \quad (R\omega = v\text{を使って})$$
$$= mgv\sin\theta \tag{E.31}$$

$v\sin\theta$ は速度の鉛直成分だから、これは重力の仕事率である。

【問い8-4】の解答 .... (問題は p257、ヒントは p383)

ヒントの続きで、$F = (M+m)\dfrac{dv}{dt}$ を(8.66)に代入して、

$$\begin{aligned}
\frac{I}{R}\frac{dv}{dt} &= fr + f'r - (M+m)R\frac{dv}{dt} \\
\left(M+m+\frac{I}{R^2}\right)\frac{dv}{dt} &= (f+f')\frac{r}{R} \\
\left(M+m+\frac{I}{R^2}\right)\frac{R}{r}\frac{dv}{dt} &= f+f'
\end{aligned} \quad (\text{E.32})$$

これに(8.64)を足して、

$$\begin{aligned}
\left(m+\left(M+m+\frac{I}{R^2}\right)\frac{R}{r}\right)\frac{dv}{dt} &= 2f' \\
\frac{1}{2}\left(\left(M+m+\frac{I}{R^2}\right)\frac{R}{r}+m\right)\frac{dv}{dt} &= f'
\end{aligned} \quad (\text{E.33})$$

逆に引くことで、

$$\frac{1}{2}\left(\left(M+m+\frac{I}{R^2}\right)\frac{R}{r}-m\right)\frac{dv}{dt} = f \quad (\text{E.34})$$

を得る。

【問い8-5】の解答 .... (問題は p260、ヒントは p383)

　重心周りの動摩擦力のモーメントは図に描いたような方向を向くが、これは傾いた $\vec{L}$ を鉛直に戻そうとするモーメントになる。
　重心周りで考えたので重力はモーメントを作らない。垂直抗力があるが、垂直抗力はコマを倒そうとする力であり、それは歳差運動の原因にはなるが軸を変えるだけで $\vec{L}$ を立てる方向の作用にはならない。よってこの動摩擦力はコマを立った状態に戻すのに役立つ。

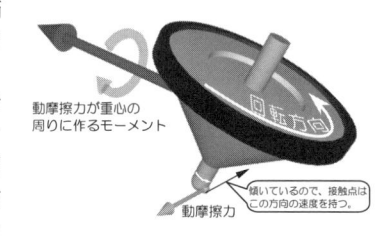

【問い9-1】の解答 .... (問題は p273、ヒントは p383)

$$\begin{aligned}
\left(e^{i\theta}\right)^2 &= e^{2i\theta} \\
(\cos\theta + i\sin\theta)^2 &= \cos 2\theta + i\sin 2\theta \\
\cos^2\theta - \sin^2\theta + 2i\cos\theta\sin\theta &= \cos 2\theta + i\sin 2\theta
\end{aligned} \quad (\text{E.35})$$

で両辺の実部と虚部を比較して(9.25)を得る。

【問い9-2】の解答 .... (問題は p273、ヒントは p383)

(1)
$$e^{i\theta} = \cos\theta + i\sin\theta, \quad \rightarrow \quad ie^{i\theta} = i\cos\theta - \sin\theta \quad (\text{E.36})$$

より、$\cos\theta$ は $e^{i\theta}$ の実数部分であり、$-\sin\theta$ は $ie^{i\theta}$ の実数部分である。
(2) ヒントから、$1+i$ は複素平面上で長さ $\sqrt{2}$ で実軸との角度 $\dfrac{\pi}{4}$ なので、$1+i = \sqrt{2}e^{i\frac{\pi}{4}}$。
(3)
$$e^{i\theta} + ie^{i\theta} = \sqrt{2}e^{i\theta + i\frac{\pi}{4}} \tag{E.37}$$

とできる。これの実数部分をとれば、$\sqrt{2}\cos\left(\theta + \dfrac{\pi}{4}\right)$ である。

【問い9-3】の解答 .... (問題は p275、ヒントは p383)

ヒントから、位置エネルギーの和は

$$\begin{aligned}&\frac{1}{2}k\left(\frac{mg}{k} + A\sin\left(\sqrt{\frac{k}{m}}t + \alpha\right)\right)^2 - mg\left(\frac{mg}{k} + A\sin\left(\sqrt{\frac{k}{m}}t + \alpha\right)\right) \\ &= \frac{1}{2}k\left(A\sin\left(\sqrt{\frac{k}{m}}t + \alpha\right)\right)^2 - \frac{m^2g^2}{2k}\end{aligned} \tag{E.38}$$

後は横になっているバネの場合と同じ。違いは $\dfrac{m^2g^2}{2k}$ という定数のずれのみ。

【問い10-1】の解答 .... (問題は p297、ヒントは p384)

ヒントにある図を見ると、微小時間 dt の間の $\vec{e}_{x'}$ の変化は $\omega\,dt\,\vec{e}_{y'}$、$\vec{e}_{y'}$ の変化は $-\omega\,dt\,\vec{e}_{x'}$ である。よって、$\dfrac{d}{dt}\vec{e}_{x'} = \omega\vec{e}_{y'}$, $\dfrac{d}{dt}\vec{e}_{y'} = -\omega\vec{e}_{x'}$ である。

【問い10-2】の解答 .... (問題は p297、ヒントは p384)

(10.23)をもう一度微分。
→ p297

$$\begin{aligned}\frac{d^2}{dt^2}\vec{e}_{x'} &= -\omega^2\cos\omega t\,\vec{e}_x - \omega^2\sin\omega t\,\vec{e}_y = -\omega^2\vec{e}_{x'}, \\ \frac{d^2}{dt^2}\vec{e}_{y'} &= \omega^2\sin\omega t\,\vec{e}_x - \omega^2\cos\omega t\,\vec{e}_y = -\omega^2\vec{e}_{y'}\end{aligned} \tag{E.39}$$

【問い10-3】の解答 .... (問題は p299、ヒントは p384)

ヒントにある通りの代入の結果、

$$\vec{F} = m\left(\frac{d^2r}{dt^2} - r\left(\frac{d\theta'}{dt} + \omega\right)^2\right)\vec{e}_r + \left(2\frac{dr}{dt}\left(\frac{d\theta'}{dt} + \omega\right) + r\frac{d^2\theta}{dt^2}\right)\vec{e}_{\theta'} \tag{E.40}$$

となり、左辺に移項されてくる項は、ω^2 に比例する項が $mr^2\omega^2\vec{e}_r$ で、これは遠心力そのものである。左辺に付け加えられる ω に比例する項

$$2m\bigg(\underbrace{\frac{dr}{dt}\vec{e}_{\theta'}}_{V_r} - \underbrace{r\frac{d\theta'}{dt}\vec{e}_r}_{V_{\theta'}}\bigg)\omega \tag{E.41}$$

は「$\vec{v} = \underbrace{\dfrac{\mathrm{d}r}{\mathrm{d}t}}_{V_r} \vec{e}_r + \underbrace{r\dfrac{\mathrm{d}\theta'}{\mathrm{d}t}}_{V_{\theta'}} \vec{e}_{\theta'}$ を時計回りに $\dfrac{\pi}{2}$ だけ回したベクトルの $2m\omega$ 倍」である。

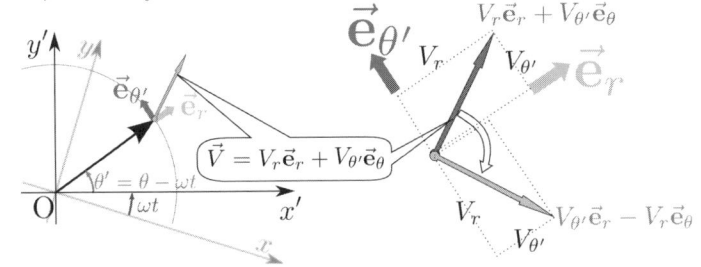

【問い 10-4】の解答 .... (問題は p299、ヒントは p384)

$$\begin{aligned} F_r &= m\left(\dfrac{\mathrm{d}^2 r}{\mathrm{d}t^2} - r\left(\dfrac{\mathrm{d}\theta'}{\mathrm{d}t} + \omega\right)^2\right), \\ F_{\theta'} &= m\left(2\dfrac{\mathrm{d}r}{\mathrm{d}t}\left(\dfrac{\mathrm{d}\theta'}{\mathrm{d}t} + \omega\right) + r\left(\dfrac{\mathrm{d}^2\theta'}{\mathrm{d}t^2} + \dot{\omega}\right)\right) \end{aligned} \tag{E.42}$$

【問い 10-5】の解答 .... (問題は p304、ヒントは p384)

ヒントのエネルギーの和を計算。

$$\dfrac{1}{2(m_1 + m_2)}(m_1 \vec{v}_1 + m_2 \vec{v}_2)^2 + \dfrac{1}{2}\dfrac{m_1 m_2}{m_1 + m_2}(\vec{v}_1 - \vec{v}_2)^2 \tag{E.43}$$

この中から $\vec{v}_1 \cdot \vec{v}_2$ に比例する項を取り出すと、第一項からは $\dfrac{1}{m_1 + m_2} m_1 m_2 \vec{v}_1 \cdot \vec{v}_2$、第二項からは $\dfrac{1}{2}\dfrac{m_1 m_2}{m_1 + m_2}(-2\vec{v}_1 \cdot \vec{v}_2)$ が出て、互いに打ち消しあう。

一方、$|\vec{v}_1|^2$ に比例する項は、第一項から $\dfrac{1}{2}\dfrac{(m_1)^2}{m_1 + m_2}|\vec{v}_1|^2$、第二項から $\dfrac{1}{2}\dfrac{m_1 m_2}{m_1 + m_2}|\vec{v}_1|^2$ が出てくる。足し算すると $\dfrac{1}{2}\dfrac{(m_1)^2 + m_1 m_2}{m_1 + m_2}|\vec{v}_1|^2 = \dfrac{1}{2}m_1|\vec{v}_1|^2$。$|\vec{v}_2|^2$ に比例する項も同様の計算で $\dfrac{1}{2}m_2|\vec{v}_2|^2$ となる。よってこれはもともとの系での全エネルギーである。

次に角運動量は

$$\left(\dfrac{m_1 \vec{x}_1 + m_2 \vec{x}_2}{m_1 + m_2}\right) \times (m_1 \vec{v}_1 + m_2 \vec{v}_2) + (\vec{x}_1 - \vec{x}_2) \times \dfrac{m_1 m_2}{m_1 + m_2}(\vec{v}_1 - \vec{v}_2) \tag{E.44}$$

である。$\vec{x}_1$ と $\vec{v}_1$ に比例する項を取り出すと、

$$\begin{aligned} &\left(\dfrac{m_1 \vec{x}_1}{m_1 + m_2}\right) \times (m_1 \vec{v}_1) + \vec{x}_1 \times \dfrac{m_1 m_2}{m_1 + m_2}\vec{v}_1 \\ &= \left(\dfrac{m_1 \vec{x}_1}{m_1 + m_2} + \dfrac{m_2 \vec{x}_1}{m_1 + m_2}\right) \times (m_1 \vec{v}_1) = \vec{x}_1 \times m_1 \vec{v}_1 \end{aligned} \tag{E.45}$$

となる。$\vec{x}_2$ と $\vec{v}_2$ に比例する項も $1 \leftrightarrow 2$ と入れ替わっただけで同様の計算となり、$\vec{x}_2 \times m_2 \vec{v}_2$ となる。

一方、$\vec{x}_1$ と $\vec{v}_2$ に比例する項は

$$\left(\frac{m_1 \vec{x}_1}{m_1 + m_2}\right) \times (m_2 \vec{v}_2) + \vec{x}_1 \times \frac{m_1 m_2}{m_1 + m_2}(-\vec{v}_2) \tag{E.46}$$

となるが、これは0。$\vec{x}_2$ と $\vec{v}_1$ に比例する項も同様。

【問い11-1】の解答 . . . . (問題は p308、ヒントは p384)

ヒントにあるように、まず G に R^{-3} と、質量の次元を持った量を掛ければ $[\mathrm{T}^{-2}]$ という次元になる。質量の次元は M でも m でも μ でも $M+m$ でもよい（次元解析だけからはここはわからない）。よって $f(M,m)$ と置いておくことにすると、

$$\frac{Gf(M,m)}{a^3}[\mathrm{T}^{-2}] \quad \to \quad \sqrt{\frac{R^3}{Gf(M,m)}}[T] \tag{E.47}$$

という量が周期に比例するだろう。円運動なら距離の次元を持った量は半径であろうから、周期が半径の $\frac{3}{2}$ 乗に比例することになる。G と M,m だけではどうやっても長さの次元も時間の次元も作れないから、この系には特性距離も特性時間もない。

【問い11-2】の解答 . . . . (問題は p308、ヒントは p384)

ヒントに続けて、

$$\frac{\partial F_y}{\partial x} = \frac{3}{2}\frac{GMm}{(x^2+y^2+z^2)^{\frac{5}{2}}} y \frac{\partial(x^2+y^2+z^2)}{\partial x} = 3\frac{GMm}{(x^2+y^2+z^2)^{\frac{5}{2}}} yx \tag{E.48}$$

となる。$\frac{\partial F_x}{\partial y}$ はこれの $x \leftrightarrow y$ と立場を入れ替えたものになるが、それは全く同じものなので、$\frac{\partial F_y}{\partial x} - \frac{\partial F_x}{\partial y} = 0$ とわかる。

【問い11-3】の解答 . . . . (問題は p312、ヒントは p384)

ヒントより、ϕ 成分の式は

$$\mu\left(r\ddot{\phi} + 2\dot{r}\dot{\phi}\right)\vec{\mathbf{e}}_\phi = 0 \tag{E.49}$$

である。この式は以下のように変形できる。これは角運動量保存則である。

$$\mu\left(r\ddot{\phi} + \frac{2}{r}\frac{\mathrm{d}(r^2)}{\mathrm{d}t}\dot{\phi}\right)\vec{\mathbf{e}}_\phi = 0 \quad \to \quad \frac{\mathrm{d}}{\mathrm{d}t}\left(\mu r^2 \dot{\phi}\right) = 0 \tag{E.50}$$

r 成分の式は

$$\mu\left(\ddot{r} - r(\dot{\phi})^2\right) = -\frac{GMm}{r^2} \tag{E.51}$$

であるが、すでに $\mu r^2 \dot{\phi} = L$ とわかったので、

$$\mu\ddot{r} - \frac{L^2}{\mu r^3} = -\frac{GMm}{r^2} \tag{E.52}$$

となる。両辺に $\dot{r}$ を掛けてから積分すると、以下のエネルギー保存則が導ける。

$$\frac{1}{2}\mu(\dot{r})^2 + \frac{L^2}{2\mu r^2} = \frac{GMm}{r} + E \tag{E.53}$$

【問い 11-4】の解答..(問題は p314、ヒントは p384)

$$\frac{1}{2}\mu v^2 - \frac{GMm}{r} = 0 \tag{E.54}$$

より、

$$v = \sqrt{\frac{2GMm}{\mu r}} \tag{E.55}$$

たいていの場合、$m \simeq \mu$ として $v = \sqrt{\dfrac{2GM}{r}}$ として計算する。

【問い A-1】の解答..(問題は p329、ヒントは p385)

$$\begin{aligned} \mathrm{d}y &= (x + \mathrm{d}x)^4 - x^4 \\ &= 4x^3\,\mathrm{d}x + 4x^2\,\mathrm{d}x^2 + 4x\,\mathrm{d}x^3 + \mathrm{d}x^4 = 4x^3\,\mathrm{d}x \end{aligned} \tag{E.56}$$

【問い A-2】の解答..(問題は p329、ヒントは p385)

ヒントにあるように、$(x+\mathrm{d}x)^n$ で $\mathrm{d}x$ を一個だけ拾ったものが生き残ると考えて、

$$\mathrm{d}y = \mathrm{d}x\, x^{n-1} + x\,\mathrm{d}x\, x^{n-2} + x^2\,\mathrm{d}x\, x^{n-3} + \cdots x^{n-1}\,\mathrm{d}x = nx^{n-1}\,\mathrm{d}x \tag{E.57}$$

【問い A-3】の解答..(問題は p331、ヒントは p385)

$$\begin{array}{r} (y + \mathrm{d}y)(x + \mathrm{d}x)^2 = 1 \\ -)\qquad\qquad\qquad yx^2 = 1 \\ \hline \mathrm{d}y\, x^2 + 2yx\,\mathrm{d}x = 0 \end{array} \tag{E.58}$$

のように計算し、

$$\frac{\mathrm{d}y}{\mathrm{d}x} = -\frac{2yx}{x^2} = -\frac{2}{x^3} \tag{E.59}$$

【問い A-4】の解答..(問題は p331、ヒントは p385)

$$\begin{array}{r} (y + \mathrm{d}y)^2 = x + \mathrm{d}x \\ -)\qquad\quad y^2 = x \\ \hline 2y\,\mathrm{d}y = \mathrm{d}x \end{array} \tag{E.60}$$

のように計算し、

$$\frac{\mathrm{d}y}{\mathrm{d}x} = \frac{1}{2y} = \frac{1}{2\sqrt{x}} \tag{E.61}$$

【問い A-5】の解答

ヒントの図より、三角形の相似から $1:\dfrac{1}{\cos\theta}=\dfrac{\mathrm{d}\theta}{\cos\theta}:(\tan(\theta+\mathrm{d}\theta)-\tan\theta)$ がわかる。よって

$$\frac{\mathrm{d}}{\mathrm{d}\theta}\tan\theta=\frac{1}{\cos^2\theta} \tag{E.62}$$

【問い A-6】の解答

$$\frac{\mathrm{d}}{\mathrm{d}x}\sum_{n=0}^{\infty}\frac{x^n}{n!}=\sum_{n=1}^{\infty}\frac{x^{n-1}}{(n-1)!} \tag{E.63}$$

となる（和が 1 からになったのは、$n=0$ の項は定数なので微分すると消えるから）。ここで $n=n'+1$ と置き直せば、$\sum_{n'=0}^{\infty}\dfrac{x^{n'}}{(n')!}$ となり、これは元の関数と同じである。よって $\dfrac{\mathrm{d}}{\mathrm{d}x}\mathrm{e}^x=\mathrm{e}^x$ が確かめられた。

【問い A-7】の解答

$x=\mathrm{e}^y$ を微分すると、$\mathrm{d}x=\mathrm{e}^y\,\mathrm{d}y$ より、$\dfrac{\mathrm{d}y}{\mathrm{d}x}=\dfrac{1}{\mathrm{e}^y}=\dfrac{1}{x}$ となる。

【問い A-8】の解答

ヒントの続きで、$1+2+\cdots+(N-1)=\dfrac{N(N-1)}{2}$ を使うと、(A.35) は $a(\Delta t)^2\dfrac{N(N-1)}{2}$ となる。$t=N\Delta t$ を使うと、

$$a(\Delta t)^2\frac{N(N-1)}{2}=\frac{a}{2}(N\Delta t)(N\Delta t-\Delta t)=\frac{a}{2}t(t-\Delta t) \tag{E.64}$$

となり、$\Delta t\to 0$ の極限で $\dfrac{a}{2}t^2$ となる。

【問い A-9】の解答

図を見れば $\cos\theta\,\mathrm{d}\theta$ を足していった結果がちょうど直角三角形の高さにあたることがわかる。よって、$\int_0^{\alpha}\cos\theta\,\mathrm{d}\theta=\sin\alpha$ である。

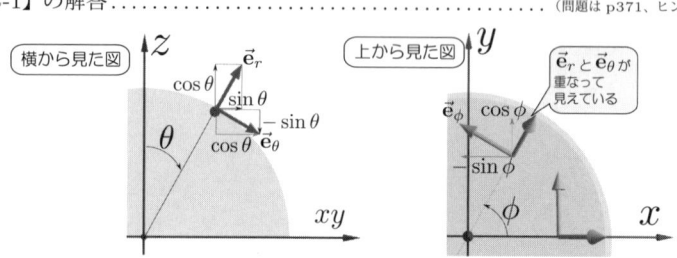

【問い C-1】の解答

横から見た図から、$\vec{e}_r$ の z 成分が $\cos\theta$、$\vec{e}_\theta$ の z 成分が $-\sin\theta$、$\vec{e}_\phi$ には z 成分が 0 であることはわかる。

次に上から見た図より、$\vec{e}_r$ と $\vec{e}_\theta$ の x-y 面に投影された成分はそれぞれ $\sin\theta, \cos\theta$ であるが、その $\cos\phi$ 倍が x 成分、$\sin\phi$ 倍が y 成分である。$\vec{e}_\phi$ も図からわかる通り、x 成分は $-\sin\phi$ で y 成分は $\cos\phi$。以上で(C.12)〜(C.14)が確認された。
→ p370

【問いC-2】の解答 .... (問題は p371、ヒントは p386)

右のように図を描いて考えると、$\vec{e}_\rho$ の x 成分は $\cos\phi$、y 成分は $\sin\phi$ とわかる。よって $\vec{e}_\rho = \cos\phi\vec{e}_x + \sin\phi\vec{e}_y$ である。

【問いD-1】の解答 .... (問題は p375、ヒントは p386)

(1) 長さの次元を出すために、まず質量の次元を消す。$\dfrac{t}{\rho}$ とすればその次元は $[\mathrm{L}^2\mathrm{T}^{-2}]$ となる。時間を消すためにさらに g で割り、$\dfrac{t}{\rho g}$ で次元は $[\mathrm{L}]$ となり、長さの次元を持つ量になった。これでジャンプできる距離が身長によらない可能性がある。

(2) 仕事は筋力 atL^2 とジャンプする時力を出せる距離 cL の積で、$actL^3$ となる。これが高さ h に達した時の位置エネルギー $b\rho L^3 gh$ に等しいので、$actL^3 = b\rho L^3 gh$ となるので、これから $h = \dfrac{ac}{b} \times \dfrac{t}{\rho g}$ である。次元解析での予想どおり L は消えた。

索 引

【英字/ギリシャ】
Δ（デルタ）, 23
δ（デルタ）, 23
μ（ミュー）, 43
ω（オメガ）, 162
φ（ファイ）, 57
ρ（ロー）, 22
σ（シグマ）, 241
θ（シータ）, 57
gravitation, 5
J（ジュール）, 195
mass, 5
momentum, 176
N（ニュートン）, 5, 133
Pa（パスカル）, 112
rad, 72
sliding vector, 47
tension, 20
W（ワット）, 195

【あ行】
圧力, 112
位相, 268
位置ベクトル, 160
移動(可能)ベクトル, 47
裏, 4
運動量, 176
永久機関, 223
遠心力, 299
鉛直, 5
オイラーの公式, 270

【か行】
外積, 91
角運動量, 231
角振動数, 268
角速度, 162
角速度ベクトル, 234
角力積, 261
ガリレイ変換, 292
慣性, 120
慣性系, 293
慣性質量, 157
慣性乗積, 245

慣性モーメント, 245
慣性力, 295
完全非弾性衝突, 182
奇関数, 342
基底ベクトル, 55
逆, 4
共振, 283
強制振動, 281
共鳴, 283
偶関数, 342
偶力, 95
減衰振動, 277
向心加速度, 167
剛体, 84
コリオリ力, 299

【さ行】
サイクリック置換, 357
歳差運動, 260
作用線, 84
作用点, 8
仕事, 194
仕事の原理, 218
仕事率, 195

質点, 3
重心, 102, 187
終端速度, 153
自由ベクトル, 47
ジュール, 195
状態量, 34
正味, 36
初期位置, 138
初速度, 138
垂直応力, 111
垂直抗力, 6
スカラー, 46
静止摩擦係数, 42
静止摩擦力, 41
成分, 55
積分定数, 339
接線応力, 110
接線加速度, 163
零, 51
線型結合, 361
線型斉次, 343
線型同次, 343
線型非同次方程式, 282
線型微分方程式, 343
せん断応力, 110
全微分, 343
相加性, 81
束縛, 46

【た行】
対偶, 4
脱出速度, 314
単位体積, 22
単位長さ, 22
単位ベクトル, 51
単位面積, 22
短径, 318
単振動の運動方程式, 265
弾性衝突, 182
短半径, 318
値域, 323
力のモーメント, 90
置換積分, 341
中心力, 232
長径, 318
長半径, 318
定義域, 323
定数係数の線型同次微分方程式, 345
テーラー展開, 330
デカルト座標系, 123
等加速度運動, 137
動滑車, 70
導関数, 128
特徴的な距離, 151
特徴的な時間, 151
トルク, 90

【な行】
内積, 350

内力, 25
なめらか, 42
ニュートン力学, 2

【は行】
パスカル, 112
万有引力定数, 307
微係数, 327
非斉次, 343
非同次, 343
復元力, 266
複素共役, 270
フックの法則, 28
部分積分, 341
平行四辺形の法則, 49
ヘクトパスカル, 112
ベクトルの分解, 53
変位ベクトル, 161
変数分離による解法, 148
法線応力, 111
法線加速度, 163
ポテンシャルエネルギー, 202

【ら行】
ラジアン, 72
力積, 177

【わ行】
ワット, 195

著者紹介

前野 [いろもの物理学者] 昌弘
まえ の　　　　　　　　　　　まさ ひろ

1985年　神戸大学理学部物理学科卒業
1990年　大阪大学大学院理学研究科博士後期課程修了
1995年より琉球大学理学部教員
現　在　琉球大学理学部物質地球科学科准教授
著　書　『よくわかる電磁気学』
　　　　『よくわかる量子力学』
　　　　『よくわかる解析力学』
　　　　『よくわかる熱力学』
　　　　『ヴィジュアルガイド 物理数学 〜1変数の微積分と常微分方程式〜』
　　　　『ヴィジュアルガイド 物理数学 〜多変数関数と偏微分〜』
　　　　(以上6冊は東京図書)
　　　　『今度こそ納得する物理・数学再入門』(技術評論社)
　　　　『量子力学入門』(丸善出版)
ネット上のハンドル名は「いろもの物理学者」
ホームページは http://www.phys.u-ryukyu.ac.jp/~maeno/
twitter は http://twitter.com/irobutsu
本書のサポートページは http://irobutsu.a.la9.jp/mybook/ykwkrMC/

装丁（カバー・表紙）高橋　敦

よくわかる初等力学
しょとうりきがく

Printed in Japan

2013年 2月25日 第 1 刷発行
2022年 5月10日 第10刷発行

©Masahiro Maeno 2013

著　者　前　野　昌　弘
発行所　東京図書株式会社
〒102-0072 東京都千代田区飯田橋 3-11-19
振替 00140-4-13803 電話 03(3288)9461
http://www.tokyo-tosho.co.jp

ISBN 978-4-489-02149-7